诺贝尔奖

【美】伯顿·费尔德曼 著
杨群 杭晓玲 吴文智 译

湖南科学技术出版社

The Nobel Prize

A History of Genius, Controversy, and Prestige

Burton Feldman

前言

诺贝尔奖创立已一个多世纪，大家或许以为，关于它的历史和阐释的著作肯定早已是汗牛充栋，因此本书的问世，充其量也不过是在早已塞满长长书架的同类作品之中再硬挤进去一本。然而，恰恰相反，至今尚未有任何系统全面地讲述诺贝尔奖关键历史的书籍问世，不管是以哪种语言。这个事实令我很是惊讶，略加思索之后，我明白了原因何在。首先，有关诺贝尔奖的历史，先要从阿尔弗雷德·诺贝尔本人和他的遗产开始讲起，然后依次讲述 1901 年到现在设立的五大主要奖项，以及于 1969 年设立的经济学奖。同时，这本书的读者定位为普通大众，他们对诺贝尔奖有一定的了解，但了解得并不充分（比如说我），这样一本书不但要对爱因斯坦等获奖者的研究工作的本质做出明确说明，还要使贯穿一个多世纪中的科研、文学、和平及文化分支等相关主线保持关联感。

诺贝尔奖不仅仅是其六个独立领域的简单相加，它还是权威的神秘化身，是其声明成为万物秩序的受膏仪式[1]的一部分。诺贝尔奖是对过去历史的证明（由瑞典国王颁发奖项来证明），也是我们的民主化、科学化、世俗化的现代文化的自我欣赏的一面镜子。经过一个多世纪，诺贝尔奖已经成为现代历史中带有疑问的一个部分。但不管怎样，它有助于我们塑造自己的看法。

如王室一样，诺贝尔奖本身便笼罩着一层极其神秘的光环。事实上，与寻找诺贝尔机构的缺点相比，媒体更容易探寻英国王室的隐私。奖项本身仿佛是永恒传世的。但只要粗略一看，就会发现，挑选获奖者的评审委员常带有主观偏见，有时判断失误，或是发生内讧。在科学界，为争夺优先权的争吵、丑闻屡见不鲜，为了名利，曾经的合作者甚至不惜对簿公堂。尽管诺贝尔奖的设置广受赞誉，但它带来的声名诱惑可能会让科研工作的动机不再纯正。这些矛盾始终存在。所有奖项都会有争议，诺贝尔奖的名气只不过把这些争议放大了。但是正如蒙田所说，如果只是报道“权威性的言论”，也就意味着漏掉了一半的东西。事实情况是这样的：如果诺贝尔奖机构和其奖项想要接近于生活化的、变化的和复杂的事情，那么非敬畏的东西则需要人们的关注。

诺贝尔奖的无尚荣耀和至高地位也产生了一些尖锐的问题。人们在科学、文学及和平等方面付出巨大努力，这种崇高的人类精神是否应该被视为比赛？对于赢家的无价贡献，是否应该借“荣誉”之名授予丰厚回报？如果没有诺贝尔奖，情况是否会有所不同？或者，如果诺贝尔奖明天就消失了，结果又会如何？问题是，诺贝尔奖不仅是奖品和奖章，还影响到我们生活的方方面面：原子弹的发明至今依然牵引着人类的命运、诺贝尔奖获得者在公共和军事政策中扮演着重要角色、DNA 研究获得了诺贝尔奖，

① 受膏是一种宗教仪式，经由先知，以圣膏油涂在候选者的头上，确认此人是上帝所选中的人，将可以成为君主或是祭司。

给基因工程提供了无限可能性。诺贝尔和平奖在以色列和中东地区，在印度尼西亚，在南非，在美国的民权运动，在苏联解体中都发挥了重要作用。

并且，诺贝尔奖展示着其最有尊严的现代名声：诺贝尔奖每年都为在自然和物质方面，创造力和正义方面做出突出贡献的人颁发奖项。此外，无所不知的大众还可在哪儿找到其他如诺贝尔奖已经具备的权威性和连贯性的替代呢？在我们这个精神破裂的时代，这是一个不容小觑的问题。

有太多诸如此类的问题，要是把每个问题都细讲清楚，这本书会无比冗长。原因还不止这些，在判断这样一个庞大复杂的机构之前，最好先了解它的历史和它已经取得的荣誉。我尝试将这段历史尽可能阐释清晰，并使之生动有趣。

对于写作本书可能面临的种种问题我有心理准备。诺贝尔奖涉及从量子力学到分子生物学，各种流派和多种语言的文学，以及从泰迪·罗斯福到特蕾莎修女的和平奖，等等。写作这样一本书要查阅大量资料，即便再小心谨慎，也难免有不当之处，被专家抓住把柄，因此是要冒一定风险的。但是至于说到诺贝尔奖所蕴含的那些虚无缥缈、琢磨不定，但同时又的确是潜在的现代声望和界内权威之类的方方面面，还有这些方方面面如何影响了我们自身和我们的时代也被我们自身和我们的时代所影响，那些专家们可能也和我们一样茫然无知。

许多人曾经施惠于我，我心存感激！首先是塔格·尤格拉，每个见过他的人都会被他的快乐所感染，而他更是助人为乐——是他使得本书沿着正确的方向出版发行，我因此不胜感激。感谢理查德·西弗，他对这本书有足够信心，决定将其出版，表明出版业仍然是一个独立和勇敢的行业。感谢韦伯斯特，我才华横溢的编辑，他对本书进行了耐心细致的修改。感谢另外一名编辑安马洛，她出色的技巧、学识和热心奉献成就了这本书。感谢巴鲁克·赫斯曼，他的人道主义精神和提供的两个惊人的事例为此书提供了帮助。感谢凯瑟琳·威廉姆斯的珍贵友谊，没有人像她那样无私地帮助这本书的完成。感谢艾伦·曼德尔、罗伯特·理查森和玛丽亚卡森巴克一直的鼓励。感谢伊丽莎白·理查森，她是一名优秀的摄影师，一直坚定不移地支持我。感谢大卫·马克森和沃纳，他们不厌其烦地为我提供帮助。感谢安妮迪拉德的善意和加里·特鲁多的帮助，为我减轻了很多工作量。感谢诺贝尔化学奖获得者罗尔德·霍夫曼，他帮我了解化学诗情和诗情化学。感谢在耶路撒冷希伯来大学爱因斯坦档案馆的吉夫卢森尔兹教授，准许我使用爱因斯坦的诺贝尔奖奖章。感谢泰德·斯宾塞和汤姆·凯特所提供的帮助。感谢诺贝尔基金会的协助，尤其感谢弗雷德里克·斯克格。感谢菲尔德大学的米尔顿温赖特教授所提供的原创性研究的亲切援助。我非常感激的人还有很多。

这本书无法道尽我对妻子的感谢，谨此致以深切的谢意。

· 简 介

诺贝尔奖是我们这个时代最令人垂涎和最有说服力的奖项。只有“诺贝尔奖得主”能够在一瞬间获得认可，终身享有荣誉和世界上无与伦比的权威。

媒体把此奖项与战争、政治和重大灾害同等对待，都放在头版新闻上来给予最高的待遇。公众（并不都是专家）认可诺贝尔奖选出来的最重要的科学发现、最好的作家、最重要的和平工作者，他们有至高的权威性。那些神秘莫测的科学成果，千奇百怪的文学实验以及所谓“和平”迷局，许多人都莫衷一是，因此每年诺贝尔奖以最高仲裁的形式宣布当年的最重要事件。至于那些很少有人有时间或有能力进行研究的领域，诺贝尔奖是在告诉人们这里也是一直有人在做的。

诺贝尔奖不单单是一个奖项。有人将其视作另一种对名誉的争夺。但诺贝尔奖有其不同寻常的意义，或许可以认为它是每个时代唯一真正的至高荣誉。为英国打一场胜仗可以使你获得该领域的爵位，有丰富的酿酒经验或做一个成功的骑师也能使你成为相关领域的佼佼者。要想获得诺贝尔奖，就要取得更大的成就。为何只有非常突出的成就才能获奖？当然如此。从 1901 年到 1999 年，提名者若干，最终只有 687 个人获奖：其中和平奖 87 人，医学奖 169 人，文学奖 96 人，物理学奖 159 人，化学奖 132 人，生态学奖 44 人（这些数字不包括颁发给和平组织的 19 项，如红十字会，有很多年奖项都是空缺：见年表）。数百万人对诺贝尔奖梦寐以求，但很少有人获此殊荣，在文学奖及和平奖方面，获得诺贝尔奖的更是寥寥无几，平均每年一个，科学奖方面每年获奖人数都不到两个。

诺贝尔奖由瑞典国王主持授奖仪式颁发。仪式在每年的 12 月 10 日举行——这天是捐助者阿尔弗雷德·诺贝尔的逝世周年纪念日。两千名政要身着燕尾服，或穿着长衫，聚集在斯德哥尔摩礼堂。下午 4 时仪式开始。随着斯德哥尔摩交响乐团演奏莫扎特和门德尔松的曲子（或者是格里格和西贝柳斯的乐曲），早些年的获奖者伴随着雷动般的掌声，进入礼堂。在观众唱皇家赞美诗时，国王和王后走到台上。然后新的获奖者进入礼堂，他们也是身着燕尾服或穿长衫。他们以固定的顺序依次坐在舞台的左边，顺序根据阿尔弗雷德·诺贝尔 1895 年的遗嘱安排——首先是物理学奖，然后是化学奖、医学奖、文学奖与和平奖——1968 年才设立的经济学奖排在最后。舞台上覆盖着一张大的蓝地毯。舞台中心是阿尔弗雷德·诺贝尔的放大图片。

授奖仪式很短暂，其文本说辞都是不变的。获奖者一个接一个被叫名字，起立，走到台前。诺贝尔奖各项评委会代表介绍获奖者的成就和贡献，首先致辞：“陛下，殿下，女士们，先生们。”然后对获奖者吟诵：“现在请您从国王手中接过奖项。”国王与之握手，并把一个皮革盒交给获奖者，里面装有一枚带有诺贝尔头像和铭文并刻有获奖者名字的金质奖章（经济学的金牌有些轻蔑地把获奖者名字刻在边缘位置），一份有题词的证书，以及一张奖金支票。获奖者领奖之后，回到原位置坐下。

接下来，在斯德哥尔摩市政厅，国王设宴，宴会上的盘子都镶嵌着金叶，并且用诺贝尔奖奖牌复制品来作装饰；肉是国王自己的猎人所猎的传统鹿肉。每位获奖者都被祝酒并需回敬，还要以饱满的精神说上几分钟话（意第绪语作家艾萨克·巴甚维斯·辛格说他喜欢用濒临灭绝的意第绪语写作，因为他喜欢写鬼故事）。第二天，获奖者进行一次重要演讲，其中科学家解释他们的技术工作，作家及和平奖得主说说当时的心理活动过程。以色列小说家S. Y. 阿格农在他的感谢词里包括了所有的动物；意大利戏剧家达里奥·福没有做演讲而是展示了一本画册。接下来的几天里，在瑞典的其他城镇举行庆祝活动。作为瑞典的客人，所有获奖者被安排在圆山大饭店住一个星期。

同时媒体为我们补充诺贝尔奖机构所礼貌略去的部分。我们了解到，1995 年的经济学奖获得者，美国芝加哥大学的罗伯特已同意，如果他在离婚后七年内——明确地说，就是 1995 年 10 月 31 日前——获奖的话，就会支付他诺贝尔奖奖金的一半给他的前妻。他在“第七年的 10 月 10 日获奖，而当时声明已经发出，于是他的前妻在最后时刻得到了 60 万美元奖金的一半。爱因斯坦 1921 年的诺贝尔奖奖金给了前妻，这是事先的约定。印度政府同意对特蕾莎修女 1979 年的 193000 美元的诺贝尔奖奖金不收税，虽然她在加尔各答。但在 1923 年，当弗里茨·普雷格尔获得化学领域奖项时，奥地利政府收了他的 30000 美元奖金的三分之二作为税收。美国在 1986 年通过一项法律，诺贝尔奖奖金作为普通收入要纳税，从而大大削减了美国获奖者的收入。

分子生物学家马克斯·德尔布吕克（诺贝尔医学奖，1969 年）的奖金捐给了大赦国际。格奥尔格·冯·贝克赛（医学奖，1961 年）使诺贝尔基金会继承他的价值将近 50 万美元的艺术遗产，这至少是他实际奖金的十倍。最初，德尔布吕克也考虑像物理学家保罗·A. M. 狄拉克和理查德·费曼一样拒绝无意义和分散的奖金。最终他们都接受了。1946 年，读者从报纸上了解到，分享了当年的诺贝尔化学奖的詹姆斯·巴彻勒·萨姆纳在十七岁打猎时失去了左臂；虽然是左撇子，他还是训练自己去完成在实验室右手才能完成的工作。瑞典国王古斯塔夫六世阿道夫是一个狂热的网球爱好者，对于萨姆纳如何在比赛中发球很是好奇。1980 年，诺贝尔奖获得者的精子库被推荐给有兴趣的女性。据传言，三位获奖者已登记，一个甚至公开他的名字。但是由于缺乏诺贝尔奖获得者的精子，该计划被迫取消。

诸如此类的花絮、八卦和几个丑闻使该奖项处于漩涡之中。儿童性骚扰案通常不会成为国家新闻，但如果骚扰者是诺贝尔奖得主，那就不一样了：1996 年的医学奖得主被指控骚扰他从国外研究之旅带到美国的孩子，而正是这次研究旅行为他获得了该奖项。但是，即使诺贝尔奖极富盛名，仍然有人并不了解。一次，一位著名的足球明星偶然出席了威廉·福克纳的演讲，他对周围严肃的气氛感到奇怪，问旁边的人为什么。“因为他获得了诺贝尔奖。”“哦，莫贝尔奖，”这位足球运动员没听清楚，困惑地点点头。

诺贝尔奖评委也犯过错误。胰岛素的共同发现者可能被错误地授予了 1923 年的诺贝尔医学奖。一个治愈癌症的错误疗法在 1926 年被授予奖项。1952 年，链霉素的共同发现者被诺贝尔医学奖所忽略，即使证据就是法律记录，而诺贝尔奖评审委员会可以很容易地得到它。1912 年，瑞典工程师尼尔斯·达伦由于改善灯塔照明荣获物理学奖，而伟大的物理学家马克斯·普朗克则落选。

但是，总的来讲，一般的科学奖项都是令人景仰的，无论是那些真正懂得的人，还是那些不懂的人。然而，文学奖有时饱受争议，还有一些和平奖会被官方镇压或引起持不同政见者的抗议。

还有一个令人困扰的问题：这个崇高的荣誉与知识、艺术，甚至和平工作是否相关？如果诺贝尔奖明日消失，会不会有所不同？如果奖项确实有用，那么诺贝尔奖评委会是唯一的决定机构吗？诺贝尔奖委员会自身又有多优秀？有多重要？诺贝尔奖缘何引起如此大的争议？

诺贝尔奖本身的名气是非凡的。当颁奖开始，没有人能做出预测。事实上，他们已经被迫不辜负自己独特的成功。通常来说这并不容易，但它使该机构的内在生命比人们预期的更为有趣。

阿尔弗雷德·诺贝尔本人首先就引起了人们极大的兴趣。这位炸药的发明者把全部巨额财富用来设立该奖项。一个发明家设立科学奖很正常，但设立文学奖则有些出乎意料，他竟然还设立了和平奖。诺贝尔于 1896 年去世。五年后，第一届诺贝尔奖颁发。几年之后，知名度便急剧扩大。

1903 年是个转折点。1901 年和 1902 年时，公众和获奖者的主要兴趣点还集中在诺贝尔本人的光环和他赠予的巨额奖金。关注最多的为文学奖与和平奖，特别是当获奖者为自己的本国同胞时。刚开始的科学奖要么授予如预防白喉和破伤风这样已经知名的发现，要么就是授予伦琴 1895 年对 X 射线的发现，再或者只有少数专家才懂的如嘌呤合成或电磁理论。国家间的竞争也引起了很大兴趣，就好像该奖项与开始于 1896 年的现代奥林匹克运动会一样崇高。

但是，1903 年亨利·贝克勒尔和玛丽及皮埃尔·居里夫妇共享了诺贝尔奖，这次获奖引起了公众极大的兴趣。贝克勒尔是巴黎的一位知名教授，他在 1896 年发现了铀的放射性。但两个新放射性元素的发现者居里夫妇是何方神圣呢？

法国媒体对此进行了报道，一方面是因为这是法国科学家获得的第一个诺贝尔奖：民族自豪感鼓舞了人们。但记者及世界媒体又挖掘出一个一夜暴富的故事，有人将其描述为小国丑闻。

后来发现，居里夫妇是一对刚到中年的虔诚的夫妇（皮埃尔 44 岁，玛丽 36 岁），待人随和，深居简出，废寝忘食。记者被迷住了。他们刚刚获得了三分之二的优厚的诺贝尔奖，在 1903 年的购买力价值为 40000 美元，而他们却经常在想起来时，才胡乱扒上几口饭。玛丽醉心科研，衣着朴素，对吃饭只是简单应付；皮埃尔则专注实验。他们住在六楼的一个小阁楼上，有 100 级台阶。阁楼的冬天非常寒冷，到了冬天，他们不得不和衣而睡。

虽然双方都有博士学位，但都从事单调的工作。皮埃尔在一个小而不知名的技术学院任教，玛丽则在一所女子学院任教——与在宏伟的索邦大学任教的贝克勒尔相距甚远。记者特别报道了他们做出伟大发现的破烂的实验室。这是一个带有温室窗户的破旧的小车间。冰冷破旧，地板潮湿，屋顶漏水。屋子里都是些原始的实验室设备被拼凑在一起——离子实验室由冻胶罐头的铁皮做成，尽管玛丽很幸运地借到一个很好的静电设备。她开始了她的工作，探究贝克勒尔的铀放出的射线是否也会来自于其他元素，并且创造“放射性”这个词来形容他们的共同财产。为了测试这一点，她尽自己所能求助于其他科学家或博物馆借到每一个元素的样品——最终发现了钍也有放射性。拼命工作的同时，他们还要抚养一个女婴，在这种艰苦条件下，他们发现了新的放射性元素钋和镭。

为了进行更精确的测量，并证实玛丽的发现，居里夫妇倾其积蓄，买了大量的沥青和方解石（含有微量其他放射性元素的铀矿）。这么多麻袋的东西被运达后，他们不得不将车间再扩大，从后院延伸到院子中的一个窝棚。这个窝棚摇摇欲坠，天花板似乎随时要掉下来。不过，里面有一张旧桌子，一块黑板，还有一个宝贝——铸铁炉。德国著名化学家，后来的诺贝尔奖获得者威廉·奥斯特瓦尔德参观了这个“实验室”，他简直不敢相信自己的眼睛；他把这里形容为“一个部分是牛棚，部分是马铃薯地窖的地方”。

玛丽提取出了纯的镭。她自己完成了所有工作。她在大汽锅里放满了黑色矿石，使它们沸腾，然后用长铁杆搅拌这些有毒混合物数小时，然后进行冗长的净化过程。大汽锅没有盖子，释放出令人作呕的烟雾，于是她搬到宽敞的庭院里。每到下大雨时，她都必须匆匆地把大锅推进棚里。窝棚的污垢、灰尘和石膏玷污了纯净的蒸馏，这迫使她重新来过。同时，她开始不断感到疲劳和不适——当然，这是当时未知的辐射的影响。她的指尖很快就因为触摸到镭而被痛苦地烧焦。

但她和皮埃尔终于证明了钋和镭是新的放射性元素。他们得到了科学界的认可。1898 年玛丽获得了若涅奖，奖金几乎是皮埃尔一年的收入。在早些年被拒绝后，皮埃尔也成了法国科学院的成员。玛丽得到了在女生学院的工作。1903 年，皮埃尔被任命为索邦大学的教授，玛丽便是在这个大学以优异成绩获得了其物理学博士学位——成为在欧洲第一位获得科学领域博士学位的女性（科学测试第一名，数学测试第二名）。

也是在 1903 年，他们获得了诺贝尔奖。他们的成功是个励志故事。该奖项让他们一下子拥有 7 万法郎，这几乎是他们再工作十年的工资的两倍。1891 年，玛丽·斯克罗多夫斯卡还是一名从波兰到索邦大学求学的身无分文的穷学生。现在，她和她的丈夫是法国科学界的骄傲——法国媒体强调，她现在是一名完完全全的法国人了。

在赞美居里夫妇的同时，记者感叹法国对待它的科学宝藏的吝啬。《费加罗报》报道：“通过外国人，我们才发现了自己本国的科学家。”那破旧的厂房、窝棚和开放的庭院被一遍又一遍地描述。事实上，法国科学界并未真正给居里夫妇以工作经费支持，他们并没有足够的钱来买一个很好的实验室。

居里夫人比皮埃尔更加引人注意。她是波兰人，因此有些异国情调；她是一个母亲，在勇敢地搅拌沸腾的大锅的同时，还抚养女儿；她是无私的，完全沉浸于对知识的追求上，她是一位伟大的科学家。当时 36 岁的她还相当年轻。事实上，在其他领域中，往往要到 60 多岁，甚至 80 多岁才能获奖，所以她的确令人耳目一新。

镭放射出的神秘射线以及它能帮助治病的宣传让公众欢欣鼓舞。在当时，这个发现的轰动效应相当于此前不久马可尼的新“无线电报”给人们带来的兴奋。各类刊物都对其进行了宣传。美国“艺术”舞者洛伊·富勒还在巴黎跳了一支流行“镭舞”。

获奖为玛丽带来了很高的社会影响力。皮埃尔去世后，她被索邦大学聘任来教授皮埃尔的课程——成为有史以来第一位在索邦大学任教的女性。她还陆续获得了很多其他奖项。她后来做了一次成功的美国之旅，为她的实验室募集了一大笔资金。玛丽是一个勤奋的科学家，家庭捍卫者痛斥她，而女权主义则为她辩护。传记作者苏珊·奎因写道，正是因为这个矛盾，有四名法国科学家，包括伟大的数学家庞加莱和 1908 年物理学奖得主加布里埃尔·李普曼，都反对玛丽获奖，他们说所有工作都是皮埃尔独自完成的——事实当然并非如此：李普曼很清楚是他们共同完成的工作。

1911 年，玛丽因“发现了镭和钋元素，提纯镭并研究了这种引人注目的元素的性质及其化合物”荣获诺贝尔化学奖，名气进一步扩大，但在当时，她的名气却差点给她带来灾难性的公共丑闻——反过来，这也为诺贝尔奖进行了更多的宣传。

当时，她作为一个寡妇——皮埃尔在 1906 年因车祸身亡——与法国著名物理学家保罗·朗之万有一段绯闻，让朗之万的妻子嫉妒得发狂。巴黎的一些报纸在其头版头条大张旗鼓地报道了这一婚外情和朗之万妻子的指责。这一丑闻很有可能影响到玛丽的第二个诺贝尔奖。然而其他报纸斥责了这些添油加醋的热门报道，最后这一事件以朗之万与他的妻子和解而告终，丑闻威胁也逐渐淡化。玛丽自始自终保持着尊严，未对小道消息做出任何回应，她去斯德哥尔摩领取了她的第二个奖项。

居里夫人做了重要的研究工作而获奖，因为获奖瞬间举世闻名。因为她，各国报纸纷纷改变他们报道诺贝尔奖的方式，无休止地宣传，最终使奖项的意义发生了改变。至今，我们习惯于把爱因斯坦作为偶像。但在 1903 年后不久，新闻媒体对居里夫妇夸张的报道和后来对爱因斯坦的报道一样。一篇文章称赞他们的放射性研究："瞧，永恒运动，永恒的太阳，居里夫妇最终发现了它们取之不尽、用之不竭的力量，他们获得诺贝尔奖当之无愧。"

居里夫妇的故事也表明，诺贝尔奖诞生于一个非常幸运的时期，当时科学和文学转向"现代"，越来越难以被公众理解，而当时媒体也在不断扩大，影响力增强。

记者开始为奖项背后的人物开辟专题。采访者也开始涉入获奖者的私生活、魅力和弱点、工作习惯以及对所有问题的看法，但不局限于他们自己的专业知识。今天仍然是这样。正如所期望的那样，记者果然看到了他们所选择看的。他们习惯性地描述居里夫人为圣洁无私的，而她的亲密朋友知道，她拒绝生活中的喜悦。"鲱鱼的灵魂。"爱因斯坦悲伤地说。他一直很推崇玛丽。她总是穿着寡妇的黑色衣服。

从最新的彩票得主到过气的流行音乐明星，昙花一现的出名（安迪·沃霍尔的"人人都可以著名十五分钟"）现在看来似乎就是生活。但诺贝尔奖的荣誉是极少的，因此也是最有价值的，不仅因为天才罕见，而且在这场比赛中可谓是失之毫厘，差之千里。虽然一个奖项可以被多达三个人共享，亚军却是绝对与诺贝尔奖无缘的——无论其有多伟大。诺贝尔奖不会教给人们一些大道理，比如工作本身就是奖赏，而是让人们认识到一个残酷的现实，可能有很多人值得获奖，但只有极少的一部分人得奖，有时获奖者还并不是最优秀的那个人。

在一个世纪里，没有获奖的"多数人"成倍地增加。在 1901 年，有大约 1000 名活跃在世界上的物理学家。如今可能多达 20 万。化学家和医学研究人员也是如此。从被公布的人数来判断，诗人和小说作家在世界上的数量要比 19 世纪多得多，已经无法数清。由于竞争对手的增加，获得诺贝尔奖显然变得更加困难，但也因此而更能够作为可以超越其他人的唯一区别。

诺贝尔奖项设立之前的 19 世纪，延续古老的方法对学者和艺术家颁发荣誉。王子授予殊荣、财富、职称和政治等级。钢琴家李斯特在 19 世纪 40 年代是轰动一时的艺术大师，定期被授予宝剑、金牌、金钱、奖杯、去各地的机会，更不用说贵族头衔了。科学家和艺术家也获得了一次千载难逢的庆祝。1890 年，有机化学的开拓者奥古斯特·凯库勒得到了在柏林举行庆祝他著名的苯环结构发现 25 周年宴会的隆重邀请。1892 年，为庆祝伟大的细菌学家巴斯德的发现 7 周年，举行了规模更为宏大的国际大赦年。仅在几年之后，更有甚者，一个更加壮观的纪念会为纪念化学家贝特洛举行，法兰西共和国总统亲自颁发了一块漂亮的大金牌。凯库勒和巴斯德去世太早了，没能获得诺贝尔奖，贝特洛倒是活了很长时间，但也从未获得过诺贝尔奖。

与这些相比较，诺贝尔奖颁奖仪式是一件谦虚而清醒的事情。华丽的表演不再适合科学或文学。19 世纪中叶，科学家们往往是绅士型的业余爱好者：孤独的企业家（阿尔弗雷德·诺贝尔是一个典型的例子），或政府雇员如数学王子卡尔·高斯。有些是教授，但通常学术和社会地位较低。在耶鲁大学，理科学生和教职员工不准与普通学生一样在教堂就座。但到了 19 世纪末，科学在商业、政府和军事方面的重要性越来越突出。德国和英国的产业设立了研究所。科学家进入大学，担任教授职位，地位随之提高，并开始设立我们现在所说的“科学”的国际网络。与此同时，文学学者开始成为教授并创办社会团体和期刊，成为律师、部长或医生等受人尊敬的专业人士。诺贝尔奖是这一切的产物。它基于瑞典学术机构，再加上颁发和平奖的挪威委员会。知名教授和学者主导诺贝尔委员会。

但诺贝尔奖仪式同时在本质上也是一个皇家荣誉。国王的存在是不可或缺的象征。1901 年，当第一个诺贝尔奖被授予时，许多欧洲国家仍然有君主。第一次世界大战后，瑞典统治者保持他的宝座，只是没有实权，而他在北方边上的小国在以大国占主导地位的世界里发挥的作用很小。然而，在现代世界中，国王是独一无二的象征，对诺贝尔奖而言具有不可估量的标志性价值。

不管怎么说，当今由国王卡尔十六世古斯塔夫主持的颁奖仪式毕竟是王子奖励艺术家或最爱的政治家的贵族时代消失的遗迹。诺贝尔奖仪式是对如此古老和正在消失的辉煌的现代怀旧。国王和王后，阿尔弗雷德·诺贝尔的个人资料和他的浮雕占据了讲台，皇家的蓝色地毯，古代贵族的气氛：这一切奇迹般地把实验室的实验和诗歌化为世界闻名的成就，并使获奖者成为永远的英雄。

没有什么比诺贝尔奖如何把这种传统的个人荣耀与民主活动的平台结合在一起更现代化的了——深奥知识与现代观点相结合。现在，经济学也像科学一样，变得离普通大众越来越遥远，越来越神秘，诺贝尔奖已成为高学术成就和市场之间最重要的桥梁。哪里不被理解，哪里就有荣誉。

最显著的新奇，当然是诺贝尔奖不菲的奖金。根据一项估计，法国科学院在 1901 年至 1910 年期间，每年共发放约 10 万法郎（约 20000 美元）。但在 1901 年，五个诺贝尔奖中的任何一个都价值约 21 万法郎或 4 万美元。诺贝尔奖仍是基准奖金，尽管其价值随着长达一世纪之久的通货膨胀和经济衰退而起落（见附录 A）。诺贝尔奖为不知名的学者和贫困的艺术家带来的突如其来的巨额财富也成为诺贝尔奖的完整性和权威性的最强论据之一。早期的诺贝尔奖历史学家伊丽莎白·克劳提到，公众更倾向于认为，只有真正有价值的成果才可以获得奖金如此丰厚的奖项。作为由麦克阿瑟基金会的所谓天才奖所产生巨大的宣传力的始祖和原型，诺贝尔奖兀自维持着原状：为什么会有人连续五年给其他人而不是“天才”优厚的支持呢？

诺贝尔奖有它的对手，但没有一个结合了财富和奖项的威望，其主体的范围，以及百年的记录。可以肯定的是，由一个富有的英国人成立于 1972 年的邓普顿宗教进步奖，其奖金更加丰厚——正是因为其创始人认为它应该始终比同年的诺贝尔奖更加值得，例如 1998 年，邓普顿奖价值约 1.24 亿美元，而每个诺贝尔奖为 978000 美元。与诺贝尔奖不同的是，大多数在科学或艺术领域的奖项以及政治荣誉完全被排除在外。英国皇家学会仅限于科学。普利策奖仅限于新闻和一些艺术；龚古尔文学奖和英国布克奖一样（在 1995 年价值 31500 美元），仅限于文学。没有任何奖项有诺贝尔文学奖或和平奖的光环，虽然英国皇家学会在科学领域的奖章或者在数学领域的菲尔兹奖，在某种程度上，在科学家之间和诺贝尔奖一样有名气，甚至更有名气——并且可能更难获得。例如，菲尔兹奖，每四年才由国际数学联盟颁发一次。

作为诺贝尔奖的替代，还设立了其他奖项。沃尔夫奖于 1978 年创立于以色列，使每年在物理、化学、医学、数学和艺术领域的获奖者每人获得 10 万美元。一些奖项，比如巴尔赞奖，是为专门的领域而设立的，如诺贝尔奖没有涉及的社会学、政治学。一些不指定某一专门领域，比如创立于 1980 年的瑞典正确生活方式奖。瑞典皇家科学院颁发在物理、化学、经济学领域的奖项，甚至管理其自身的奖项。朔克哲学奖，授予哲学、数学、音乐、美术领域荣誉。这个奖项也是由瑞典国王授予；1994 年，美国逻辑学家威拉德·奥曼蒯是第一个获奖者。

但是，不管是新的或是旧的奖项，诺贝尔奖仍然胜过它们。这是第一个重要的常规奖项，不仅包括艺术和科学领域，并且以“和平奖”的形式颁发给政治领域。这是一个国际奖。阿尔弗雷德·诺贝尔的遗嘱中，吩咐“丝毫不得考虑获奖者的国籍”。早期的文学奖得主通常限于他们本国的公民，虽然著名科学奖项对外国人开放。诺贝尔的国际主义使得它包括世界上任何地方的成就，收割所有国家的果实。

不可避免的，这种对国际和谐的呼吁——像奥运会一样的——已经激起了激烈的国家竞争。科学也许说的是跨国语言，但每一年，随着新的诺贝尔奖的宣布，各有关国家都会急忙仔细检查自己的各项得分和竞争结果。1976 年，美国席卷各个领域的奖项，《纽约时报》得意洋洋地在其头版报道此事。1984 年，欧洲核子研究中心实验室的欧洲实验物理学家先于美国找到 W 和 Z 玻色子，美国社论作者对本国落后一步表示遗憾。美国耗费 60 亿美元建造超导超级对撞机，寄希望通过它从欧洲人手中夺回领先优势，但是失败了。不断更新的统计数据显示，1983 年至 1993 年期间，64%的诺贝尔医学奖被美国人获得，1963 年至 1973 年，美国只获得了 50%的医学奖。在 1963 年至 1973 年期间，美国人包揽了所有奖项的 55%，但在 1983 年至 1993 年期间，只有 48%，虽然化学奖从 33%上升至 60%。那是个进步，因为科学造就科技，而科技造就“未来”。

对诺贝尔奖荣誉来讲，幸运的是，现代科学成为 1900 年左右的国际事业。克劳福德描述的一段从 1880 年到 1914 年的高端国际合作时期，接下来便是第一次世界大战，第二次世界大战，然后从 1945 年开始，再次合作。因为科学的语言是相通的，因此诺贝尔科学奖的评定一直都很受信服——而文学奖就不行了。衡量文学作品的价值，需要评委对该作品所使用的特定语言相当熟悉。但是，世界上有数不清的语言，当然大多数获奖作品都是欧洲的几种主要语言。和平奖遍及世界各国：人类冲突在哪里都是一样的，并且只会更糟糕。

另外两个因素帮助促成了诺贝尔奖无与伦比的声誉。诺贝尔的遗嘱包含一个“最近”的条款，要求奖项只颁发给最新的科学发现、发明或改进，或出现在“前一年”的文学作品。这本是很明显的不可行的要求，1900 年制定的法规没有这么严格。但是，这带来了危险。正如瑞典化学家斯万·阿列纽斯（1903 年的诺贝尔化学奖获得者，第一届科学委员会的领先人物）所刻薄表示的：“最糟糕的情况可能是，诺贝尔奖会发展成养老金。”文学奖已经接近这种情况。

尽管如此，“最近”的要求，使诺贝尔奖每年都有新鲜血液注入和令人兴奋的消息传来。对于镭或人类遗传密码或晶体管的发现——或者以色列 /PLO 协议——以任何标准来衡量，都是有新闻价值的。每到秋天，市民就可能希望了解惊人的突破，独创性的新技术，大胆的诗人或和事佬。这种新奇的预期很快就传到所有的奖项类别：“人们对各类获奖充满期待，希望其中有意外信息，惊人效应，以及通向未知领域的飞跃。”但文学奖的评审在前半个世纪左右，居然通过拒绝几乎所有的“挑衅”作家（易卜生、乔伊斯、劳伦斯）来击退这种兴奋。当然，令人吃惊的新奇发现是罕见的。不过没关系。“惊人的”体育功勋也不常发生，但所有球迷仍然保持着希望和信心。

另一方面，每年的奖项都可以很快地耗尽所有优质商品的供应。科学奖项在这里有一个优势，因为科学进步驳斥或完善其过去的成功。如果粒子物理学停止了，那还有超导、天体物理学、超弦和仍在酝酿中的专业。

和平奖得主总是可以被找到，因为任何人都没有明确的想法来界定这一类奖项。莱特兄弟于1909年，德国威廉皇帝于1910年，独自跨大西洋飞行的林德伯格和美国社会主义者尤金·德布斯于1924年，于1896年创立了现代奥运会的顾拜旦，几个教皇，苏联的马克西姆·李维诺夫于1933年都被极力推荐获奖。1977年，美国国会议员莱斯·阿斯平提名杰里·刘易斯为诺贝尔和平奖获得者，因为他对肌肉萎缩症的电视募捐；而当年的获得者是大赦国际。

甚至是希特勒！至少，在1934年，《纽约时报》用整个版面，以汉密尔顿·菲什·阿姆斯特朗的题为《希特勒被提名为诺贝尔奖获得者》的长文来报道。然后把此文给杰出的《外交事务》杂志的编辑。他的观点是，因为希特勒没有如他之前所威胁的那样在1934年入侵奥地利，这“无论如何，在1934年帮助从战争中拯救了世界”。阿姆斯特朗似乎一直都很擅长写严厉的讽刺。但清醒的《纽约时报》提供这么大的版面给他，表明诺贝尔奖引起了公众的注意。

文学奖是不同的。“大”作家就应该获奖，但是如何确定呢？诺贝尔奖痛恨空缺：每年都必须找到另一位作家来填补。当然，从来不缺被提名者。玛格丽特·米切尔因为《飘》而被提名（遭到了拒绝）。卓别林在1952年由瑞典著名文学评论家奥洛夫·拉格尔克朗斯提名，理由是卓别林是一个了不起的“屏幕作者”，因为他写了电影中表演的剧本。虽然卓别林因为主要是一个演员，而不是一个剧作家而被拒绝。但是，1997年的诺贝尔经济学奖被颁给了意大利的著名笑星达里奥·福。像卓别林一样，他的剧作也主要是由自己表演的文本。

许多人警告说，经济学奖可能会很快，即使目前还没有，但将面临值得获奖的候选人短缺的危险。

当然，从爱因斯坦的奖项来看——在 1922 年颁发的前一年的奖项——诺贝尔奖的威信关键在于科学奖项的威信。核物理或转运 RNA 可能会迷惑大多数人，但氢弹或克隆所带来的惊奇和恐惧是无可非议的真实和明显。每个人都知道，这些科学体现了一种不确定的巨大的革命力量。在诺贝尔先生的炸药的每一根手杖里潜伏的暴力，使这一点早就很清楚。

另一个原因是，与文学奖评审委员相比，科学评审委员长期以来都是选择更为令人印象深刻的获得者。普朗克、卢瑟福、爱因斯坦、玻尔、海森伯、狄拉克、鲍林、克里克和沃森、费恩曼——都是一个个伟人或成就相近的人。如果没有这些名字，诺贝尔奖会有多大的光环或者说，会有光环吗？诺贝尔文学奖 50 多年来忽略了詹姆斯·乔伊斯、托尔斯泰、布莱希特和弗吉尼亚·伍尔夫这些人，永远都赶不上科学奖获奖名单的威信。文学奖、和平奖与经济学奖就像微弱的火焰，在爱因斯坦和其同伴的映射下变得更加明亮。

诺贝尔奖名人堂

当诺贝尔奖被授予时，从来没有公布过热门人选的“最终候选人名单”。人选一经决定，不得修改。一定曾有过明显的错误或疏漏，但从来没有裁决推翻或改变，即使委员会爆发的内部纠纷偶尔进入公众视线也是如此。

其结果具有长官似的权威性和决定性。替补是没办法解决的。决定被呈现就仿佛是来源于永恒并且就是为了永恒。那些获奖的是永远的选择。从审美的观点来看，这是应该的。任何内部纷争蔓延到公共争吵的迹象，都可能使整个崇高的戏剧突然跌入谷底。人们不应该看任何好剧的幕后。如果一个人必须有科学和艺术的奖项，虽然这完全是值得商榷的，那么他们应该来自于高处。诺贝尔基金会一向对此很精明。

诺贝尔奖机构的隐形加剧了奖项的威严。该机构极其低调，做出的决定似乎不仅仅来自斯德哥尔摩，而是来自某个永远能给出客观判断的不分昼夜运转的王国。诺贝尔基金会培养了一支纪律严明的匿名评审团，虽然选择获奖者是一个涉及数百名来自世界各地的提名者和评估者的过程。

瑞典和挪威的小型评审团是要宣誓保密的，并且近一个世纪以来一直保持超常的守口如瓶，他们的国外同事也是如此。泄漏信息是极其罕见的，就算泄漏，无意讽刺，那么最容易发生在极不稳定的类别，即和平奖。诺贝尔奖一次公然违抗发生在 1994 年，当时，和平奖委员会把奖项部分授予巴解组织领导人阿拉法特。一位委员会成员公开谴责阿拉法特为恐怖分子，并且辞职。当 1973 年的诺贝尔和平奖被授予在越南战争停火的基辛格和黎德寿时，两名委员公开辞职。

最令人震惊的违反诺贝尔奖保密的来自于媒体。在 1995 年，瑞典最有影响力的报纸《每日新闻报》刊登了七篇揭发诺贝尔医学奖腐败的文章。《每日新闻报》称，意大利制药公司菲迪亚支付 900 万美元给医学奖评审委员使丽塔·列维-蒙塔尔奇尼成为获奖者：菲迪亚自 1979 年以来资助她对神经生长因子的研究，如果他们的研究员获得诺贝尔奖，那么这项研究会带来巨大的利润。事实上，她在 1986 年就与其他人共同获奖。一个诺贝尔奖评委会成员威胁说要起诉该报纸。经过两个星期的激烈抗议，《每日新闻报》发表了一篇撤回社论，说没有贿赂事件发生。知情人士推测，该报是为了促进其发行量。

与其他机构一样，诺贝尔奖委员会也总是难以达成共识，一致同意就更不可能了。摩擦往往很多，某些委员就像权力的运作者，能够加快或延迟奖项的颁发一年，有时甚至是几十年。强大的被提名者也是如此：据报道，费恩曼、施温格和朝永振一郎本来早就应该获得物理学奖，却被伟大的物理学家尼尔斯·玻尔延迟了将近 15 年。

所有重要的被提名者的身份未公开披露，候选人也未公开。科学档案对外公开已有 50 年甚至更长的时间，但是，对于为什么甘地从未获得过诺贝尔和平奖，或者为什么威廉·戈尔丁获得了文学奖的一些非常准确的东西经过了很长的时间才可能被了解。尽管如此，它仍然可以作为诺贝尔基金会的雄伟表面背后的对同行的些许震慑，并且抓住真正为这台庞大机器加油并使其运转的斯堪的纳维亚教授的目光。

诺贝尔基金会是一个规模相当大的产业。1994 年，委员会、工作人员、提名者、顾问和其他人的总支出为 600 万美元。评选过程是坚决遵循制度的。通常由五六名成员组成的委员会来完成中心工作，由在斯德哥尔摩的瑞典皇家科学院来评选文学奖；由卡罗林斯卡研究所（卡罗琳学院）评选医学奖；物理学奖、化学奖、生态学奖由在斯德哥尔摩的瑞典科学院评选；对于和平奖，则是由挪威议会来评选。这些委员会从国际学者、知名人士和所有的曾获奖者的名单中提名组成。诺贝尔科学委员会还从重要的实验室或期刊寻求帮助，而文学奖则是从一些作家中提名。所有获奖者都不能自行提名，尽管很多人试图这样干。

提名截至 2 月 1 日之前，从原来的几百人筛选至大约 30 人。到了夏天，委员会选举出获奖者，并把选择结果交给有关的更大的学术组织——以物理学为例，交给在科学院的所有物理学家，然后是整个学院。全组可以推翻评委会提交的建议，并且曾经这样做过。最后的程序是比较粗暴的。“我们已经谋杀了相互的候选人”。早些年，一个科学组成员兴高采烈地如是说。

文学奖的决定也许是更加有争议性的，但其环境更优雅。委员会进行提名后，瑞典文学院的 18 名成员围坐在一张古式桌子边开会投票。“瑞典文学院的创始人国王古斯塔夫三世的半身像进行监督，他们把选票放到一个小银罐里。古斯塔夫三世于1771年至1792年进行统治，1792年，他在一个化妆舞会中被暗杀——瑞典当时是一个较浪漫的地方。这庄严的投票是瑞典科学院对其半身像和祖先法兰西学院的锦缎风的模仿。瑞典皇家科学院的三名成员在拉什迪事件中辞职，但他们的辞职没有被接受，因为任期是终生的。他们三位都没有出席会议，但他们的选票还是算在内。1997年他们显然没有行使权力，而几乎三分之二的成员在那一年决定推选有争议的达里奥·福。

打电话通知获得者这个好消息，防止泄漏给媒体。保密工作做得非常好，通常全世界的专家都会猜错。例如，1995年，被认为是处于最有利位置的可以打听到由挪威和平奖委员会所颁发的和平奖的挪威媒体，给出了这些处于领先位置的候选人：印尼天主教主教贝洛，库尔德领导人雷拉扎娜，前美国总统吉米·卡特，墨西哥主教塞缪尔·鲁伊斯，俄罗斯人权活动家谢尔盖·科瓦廖夫，中国的一名持不同政见者，在北爱尔兰的和平谈判者，无国界医生。而事实上，这个奖由英国物理学家、和平活动家约瑟夫·罗特布拉特和帕格沃什控制核武器的组织共享。

诺贝尔碑铭主义

诺贝尔基金会本身就可以得一个戏剧奖，因为它美化了其获奖者。其纪念过程由灯光聚集在获奖者身上开始——很少是同事、前辈或提到过的帮助者。就这点而言，诺贝尔奖认可的是伟大事迹和崇高威严，其他的日常平凡生活则被忽略了。

确实，作家是独自进行写作的。但物理学、化学和医学诺贝尔奖可以留下对科学的虚幻和罗曼蒂克的印象。没有人能否认这个个人取得最高成就的时刻——如伦琴发现 X 射线，或普朗克于 1900 年发现量子的概念，他太激动了，忍不住告诉他的小儿子，他所做的事情，甚至牛顿都会感到自豪。但是，科学既需要伟大的天才，也需要巨大的集体努力。对于一个科学家来讲，获奖需要与聪慧的同事和合作者一起工作多年，并在各种会议、研讨会和过道上不断交流想法。科学家们无疑在学者中是最富有旅行经验的。诺贝尔奖只会戏剧化成功的那一刻，而不是科学家真正每天要面临的困惑和失误，技巧和提示。外人也不会从这些奖项知道科学研究方面的竞争是多么无情。是否获得诺贝尔奖不应该成为分水岭。一个不经意的补充和评奖委员会的意见往往是决定性的因素。

正如布尔托·布莱希特（他从未获诺贝尔奖）曾说的那样：

> 亚历山大大帝征服了世界。
> 什么？只是他自己吗？他甚至连一名厨师都没有一起带去吗？

诺贝尔奖产生的效果往往就是这样的，孤独的英勇的探险家在舞台上受到瞩目，挡住了一切。诺贝尔延续着孤独的天才的观点：莎士比亚、莫扎特、爱因斯坦、牛顿，他们都是不守常规的。

也正因为如此，分子生物学家马克斯·德尔布吕克拒绝了他 1969 年的获奖。他也后悔过，但是后来说了一些关于诺贝尔奖的直率之言：“通过一些随机选择的步骤，挑选出一个人，然后让他成为一个受人崇拜的对象。但这究竟意味着什么？”玛丽亚·格佩特梅耶在她获得 1963 年的物理学奖的时候，一定也曾经问过自己这意味着什么，并在圣迭戈——她当时在那里教书——报纸上看到一个标题：圣迭戈母亲获得了诺贝尔奖。

对诺贝尔奖的回应

在 1901 年至 1910 年的第一个 10 年期间，诺贝尔奖于同一天，12 月 10 号，在斯德哥尔摩宣布和颁发。这意味着新的获奖者必须偷偷通知，然后找借口或隐姓埋名前往斯德哥尔摩。实际上，这也是没办法的事，很麻烦。为什么要保密呢？毕竟，宣传越多，效果越好。

此后，新的诺贝尔奖名单在每年秋季被公布。现在通常的做法是，10 月 10 日宣布医学奖的获奖者。接下来的几天则是，经济学奖、物理学奖、化学奖、文学奖，和平奖通常是最后宣布。

回应要遵循明确的模式。新得主通常会声明自己欣慰，感到震惊，谦卑。媒体为底层观众把科学奖转译为容易了解的形式。在科学上，同事几乎总是赞扬这个选择，因其对人类的新的造福或对基本问题的更深的了解。很少有人不同意这样的选择，至少在公开场合是这样。

文学和政治（即，和平）团体并不同意总是用合唱来欢迎他们的新得主。当威廉·戈尔丁获得诺贝尔和平奖的时候，瑞典文学院的一位成员曾公开辞职。一些小国的文学奖得主可以一夜之间成为民族英雄，他们也同样可以成为意识形态的目标或受到宗教的蔑视。埃及小说家纳吉布福兹（1988 年）因为他的“世俗化”的工作和地位被连续遭到谴责，并于 1994 年被一个宗教激进分子刺伤。

和平奖因为涉及政治问题，自然争议最多。阿尔弗雷德·诺贝尔设立此奖项，以鼓励“国与国之间的博爱……取消或裁减常备军队，或促进和平会议”。政治纠纷定期爆发，如苏联政府对萨哈罗夫获得和平奖的愤怒，德雷莎修女甚至被指责为了宗教目的而迎合富人和剥削弱者。

不管怎样，一个粗鲁的名声落在每个获得者的身上。媒体把新的获得者看作是对普天之下任何事情都无所不晓的专家：科学家们被要求对犯罪、贫穷或宗教问题发表评论，作家被要求在外交政策方面发表意见，和平奖得主则被要求发表艺术方面的感悟。1988 年，法国总统密特朗召集了一个诺贝尔奖得主会议，以“创建一个全球危机中的道德权威的紧急委员会”。获奖者进行了一次“愉快的思想交流”。

大多数人尽快辞职了，但也有少数转移到第二职业，比如把宣传员作为最喜爱的事业。鲍林（1954 年的化学奖得主）甚至因为抗议氢弹试验而获得了第二个奖，1962 年的诺贝尔和平奖。

当然，随着这个奖项的获得，也有了其他报酬。科学奖得主很快就会发现，他们的发明出现在最新的教科书中，得到了一笔报酬，他们被邀请参加无休止的国会、协商会、咨询发布会、委员会，基金会和学院活动。新的文学奖得主在其作品销售和声誉上都得到一定提升——至少会持续到明年下一个得主出现。

但是，这样的声誉带来了危险。伟大的细菌学家罗伯特·科赫获得了 1905 年的医学奖后，成为一个“卓越人物”。但是当时，震惊了“把他奉为神的整个德国民族的人”，他与妻子离婚，娶了一个年轻的女演员。他备受攻讦；这甚至有可能加快了他的早亡。

不管怎样，所有获奖者无论是在有生之年还是在其逝去之后，都将在其名字之后加上“诺贝尔奖得主”的标签。在索尔·贝娄《洪堡的礼物》一书中，索尔·贝娄本身是 1976 年的诺贝尔奖获得者——描绘了一个普利策奖获奖作家，他感叹，他的讣告将成为该奖项的另一个广告宣传：“普利策奖得主死了。”诺贝尔奖获得者的讣告总是，获奖是人生命中的大事。

关于争议点的讨论

诺贝尔奖得主都很自豪也很渴望被他们的祖国、大学、家乡、政治事业、专业组织，以及其他任何有兴趣的组织宣传。

联合国当然希望宣布获奖者，但这往往很混乱。爱因斯坦出生在德国，但在 16 岁时离开那里去瑞士。他进了瑞士科技大学、联邦理工学院（类似于麻省理工学院或加州理工学院），并成为瑞士公民。在 1914 年，他加入了柏林的普鲁士科学院。当他获得 1921 年的物理学奖时，他是什么国籍呢？

事实上，瑞士是他的合法公民身份。瑞士是他长大的地方，从 16 岁开始，他在这里接受教育，取得博士学位，并且在瑞士专利局工作了好几年，然后开始教学——他在这个地方完成了他的第一个伟大的发现，其中包括他获得诺贝尔奖的荣誉。他甚至在加入美国国籍之后，还终身保留着瑞士国籍。但随着他获得诺贝尔奖，爱因斯坦的声望是如此之大，德国人也急切希望宣称他是德国的一分子。因此，他们宣布，根据德国法律，普鲁士科学院的任何成员都被认为是德国人。瑞士当局当然不承认。诺贝尔基金会通过忽略瑞士和德国巧妙地处理了这个问题，瑞典驻德国大使直接到爱因斯坦在德国的家里把奖项颁发给他。尽管如此，爱因斯坦几乎总是被描述为德国人或德裔美国人。像所有的传说一样，爱因斯坦作为德国人的形象——纳粹主义可憎恨形象的反面——是注定要留在书本里的。

这里涉及国与国之间的搅乱战术和诚实的混淆，许多获奖者在他们职业生涯中的某段时间是难民或流亡人员。德国物理学家玻恩，逃离希特勒迫害到了英国，于是在诺贝尔官方历史中，他被列为英国人：他确实在 1954 年任教于爱丁堡，这一年他因为近 30 年前在德国的研究工作而被授予拖延已久的奖项。

托马斯·斯特尔那斯·艾略特出生在密苏里州圣路易市，但在第一次世界大战之前移居到了英国，并且于 1927 年，35 岁时成为英国公民。他最了不起的诗歌写于英国，诺贝尔奖公正地把他列为英国人。特蕾莎修女出生在阿尔巴尼亚，她在加尔各答是年轻的修女，后来成为印度公民，无论从任何标准来看，她都是“世界的”。参考书目把她认作印度人。

获奖者名单并没有多大意义，除非有人不知道他是在哪里，什么时候完成的获得诺贝尔奖的研究工作。否则，可能会导致颠三倒四的错误。人们可能会认为美国小说家赛珍珠（1938 年诺贝尔奖获得者）比艾略特或海明威年纪更大更有名，因为她获奖的时间早于艾略特（1948 年）和海明威（1954 年）。事实上，在她开始为世人所知时，艾略特和海明威都已经在世界上享有知名度了。马克斯·玻恩在 1954 年获得的诺贝尔物理学奖似乎让人觉得他年轻时是海森伯的学生，因后者早在 1932 年就已经获奖。事实上，玻恩是海森伯的一个老师、长辈，是为海森伯获得诺贝尔奖的理论的重要共同研究者。美国生物化学家佩顿·劳斯在 1966 年成为获奖者是因为他在 1911 年完成的研究。

学校宣传任何他们能够宣传的获得者。只要哪位获奖者曾在那里学习、任教、做了一些研究，或者是有一些挂靠关系，人们在该校便会看到这个获奖者的纪念牌或青铜色名册，甚至其肖像油画。学校非常重视诺贝尔奖的荣耀，因为学校的声誉可以因此上升或下降。芝加哥大学商学院标榜自己“比任何其他学校拥有更多的诺贝尔奖获得者”。在美国，诺贝尔科学奖获得者主要来自哈佛大学、耶鲁大学、哥伦比亚大学、芝加哥大学、麻省理工学院、加州理工学院和伯克利分校。1950 年，从布朗克斯科学高中毕业的两个同学共同获得了诺贝尔物理学奖——史蒂文·温伯格和谢尔登·格拉肖——而另一个毕业生则是物理学奖得主利昂·库珀。

获奖者的故乡，无论是巴黎还是明尼苏达索克中心（辛克莱·刘易斯的出生地），都抓住机遇，用半身像或博物馆或街道的名称纪念出自本地的诺贝尔奖名人。旅游机构会提醒所有游客，诺贝尔物理学奖获得者 X 在这里诞生或居住或学习或任教，或者仅仅是喜欢到这里度假。一批书籍被出版用来赞美获得了诺贝尔奖的犹太人、德国人、英国人或意大利人。但斯德哥尔摩本身并没有牌匾或者纪念碑来纪念阿尔弗雷德·诺贝尔。

犹在镜中

所有这些获奖的“发现、发明和改进”是否都为“对人类最实质性的造福”（引用阿尔弗雷德·诺贝尔的话），这个问题仍待解决。战争、污染、疫病以及其他问题的出现已使公众对所谓的科学贡献信仰下降。如今文学为世界带来的利益似乎也很有限：电影成为目前在 20 世纪占主导地位的流行艺术。讲到和平，关于文明成功地驾驭战争和军队是没有什么可说的。诺贝尔奖特有的影响力——对科学、文学及和平是有益还是造成破坏——也完全未有定论。

阿尔弗雷德·诺贝尔的初衷或许过分乐观，但我们不能对其加以指责，这个不寻常的人物正是我们现在要讲的。

· 目录

第一章 创立者

阿尔弗雷德·诺贝尔过着 19 世纪的一种典型的新式生活。这位资本家精力充沛、野心勃勃、创造力非凡。他说：“我的家就是我的一个工作场所，而我到处工作。”他一生没有妻室儿女，也没有固定住所。这位著名的瑞典人 9 岁离开瑞典，此后回国就只是短暂停留。他也没有刻意去保持其公民的身份。他的兄弟们同样也居无定所，哪儿有发财机会，就迁移到哪儿。阿尔弗雷德在世界范围内的炸药工业使他成为百万富翁。他的父亲曾通过为俄罗斯政府制造弹药而发财，后又破产。阿尔弗雷德的两个哥哥率先开拓了现代石油工业，被称为俄罗斯的洛克菲勒家族，他们开发了俄罗斯巨大的巴库油田，建立了一家全球化企业，并变得比阿尔弗雷德更加富有。

关于阿尔弗雷德·诺贝尔，首先需要说的是，他是一个异常复杂的人。他会讲流利的瑞典语、德语、英语、法语、俄语和意大利语。用英语写剧本和诗歌，广泛阅读多种语言的书籍，他既是一个百万富翁，又是一个发明家。在使用炸药的年代，他的炸药是有史以来发明的最具有破坏性而且最具有建设性的东西——事实上，也是本世纪的伟大发明之一。他提供财产设立了和平奖。但是，也正是创造了该奖项来减轻人类痛苦的这个人，有尖酸的性格倾向。他常告诉朋友们关于他计划在巴黎建造一座豪宅，在那里，要是想自杀，可以死于奢华，而不是在寒冷、肮脏的塞纳河溺水而亡。“一流的乐团”将演奏“最美妙的音乐”。

从发明家到百万富翁

阿尔弗雷德·诺贝尔于 1833 年出生于斯德哥尔摩，家中有四个男孩，他排行老三。诺贝尔的家族以前是来自一个名叫诺贝拉乌小镇的农民家庭，诺贝尔也是由此得名。但是 17 世纪，这个家族的一位女性祖辈嫁给乌普萨拉大学一个名叫鲁德贝克的教授，鲁德贝克是瑞典一位著名的科学家，致力于循环系统的研究。即便此后诺贝尔家很穷，他们还是坚持学习。阿尔弗雷德的祖父是一名军医，他的父亲伊曼纽尔（生于 1800 年）在技校就读，成为一名发明家，当时恰逢瑞典开始步入工业化社会。在伊曼纽尔 20 多岁时，他获得了刨床的专利权，这是一台有着十个轮子的旋转式机器。然而，凡事不会那么顺利。阿尔弗雷德出生的这一年，一场大火使得他的父亲一夜破产。伊曼纽尔又用医用天然橡胶做实验，发明了驳船，但是沉没了。他还发明了可浮在水上的背包供士兵使用，可他们对此并不感兴趣。

在 1800 年以来，有很多在苏伊士地峡间建一个运河的计划，19 世纪 30 年代，又一个计划出现了，这间接地促使了炸药的发明，也使阿尔弗雷德·诺贝尔发了财。有成千上百万吨的土石需要移除，用火药爆破是那时唯一的手段。但是这样做工作效率极为低下。这使得伊曼纽尔——像他的儿子们一样，总是野心勃勃——他想出了用炸药进行爆破。他自学了一点化学知识，建造了一个工厂，1837 年，他成功地进行了一些化学爆破。但是也把工厂炸掉了，邻居们惊慌失措。相关机构出面制止了他的实验继续进行。他背上了沉重的债务，离开瑞典的家庭，前往俄罗斯重新开始。

在那时，对一个瑞典人来说，这也就是一场再普通不过的迁徙。在 17 世纪，瑞典和俄罗斯存在竞争关系，因为它们是北欧的两个巨头国家（战争一直持续到 19 世纪早期，俄罗斯从瑞典那里夺取了芬兰）。当彼得大帝在圣彼得堡建立了要塞，瑞典便一直对其创造的这座新城虎视眈眈。圣彼得堡的铜铸骑士雕像踩着一条蛇，象征瑞典处在俄罗斯的掌控之下，但是俄罗斯在工业和技术方面落后于瑞典，需要外国专家。约翰·保罗·琼斯便是其中一位，和康特拉米拉·帕维尔·伊凡诺维奇·琼斯一样，他也效命于凯瑟琳女皇。

在芬兰和俄罗斯，伊曼纽尔继续进行着他的炸药研究工作，并且成功地发明了水雷。由于俄罗斯军方的支持，他在圣彼得堡开设了一家工厂来制造地雷、大炮炮弹、迫击炮，用机械设备制造车轮。有人称他为“他所处时代的米其林”，他又进入到蒸汽机、铁道、重达数吨的蒸汽锤甚至窗框和房子的中央供暖系统等领域中。他自己的房子是俄罗斯第一个有此供暖系统的。该工厂被称为奥加廖夫上校和诺贝尔先生的特许机械钢圈厂和铸造生铁厂。奥加廖夫早前已聘请美国工程师乔治·华盛顿·惠斯勒——画家的父亲——来打造俄罗斯的第一条重要的铁路。

1842 年，伊曼纽尔的富裕使他有能力把家人接到圣彼得堡。在瑞典，阿尔弗雷德只在学校里待了一年，但是请了私人教师。他在语言方面进步很快，不久，便能流利地使用法语、德语、俄语，特别是英语：时值青少年时代，他爱上了雪莱的诗歌，并用英语熟练地模仿作诗。他还研究化学，主要是自己研究。他的两个哥哥，路德维希和罗伯特，在他们父亲的俄罗斯工厂上班。时年 17 岁的阿尔弗雷德被送往美国进行长期访问（1850～1852 年），与著名的瑞典工程师爱立信一起工作，当时爱立信已经设计了像内战名牌监视器一样的装甲船只——也许这一想法来自于伊曼纽尔·诺贝尔。

阿尔弗雷德回到圣彼得堡，及时参加了他的家族对于弹药工作的研制。俄罗斯对土耳其的设计，加剧了在英国和法国的战争的紧张局势，沙皇想在欧洲战争物资方面独立。因此，诺贝尔工厂不断扩大，以 19 世纪的俄罗斯标准来看，也是规模巨大了，工厂聘请了 1000 名工人——几乎所有人都未受过训练。也并不十分可靠：所有工人在离开该处所时都要进行全面搜查。当 1854 年克里米亚战争爆发时，伊曼纽尔的水雷帮助英国舰队与在喀琅施塔得的海军要塞保持距离，并且他的炮弹、迫击炮和轮机械提供给俄罗斯军队。

但俄罗斯输掉了这场战争，沙皇决定，俄罗斯应该不再依赖于本土的产业。伊曼纽尔·诺贝尔所有的军事合同突然被取消，他再次破产，他的家人于 1859 年返回瑞典重整旗鼓。当时，伊曼纽尔已经接近 60 岁。

父亲衰退的同时，儿子们的事业开始有了起色。大儿子接管经营，并很快重返芬兰和俄罗斯，做其他生意赚钱。他们制造炮弹、大炮、步枪。1873 年，他们看到巴库巨大的石油储藏未开发，便又涉足石油开发。

同时，阿尔弗雷德只身马不停蹄地搬到巴黎。他自己已经成为一个发明家；他的第一项专利是煤气表。他转而做炸药，主要是源于他父亲的新的痴迷。伊曼纽尔未能成功地发明一种机动式水雷，甚至想过要培训海豹来携带炸药。不过，硝化甘油成为伊曼纽尔的新的兴趣所在。

一名意大利化学家于 1847 年创造了硝化甘油，然后因为它的不稳定性太危险而放弃了。没有人能找到一个安全的方法来处理它。但伊曼纽尔成功地使瑞典军队对这个有着强大爆发力的东西产生了兴趣。然而，它的不可控性使之没什么意义。化学家阿尔弗雷德被他的兄弟叫去研究这一问题，就这样，他无意中开始了他的伟大职业生涯。

阿尔弗雷德从 1859 年至 1863 年进行研究，才有了一点收获：颗粒状粉末的硝化甘油为爆炸增加了相当大的力量。但是，这并没有太大地降低使用的危险性。然而，在 1865 年，阿尔弗雷德完成了他的第一次重大发现。他发明了雷管。

一名雷管炸药权威专家这样描述雷管："这肯定是有史以来在理论和实践两方面均为最伟大的爆炸物发现。整个现代爆破实践都是以此为基础。"事实上，原子弹和氢弹使用相同的爆炸原理，即一个小的爆炸性物体可以点燃另一个。少量的雷汞作为硝化甘油的发射帽，使危险的挥发性化学物质可以相对安全地使用。诺贝尔拿到了瑞典的专利，之后又迅速发展到英国、比利时、法国和芬兰。

但他为此付出了很高的个人代价。阿尔弗雷德在这条发明之路上的许多失败都遭到了他的父亲和哥哥的嘲笑。当最终胜利时，他的父亲宣称自己首先有的这个想法，以此来侮辱阿尔弗雷德。更糟的是，在 1864 年，最小的儿子在 21 岁时在一次硝化甘油爆炸中死亡。不久后，父亲患了严重的中风。康复之后他又开始忙于处理各种事务。由于担心瑞典向美国的移民，他试图发展新的生产机会使瑞典工人待在自己的国家。为此，他发明胶合板——具有讽刺意味的是，这在美国成为了一个受欢迎的行业。伊曼纽尔于 1872 年去世。

阿尔弗雷德在汉堡设立了一家工厂，以制造他新发明的东西，并且在全球范围内销售。但硝化甘油的爆炸仍然不可预测，它的用户经常鲁莽地使用，造成灾难性的后果。在 1865 年，一个销售员将纽约市的一座建筑炸得粉碎，造成 18 人受伤。接下来的一个月，在不莱梅，28 人丧生，200 多人受伤。另一次可怕的爆炸发生在澳大利亚的悉尼。1866 年，诺贝尔抵达纽约——已经发生了 12 例硝化甘油引发的事件——监督他在纽约的爆破石油公司，而得到的消息是，在旧金山的另一场灾难，导致至少 12 个人的死亡。不久，在加利福尼亚州和利物浦发生的爆炸导致了更多的伤亡。诺贝尔转让他对美国爆破石油公司的控股，只保留四分之一的股份。遭受到战争威胁的欧洲，反而是更有前途的领域，那里的政府没那么严格。在 1866 年普鲁士和奥地利的战争中，诺贝尔获得了一些利润。不久，他在英国展示了发展和制造他的硝化甘油的优势。

1866 年，诺贝尔最伟大的发明出世了：炸药。那年，他发现了液态硝化甘油在被硅藻土（一种硅化土成型的糊状物）吸收时，可以安全地处理塑造成棍状。到了 19 世纪中叶，公共工程的规模空前扩大：矿山、港口、道路和桥梁的建设，大坝建设，铁路、大运河如苏伊士运河（1869 年通航），以及军事工程的建设，在很大程度上依靠新炸药的威力来移动数吨重的土，开凿穿山隧道，以及粉碎巨大的岩石。

诺贝尔非常艰苦地在整个欧洲和美国获得他的炸药的专利，尽管在这些地方，硝化甘油是不受专利保护的。仅仅在他取得第一项专利 8 年后，他建成了 15 个炸药工厂，纵横交错地分布在欧洲和美国。在汉堡、科隆和布拉格，在纽约和旧金山，在挪威、瑞典、芬兰、苏格兰、法国、西班牙、瑞士、意大利、葡萄牙和匈牙利都先后设有工厂。俄罗斯是难以打开市场的，因为炸药可能帮助恐怖分子制造炸弹来刺杀沙皇和其他知名人士。1870 年，普法战争期间，诺贝尔把炸药提供给双方。1871 年，英国炸药公司在苏格兰成立，这是欧洲最大的炸药公司，其资本的一半由诺贝尔拥有。

诺贝尔手中还有两个重要且利润巨大的发明。他在 1875 年降低了硝酸甘油的冰点，并由此产生了“爆破明胶”，开发了种类繁多的新的工程和军事用途。1887 年，他发明的火药无烟粉末推进剂获得了专利，据说这对从 19 世纪 90 年代至 1914 年期间的所有的武器设计产生了极大影响。

诺贝尔曾在他最后的日子里，致力于改善他的发明和持股，并使之多样化。但他也试过其他的东西：更耐磨和抗撕裂的大炮钻孔、可用于战争或救援空中抛射体。在 19 世纪 70 年代，他获得了自动制动的专利，一个在压力下不会爆炸的锅炉，以及铸铁的方法。在他的晚年，他从硝化纤维中寻求硝化棉橡胶和皮革的替代物，以及人工制造丝绸的方法。

1875 年，诺贝尔在巴黎居住——或者，更准确地说，为他无尽的商务旅行设了一个落脚地。但是，麻烦出现了。他的法国公司，法国兴业中央炸药公司，被牵涉进苏伊士运河丑闻，虽然诺贝尔没参与管理也不拥有这家公司，但也足够使他成为这次风暴的中心而臭名昭著。几年后，出售给意大利一批武器引起了愤怒的法国媒体和议会的谴责，诺贝尔被指责为外国间谍——他的实验室在政府附近——做非法实验。他的实验室遭到了警方的搜查和封闭。于是，诺贝尔于 1890 年迁移，在靠近意大利里维耶尔的圣雷莫建了一个家，并成立了一个实验室。

他生命的最后几年并非波澜不惊。他的法国大公司遭受了失败。根据法国法律，作为董事会成员的诺贝尔，要用他的全部财产来负责，因此他破产了。他以极大的精力重组了公司。他所信任的两名英国人与之打起了法律官司，现在，他们声称是自己独立发明了无烟火药。英国法院判决了两名英国人象征性的胜利，而诺贝尔自己苦吞黄连。他抱怨说，朋友“只有在我们用别人的肉喂养的狗以及用自己的肉喂养的蠕虫中才能找到。感恩的肚子和感恩的心是一对双胞胎”。他在讽刺作品《芽孢杆菌专利》中倾诉了自己的不满。

刚刚过了六十岁，他的健康便开始衰退。最轻的是风湿病，最糟糕的是心脏病。他被要求放缓工作步伐，但是他仍像以前那样工作，视察遥远的公司。他投资瑞典博福斯工厂，那里建有配置最新设备的大型实验室。他资助了一个由瑞典探险家为首的北极飞船探险队。飞船消失在北极，残骸于 1929 年被发现。

随着他的健康状况变得更糟，诺贝尔开始写一些奇怪的事情。一部戏被称为《复仇女神》，讲的是文艺复兴时期的贵族桑西（cenci）强迫他的女儿乱伦。当然，诺贝尔的诗人英雄雪莱，也以同一主题写作了《钦契》。自 19 世纪 70 年代以来，诺贝尔没有写任何诗歌，当时是用其流利且有力的英文；这部剧是用瑞典语写作的，他还是以一种呆板的方式写作。诺贝尔逝世后，其家族试图销毁所有的印刷本，不过有三个副本得以保留下来。

后来，他遭受到严重的脑出血，而这种情况使他的语言水平退回到其儿时的语言，瑞典语。他的法国和意大利的护士听不懂他的话。1896 年 12 月 10 日，阿尔弗雷德·诺贝尔去世。当时，没有家庭成员在场：他的哥哥都已经先于其去世，罗伯特仅在几个月之前，即在 1896 年 7 月去世，路德维希于 1888 年去世，他的母亲在 1889 年去世。当时也没有任何朋友在场。但没有证据表明，诺贝尔曾经有过哪怕一个亲密的朋友。

流浪汉和任性的百万富翁

在 19 世纪 70 年代初，当诺贝尔处在其事业巅峰之时，一个英国商行的合伙人这样形容他：

他中等身高，体形修长，有点佝偻。他留着未经修剪的络腮胡。淡灰色的小眼睛炯炯有神，他的脸上神采奕奕，尤其当他在谈话时，看上去是个非常聪明的人。

而他的一位个人助理对他进行了另一番不同的描述：

诺贝尔给人的印象是有些紧张。他的举动比较活泼，但是步态有点装腔作势，他的面部表情非常多变，这是他的谈话风格，他还经常有一些奇怪的言论和奇怪的想法，这增添了不少乐趣。有时，这些言论似乎很荒谬，并似乎有意冲撞顽固守旧者。对于他的瑞典同胞而言，他们不习惯他略带法国风格的说话方式，至少可以这样说，他经常显得有点不知所措。

这个内隐的人令人难以捉摸：他害羞，孤独，从不和任何人亲近，说话刻薄，情绪变化无常，有点像英国诗人雪莱，他还是有名的“毒舌”，在公共场合骂起同事也毫不留情。他确实是个犀利的商人，但确实也是一个孤傲的人，他与所有员工保持很大的距离。相比之下，他更富裕的弟弟路德维希的家正在他的俄罗斯工厂旁边，而他常把时间花在他的工程师、工长和设计师身上。据报道，路德维希没有体现出典型的瑞典人与其他人的区别——这就是曾经风靡一时的“为什么每两个瑞典人中就有一个是工程师的原因”。但显然，阿尔弗雷德以多种方式体现出他是极其符合的。

至于诺贝尔的家庭，是在巴黎。事实上，维克多·雨果可能是一个表明他的“百万富翁的流浪汉”身份的标记。他买了豪宅并且装饰一番，但有代表性的是，他拒绝表明任何对颜色或风格的偏好。对于私人实验室，他却表明了其想法。房子成为他的复杂的商业利益的暂时的总部，一个巨大的对应大多数欧洲语言的中心。

诺贝尔从未结过婚，并且通过他的传记可以知道他只对两位女性有兴趣。1876 年，来自于奥地利贵族家庭的贝莎·金斯基，冒险地回应了诺贝尔征求一个秘书为一个“富裕，受过良好教育的老年绅士”服务的广告——他当时 43 岁。她当时是 33 岁，讲好几种语言，受过高等教育。他们似乎立刻互相吸引，彼此同情。她很快就向他吐露了她的故事。她有许多追求者，有些太老，有些太年轻，有的太野性，有的又太温顺，总是不适合。有一次，诺贝尔发现她绝望地哭泣，诺贝尔很感动，向她展示他用英文写的百页“哲理诗”手稿，这似乎是他最私密的感情流露。如此遮遮掩掩的男人让人看这样一首诗是很不一般的：他在见面之后这么短的时间里让贝莎读这样一首诗表明，他一定是已经爱上了可爱、不安分、且具有独立思想的贝莎：在许多方面，她是自己的一面镜子。

但在可能发生任何事情之前，甚至在贝莎就任她的秘书职务之前，她跑走与一个高贵的维也纳家庭的儿子结婚了。当她写信告诉诺贝尔这件事时，她的署名是贝莎·冯·苏特纳。他与她保持联系，而当她从事改革运动后的和平到来时，贝莎毫无疑问地说服他以他的遗愿，把和平奖加了进来。

同年，也许在失望之际，他在一次维也纳之旅中遇到了另一个女人。她在各方面都不同于贝莎。赫斯·苏菲是一个年仅 18 岁的花店店员。她长得很漂亮，有些庸俗，有点愚蠢，比较善良，热衷于谈论家长里短，有点烦人。而不知为何，他却有点喜欢她，给她买了一个昂贵的手镯。他只要在维也纳就会见她，并且把她安排在了一个部门。在一方面来讲，他们的联络很平庸：年老的富人与年轻的情妇同睡一张床，没有别的。诺贝尔不断地给她写信，但他太谨慎，并未向苏菲透露太多与自己有关的东西。他叫她“亲爱的孩子”，自己署名咆哮的熊——这是她对他的昵称，而他是她的叔伯辈。如果她被称为“一个好姑娘”时，他就会送她礼物，并且带她旅行。他把她带到自己在巴黎的公寓。他真的把她带到斯德哥尔摩去见他的母亲，这已经是奇迹了，相当不错了。但她太不成熟，他回避她想要的婚姻或亲密接触和私房话。

尽管如此，他们在奇怪地结束这种关系之前还是维持了 15 年的时间。他在伊绪为她买了别墅，自此，她开始宣称她是诺贝尔的的妻子。熟人都通过报道知晓了这个消息，这让诺贝尔变得更加尴尬。最后的决裂是发生在 1891 年，苏菲宣布她怀孕了，并且怀的孩子不是诺贝尔的，而是一个匈牙利骑兵军官的，但是他没有向苏菲求婚。诺贝尔慷慨地为她设置了能舒适生活的年金。这位有军队代码的骑兵军官不得不与苏菲结婚，但这一丑闻也迫使他辞去了他的职务成为一名香槟推销员，并且在婚礼结束之后就立即消失了——或者是：他开始给诺贝尔写信要钱。当代的维也纳八卦提供了另一个故事：这个孩子是阿尔弗雷德的，这个骑兵军官仅仅是一个诱饵。

诺贝尔似乎最爱的还是他的发明和业务。他是一个不寻常的、勤奋的、专注的工人，他不停地到欧洲漫游，督促产品的生产，扩大和巩固自己的利益，抵御竞争者。他也宁愿在外面工作而不是在房间里。他检查任何其中一个公司时，总是这样做。据说，他连进入自己的实验室都是由后门进入。他从来不会选择独自拥有或管理制造他发明的炸药等产品的任何工厂。他持有专利和一些股份，但工厂都是当地拥有和管理的。这有时会导致诺贝尔的两个公司在同一市场无情地竞争，甚至对对方发出挑战的警告。

诺贝尔站在一边观望：当德国诺贝尔公司开始出口到英国时，诺贝尔认为最好的策略是为英国公司出口到德国进行反击。虽然他在董事会里，并且是大股东，但他没有权力发号施令。然而，正是诺贝尔公司的名字使这些公司变得富有。这种模糊的角色显然适合诺贝尔。不管怎样，他足够富裕可以在任何时间改变这种情况，他只需保留任何一个公司的大部分股份。而他没有选择这样做。

这种很时尚却从不被以他的发明而建立的大公司所使用的方式，即以不完全承诺而是左右逢源的方式延伸到他生活的每个方面。“我希望我能制造出一种对于整体销售破坏产生可怕的疗效的物质，从而使战争成为完全不可能发生的事。”他说。但是，在当时，他以平等的原则告诉助手：“嗯，我们所研究的是残忍的事情，但它们像纯粹的技术问题一样有趣……并且，如果没有任何金融和商业方面的考虑，它们毫无疑问地迷人。”

诺贝尔曾经随便买下了斯德哥尔摩的一家报纸，但他予以否认，因为他想要影响力。他这样写道：

> 如果我拥有一份报纸，我不会为自己的利益。这是我的一个特点，从来不考虑我的私人利益。我作为一个出版商的政策将是：反对军备和旧式的残余。

如果必须制造军备，他继续说，那么每个国家都应该自己制造。也是这个男人坚持有权向所有买家出售自己的武器，他会在客户国试图让他不向对手国销售武器时，通过法律途径解决。

以同样的方式，尽管他也许是19世纪后期的国际资本主义的原型，但他并不完全属于这个类别。令人吃惊的是，像诺贝尔一样的人，很多都是出生在19世纪30年代：洛克菲勒，卡内基，希尔，哈里曼，古尔德，铂尔曼，老摩根和诺贝尔的两个哥哥：路德维希和罗伯特。根据不同的标准，这些人或者是行业巨头或仅仅是剥削的资本家。当时还有一个当代集团，各种所谓死亡商人或军备巨头：克虏伯公司、法国施耐德的斯柯达、威格士、老摩根、罗斯柴尔德家族、俾斯麦的银行家布雷克劳德。

诺贝尔是两个组别的成员，通过自己努力成为的百万富翁成为了从战争和工业化中获得利润的巨人。他可能是第一个发明伟大的垄断托拉斯和现代控股公司的人：他的家族企业仍然处于英国和法国的规范之中，而德国人尚未形成垄断联盟，只有“利润池”联盟。再一次，诺贝尔与那些像他的人疏远。

当然，他可能是尖锐和无情的竞争对手。他的传记作者哈拉兹指出，诺贝尔甚至在他的发明尚未完善之前，就急着去申请专利。然而，在诺贝尔看来，有一些事始终没有必要占据主导地位。他指出，最简单的证据是他可以很容易地通过以他的名字来拥有公司而变得更加富有，更加强大。上面提到的那些人会毫不犹豫地这样做。然而，诺贝尔天生具有内省以及自我观察的能力，这种能力会使洛克菲勒或克虏伯这样冷酷无情的人受到束缚。诺贝尔曾经不以为然地谈及一个好胜心强的同事：“对他而言，没有什么是神圣的，除了自己的利益。”

诺贝尔在不加区别地向所有买家售卖自己的爆炸物品时持有的不是这样的观点。但这使他放慢了脚步，他的内心充满忧思，有了很多新的思考，除了智力之外他怀疑一切事物，尤其是他自己。他在一场战争中向双方出售武器，但他不同于巴泽尔·扎哈洛夫，即后来臭名昭著的市政王，“我制造战争，这样可以向双方出售武器。”诺贝尔内心里或许真的是一个理想主义者，就如他的瑞典支持者坚称的那样：他是狼群之中的一头高尚的羊——或者说是半头狼——与和他同样做生意的狼相比。也许他的这种分裂性使他得了抑郁症，他经常抱怨，并且用嘲讽的语气来刺激别人。

不管什么原因，很难想象洛克菲勒或克虏伯会像诺贝尔一样孤独地住在其巴黎豪宅阅读历史著作，经典著作，雪莱和拜伦。J. P. 摩根收集难得的好书，但却不读，仅作为美丽的艺术品收藏。在销售和改进炸药期间，诺贝尔经常光顾在巴黎的“高等”智力沙龙，谈论激进的政治或左拉、莫泊桑的最新作品。摩根或其他人会像诺贝尔那样，为了会见一名像维克多·雨果那样的诗人而从他们繁忙的日程中抽出时间来参加晚宴吗？或会定期写作诗歌、戏剧和小说吗？

遗嘱

没有其他任何地方比诺贝尔的遗嘱更能体现其两者兼得的倾向。诺贝尔的大多数传记作家觉得他极大地受到了他的弟弟路德维希的死亡的影响——或者，更确切地说，是在不准确的讣告之后。一些记者误以为是阿尔弗雷德死了，于是他有了阅读自己讣告的奇特体验，其中有许多可不是溢美之词。他被尖刻地形容为战争奸商，通过发明新的杀害人们的方式来变得富有。他有可能在 1889 年写了遗嘱，但是没有保存下来。他在 1893 年的遗嘱中提到用他的部分遗产奖励科学发现以及设立和平奖，文学奖并没有被提及。在1895 年的最后一份遗嘱中，所有这些奖项都获得了平等分享。他改写了先前的遗嘱来证明他的生命：从现在开始，他的财富要用于造福人类。

很快就出现了一些疑问。尤其是在他受到路德维希的死亡讣告的误会冲击后，为什么在他活着的时候，诺贝尔没有设立奖项呢？当然，他足够富裕可以做到。“剩余财富，”安德鲁·卡内基于 1889 年说，“就是一种神圣的信任，其所有者与管理者为了团体着想势必会联系在一起。”他还说：“人一死……其财富也随之贬值。”卡内基至少在一定程度上受到诺贝尔遗嘱的影响，于 1900 年成立了卡内基基金会。

但诺贝尔“这位无人不晓的人，”也是很有个性地让自己成为无人不晓的慈善家。通过安排遗嘱而被追认为大方，他再次避免任何对他的隐私的侵犯。他的遗嘱没有指示用他的名字来命名奖项。或许，正如伊丽莎白·克劳福德所认为的那样，把奖项委托给瑞典机构增加了他自己和那些获得他帮助的人之间的距离。他一直讨厌名声。一个瑞典出版商仅想在一本关于瑞典著名人士的书中发布他的照片，也被他拒绝了，并且他还尖刻地补充说："我不知道我有这当之无愧的名声，但对此我并不感到喜悦。"对于一家杂志为了纪念巴斯德而请求捐款，他说："我相信巴斯德一定想把这一切献给魔鬼，他厌恶宣传他的名字。"很显然，诺贝尔只在乎两项荣誉：当选进入英国皇家学会和瑞典科学院，早先，诺贝尔就因其雷管的发明而获得瑞典科学院的莱特斯泰特大奖。

诺贝尔认为不应拿自己的功绩吹嘘，也不信任一切世俗的东西。当他侄子要诺贝尔写自传时，他讽刺地回答：

> 下面的记载，依我看是最漂亮的了：阿尔弗雷德·诺贝尔，当他呱呱坠地时，他那可怜的生命，本可断送于一位仁慈的医生之手。主要的美德：保持指甲清洁，从不累及他人。主要的过失：没有太太，脾气很坏，消化不良。唯一的愿望：不被人活埋。最大的罪恶：不祭拜财神。

他侄子又提议诺贝尔画幅肖像，再一次被拒绝。诺贝尔声称，他年纪太大了，没有那么大的虚荣心要让他的"猪鬃胡子"永存。此外，肖像画如何能表现出他连自己都不了解的特性呢，是直率的还是痛苦的？"我深受刻薄的自我批评倾向的苦恼，其中每一个瑕疵都会以其丑陋的面目被暴露出来。"但是，他的著名的遗嘱实际上是让全世界都看到的自我的肖像，其中，他内心的紧张转化为表现其认为生活中有意义的事物的标准。

作为"专家"的获奖者

很多慈善家希望改善社会条件，科学和文学社团通常纪念伟大的个人成就。诺贝尔与之耦合，他的奖项颁发给个人，造福社会的精英。他不信任政治和运动，甚至是供养其财富的企业。他只相信特定的个人。“专家”一词，也许最能体现诺贝尔的目标。19 世纪中叶，这一术语被广泛使用来反映科学家、工程师、发明家和工业巨头的新声望。事实上，在 19 世纪 80 年代，后来所称的技术管理一炮而红，在此领域，工业管理人员和技术工作得以在社会中生存——从其自身——通过控制而“理性”发展。爱德华·贝拉米 1888 年的小说《向后展望（2000～1887 年）》助推了这样的想法：在 10 年的时间里，销售达 100 万册，并且后来被翻译成十几种语言。诺贝尔带着同情细读了贝拉米的作品：对于“合作生产”和政治“合作”的崇敬未能清除他对任何此类计划的怀疑。

诺贝尔奖的桂冠在某种程度上反映了他对雪莱的终身迷恋。诺贝尔奖的科学家、作家与和平工作者缺乏雪莱先知的伟大，其真正的人类的受益者是世界上“不被承认的立法者”：柏拉图，摩西，耶稣，牛顿，莎士比亚。但目的是类似的。如果在惨淡时代，伟大的先知是不可能的，那么“专家”将不得不这样做。诺贝尔，炸药专家，其中可能包括他自己。至少他将表彰那些在他之后的优秀人才。

诺贝尔的“专家”完成了基本的发现，并且帮助创造了新的道德。炸药和火药都有可能有助于消灭战争，但毕竟取决于政治家。（就像诺贝尔专家一样，原子弹科学家创造了可怕的武器，但是由政治领导人来决定是否使用。）这种可能性似乎已经减少了诺贝尔渴望进步的希望。他在 1893 年的遗嘱中，曾插入如下醒目的限制：他的遗嘱和奖项也许应当在 30 年内取消，因为“如果在 30 年内，要改革现有的制度是不可能的，我们将不可避免地退化到野蛮状态。”在一定程度上，他的意思是阻止战争的可能性不大，在另一方面是现代民主改革。幸运的是，他在最后去掉了这个条件。

诺贝尔在他的许多文学作品中清楚地表明了他的立场。其中一本名为《在最光明的非洲》。这当然是“最黑暗非洲”的文字游戏：在 19 世纪后期，非洲大部分地区尚未被欧洲人开发。但是，诺贝尔的主题显然是现代的欧洲。他的意思是去除欧洲在其无坚不摧的启蒙方面的骄傲，这也体现在其引以为傲的资产阶级的成功方面。

《最光明的非洲》是一个关于古代和现代政治的寓言。主角之一是阿韦尼尔（“未来”），一个非常进步的民主主义者。另一种是“我”的叙述，他主张不苟言笑，至少在过去的民主政权方面。讥诮过去的阿韦尼尔，反驳政府的三个历史形态为残暴：君主专制，君主立宪制和民主。政权世袭制是非常荒谬的；君主立宪制是无能的；民主是由那些会说话的人，演说家和律师所掌控。

当反动的“我”敦促独裁权力的回报——古代罗马是历史上唯一幸福的政权——阿韦尼尔当然不同意。相反，他支持通过给予总统在战争中的独裁权力而保留民主。然而，在和平时期，总统的权力将由理想和管理者掌控。事实上，阿韦尼尔的完美理想似乎只有一个主要职责：选出最聪明的、最冷静的、因此可能最有效的领导者。

诺贝尔显然符合上述两种特质。他有时把自己称为社会主义者，但不是那种渴望“机械军营生活”的人。诺贝尔的那种“社会主义者”类型是独立的个人，他通过抵制流行的民主暴政来拯救他人。

昔日政府比他们的臣民更狭隘，更具侵略性，但现在好像政府正在努力使公众愚蠢的激情平静下来。

诺贝尔找不到任何值得考虑的行动计划。难怪他把他的财富奖励给个人，而不是机构。雪莱曾说过，机构是由伟大人物的形象塑造的。然而诺贝尔最终把他的奖项颁发权委托给瑞典机构。因此，他把谜留给了后人。至少，在这个方面，诺贝尔的奖项一定会成功。

第二章 诺贝尔奖的发明

1897年，从欧洲到亚洲，一百多家报纸报道了“炸药之王”用遗产设立诺贝尔奖的消息。

公众并不是唯一感到惊讶的群体，已经被实际剥夺掉继承权的诺贝尔的瑞典亲属们也感到惊讶。没有一个家庭成员被任命为遗嘱执行人，而指定的遗嘱执行人也颇感措手不及。他们是两名瑞典土木工程师拉格纳·索尔曼和鲁道夫·利列克维斯，他们没有任何法律经验，诺贝尔依赖的只是他自己对他们的信任。不过，精明的诺贝尔在他待在实验室和从事贸易的时候，就已经写好了遗嘱，这是一个在法律上不够清晰、模糊并存在遗漏的杰作。

他1893年早期的遗嘱也是没有任何法律上的建议，并且进行了公告。剩下的五分之一的遗产给朋友和亲人，另外17%被分配给在巴黎的瑞典俱乐部、一个设立在维也纳由贝尔塔·冯·苏特纳负责的和平团体、斯德哥尔摩技术大学（高级技术机构，如同麻省理工学院）以及位于斯德哥尔摩的卡罗林斯卡医学院，为的是生理学或医学领域的奖项。剩下的则给了瑞典皇家科学院，为的是尚未详细说明的高智力发现以及和平奖。文学奖没有被提及。

诺贝尔最终的遗嘱是用瑞典语写的，在罗列了一些小的个人遗产之后，只有很长的一段话：

> 在此我要求遗嘱执行人以如下方式处置我可以兑现的剩余财产：将上述财产兑换成现金，然后进行安全可靠的投资。以这份资金成立一个基金会，将基金所产生的利息每年奖给在前一年中为人类做出杰出贡献的人。将此利息划分为五等份，分配如下：一份奖给在物理学界有最重大发现或发明的人；一份奖给在化学上有最重大的发现或改进的人；一份奖给在医学和生理学界有最重大的发现的人；一份奖给在文学界创作出具有理想倾向的最佳作品的人；最后一份奖给为促进民族团结友好、取消或裁减常备军队以及为和平会议的组织和宣传尽到最大努力或作出最大贡献的人。物理学奖和化学奖由斯德哥尔摩瑞典科学院颁发；医学奖和生理学奖由斯德哥尔摩卡罗林斯卡医学院颁发；文学奖由斯德哥尔摩文学院颁发；和平奖由挪威议会选举产生的5人委员会颁发。对于获奖候选人的国籍不予任何考虑，也就是说，不管他或她是不是斯堪的纳维亚人，谁最符合条件谁就应该获得奖金，我在此声明，这样授予奖金是我的迫切愿望。

以寥寥数语表明要用如此巨大的财富设立种类丰富的奖项，这份遗嘱的简洁和含糊不清，让其遗嘱执行人、学院和瑞典政府花费五年的时间把它变成一个可行的机构。

首先，为什么只有这五个领域？有关诺贝尔排斥数学，有一些传说。例如，诺贝尔计划成立数学奖，但不能容忍和他同时代的一位卓越的瑞典数学家——米塔格-莱弗勒；还有一个更让人感到兴奋的理由，即米塔格-莱弗勒曾从诺贝尔身边夺走一位姑娘；再一个则更有可能，虽然不那么令人兴奋，原因是诺贝尔这位发明家本人没有看到纯数学对人类带来的实际福祉。文学通过了这项检验，至少诺贝尔自己就是一定意义上的作家。诺贝尔和平奖则被描述成只为利益。

1895 年的遗嘱把送给朋友和亲戚的特定礼物大幅削减到了三十分之一的资产。之前对斯德哥尔摩技术大学和维也纳的和平团体的遗赠也有所削减。文学奖则第一次被列入其中。早期模糊的那句“高智力发现”也被限定在物理学和化学领域。正如拉格纳·素尔曼所评论的那样，1893 年的措辞是很不精确的，“科学奖”可以指几乎所有的东西。新的遗嘱把诺贝尔和平奖从肯定没有能力判断这一领域的瑞典科学院转移到挪威议会。但是，为什么诺贝尔认为，挪威议会有能力来评估国际和平与战争的复杂性呢？

最大的困境是，诺贝尔把他的资产留给了一个当时还不存在的“基金会”。如何能合法拥有一个不存在的受赠人呢？如果三个瑞典学院加上挪威议会能迅速地达成一致而成立一个基金会来管理奖项，那么这种奇特的问题可能已经解决了。事实上，在这些团体同意接受诺贝尔的分配之前，已经在无休止的辩论上耗费了两年的时间。同时，在公共和私人场合，关于谁应该得到这笔巨额遗产的什么部分的其他争吵也时有爆发。

在他 1896 年去世时，诺贝尔的财产分布在九个国家，93 个工厂，总额超过 3300 万克朗（在 1900 年，约合九百万美元）为了使人们对诺贝尔的慷慨大方有一个更为具体的感知，伊丽莎白·克劳福德把各个奖项的价值设定为 20 万瑞典克朗或以 1900 的汇率计算为 5400 美元，相当于“一个大学教授的年薪的 30 倍或者一个在建筑行业里的熟练工人年薪的 200 倍”。诺贝尔资产仅一年的利息就相当于瑞典最古老、最大的乌普萨拉大学几乎整个年度的预算。一个单项诺贝尔奖，相当于以财富闻名的法国科学院 10 年的奖项。

遗产申领人排成了长长的队伍：

诺贝尔的亲戚；几个瑞典学院；在当时包括挪威议会的瑞典政府；并非

不重要的法国政府。事实上，从开始到结束，整个事件，需要的不是历史学家而是像巴尔扎克这样的小说家，他会同情却讽刺地描述财富的诱惑力、亲戚极度的贪婪、律师的阴谋、学者和知识分子的描述幻想，以及政治家的野心。

首先的核心问题是，诺贝尔在法律上是法国还是瑞典公民？他不是通常意义上的任何国家的公民。他出生在瑞典，但9岁后也只是简单地访问过它。他从来没有支付给瑞典税收以构成他是瑞典一份子的证明。他曾在法国居住近30年，但从未申请法国的版权或公民身份。

诺贝尔的公民身份问题是至关重要的。如果是法国公民，他的遗产则会被沉重的法国遗产税给侵吞。瑞典法律规定是较为宽松的。此外，如果诺贝尔被宣布为是一个法国公民，那么他的亲属认为，他们有一个更好的借口使遗嘱和奖金无效。遗嘱执行人希望瑞典法院对遗嘱做出裁决。可是如何才能宣布很少住在那里的诺贝尔为瑞典公民呢？

借助瑞典政府的帮助，遗嘱执行者和他们的瑞典顾问拼凑出了一个策略。会议决定，诺贝尔必须本人认为自己是瑞典公民，他在瑞典写的遗嘱，指定的是瑞典执行人，并指派瑞典院校来实现他的遗嘱。他投资了瑞典的博福斯工厂并提到自己在附近居住。难道不是法国政府自己迫使诺贝尔移民到意大利的吗？

这是站不住脚的。但是，诺贝尔的亲戚提出的威胁性的诉讼也失去了原来的能量，当时，阿尔弗雷德的侄子——巴库石油大亨路德维希·诺贝尔的儿子——坚持充分尊重他叔叔的愿望。伊曼纽尔是“俄罗斯”诺贝尔最有影响力的成员。但他的动机远远不只是对他叔叔的虔诚。他的兄弟死后，阿尔弗雷德持有在巴库的诺贝尔兄弟石油公司的控股股份。伊曼纽尔想要控制权。亲瑞典派为了表示对伊曼纽尔的支持，以很低的价格把股份卖给了他。

诺贝尔奖

瑞典的亲戚继续争取，他们得到了瑞典报纸的帮助来反对遗嘱。例如，报纸声称，诺贝尔把和平奖项交给挪威议会便证明了自己是不爱国的。此外，当众多瑞典人处于贫困和饥饿中时，他个人挥霍财富是不道德的。攻击遗嘱核心的最有希望的说法是：奖项是不可能进行授予的，因为院校绝不会接受转让奖项。

有一段时间，这种说法似乎是真实的。即使只有一个院校拒绝，也不可能建立诺贝尔奖基金会。因此遗嘱就没有受遗赠人，并可能被宣布无效。而诺贝尔并没有给出别的办法。

各院校都有相当合理的怀疑之处。在科学、文学和和平领域，颁发宝贵的每年一度的国际大奖不是容易的事情。这些领域是如此令人畏惧的广泛，而且又极为多样化和专门化。技术、美学、道德和政治问题非常复杂。评审委员很有可能要花费时间无休止地学习自己所受培训或兴趣之外的科目。他们也需要从全国各地寻找知识渊博的被提名者、评估员、顾问和翻译人员。所有这一切都不可避免地打断了他们自己的工作，并且耗资巨大。但是，诺贝尔的遗嘱并没有说到关于对评审委员、顾问以及其他工作人员所付出的劳动和牺牲给予补偿。

根据诺贝尔的遗嘱，奖项将会在每年被授予有重要发现的人，但是如果没有值得获奖的候选人怎么办呢？发现应该是“最近”的：有多近算是“最近的”呢？如果对某个理论的实验证明出现在几十年后，仍然算作“最近”的理论吗？人们怎么样比较出“发现”与“发明”呢：如果牛顿发现重力值得获奖，那么，不拘于重力的飞机的发明者是否也值得获奖呢？不管怎样，当许多发现或者发明显然对人类利弊皆有时，人们怎样决定一项发现或发明是否“造福人类”呢？（这可能会帮助提高杀死莱特兄弟的机会：飞机是不安全的。）

学院也没有任何先例来帮助他们。为如此庄重的贡献而设立这样贵重的奖项是从来没有过的。随着事情的进展，不同的诺贝尔组织必定会发明他们需要的东西，他们总是能对创始人的遗嘱和其中的神秘字眼作出不同的解释。

虽然瑞典的机构拖延了，但是遗嘱仍然在法律方面有风险。然而，诺贝尔的遗嘱无疑被保留了下来，正是因为他选择了那些特殊的学院。这使瑞典政府参与到此事中来。1897 年，瑞典总检察长得到指示，在瑞典的司法管辖权之下来帮助保留遗嘱。这是一个非凡的法律步骤，因为它使这个国家一半的官方顾问成了诺贝尔的遗嘱执行人以及他们的律师。显然，诺贝尔奖项为瑞典带来了独特的利益。因此，在公共利益方面，诺贝尔的亲属必须作出牺牲。他们最终获得了他们想要的那一小部分。瑞典政府的干预也许有助于说服法国法院，诺贝尔是瑞典的合法公民。

学院仍然是最后的障碍。到 1897 年，四组中有三组人同意：挪威议会、瑞典皇家科学院和瑞典卡罗林斯卡研究所。科学院仍然进行抵抗。

在某种程度上，院校犹豫不决是因为他们希望得到诺贝尔资产中较大的份额。人们一定难以想象拿着低薪的教授第一次在生活中看到了几乎伸手可及的巨大的财富所产生的效果。这些低薪资的学者也难怪想要兑现需要他们服务和尊重的巨额遗产。他们也开始窥见他们所要承担多少工作和责任。

因此，学院要求预留足够的资金，以支付委员会的费用和酬金。一些人甚至设想付双倍的年薪。“诺贝尔基金会条例”最后设定以奖项价值的四分之一来分摊到各委员会以作补偿——一个丰厚的回报，因为这为一个教授的年薪增加了大约三分之一。

那些学者在觊觎着诺贝尔囤积的财富的同时，也看到了为辉煌的实验室、图书馆和豪华的办公室所准备的充裕资金。他们被美好的希望冲昏了头脑，希望为这五个领域各自建立一个诺贝尔奖机构，每个领域都有自己的领导者、工作人员和助手，或者建立一个宏伟的学院，可容纳处在同一屋檐下的所有领域。这些昂贵的项目可以通过没有被授予的奖项或通过削减奖金数额来建立。而他们宏伟的计划没有一个得以实施。

瑞典知识分子群体的特殊性格不可避免地决定了诺贝尔奖的意义和方向。

1900 年，瑞典有 500 万人，是德国、法国、英国或者奥地利人口的十分之一。处于欧洲北部边缘地带的这个国家有着能够与俄罗斯相抗衡的强大的军事和政治力量，这样的年代在一个世纪之前就已经结束。整个 19 世纪，这个国家进行了工业现代化，但是正如著名的海军工程师埃里克森所说，随着技术工人的稳定迁移，国内的经济条件变得暗淡。自 1850 年以来成千上万的瑞典人移民到美国，并且在 1867 年毁灭性的大饥荒之后，移民人数暴涨。

在文化和科学方面，瑞典表现出一个被强大邻国恐吓的小国所具有的一切症状。瑞典学院和大学则明显反映了这一点。这个国家只有几个像斯特林堡一样的国际著名作家，而德国、法国、英国和奥地利则似乎有很多。再与较大的欧洲国家所拥有的众多伟大的科学家、大学和实验室相比，瑞典的科学远远落后。

诺贝尔将为瑞典知识界和学术界爆发一次地震。他们忽然之间就被安置在了国际舞台上，并负责近代最有价值的奖项。那种宣传和压力可以放大每个弱点和优点，而瑞典的狭小则使之进一步加剧。在人口密度如此之大的国家，原则或意见的分歧往往变成个人的怨恨。这种情形持续爆发，不仅在确定诺贝尔基金会的五年内是这样，并且直到今天，仍旧如此。

1900 年，瑞典学院和挪威议会有能力颁发诺贝尔奖项吗？答案很简单：不是非常有能力。

首先是文学奖。瑞典皇家科学院在当时是停滞不前的。其常务秘书长卡尔·沃森是一个道德感极强的人，他被称为瑞典和斯堪的纳维亚写作的新方向的“执拗的对手”。因为这意味着“执拗地反对”易卜生、托尔斯泰、左拉等伟大作家，所以只能说他的道德热情扭曲了他的批判能力。诺贝尔奖为值得获奖作品所体现的部分“理想主义”正适合沃森的每一个偏见（见文学奖章节）。

至于科学奖，授予物理学奖和化学奖的瑞典皇家科学院，是瑞典最古老、最杰出的科研机构，但是它把很多精力花在了农业、炼铁厂、气象服务和维护博物馆方面。其下最大的部门约有 15 人，分别是动物学、植物学、医药和外科手术部门。物理学部仅有两位成员，化学部有 12 位，但仅仅是因为它结合了气象学。科学之所以被看作是非常宝贵的，主要是因为技术的进步，如电力系统、造纸厂和钢铁厂。

当然，对于诺贝尔奖的目的而言，重要的是学院的物理学家和化学家的质量。正如所期望的那样，这些学者主要来自乌普萨拉大学和斯德哥尔摩大学，两者是经常发生争执的学校。乌普萨拉大学可以很自豪地追溯至 1477 年，它于斯德哥尔摩就像牛津大学之于伦敦。与其相抗衡的则是斯德哥尔摩大学，这是一所成立于 1878 年的技术学院。斯德哥尔摩大学有意被建立在斯德哥尔摩，它积极地改革瑞典科学停滞的局面，而瑞典科学的据点处于乌普萨拉的“古老的护卫之下”。乌普萨拉大学视斯德哥尔摩大学为暴发户，缺乏真正的科学韧性和固性。直言不讳、积极且令人烦扰的著名的阿累尼乌斯在乌普萨拉则受到了些许屈辱。1900 年，斯德哥尔摩甚至不允许授予任何学位。实际上，这所学校在成人教育方面是一个大胆的成功实验：教职人员维护着其运行，并且允许非常规地吸收学生入学。

乌普萨拉大学物理系强调精密测量和仪器仪表而不是理论物理学——在几十年间，玻尔兹曼、麦克斯韦、亥姆霍兹和其他物理学家为物理学的数学研究方法的重塑奠定了基础。1900 年，乌普萨拉大学最终为理论物理学确立了一席之地，但把它放到了物理系之外，并使之孤立。它无足轻重：指定理论家伦德奎斯特，成就平平，他在这个位置长达 30 年，但从未担任过诺贝尔物理学委员会委员。

斯德哥尔摩的教师包括国际知名的并且也许是瑞典最重要的物理学家和化学家斯万·阿累尼乌斯、物理学家奥托·帕特森以及米塔格·莱弗勒，全国最有影响力的数学家。阿累尼乌斯是热力学领域突出研究人员如范特霍夫和奥斯特瓦尔德等的亲密合作者，并且他得到了处于上升期的物理学家如马克斯·普朗克和瓦尔特·能斯特等的尊敬，如阿累尼乌斯一样，这四位物理学家都是后来的诺贝尔奖获得者。阿累尼乌斯特别吸引国外博士后学生，他始终是国外同事对科学家声誉进行评判的标杆。米塔格·莱弗勒则与大部分最杰出的欧洲数学家有所接触。

与物理学相反，乌普萨拉的化学一直与欧洲大陆的发展保持紧密的联系。但是，在创新性地将物理和化学联系起来的物理化学领域，斯德哥尔摩大学遥遥领先：阿累尼乌斯即在此领域名声鹊起。当然，两个学院的成员都属于科学院。在那里，只有当“椅子”出现空缺，通常是由于死亡，才会进行选举。阿累尼乌斯在 1901 年就顶着众多反对声音当选为成员，弗雷德霍姆在 1900 年时没有学术职位，但他却是瑞典最出色的数学家，直到 1914 年他才当选为成员。

在诺贝尔的遗嘱之前，这几乎无关紧要：学院的功能在于咨询和名誉。但获得如此丰盛且珍贵的诺贝尔奖的机会带来了值得争取的东西。毕竟，科学院有所有科学奖项的最终投票权，并且负责挑选做出关键选择的委员。无论是乌普萨拉大学还是斯德哥尔摩大学主导物理学或化学委员会，现在都涉及国内外的权力、地位和知识根源。

在早年的奖项中，乌普萨拉大学在物理学化学委员会中都有比斯德哥尔摩更多的选票，然而即便如此，也不能完全控制最后的决定。阿累尼乌斯便是这里的核心人物。作为欧洲新物理学化学家的领导者之一，他在这两个领域中都享有世界声誉，并且非常清楚如何在政治上使用这一点。他在物理学委员会中有一定势力，同时在没有他席位的化学委员会中也有一定势力。他的影响力是显而易见的。前 3 个诺贝尔化学奖中的两个就颁发给了物理化学领域，获奖者分别是范特霍夫和阿累尼乌斯自己。阿累尼乌斯在一些新理论方面也是极其优秀的，其中包括有关出现在伦琴 X–射线中的原子，有关贝克勒尔和居里夫妇的放射性发现以及约瑟夫·约翰·汤姆孙的电子的发现。物理学前 6 个奖项中的 4 个都颁发给了这个领域。阿累尼乌斯将再次出现在这些记录中。

相对而言，由瑞典卡罗林斯卡研究所进行选择的医学奖更加容易处理。该研究所成立于 1810 年，因为当时需要外科医生来应对拿破仑战争中的屠杀，后来成为著名的斯堪的纳维亚医学院。但是，除了生理学，人们怀疑卡罗林斯卡医学院在 1900 年是否准备好了评估令人畏惧的医学发现和专业化的发展。

诺贝尔指定挪威议会成立一个委员会来颁发国际和平奖，这激起了瑞典好战的民族主义。人口较少并且资源要少得多的挪威不可避免地受瑞典的主导——然后，在 1815 年被迫成为瑞典的一部分，虽然当时它保留了自己的议会。瑞典人经常指责挪威是分裂分子的温床，的确如此。在 1905 年挪威终于获得了独立。由于他的遗嘱，阿尔弗雷德·诺贝尔被指责挑起分裂主义和背叛祖国、缺乏爱国主义。有些人更振振有词地认为，诺贝尔希望巩固瑞典与挪威的关系。他差一点没能选择挪威议会，原因在于其所显现的应对和平问题的能力或者对于战争之类所做出的国际仲裁能力。

诺贝尔的遗嘱第一次震撼了瑞典的智力机构，然后开始使其受益。如诺贝尔奖这样如此丰富的奖项，其受赠者和捐助者的威望是同样高的。因为瑞典是世界上最富有、最有名的奖项的最高仲裁者，所以这是国家的荣耀，即便是借助他人得来的。当然，这有助于推动学院接受遗嘱的分配。瑞典人口少和知识聚集也起了很大的帮助作用。学院都在斯德哥尔摩，与伦敦或者巴黎相比是一个非常小的城市。在斯德哥尔摩文化界的每个人都相互认识。社会方面，专业方面，以及以上所有政府的压力都可能是一个有力杠杆。有人可能会说，诺贝尔奖迫使瑞典人一起游泳或者沉没。

一旦同意遗嘱的分配，至少科学院很快就被迫改革和完善自己。即使是文学奖的评审团也不得不考虑变革，虽然是以蜗牛的速度进行。不管怎样，当评审委员搜寻出突出的外国同事作为被提名者时，他们受到那些同事的密切关注。也许没有什么能在打击狭隘的自满和落后的标准时有如此大的作用。瑞典的知识团体不得不努力达到诺贝尔奖的标准。与国外发展保持并驾齐驱必然使他们与国外学者和研究人员进行密切接触，而双方都会从中获益。杰出的外国人也会成为被提名者，并经常会成为获奖者；反过来，他们选择有资格的瑞典同事作为自己最杰出的团体中的一员。关于谁将会获奖的内部信息会流传到朋友和心腹的耳中。外国同事和充满希望的候选人成为瑞典的常客，并会回请。最新的科学信息和研究进展会很快传到瑞典。套用罗伯特·弗罗斯特的话，拥有诺贝尔奖的地位和货币价值的奖项好，邻居好。

1898 年，即诺贝尔逝世两年后，各方达成协议，最终设立诺贝尔基金会作为合法的遗产受赠人。1900 年，公布了由瑞典国王奥斯卡签署的基金会条例。它编纂了一般的规定，并澄清了一些模糊的事项：不允许任何逝世后的获奖；不允许自我提名；除了和平奖，提名工作要给以公布，从而防范未完成或未知的工作；委员会成员可以包括外国人；不准提出任何抗议；所有会议记录和录音会密封保存。

诺贝尔研究所

最后安排的是诺贝尔研究所，其机构情况和工作情况如下：

诺贝尔基金会是总的管理机构，但是不负责选择获奖者。它负责投资管理、裁决章程、安排仪式及协调一切事情。它的总部设在斯德哥尔摩皇家图书馆对面的一个豪华的建筑物里。

关于资金：这一最重要的项目在诺贝尔计划中由几家银行管理，它们是不属于任何学院的基金会的唯一成员。该基金会不公开其具体的投资，但会有一个大概的说明。直到大约 1945 年，诺贝尔基金一般投资于政府债券。从那时起，基金即以多种形式存在，房地产、股票和固定收益。其中，大约一半投资于美国的公司或者跨国企业。任何政治上有争议的投资从未向外界透露过。诺贝尔的财富是理所当然的。而另外一个曾经富裕的瑞典基金会温纳·格伦，以对人类学和社会科学的支持而众所周知，这个基金会最后破产了。

该基金会由四个部门来负责诺贝尔奖的活动：

1. 瑞典皇家科学院（文学奖）
2. 卡罗林斯卡研究所的诺贝尔大会（生理学或医学奖）
3. 瑞典皇家科学院（物理学奖、化学奖——自 1968 年以来——经济学奖）
4. 挪威议会诺贝尔委员会（和平奖）

瑞典学院的成员由选举产生。根据诺贝尔的目的，每个奖项都要委任一个委员会，这个委员会有 5 名成员，来收集提名并进行评估。因为他们负责选择被提名者及顾问，做的是第一次筛选，所以委员会是权力的战场。在初期，他们成员的服务时间一般很长。斯万·曼尼·阿累尼乌斯在物理学委员会的时间从 1900 年至 1927 年，卡尔·西格巴恩是 1923 年至 1963 年，而现在科学委员会成员的任期缩短为 9 年或 12 年。诗人埃里克·卡尔费尔特于 1907 年加入文学委员会，于 1912 年成为瑞典皇家科学院常任秘书，并且直到 1931 年他去世，都始终是委员会的成员。这 3 个人都成为了获奖者，卡尔费尔特是诺贝尔奖史上第一位于死后获奖的得奖人。近来，大多数的文学委员会委员是每隔几年进行轮流替换。

各委员会选择自己的被提名者。永久的委员是瑞典学院、瑞典皇家科学院和卡罗林斯卡学院的瑞典籍成员。以前所有的获奖者都可以提名，大部分科学或文学方面的斯堪的纳维亚的教授也是如此。临时提名人则从世界各地的学术团体中选择，并且每两年左右进行一次变化。

少数人，通常是获奖者，会频繁地作为提名人。直到 1937 年的物理学领域中，1345 次提名中的一半都是由 54 名提名人选择的——而那一半提名的四分之一仅仅由 17 位提名人选择。另一方面，超过 200 名提名人在他们的任期内只能提交一个人的名字。爱因斯坦提交了几乎与物理学奖同样多的和平奖提名。但是，据说，哈罗德·尤里（美国人，1934 年化学奖得主）自 1934 年以来，帮助选择了 16 名其他科学奖项的获奖者。

提名的截止日期是 2 月 1 号。每个委员会通常会收到数百个提名。有些很有分量，有些显然微不足道，有些则持轻佻的态度或是怪人（包括那些提名自己或送礼品的人）。从 2 月至夏季中旬，正式提名——其中许多是重复提名，往往提名了几年甚至几十年——得以进行评估，并进行辩论。然后，委员会的建议传递给总院来作出最后决定。10 月，公开奖项。

对于文学奖，委员会的建议直接提交给瑞典文学院的 18 名成员。在科学奖项中，这个过程则增加了一个步骤。物理学委员会首先把其决策提交给科学院。然后，投票的结果再传到学院的全体成员，以通过全体会议的批准。这个过程与其他科学奖项相类似。虽然有极少数例外，但是委员会的选择通常都会获得批准。

在挪威独立于瑞典之外时，1901 年的“和平奖条例”不得不在 1905 年进行改写。但是核心并没有改变：和平委员会仍然由挪威议会进行选择，后来它成为一个独立机构，不用向议会提交其决定或者向诺贝尔基金会申请批准。

经济学奖的情况比较特殊。它由瑞典中央银行于 1968 年成立，并由科学院的一个委员会来评估被提名者和选择获奖者。

提名人从来没有凌驾于委员会之上，即使付出巨大努力为一个候选人争取奖项也往往可能失败。伟大的法国数学家和物理学家亨利·庞加莱（1854～1912）的支持者仅在 1910 年就以 34 次提名来“围攻”物理学委员会。也许之前，从未有人能够在一年内积累如此众多的提名——爱因斯坦在他获奖的那一年也只有 14 次。不过，委员会仍然驳回了庞加莱。他们想要给予颁发奖项的瑞典物理学家埃格斯特朗，埃格斯特朗已在此之前去世了，但即使这样也没能为庞加莱增加获奖机会。最终，奖项颁发给了荷兰物理学家约翰·范德华。

非正式关系还是很重要的。瑞典委员会的成员不可避免地会与国外建立友谊和联系。信息在网络上不断地以正式严肃的评估、休闲八卦、提示、投诉和建议等形式传播。如果没有这个生活网，诺贝尔委员会将会与目前的实际情况脱离。当然，这两种方式都有效，虽然诺贝尔评审委员发誓要保守秘密，但是他们仍然可以并确实给朋友提供关于谁处于榜首、谁不处于榜首的权威信息。克劳福德如是说：

> 对国际科学精英中的成员而言，与社会学家研究的精英结构的多条标准相比，有见地地交换诺贝尔秘密八卦的能力可能是一条更好的标准。

也许在文学奖及和平奖方面也是如此。

荷枪实弹，运送证券

除了解决遗嘱的问题之外，还有使诺贝尔奖的财富得到妥善保管的问题。这包括一些冒险的时刻。两个遗嘱执行人必须清算他所有的证券并且再安全地投资。这首先意味着从巴黎银行和诺贝尔巴黎的房产管理者那里收集证券，并把它们放在国家贴现银行的三大保险箱里，然后再送到一个安全的地方进行清算。

一些证券将送往伦敦，一些送往瑞典。罗斯柴尔德公司同意在递送过程中给予保障，但是每天不超过 250 亿法郎。因此，执行人每天都要亲自把价值 250 亿法郎的证券从国家贴现银行搬到瑞典总领事的办公室。这样花了一个多星期的时间。每天都要把证券进行排列、捆绑、包装并密封。接下来的事情出自其中一个执行人拉格纳索尔曼之口：

> 由于向领事馆的实际转运中会涉及一定的拦劫和抢劫的风险，因此要采取特殊的预防措施以避免引起注意——在［证券］被装在一个手提箱里之后，我们租了一辆普通的马车去总领事馆。我坐在驾驶室中，手握一把装满子弹的左轮手枪，以便在与另一辆车相撞时做好保卫行李箱的准备——那个时候在巴黎这是非比寻常的。

然后索尔曼要进行转运第二部分，即到火车站，在那里，这些证券将被带上开往瑞典的火车，仍然以同样的方式——手握一把装满子弹的左轮手枪。

如果发生被盗事件，证券是可以转让的或者可能被破坏掉。任何一种情况发生，它们都将失去它们的价值。如果那些灾难已经发生了，那就没有诺贝尔遗嘱中所说的资产的延续。

当然，也不可能有诺贝尔奖。

第三章 诺贝尔文学奖

关于诺贝尔文学奖，欧文·华莱士的小说《大奖》可谓是把它描述得入木三分。这部小说发表于 1962 年，很快就成为畅销书，并被改编成一部热门电影，因为这部小说的情节实在非常精彩。当获悉赢得了诺贝尔文学奖时，这位年轻的“身材瘦长”的作者喝得烂醉如泥。自从他的妻子去世以来，他一直生活在痛苦中，身为一个浪漫的反社会传统者，他不情不愿地接受了该奖项：他可以用这笔钱了。获得诺贝尔文学奖其实是他这本书所取得的最低成就。根据该小说改编的间谍动作片，以瑞典举行的诺贝尔奖颁奖典礼为主要故事场景。剧情描述苏联特工计划在典礼进行时将科学家麦斯史拉曼绑架，然后换上据说已死去多年的他的双胞胎兄弟。不料此事引起了前来领奖并准备上台演讲的文学家安德鲁·克雷格的怀疑和干涉，他跟科学家的侄女儿英·格丽莎互相合作，终于揭破了特工的阴谋。除了离奇的故事情节，作品中的这位英雄作家在获奖时也实在是太年轻了——大部分文学获奖者在他们获奖时已经年龄太大，跑不动了。不过在当时，《大奖》的惊险情节是深受好莱坞电影青睐的。

关于华莱士把庄严的诺贝尔奖授予仪式描写得荒谬和耸人听闻，还是有一些人生气地抱怨。当然，似乎并没有发生很疯狂的事情。行为表现得最精彩的人很有可能是1920年获得诺贝尔奖的挪威小说家克努特·汉姆生。汉姆生在仪式当晚开始酗酒，并扯掉了一个“年龄大的诺贝尔奖委员会委员”的胡子，然后一口咬掉了他的手指来抵抗他的同事，挪威籍文学奖得主西格丽德·温塞特（1928年文学奖），他叫道：“这听起来像一个钟浮标！”

其实诺贝尔文学奖不完全是华莱士的小说中所描述的那样，像一部惊险剧，它堪比一个鬼故事了。在国王授奖时，那些被诺贝尔奖评委会忽视的伟大作家们就像一个巨大的幽灵漂浮于庆祝活动中。文学奖没有颁发给托尔斯泰、易卜生、乔伊斯、弗吉尼亚·伍尔夫或里尔克，也没有颁发给华莱士·史蒂文斯、弗拉基米尔·纳博科夫或保罗·塞拉诺。把这些作家排除在外犹如诺贝尔物理学奖没有颁发给爱因斯坦、玻尔、海森伯和费恩曼。

事实上，人们普遍认为世界上最负盛名的文学奖是一个政治性的奖项——伪装在文学中的和平奖。对于诺贝尔评审委员来讲，这是已经限定的了，艺术和社会改革是密不可分的。像纳博科夫一样漠视道德的作家获得诺贝尔奖的机会就很少。其中的一两个例外，如于1969年获奖的塞缪尔·贝克特也证明了此规律。带有不被诺贝尔评委会认可的政治味道的作家肯定有被投反对票的危险，这似乎已经发生在某些作家的身上，如贝努瓦·布莱希特、安德烈·马尔罗、庞德和豪尔赫·路易斯·博尔赫斯。

诺贝尔文学馆

通读跨越世纪的历届诺贝尔文学奖得主列表是一个有趣的经历：人们倾向于思考不存在的东西多于现有的事物。从 1901 年到 1945 年的列表比较令人沮丧。在此期间（奖项中省略了一些年）的 40 个获奖者中，只有吉卜林、汉姆生、叶芝、萧伯纳、曼和皮兰德娄有一定的精神高度。豪普特曼和梅特林克曾经一度受到尊敬过。其他大部分人不是未被读过就是不可读，如亨利克·显克微支、苏利普·吕多姆、何塞·埃切加赖和弗雷德里克·米斯特拉尔、塞尔玛·拉格勒夫、保罗·海泽、罗曼·罗兰、维尔纳·冯海登斯坦、吉勒鲁普和彭托皮丹、卡尔·施皮特勒、哲学家鲁道夫·欧肯（他是如此默默无闻，甚至哲学家们都惊讶于他是一个哲学家）、阿纳托利·弗朗斯、圣哈辛托·贝纳文特、瓦迪斯劳·雷蒙特、格拉齐亚·黛莱达、埃里克·卡尔费尔特、约翰·高尔斯华绥、伊凡·布宁、赛珍珠、弗朗斯·西兰巴、J. V. 詹森。

在同一时期，诺贝尔奖评委会忽略或拒绝以下作家（建议阅读前深吸一口气）：列夫·托尔斯泰、爱弥勒·左拉、马克·吐温、亨利·詹姆斯、易卜生、奥古斯特·斯特林堡、亨利·亚当斯、托马斯·哈代、马查多·德阿西、佩雷斯·加尔多斯、乔瑟夫·康拉德——这还仅仅是在 1900 年前的一代人。

一份如此有分量的名单上这些名人的缺席是个夸张的盲区，而诺贝尔奖评委会对于其后一代作家的评审可谓同样考虑欠周，它拒绝或遗漏了好多成就斐然的卓越作家：马歇尔·普鲁斯特、里尔克、乔伊斯、弗吉尼亚·伍尔夫、格特鲁德·斯坦、西奥多·德莱赛、劳伦斯、卡雷尔·恰佩克、雅罗斯拉夫·哈塞克、薇拉·凯瑟、雨果、哈伊姆·比亚利克、塞万提斯、乔治·桑塔亚那、奥尔特加、阿尔弗雷德·多布林、斯蒂芬·乔治、罗伯特·穆西尔、卡尔·克劳斯、亚诺·斯密特、H. G. 威尔斯、安德烈·佩雷、亚历山大·布洛克、乔治斯·贝纳诺斯、费尔南多·佩索亚、恺撒·瓦列霍。

1945 年之后，诺贝尔奖评审会开始对被忽略的现代先驱作家给予补偿。最后，艾略特、海明威、弗朗索瓦斯·莫里亚克、朱安·雷蒙·希门尼斯、鲍里斯获奖。1970 年开始，奖项给予事业仍处于鼎盛时期的作家：萨缪尔·贝克特、帕布洛·内努达、索尔·贝娄、托尼·莫里森、纳吉布·马福兹、德里克·沃尔科特、西莫·希尼。

再一次，已故的一些伟大作家在诺贝尔文学奖奖项列表上缺席，1945 年开始，诺贝尔文学奖否定了（这里只列出已故的）克莱特、罗伯特·弗罗斯特、华莱士、奥登、威廉姆斯、安娜·阿赫玛托娃、赫尔曼、布雷希特、朱塞佩、费迪南·埃罗尔德、伊夫林·沃、冈纳·埃凯洛夫、路易斯·塞努达、休·麦克迪儿米德、伊尼亚齐奥·西洛内、玛格丽特·尤瑟纳尔、雷蒙·格诺、安德烈、内·沙尔、亚尼斯·里索斯、乔治·路易斯·伯奇、保罗·策兰、维托尔德·冈布罗维茨、菲利普·拉金、让·热内、伊塔罗·卡尔维诺、阿尔贝托·莫拉维亚、托马斯·伯恩哈德、尤金·艾里斯柯、普里莫·莱维、鲐克义斯。

“养老保险金奖”

当先驱作家如艾略特、安德烈·纪德或海明威获得诺贝尔奖时，他们已经享誉盛名了，得奖显得只是件微不足道的小事。这些多产作家得奖时都已经很大年纪了，艾略特将诺贝尔奖讽刺地描述为是作者棺材上一个钉子。批评家赫伯特·霍沃斯严肃地指出：诺贝尔奖就像“在已经画满浓妆的脸上再戴上一块死亡面具”。

但是，拖延已久的奖项仍在继续：1989 年，西班牙作家卡米洛·何塞·塞拉在其 73 岁高龄时获得诺贝尔奖，这距其创作的完成已有近 50 年的时间。

自1984年以来，类似的诺贝尔文学奖得主还有83岁时获奖的捷克诗人雅罗斯拉夫塞弗特，72岁获奖的法国作家克劳德·西蒙，77岁获奖的埃及小说家纳吉布·马赫福兹，76岁获奖的墨西哥诗人奥克塔维奥·帕斯，73岁获奖的波兰诗人辛波丝卡，以及75岁获奖的葡萄牙小说家何塞·德萨兰。与这些人比起来，北爱尔兰诗人谢默斯·希尼在56岁获奖时，则貌似孩童时期一般。有史以来最年轻的获奖者是在1907年获奖的吉卜林，时年42岁。

如此长时间的延迟使得诺贝尔奖评委们鱼和熊掌兼得，既避免了争议还声称大胆地授奖。艾略特在20世纪20年代和30年代，是一个遭到诺贝尔奖评委们唾弃的叛逆者。但到了1948年，他已经成为令人尊敬的主流作家，他的获奖似乎是在呼吁传统来反抗新的叛逆者——比如，法国剧作家让·热内，他的剧本嘲讽地贬低了所有令人崇敬的社会价值观和性价值观，因此，他从未获得过诺贝尔奖。

长时间的延迟也使一些获得者是因为度过了默默无闻的同时代人所生活的年代而成了那些人的替代者。1941年至1970年的瑞典皇家科学院常任秘书长安德斯·奥斯德陵，曾经承认1933年把诺贝尔文学奖授予俄罗斯作家蒲宁是“对契诃夫和托尔斯泰的良心上的补偿”。对胡安·拉蒙·希门尼斯（1956年）的诺贝尔奖颁奖词中说：

> 今年的获奖者是著名的1898年那代人的最后幸存者……当瑞典皇家科学院对胡安·拉蒙·希门内斯致敬时，代表着对整整一个时代的光辉的西班牙文学致敬。

这种对过去一个时代所表达的慷慨敬意，其实缘由在于，早期忽视了1898年的一群想要复兴西班牙文学的作家，他们中包括安东尼奥·曼努埃尔·马查多、拉蒙德尔、米格尔、尼加拉瓜鲁（当时住在西班牙）和希门尼斯。希门尼斯是一个优秀的诗人。但是，把他从一个被忽视的群体中独立出来，会使他自己所获得的荣誉引发歧义。到底是由于他自己而应得荣誉，还是因为其他人已在忽略中去世了，只有他碰巧活的时间比较长呢？他在 75 岁时获得诺贝尔奖。

有人说到希腊的乔治·赛法利斯（1963 年诺贝尔奖得主）：“既然帕尔马斯和西凯里阿诺斯已死，赛法利斯就是如今最有代表性的希腊诗人。”帕尔马斯死于 1943 年，西凯里阿诺斯死于 1951 年，卡赞扎基斯死于 1957 年，然而他们都没有获奖。对于活着的可获此奖项的诗人当中，是不是诺贝尔奖评委会认为是时候颁发给一位希腊诗人了？

保罗·瓦雷里的诺贝尔奖屡次被拖延，他“遗憾地”死于 1945 年。至此与诺贝尔奖无缘。下一位得奖的法国诗人是圣约翰·佩尔斯（1960 年）。要不是瓦雷里死得“如此突然”，佩尔斯能获奖吗？对于佩尔斯的圆滑的评价没有明确地提及瓦雷里，但是确实援引了瓦雷里的赞语：“继承了经典的修辞学传统”。还有德国–瑞士的小说家诗人赫尔曼·黑塞（1946 年），他也是个替身。“因为里尔克和史蒂芬·乔治的死，他成为我们这个时代最重要的德国诗人。”简言之，要是里尔克和乔治那时还活着，黑塞就不可能得奖。同样，西班牙诗人阿莱克桑德雷·梅洛（1977 年诺贝尔奖得主）则是死去的劳卡、约格·吉伦、拉斐尔·艾伯蒂和路易斯·哥努达的替代。

有人说福克纳的获奖部分原因是诺贝尔奖委员会对被忽略的乔伊斯的良心发现：“一直与乔伊斯齐名——可能甚至更出名——福克纳才是 20 世纪最伟大的经验主义小说家。”（最伟大的经验主义小说家？只要诺贝尔奖评委们稍微关注一下《芬尼根守灵夜》这部小说，就不会这么评论了。）1969 年贝克特获奖也是与乔伊斯有关，他是乔伊斯的学生。

从俄罗斯移居到美国的乔瑟夫·布罗茨基是被诺贝尔奖评委会忽略的整整一代人的替身——这些被忽略的诗人包括亚历山大·勃洛克、奥西普·曼德尔施塔姆、玛琳娜·茨维塔耶娃，特别是安娜·阿赫玛托娃。布罗茨基是阿赫玛托娃最欣赏的年轻诗人，否则他怎么会47岁就获奖？

从诺贝尔文学奖得奖名单就能看出，这个奖项远远不是所宣称的那样是个世界性奖项。诺贝尔文学奖总是颁发给用欧洲几个主要语种写成的作品，英语、法语、德语、西班牙语——更不用说斯堪的纳维亚语作品的14个奖项，有七分之一的作品获奖。诺贝尔文学奖只有一次垂青于印度语作家——泰戈尔1913年获奖，其实这也是另一种形式的英语文学获奖，因为其获奖与翻译功不可没。至今还没有中国文学获奖[1]，两个日本作家都凭借高超的翻译和十足的运气成为获奖者，而在世界范围内有丰富文学传统的阿拉伯语，则于1988年赢得了它的第一个也是唯一的奖项（埃及作家马哈福兹）。至于班图语、土耳其语或马来语作品，都没有得过诺贝尔文学奖。

难道真的没有中国作家达到过诺贝尔奖的标准？难道自1911年以来，就没有印度作家能够获奖了？难道只能找到一个阿拉伯语作家？可想而知，评委会根本就没发现希伯来诗人哈伊姆·比亚利克（卒于1934年）如此伟大的作家。事实是，瑞典皇家科学院缺乏一个真正的国际评审团所需要的语言能力。也许世界上最好的大学中，也只有三四所有这样的资源。诺贝尔奖评审委员不能流利地直接阅读使用人口较庞大、较流行的语言，如中文、阿拉伯文或印地文，更何况使用人数较少的语言，他们过于依赖毫无规律且质量极其糟糕的翻译。人们认为，诺贝尔奖评审委员都能够流利地阅读法文作品。不过据称，对于法国小说家克劳德·西蒙的诺贝尔文学奖（1985年）的获得，其所有作品的瑞士语译本起了不可估量的作用。法国诗人圣琼·佩斯获得了诺贝尔文学奖仅仅是因为瑞典外交官达格·哈马舍尔德的巨大影响力和不懈的推动作用。

① 中国作家莫言于2012年获诺贝尔文学奖。——编者注

诺贝尔科学奖与诺贝尔和平奖是真正的国际性奖项，而文学奖则不是。除非它很快就越过其熟悉的语言视野，它最终才有可能成为一个荣耀的普利策奖。如果尽职尽责地开始在全球范围内颁发奖项，那么它会变得更像是一个国际亲善奖而非文学奖。

至少，诺贝尔奖似乎一直在努力缩小性别差距。近一个世纪以来，只有 9 名女性获得过诺贝尔文学奖：前 90 年有 6 个，但 1991 年以来就有了 3 个（戈迪默、摩理臣和辛波丝卡）。

诺贝尔奖对批评的回应

诺贝尔文学奖评审团对外界质疑有四道主要防线。惯用的官方声明是，如果康拉德和乔伊斯被忽略了，这真是遗憾，因为他们“从来没有被提名过”。在诺贝尔文学奖的官方历史中，总是经常提出这种官僚作风的免责声明，就好像这些规则很令人遗憾地捆绑着他们的手。不过，当然，诺贝尔奖评委会选择了那些被提名的作家，而忽视了约瑟夫·康拉德、也没有提名皮埃尔·洛蒂、埃米尔·法盖、保罗·布尔热、加斯帕·努涅斯·阿尔塞、拉蒙·梅嫩德斯·比达、厄普顿·辛克莱或玛格丽特·米切尔。即使被提名的作家是如此的媚俗，瑞典文学院的成员及其委员会可以给予提名。如果他们不这样做，那么就是自己的错误了。

另一个经常用的说法，也是过于官僚作风的，就是“可以获奖之前去世了”。被频繁引用的例子有，卡瓦菲、里尔克、弗吉尼亚·伍尔夫、乔伊斯、劳伦斯和卡夫卡。当然，对亚历山大诗人卡瓦菲（卒于 1933 年）或卡夫卡或契诃夫的发现是一个奇迹般的长镜头：在卡瓦菲和卡夫卡英年早逝之前，他们发表的作品很少；契诃夫于 1904 年去世。

有些被忽略的人也不是那么容易解释的。是的，里尔克逝世于 1926 年，他完成代表作《杜伊诺哀歌》和《致奥尔弗斯的十四行诗》三年后就去世了。但那些了不起的诗歌，仅仅是他辉煌的职业生涯的顶峰。他 1899 年以来发表的作品，就标志着他成为了最伟大的德语诗人之一。叶芝在 1910 年左右，显示出了其伟大而获得了 1923 年的诺贝尔奖——为什么不是同一时期的里尔克呢？许多评论家认为，叶芝的获奖是政治动机驱使的结果：那时，爱尔兰刚刚独立。但是，出生在布拉格的里尔克，一直四处周游，没有国籍，自然也就没有诺贝尔“身份”或者来自于国家科学院的批评或支持。

劳伦斯在 1930 年去世，但在 20 世纪 20 年代中期享有国际声誉。乔伊斯与伍尔夫在 1941 年去世，被人们公认为大师。普鲁斯特的疑问似乎更多些。他于 1913 年出版了其著作《追忆逝水年华》的第一部，并在 1919 年和 1921 年分别出版了第二部和第三部。1920 年，他获得了享有名望的龚古尔文学奖。当许多国际观察员很早就认为普鲁斯特是最伟大的小说家时，为什么诺贝尔奖评委会还在犹豫呢？是的，他在完成这整部作品仅仅 3 年之后去世，但是这部巨著在他去世 9 年前就已经存在了，与之形成对比的是，评审委员仅仅需要 9 年的时间因《你往何处去》而把奖项授予显克维奇——“取代托尔斯泰”，一个诺贝尔奖评估专家如是说——只用了 3 年时间就决定把奖项授予赛珍珠。

这里有一个心照不宣的事实：诺贝尔文学奖评选不能像较低一些层次的如龚古尔文学奖之类的奖项那样仓促决定。诺贝尔奖的最高国际荣誉和地位还有其巨大的声誉和威望要求它的每次评选都是深思熟虑的结果。唉，这个崇高的原则使得伍尔夫和乔伊斯与诺贝尔奖无缘，而赛珍珠、辛克莱·刘易斯、约瑟夫·布罗茨基和加布里埃尔·加尔达·马尔克斯的评选却又没有遵循这个原则。

经常被提及的第三道防线与诺贝尔奖评委会的局限性相关。诺贝尔奖捍卫者在遗憾的事实后，说着合适的怨言，承认某些类型的作家（托尔斯泰、易卜生）是完全不能被评委会所接受的，特别是在20世纪上半叶。这种偏见完全是“唯心主义”的产物，我们将会短暂地回到这个话题，因为它仍然是一个主要的因素。

最后一道防线是承认错误，却仍坚持从总体的记录来看，还是相当不错的。因此，在诺贝尔文学奖的官方历史记录中，瑞典文学院的安德斯·奥斯特陵首先全面地承认了错误：“不容否认，诺贝尔文学奖的历史也是令人费解的遗漏的罪恶历史。”这样的语言是强有力的。然而，忠诚的诺贝尔奖委员会委员奥斯特陵立即描绘了更加光明的一面：

> 即便如此，也许我们可以讲错误相对来说还是比较少的。没有哪一个候选人是不合格的，如果允许合理的批评，那么结果已经合理地克服了困难，满足了几乎是自相矛盾的任务的需求。

当然，这最后的陈述也解释了对某些作家的“令人费解的”遗漏，包括托尔斯泰、里尔克以及其他所有人。不管如何，如果错误很少，如果所有候选人都是合格的，“如果允许合理的批评”（不管这什么意思），谁还有什么理由抱怨呢？

现在，让我们来想想乐观的一面。可以确定的是，如果切斯瓦夫·米沃什、索尔·贝娄、托尼·莫里森已成为奖项获得者，那么诺贝尔奖也一定会采取进一步的措施。迟到总比不到好。不管多么犹豫，该奖项也已经开始越过欧洲，偶尔颁发给中东、日本和非洲。这种头痛医头，脚痛医脚的改善，促使一些人认为，任何药方都能治愈诺贝尔文学奖的失误。让评审委员寻找新的蛛丝马迹吧。让他们学会说流利的中文或爱沙尼亚语吧。

然而，这种进步充其量也只能是东拼西凑的结果。两个主要的障碍是沉重的道德感与政治觉悟的强调和诺贝尔奖委员会自身的体系。

诺贝尔奖委员会——无形的障碍

在易卜生的作品《培尔金特》中，有一个可以吞掉一切事物的无形怪物叫作柏格。丹麦批评家勃兰兑斯（1842～1927年）把它解释为“妥协的精神。”当然，整体上还是要依靠委员会来达成一个共识——这意味着愿意合作和妥协。安全的选择比惹麻烦的类型更让人喜欢。诺贝尔奖即是委员会的工作，但是委员会用来评估文学的方法却如此糟糕。

诺贝尔的遗嘱中并没有要成立一个委员会来筛选和提名。这是由1900年诺贝尔基金会章程决定的，而自始至终的原因就是实用性。世界文学——诺贝尔奖声称会囊括进来所有的——被分割成数百种语言和不同国家。世界文学如此之多并且带有如此显著的本土性，委员会中必须有一个专家组成的庞大网络才有可能应付得了，即使是以最有限的方式。文学“专家”——学者、语言学家、评论家、历史学家、图书馆员——都是必需的。如前所述，对于1901年的新的诺贝尔文学奖委员会，幸运的是，文学后来变得在历史上从未有过的制度化和专业化。这就是为什么教授在诺贝尔奖提名者和评判者中占主导：他们已经知道如何在一个官僚机构中工作。

当诺贝尔奖评审团受到责备——不断地受到——忽略了这个或那个杰出作家时，实用性也是一种答案。评审团公正地响应，每一年都有太多值得获奖的作家。而解决这一难题的正式途径最近由文学奖委员会主席谢尔·爱斯普马克提出：瑞典文学院“承担不起的是把诺贝尔奖的桂冠颁发给一个二流作家”。有人可能会指出诺贝尔奖评委会真正不能承受的是不把奖项颁发给托尔斯泰、乔伊斯或伍尔夫这样的作家。这根本说不通。诺贝尔文学奖评委会每年要从尊敬的提名者那里收到两百个提名，评委会成员和其他各地的提名者需对此仔细审查，在做出最终决议之前，会有厚厚的一沓报告。无疑，一些作家很“伟大”，一些仅是“不错”，但要是哪个评委说自己了解某个被提名者，只会引发一场口水仗。等上二三十年再做决定倒是个好选择，那时“伟大作家”已经把奖项留给后人了。

在给当代作家排名这件事上达成一致意见可不是件容易的事，这也是诺贝尔奖评委会迟迟做不了决定的原因。一些作家——例如，伟大诗人帕布洛·聂努达——公开要求得奖，在评委会中产生了内讧。即使不是这样，瑞典学会和其委员会似乎就喜欢无休止的争论。一些人公开谴责自己的同行。一些人向记者透露对同事的不满，一个人说目前的常任秘书长，斯图雷·艾伦是“一个聪明的会计”，一些人“甚至都没有读过”。但这是由委员会的自身体制决定的，学术顾问机构边远，提名者没有党派花招经验，因此就变得复杂化了。

同时，人们意识到必须在几个月内统一意见，这样才好在 10 月份颁发奖项。委员会和学会统计各提名人的结果，得票最多者获奖。通常会向公众宣布获奖者以全票通过。

这种设立一个委员会的奇特提名方式是文学奖独有的。委员会的工作非常适用于科学奖。罗伯特·奥本海默曾说“专家组成员中有一些内在的安慰机制”，因为一些其他意见是可以被调整的。对于科学奖来说，是的：最好的专家也得认可没做成的工作。然而文学奖比科学奖更难选择，科学语言是全世界统一的，科学成果是累积的，多人齐心协力完成的工作，科学理论很快就能被严格的实验所证明。而文学是自成一派的，任何人都有权进行比较，提出自己的观点。

瑞典文学院是一个自生自存的团体：它像其他的官僚机构一样选择自己的接班人，往往趋向于维持原有的特性，包括其不守规矩的特性。讨论和谈判是秘密进行、无人知晓的，以确保决策的自由，不过，这种保密当然也会使其避免受到来自外界的批评。正如前面所说，其成员不能辞职，但可以停止出席会议，并可以拒绝投票。1989 年，学院的 2 名成员退出，抗议诺贝尔奖委员会拒绝谴责伊朗对萨尔曼·拉什迪的死刑判决。目前，有 3 个或者 4 个学院成员正在抵制投票。这可能会导致没有多少回旋的余地，因为需要学院 18 名成员中的12 张投票来决定奖项的归属。

当然，诺贝尔奖委员会多年来已经改变了其特征。对此进行了详细记录的爱斯普马克严厉地斥责了对诺贝尔系统吹毛求疵的人，他们对奖项的缺陷进行彻底的指控，而不是以“历史”的眼光来看待每个特别委员会“都有其特性和自己的标准”。德国自然主义剧作家格哈特·豪普特曼虽不招第一届委员会的喜欢，但被 1912 年的新一届委员会所接受。这个新成立的委员会追求“伟大风格”，以歌德的盛期古典主义和思想上的普遍吸引力为榜样。1945 年之后，出现了另一个变化是，把奖项颁发给被忽视的现代主义“先驱”。大约从 20 世纪 70 年代开始，“实用”精神盛行。

然而，爱斯普马克的幕后解释与主题无关。正如美国评论家赫伯特·豪沃思所说的那样：

> 只要有人问一个诺贝尔奖获得者“为什么评委们选择他呢?”而不是问“他是最好的那一位吗?”那这个人就很有可能认识到选择他是由于某些合理的原因，然后这个人就会宣传这些。于是，这样不管三七二十一的行为就保护着那些好的作家而不再寻求最好的。

这是委员会系统中一个精辟的控告。为什么某些法官最后没有选择里尔克或乔伊斯，其中的利益考虑与政治竞选中的内幕是相同的。它可以很吸引人，但真正重要的是，例如，林肯当选与否，剩下的就是档案保管员要抉择的了。

然而，文学奖委员会无疑是得到了改善，文学奖已经变得更加一贯的“文学”。即便“理想主义”的老妖怪没被完全消灭，也已经驯服了。但是这种改变也是因为当今的委员会处于一个比以前更幸运的时代。早期现代主义文学曾经一度令人沮丧的“经验主义”之后，诺贝尔奖开始有了持续的进步——《尤利西斯》《海浪》《城堡》《杜伊诺哀歌》——这些作品终于融入广义上的文学，被广大读者所熟悉。早期的现代派作家——“执拗”或“邪恶”或“难以接近”——文学奖评委们在 20 世纪一半多的时间里都害怕他们——在过去的 30 年里，诺贝尔奖的桂冠明显亏欠这些先驱者——现在开始成了诺贝尔奖的新宠。诺贝尔奖评委们的视野变得更加开放，其他人也一样。20 世纪晚期的作品不再充斥着老式的冲击和怪诞情节，因为不需要这样了。关键的战役早已打赢。诺贝尔奖评委会将 1969 年的文学奖颁发给了萨缪尔·贝克特，这是一个突破。而贝克特自己的创新突破早在数十年前就已经开始准备了。因此，他的《等待戈多》和其他剧作，甚至他的小说，都取得了极大成功，可谓前无古人。

目前的委员会体制有没有什么其他选择呢？爱斯普马克认为《飘》的提名显示了“整个评选体制的弱点”，他是指提名者们“典型的不称职”。将这些问题全部归咎于《飘》也是个误区。当面对《达洛维夫人》或《勇敢的妈妈》时，提名者们通常就变得不称职了。伟大作品通常都有点标新立异，面对这样的作品时，诺贝尔奖评审团的知名教授和批评家们就变得和我们普通大众一样失去了判断力。每年诺贝尔奖评审团都要面对一个挑战，历史上少数人物能够解决，只是不稳定：了解什么文学作品在当今是真正胜过其他作品，并能够永世长存的。简言之，即预见 50 至 100 年之后的读者的想法。每年诺贝尔文学奖的评选结果就是这样一场赌注。诺贝尔奖评审团的任务不是宣布老艾略特是一位伟大诗人——人人都知道这一点——而是能判断出年轻的艾略特是一个怎样的人。否则诺贝尔奖就沦落为一个“养老津贴奖”或一个荣誉学位了。

但是文学奖带来的声望也是沉浮不定，风险极高，吉卜林被遗忘了多年，最近他的名气又开始逐渐上升。辛克莱·刘易斯——诺贝尔奖颁奖词尤其尊称其为“幽默大师”——他一度令人震惊的《巴比特》等小说基本上都从人们甚至是美国人的心目中消失了。艾略特和海明威也不再是从前那样处在文学巨匠的位置，索尔仁尼琴的身价也大跌，即使他有作品继续出版。

预测的天赋是最难能可贵的关键智慧。这与是否是一个伟大的学者、评论家或作家无关。很少有人在名声的股市中显示出天赋。在讲英语的世界中，也许最有名的是庞德。他对新的、极好的以及持久的事物独具慧眼。他证明了这一点，他对一些作家有先见之明的判断：还没有太多人知晓的罗伯特·弗罗斯特和詹姆斯·乔伊斯，仍是个谜的艾略特，尚未成名的海明威，以及他对叶芝 1910 年以来新的诗歌风格的欣赏。无论庞德对法西斯主义是如何的错乱和其诗歌是如何的不对仗，他仍然为诺贝尔文学奖委员会给出了完美的侦查。艾略特和海明威在职业生涯中期获得奖项，乔伊斯、弗罗斯特和格特鲁德·斯泰获得诺贝尔奖也是实至名归。像庞德那样有先知能力的读者当看到天才时就可以识别出来，会领先于其他人若干光年。

除此之外，诺贝尔奖委员会不会容忍任何这样的反无形的障碍精神。

理想主义的铁马甲

这是另一个主要的绊脚石。阿尔弗雷德·诺贝尔的遗嘱仅包含以下文学奖的简洁标准：“应该授予创造出文学领域中具有理想主义倾向的最杰出作品的作家。”这句话困扰着奖项的颁发。应该因某一部作品还是创作者的终身成就来颁发奖项呢？对遗嘱较早、较广泛的一种阐述是仅颁发给“在上一年度”

完成的作品，而这会使文学奖过度地丧失活力。诺贝尔奖评审委员会主要是把荣誉授予一个作家毕生的作品，但偶尔也会授予被挑选出来的某部作品（托马斯·曼的《布登勃洛克一家》、约翰·高尔斯华绥的《福赛特世家》）。

最让人无法忍受的部分是短语“理想主义倾向”。当然，诺贝尔奖意味着高尚的道德？然而，令人吃惊的是仍有少数人保持着相反的观点。了解阿尔弗雷德·诺贝尔的著名瑞典数学家米塔格·莱弗勒，声称趋向于“理想主义”则意味着对宗教、王权、婚姻和一般的社会秩序持怀疑态度，甚至讽刺的态度。前面提及的丹麦批评家勃兰兑斯也证实他曾如是说，勃兰兑斯是尼采早期的拥护者之一，并且他自己也是诺贝尔奖获奖候选人。

诺贝尔自己的著作中，有许多的确是持怀疑态度并且刻薄的——作于他去世前一年的剧本《纳美西斯》，以及具有讽刺意味的《在最光明的非洲》和《芽孢杆菌专利》。他的讽刺很独特，因为在他想要建立的那个奢华豪宅中，潜在的自杀死亡发生于享受中，而不是溺死在寒冷、肮脏的塞纳河。厄斯特林说，诺贝尔的文学腔调让人想起了斯特林堡的尖酸的抨击。这是“理想主义”成为一个具有颠覆性力量的有力后盾。

但是，一个如此重要的国际性奖项致力于这种颠覆性的讽刺意味吗？并且其后盾是一个严肃的学术机构和瑞典政府本身吗？这是不可想象的。与之相反的，令人尊敬的观点更让人信服。厄斯特林无意中描述了这一切是如何发生的。虽然诺贝尔承认自己经常发表言论就像“所有宗教信仰的敌人，甚至一个彻头彻尾的无神论者”，厄斯特林仍然认为“所谓的无神论……实际上……非常接近柏拉图主义和基督教。”应看到，由反对言论转换到乐观、令人信服的“理想主义”贯穿于所有的诺贝尔文学奖直到现在。

这种观点的第一个拥护者，1901 年至 1912 年的第一届诺贝尔奖评审委员会的中坚力量就是卡尔 af 威尔森（在瑞典，前缀 af 是指贵族）。他出生于

1842 年，从 1901 年到 1912 年去世期间担任瑞典文学院永久委员或理事。这个垂死学院没有真正有实力的批评家，也没有一个二流诗人，卡尔·斯诺斯基（1841～1903 年），以 19 世纪 60 年代瑞典巫术的方式来如此批评。能够使形势得以振兴的易卜生和斯特宁伯格，在很久以前就被投了反对票。第一届诺贝尔奖委员会的其他人由学院在 1901 年进行了选择，包括东方学者埃利亚斯铁格（1841～1903 年）、卡尔·奈博龙、文学教授乌普萨拉（1832～1907 年）和历史学家卡尔奥德纳（1836～1904 年）。

他们的出生日期表明，这些年老的评审员是维多利亚女王时代的人。瑞典文学院的其他 18 名成员也是如此。把分配诺贝尔文学奖的任务交给他们是不切实际的。20 世纪的文学进入到第一个产生创新性成果的伟大时代，诺贝尔奖评审委员会开始授予奖项而丧失了继承权。正如一个 19 世纪晚期的观察员说，瑞典文化的守护者就像“一些老人……他们在一个放满了葡萄酒的精致晚餐结束后，借酒劲讨论着宗教和国家事务。”斯特林堡，在他 1884 年的《新境界》中，嘲笑威尔森所体现出来的瑞典文化中的伪善和狭隘。斯特林堡也没有放过瑞典皇家科学院的 18 位“神仙”，他们认为自己从事“养父母”机构法国文化协会的传统学术。斯特林堡活到 1912 年，却从未获得过诺贝尔文学奖。

威尔森莫名其妙地毫无准备地就领导了诺贝尔奖项的分配。即使在 1889 年，他就鄙视被他认为泛滥于世界的一种反常的新文学。作为诺贝尔奖评审委员会的主席，威尔森把“理想主义”——保守的、尊重国家、教会和社会的——当作一根手杖来打退“耸人听闻”且“死气沉沉、往往严重愤世嫉俗的”左拉。19 世纪最伟大的剧作家易卜生，被评价为“在道德问题以及性问题上是完全无神论的，在前景展望方面是高度冒险的”。哈代是不能接受的，因为他的神“没有任何的正义和仁慈”。

特别是被广泛地尊称为最伟大的生活作家的托尔斯泰，让委员会焦头烂额。幸运的是，1901 年的一个术语拯救了他们。托尔斯泰在那一年没有被“正式提名”。第一个诺贝尔文学奖在 1901 年授予了苏利·普吕多姆，这表明他是世界上最重要的在世的诗人。事实上，他是诺贝尔奖长长的获奖名单中被遗忘了的一员。他的诗歌属于 19 世纪中期的法国高蹈派，线条精雕细刻，品味精致，精神空虚——或者如诺贝尔颁奖词所说的那样“高贵、忧郁，有思想深度。”当他在 62 岁成为获奖者的时候，他多产的时期早已过去。然而，他是法国学术文化协会的成员，而法国学术文化协会得到了瑞典文学院的上级组织的大力支持，因而有一个令人放心的可敬的选择：自由作家不需要申请。

对托尔斯泰的排斥引起了 42 名瑞典作家、艺术家和评论家的抗议。诺贝尔奖委员会评价托尔斯泰的作品包含“可怕的自然主义描写”和“消极的禁欲主义”以及格格不入的宗教、宿命论者和对无政府主义的同情。但在 1902 年，好运再次幸临于诺贝尔奖委员会，托尔斯泰宣布自己很乐意没有得到这样宝贵的奖项，因为“钱除了恶什么都带不来”。从履行授予托尔斯泰奖项的可怕命运中解脱出来，诺贝尔奖委员会把奖项授予了德国人蒙森·西奥多，他关于古罗马历史的鸿篇巨著创作始于 1845 年至 1856 年，并在 1885 年完成了最后一部。蒙森当时 85 岁高龄，他的著作是很难算得上是“最近的”或超越了文学的价值的。不管怎样：尽管年事已高并且退出了文坛，蒙森依然把诺贝尔奖委员会从不得不把奖项授予“病态”的左拉之流中解救出来。

1903 年出现了另一场危机。过去一个世纪中的最伟大的剧作家挪威人易卜生，成为候选人。但是，作为权威的颠覆者和个人自由的拥护者，他也不能被诺贝尔奖评审委员会所接受。他们找到了另一位挪威剧作家比昂斯腾·比昂松来取而代之。

近年来，诺贝尔奖官方人员不耐烦地一再强调“理想主义”是一个已经消失并且被丢弃了的问题。现在只有“最好的”作品才是最重要的。埃斯普马克声明，“显然令人振奋类型”的理想主义不再是诺贝尔奖所要求的，只有文学的“诚信”问题才是最重要的，无论它有破坏作用还是有振奋人心的作用。他授予塞缪尔·贝克特和卡米洛·何塞·塞拉的颁奖词中写道把荣誉授予那些“毫不妥协地”描绘了“人类困境”的人。美国评论家亚历山大·科尔曼曾经写道：“可以很容易地判断出，学院做任何他们所期望的事情，仅仅在颁奖仪式之时才伪装在理想主义的旗帜后面。”不过，他接着说，它实际上还是一直认可这种理想主义的。（他还建议，因为过去有克里姆林宫占星师，所以现在应该有诺贝尔奖占星师，这样，他们就可以预言这个神秘组织隐匿的倾向）

当然，这个问题没有消失。当波兰诗人维斯拉瓦·辛波丝卡在1996年获得诺贝尔奖时，《纽约时报》文学增刊评论仍然觉得必须要强调她获奖是因为其“价值”而不是因为“她是对人性的道德安慰者，或者是指明何为正确路线或政党的文学激进分子”。

诺贝尔文学奖评审员无疑对此问题很头痛。事实上，在1997年，似乎他们的胃口又变大了，他们挑衅地选择了演员、单口相声表演者以及表演艺术家达里奥·福——真的，几乎是所有人都可以，除了像叶芝和曼一样的作家。在那之后，谁敢再说瑞典学会是老土的呢？

但是事实上并没有太多改变。1901年，诺贝尔奖赞美第一位文学奖得主，法国诗人苏利·普吕多姆，因为他不知疲倦地追求——

人类精神世界的超自然命运，内心的声音，崇高的无可争辩的对责任的指示。从这点来看，苏利·普吕多姆在所谓的文学“理想主义”精神方面要比其他作家更具代表性。

苏利·普吕多姆去世 90 年之后，1991 年的诺贝尔文学奖颁发给了南非小说家内丁·戈迪默，因为“她在文学方面具有代表性，以及敢于在一个审查制度森严、存在对书和作者迫害现象的极权国家发表自由言论”，这依然是 1901 年诺贝尔奖的理想主义，只是现在不再是精神化和保守的，而是政治化和自由的。1986 年尼日利亚的沃莱·索因卡在他的获奖感言中这样说：“诺贝尔奖是作为补充的仪式：全体参与——世界和平。”

但就苏利·普吕多姆的例子来看，高尚的道德或强烈的政治使命感并不会对一个人的写作水平有所影响。戈迪默是一个优秀的小说家，然而人们不会忘记——也不用诺贝尔奖评委会的褒奖提醒——她同时是一名南非反种族隔离的白人领袖活动家。有些看上去比较不公平，但也是无奈之举，可以这么说，多丽丝·莱辛也是一名非洲白人，但她移居欧洲，没有参与反种族隔离活动，因此就没有得到诺贝尔奖——尽管有争议说戈迪默从未写出一部能与莱辛的《金色笔记》媲美的代表作品。

谢尔·爱斯普马克认为这样的评论是诺贝尔奖“空头政治”的典型。造成这种状况的还不是那些闭门造车的批评家，而是诺贝尔奖褒奖之词本身。一位持怀疑态度的读者把整整一个世纪的褒奖词都读完了，最终证实了这一点。例如，1967 年，危地马拉小说家米格尔·安吉尔·阿斯图里亚斯被赞美反对霸权主义、极权主义、奴隶制和不公正现象，他的褒奖词是这么写的：“这确实是阿尔弗雷德·诺贝尔所希望的结果。”他的同仁加勒比人 V. S. 奈保尔，尽管写作水平更强，却一直被诺贝尔奖忽略，可能就是因为他对第三世界尖刻的描述。

现在就和当时的情况一样，对诺贝尔获奖者的褒奖词似乎都是要使获奖作家们呈现出一种“与诺贝尔一致”的模式。有人回忆说，诺贝尔本人是彻底的无神论者，可是却脱胎于“基督教义”。将 T. S. 艾略特关于文学传统的观点重述为和诺贝尔的思想感情相一致的时候，艾略特听到后会不会皱眉头呢？“现存的伟大文学作品形成了一种理想主义的秩序……”这并不是艾略特的本意。

一些诺贝尔奖得主对诺贝尔道德至上的理念不满，挑剔的法国诗人外交官圣琼·佩斯（1960 年诺贝尔奖得主），评论对他卓越的“创造力”大加赞美，他在授奖仪式上发表的感言中说：“这真是让一位诗人受之有愧。”北爱尔兰诗人谢默斯·希尼更是果断拒绝了诺贝尔奖对他的评价：1995 年他因为出色的诗作得奖，同时也因为他“对北爱尔兰暴动的关心”。然而，希尼自己的观点就是对此最大的驳斥，他写道，诗为现实世界提供了一个选择：

> 有着对于个人精神的自由的可检验的效果，然而我知道这种功能在政治活动家看来是不够的……纯粹的图像不会让人感到愉快——无论多么富有创造性和原创力——因为只是一个部分。他们总是想用诗来表达自己的看法，让事物的天平向自己靠拢。

在读这段话时，人们会疑惑诺贝尔奖评委到底知不知道他们赞美的是什么。1923 年，早期的爱尔兰诗人威廉·巴特勒·叶芝获得诺贝尔奖，就在他获奖的两年前，他发表了《第二次来临》，诗作对于噩梦般的现代文明提出了一针见血的观点。这些带有启发性的观点是对于诺贝尔一贯的乐观及中庸态度的谴责。诺贝尔评奖委员会听了么？有人表示怀疑，因为对于叶芝的褒奖词就好像他还是那个 1900 年充满幻想的凯尔特黄昏诗人。褒奖词竟然将叶芝 1910 年的诗歌《绿色头盔》——他在这首诗中开始使用“充满激情的句法”来写作寻常的主题和责任——描述为“带有最原始野性的欢快的英雄神话”。

这种理想化的道德提升以及要求社会进步极大地解释了诺贝尔奖神秘的选择。1938 年赛珍珠获奖，她得到了诺贝尔奖评委们一致青睐。她写作的关于中国的三部曲，包括《大地》，出版于 1931 年至 1935 年。短短 3 年后，她就获得了诺贝尔奖。诺贝尔文学奖评委难得速度如此之快，因为她得奖，诺贝尔奖委员会不得不忽略了德雷塞（他的《美国悲剧》出版于1925年），菲茨杰拉德（《伟大的盖茨比》、1926年，《温柔的夜》、1934年），海明威（《太阳照常升起》、1926年，《永别了，武器》、1929年），约翰·多斯·帕索斯（年轻的让·保罗·萨特读了他的完成于1936年的著作美国三部曲，称他为世界上最伟大的作家。尽管这种说法是夸张了点，但多斯·帕索斯在20世纪20年代至30年代间文学方面所做的贡献当之无愧诺贝尔奖。）而赛珍珠获奖是有争议的。不过诺贝尔奖的赞美词称她同情中国农民的困境，在其作品中捍卫了中国农民的尊严。赛珍珠在其著作《大地》中，建起了一座连接东西方的"理想主义的"国际桥梁，其后续作品也在世界上极为热销。赛珍珠站在了一个正确的立场上，尽管她的散文一如既往地表现平平，寓意也不复杂。即便如此，我们也不用争论她的文学贡献。在诺贝尔奖的官方历史上，奥斯特陵惊讶地说"文学奖评审中起决定性的因素"竟是她"无可匹敌的"关于她父母的传记，她的父母都是在中国的传教士。

最近的文学奖授予了两个用英语写作的美国作家索尔·贝娄和托尼·莫里森，这仅仅是一个巧合吗？贝娄是"犹太裔美国人"，莫里森是"非洲裔美国人"，因此他们两个能够成为"少数民族"作家代表。诺贝尔奖评委可能就由于这么一点点偏见选择了他们，这听上去简直难以置信。然而，在他们之前的美国得奖者是约翰·斯坦贝克（1962年），他的成名作是《愤怒的葡萄》，写于20世纪30年代的美国大萧条时期。他得奖让许多美国读者深感困惑，因为比他更强的罗伯特·弗罗斯特、W. H. 奥登、华莱士·史蒂文斯、玛丽安·摩尔、威廉姆·卡洛斯·威廉姆斯、约翰·多斯·帕索斯等其他人都没有获奖。斯坦贝克自己也很惊讶。有人怀疑这变味成了另一种政治化的奖项，而来自瑞典的一份报告则证实了这一点。1962年的诺贝尔文学奖授予斯坦贝克，“至少在某方面，这是对水深火热的南方表示支持的一种社会行为。正如美国人很容易将30年代的‘俄克拉何马州人’与60年代的黑人联系起来!”

保持距离的现代主义

赫伯特·豪沃思曾敏锐地总结了诺贝尔文学奖的情况：

> 无论学院何时把奖项授予最好的创作者而非愿望最好的创作者——即使最好的创作者所抱有的愿望是不好的，希望一个更美好世界的诺贝尔奖的忏悔者都将得到答案。

但诺贝尔本人往往回避现代主义者的作品，因为它们“难”“病态”和“无法理解”，或者会简单地忽略掉。随着分裂法国几十年的德雷福斯事件，1901年产生了第一个诺贝尔文学奖。对于20世纪的世界大战、极权主义和其他的噩梦来讲，这是一个很小却很恰如其分的前奏。对许多人来说，人类历史有时似乎是从根本上脱离了它的过去。尼采说：“人类正在坠向未知的深渊。”

诺贝尔奖对文学与我们这个时代的危险和极端主义的过度密切关系进行回避，这从不太让人烦恼的作家的获奖人数上可以看出来。到1945年，诺贝尔奖评审委员把奖项授予了19名小说家。其中有11人归为了“传奇”类，主要是很多对农村或民间消失或未消失的传统生活方式的描述——不仅是谈及一个较早的时代而且是像那个时代。当然，一些传奇类获奖者远远超越了这种风格，比如，冰岛作家拉克斯内斯（1955年）。不过，诺贝尔奖委员会更加欣赏传奇作家始终和与城市紧密相连的无政府主义的现代世界，新的无根知识分子，革命和变革的力量保持一个安全的距离。他们还要被大众所接受。诺贝尔文学奖委员会中也一直存在民粹主义倾向。

早在 1905 年，随着《你往何处去》的作者亨利克·显科维奇获奖，就开始了传奇文学的获奖之路。1908 年，拉格勒夫因其小说《戈斯泰·贝林的故事》而获得诺贝尔文学奖。1915 年，不屈不挠的罗曼·罗兰因共 10 部的《约翰·克里斯多夫》（1903～1912 年）获得奖项。现代派文学已经产生了效用——1914 年，庞德和温德姆·刘易斯共同执笔完成的《鼓风》或者是 1909 年高歌“美化战争……世界唯一的清净”的意大利未来主义者。而罗兰宣扬通过艺术来做一个“好的欧洲人”——德国音乐迷住了他的法国英雄约翰·克里斯多夫。1917 年两名丹麦小说家共享了诺贝尔奖：亨里克·彭托皮丹和卡尔·吉勒鲁普。希望在战争期间颁发一些“中性”奖的愿望使这一切成为可能，而选择吉勒鲁普的任何其他理由都是个谜。然而，彭托皮丹走的仍然是传奇路线，他的作品中有一个共 8 部的著作《幸运的彼得》（1898～1904 年）和一个共 5 部的著作《死亡之城》（1912～1916 年）。

因这一点而获奖的其他小说家还有吉卜林（1907 年）、汉姆生（1920 年）、和阿纳托利·弗朗斯（1921 年）。然而，在 1924 年，该奖项又恢复到了传奇文学作家的手中，如当年获奖的波兰作家雷蒙特（康拉德未获奖，逝世于那年）和 1928 年的获奖者挪威作家西格丽德·温塞特，她的长篇小说《新娘·主人·十字架》以 14 世纪的挪威为背景。有人可能会加上意大利作家格拉齐亚·黛莱达（1926 年），她探寻了撒丁岛农民的生活。或许还有 1929 年的托马斯·曼。1900 年的小说《布登勃洛克一家》是他获奖之前最接近传奇风格的一部作品。在颁奖词中，单独挑出这部作品而忽略了他 1926 年的代表作《魔山》，此作品描述了现代不健全的文明。在 20 世纪 30 年代，4 个奖项中有 3 个都颁发给了传奇文学作家。约翰·高尔斯华绥在 1932 年因《福赛特家史》而获奖。如果他的主题是上流社会人士，而不是民间故事，那其结果可能会是另一番模样。有人指出，高尔斯华绥海外的知名度来自于他对英国人的描写与外国人想象的样子相吻合。1937 年的获奖者是法国人罗杰·马丁加尔，其最知名的小说《蒂博一家》（1922～1940）仍然值得一读，如果你能坚持读下去的话，另一个含有若干册的作品接近于现实编年史，它讲述的是 1914 年以前一个资产阶级家庭的紧张关系和危机。他是一个了不起的作家，也许仅仅是缺乏最后一股诗意的神韵和富有想象力的胆识来提升其稳定的水平。1938 年是赛珍珠描写中国的三部曲。1944 年的奖项颁给了丹麦的 J. V. 詹森，他这 6 册传奇作品中的进化时期由类人猿跨度到人类早期的历史。约翰·斯坦贝克之后的澳大利亚作家帕特里克·怀特（1973 年）因代表作《人树》和《沃斯》而获奖，虽然怀特尝试写过不同类型的作品，这一点像福克纳一样——他的确写过一部完全成熟的传奇作品，这也许影响了 1949 年诺贝尔奖委员会把奖项颁给他的打算。

其他写过传奇风格作品的获奖者有伊沃·安德里奇（1961 年）和米哈伊尔·肖洛霍夫（1965 年）。他们的作品完成于诺贝尔奖和冷战相冲撞的时期，有必要在当今来读一读。

内外政治压力

瑞典文学院发怒于任何有关其奖项受到政治影响的意见。不过，正如亨利·梭罗（诺贝尔之前）曾经写道的那样："一些间接证据是非常强大的——就像你在牛奶中发现了鳟鱼。"一些大的鳟鱼遨游在如牛奶般的诺贝尔记录中。1912 年，加泰罗尼亚作家纪梅拉被拒于诺贝尔奖之外，以免因为授予其奖项而得罪了西班牙政府。西班牙在几个世纪以前就征服了加泰罗尼亚，但回忆是如此之长。诺贝尔委员会把这次拒绝正名为"促进和平"。

从 20 世纪 20 年代开始，一些作家倾向右派（D. H. 劳伦斯、叶芝、庞德、汉姆生），一些倾向左派（布莱希特、阿拉贡、萨特和奥登）。有些人是长期或短期（共产党中的聂鲁达、法西斯主义者中的皮兰德娄）的成员，有的成了极权主义的宣传者（庞德、苏联诗人马雅可夫斯基）。艾略特属于右派，海明威属于左派。

不知是有意还是无意，诺贝尔奖的长期拖延把这种有异议的争论稀释成了自己更为温和的“理想主义”。通过在 1948 年以后，把奖项授予艾略特和海明威——在西班牙内战和法西斯主义战败之后——诺贝尔奖可以介绍他们为“文学界”的元老，这样他们早期激烈的差异就会被仪式的喝彩所覆盖。

在冷战的顶峰时期，从大约 1950 年到 1970 年，诺贝尔奖评审委员会发现自己前所未有地被政治所困扰。东西方的媒体，渴望把诺贝尔奖变成大国战争行动或缓和局面的拟像。瑞典皇家科学院本可以尝试通过尽可能远离冷战党派偏见来选择获奖者。他们没有这样做，而是勇敢地跳进去，在抵御外部审查的过程中表现得很精彩。不过，他们沉迷于自己的一些政治审查。

首先，外部压力。最耸人听闻的纠纷是关于涉及苏联的诺贝尔奖的中立性。这是在冷战期间的诺贝尔奖获奖年表：

1955 年　拉克斯内斯

1956 年　贝托尔特·布莱希特死亡（未得奖）

1957 年　加缪

1958 年　帕斯捷尔纳克

1961 年　安德里奇

1964 年　萨特

1965 年　肖洛霍夫

1967 年　安娜·阿赫玛托娃死亡（未得奖）

1970 年　索尔仁尼琴

1971 年　聂鲁达

1972 年　博耳

冰岛小说家拉克斯内斯获得了与冷战有关的第一个诺贝尔奖。他一直拥护斯大林政权，苏联人感到很欣慰。不过，在此之后，很快就同时有三个奖项得到了反苏联集团的鼓舞。加缪振振有词地反对苏联的镇压政策和极权主义，而共产党人则指责他获奖，因为他是资本主义的走狗。帕斯捷尔纳克获得苏联人的第一个文学奖，主要是因他的小说《日瓦戈医生》，但他未经许可在西方出版了这本小说，被统治阶级谴责为犹大，“我们社会主义国家的外国污点”，叛徒。苏联当局拒绝让帕斯捷尔纳克去斯德哥尔摩接受他的奖项。1961 年获奖的南斯拉夫作家伊沃·安德里奇也使莫斯科不高兴：当时，南斯拉夫由铁托元帅领导，他打破了苏维埃帝国的束缚，并保持着对克里姆林宫的挑衅。

仅仅几年后，似乎又反过来了，在 4 年之内苏联和他们的拥护者获得了3 个诺贝尔奖。对于许多人来讲，这种彻底改变的立场是在暗示诺贝尔奖委员会在补偿莫斯科，特别是为帕斯捷尔纳克的罪行进行补偿。当萨特 1964 年得奖时，他是法国最有影响力的智者——也许都能称得上是全世界的智者——捍卫苏维埃政体或据说是极权主义的崇高美德。然而，萨特拒绝了该奖项，他是自托尔斯泰 1902 年宣布放弃诺贝尔奖后第一个自己主动拒绝诺贝尔奖的人。瑞典学会在托尔斯泰事件上栽了跟头，拒绝撤回萨特的奖项。有人说萨特生气了，因为他的对手加缪先于他获奖。萨特自己的解释是他从来不接受公共奖项，只有独立的作家才可能对政治发表自由言论。他说，接受了诺贝尔奖就会成为其代言人。他以第三人称的方式谈及自己，说，等获奖之后，无论在哪儿提到他，都会加上标签“让·保罗·萨特，诺贝尔奖得主”。“只要戴上这顶桂冠，在某种程度上就不可避免地成为其代言人。这是一种说话方式，最后他就站到了我们这一边。”基于相同的理由，萨特说他也不会接受列宁奖，尽管他说自己的同情心完全取决于苏联，反对西方，以及诺贝尔奖。“中肯地说”，是与苏联对抗的。说到底“它只局限于西方作家和东方反叛者”。他说的反叛者是指帕斯捷尔纳克，并为肖洛霍夫没有先于帕斯捷尔纳克获奖而遗憾。

事实上，肖洛霍夫紧随萨特之后也获得了诺贝尔奖。他的著作《静静的顿河》（1927～1932 年）是诺贝尔奖评委会一直以来喜欢的英雄事迹类型。肖洛霍夫也是位“优秀的”苏联作家。他曾公开谴责帕斯捷尔纳克获奖(几年之后他收回了自己的话)，苏联领导者允许他以个人身份接受诺贝尔奖。1967年，危地马拉的阿斯图里亚斯获奖，他对苏联深表同情，几乎终其一生都在反对拉丁美洲独裁者和美国的贪婪。他的“香蕉三部曲”攻击了联合水果公司的贪婪，在 20 世纪 20 年代达到最高峰。

然而，1970 年诺贝尔文学奖颁发给了索尔仁尼琴，苏联政府最恨的人。他以前一直被关在劳教所里，1945 年至 1956 年因为做假账被“国内流放”，这些经历开启了他在古拉格集中营划时代的历史。1965 年赫鲁晓夫开始“融冰”政策，在此期间，索尔仁尼琴发表了《第一层地狱》和《癌症病房》（1968～1969 年），均获得诺贝尔奖提名。他还成为反对苏联体制的一名公众抗议带头人。苏联当局追根他能得奖的来由，认为他是一名“政敌”，或许还更坏。爱斯普马克称，诺贝尔奖评审团拒绝了瑞典外交部关于取消授予索尔仁尼琴奖项的要求。索尔仁尼琴婉拒了要他离开苏联前去领奖的邀请，以防苏联政府不让他再回去。

索尔仁尼琴获奖一年之后，又发生了一件事：智利诗人巴勃罗·聂鲁达获奖，聂鲁达是一名忠实的拥护斯大林主义者，多年来经常往返俄国，他得奖是诺贝尔奖评委会为了平息苏联政府对索尔仁尼琴的怨恨吗？

冷战一直在持续，但是从 1971 年起，诺贝尔奖不再老是这么反反复复了。索尔仁尼琴获奖后，17 年之后才又有一位俄国作家获奖——随后就流亡异乡。这位作家便是约瑟夫·布罗德斯基。后来的奖项给了几个处于苏联政府压迫之下的作家：波兰的米沃什（1980 年）、捷克斯洛伐克的雅罗斯拉夫·塞弗尔特（1984 年）以及波兰女诗人维斯瓦娃·辛波丝卡（1996 年）。诗人及批评家奥克塔维奥帕斯和小说家卡洛斯·富恩特斯长期以来都是诺贝尔奖的墨西哥候选人。多年来，他们还是政敌，富恩特斯拥护马克思主义，帕斯则相反。帕斯获得了 1995 年的诺贝尔奖。1989 年苏联政府垮台，冷战奖也随之烟消云散。

诺贝尔奖，斯大林奖，以及“希特勒奖”

在刚刚提到的这些获奖者中，许多斯大林的拥护者曾接受斯大林奖。为什么诺贝尔奖评委可以接受斯大林奖，却不能接受“希特勒奖”（实际上没有希特勒奖，只是如果它真的存在，有人是可以获这个奖项的。）

这个问题还不能不予思考，斯大林奖和列宁奖其实也是专制政府的荣誉，这两个专制政府比希特勒的统治时间更长，无辜的受害者也更多。至少可以说，诺贝尔奖评委会对此的反应很特别。当拉克斯内斯 1955 年获得诺贝尔文学奖时，他在两年前才获得了斯大林奖，尽管那时已经有很多关于斯大林的恐怖主义和谋杀无辜的传闻了。然而在诺贝尔奖对他的引词中，只是关心共产主义有没有减少他的文学天分。在拉克斯内斯 1963 年的传记 Skalditimi 中，因为公开抨击苏联共产主义，在他早期意识形态的同盟者中掀起了一阵骚动。

聂鲁达 1950 年获得了列宁和平奖，1953 年获得斯大林和平奖。1954 年这位伟大的诗人赞美斯大林“如日中天，全人类希望的实现”，聂鲁达极其渴望得到诺贝尔奖，但是遭到了诺贝尔奖委员会的诗人贡纳·埃凯洛夫的抵制。

埃凯洛夫怀疑聂鲁达参与了1940年墨西哥托洛茨基谋杀事件。聂鲁达那时是墨西哥的一名智利外交官。埃凯洛夫死于1968年，三年之后聂鲁达终于获奖。在他1963年的自传里，聂鲁达宣布放弃他的斯大林主义，而不是他的共产主义。但是让他获得诺贝尔奖荣誉的诗作都是在他信仰斯大林的时期写的。再一次，诺贝尔奖评委担忧聂鲁达的诗作是不是折中的。阿斯图里亚斯也一样，他在1966年，也就是获得诺贝尔奖的前一年，获得了列宁和平奖。

诺贝尔奖委员会对于作家并不这么仁慈，正如戴格·哈玛斯卡约德1959年向帕尔·拉格克维斯特（1951年诺贝尔奖得主）解释他反对艾兹拉·庞德获奖的原因：

> 诺贝尔奖颁发给一位精神失常的作者，我倒不反对……但是庞德（犯了）反犹太主义的罪过。……诺贝尔奖是一个带有理想主义倾向的奖项，不应颁发给这样一个做出“低等人类”行为的人。……我并不十分明白“理想主义倾向”意味着什么，但至少我知道这是完全违反所谓理想主义倾向的。

种族主义是恐怖的。但是如果，正如哈玛斯卡约德所说，一些人做出的行为根本不可理喻，绝对不应获奖，人们只能再问：杀害生在“错误的”种族的人为什么比杀害关在古拉格集中营的投靠了“错误”党派的人更恶劣？受害者都是被作为死人对待的，杀害他们的动机都是有悖人性的。

诺贝尔奖声称“文学奖是与政治分离的”，1979年瑞典批评家卡尔·万伯格对这一说法提出了质疑。他指出，要是这样，为什么庞德未获奖？“一位作家违背常理的个人政治随着他的历史时代而结束”。瑞典学会的一名成员，亚德·隆德奎斯特对万伯格的说法表示反对：庞德作品的“有限优点”不足以弥补他“有违人性的罪行”。隆德奎斯特是不是指，一名文学天赋不如庞德的作家，还是个法西斯主义者，却能够获得诺贝尔奖？他没有细说这个微妙的观点。

但这样的作家确实存在。隆德奎斯特认为，就拿法国小说家西林来说，他的文学成就很一般，有很多遭致怨恨的行为，这样一个人根本不能获奖。西林是路易斯·斐迪南·德图什（1894～1961 年）的笔名，他是一名医生，对待绝望的病人冷酷无情。1938 年起他还发表了一些仇视犹太人的文章。但是这些没有减弱西林的声誉，也没造成什么影响。他是我们这个时代一名伟大的作家，他写的《暗夜旅程》（1932 年）和《分期付款之死》（1936 年）使他获得诺贝尔奖。即使是现在，读这些小说时，还是令人感到深深震撼，似乎又看到了当时熊熊燃烧的仇恨。20 世纪 30 年代，在西林眼中这是恐怖的十年，诺贝尔奖的桂冠还授予了几位较温和的作家如高尔斯华绥、蒲宁、赛珍珠、弗朗士·西兰帕以及 J. V. 杰森。

诺贝尔奖委员会对于政治立场与之不合的作家采取的是冷战措施。阿根廷诗人、小说家和散文家约格·路易斯·博格斯完全符合获奖条件，但就是得不了奖。诺贝尔奖评委亚德·隆德奎斯特说，他一定会给博格斯投反对票，因为他接受了独裁者皮诺切特颁发的一个奖项。隆德奎斯特说他非常欣赏博格斯，甚至还翻译过他的作品，但是“他在政治上是向着法西斯的……因此我认为他在道德以及人类立场方面都不适合该奖项”。博格斯根本算不上法西斯主义者，但是无论他的作品多么技巧高超，多么独一无二，他的政治立场还是成为最大的障碍。安德烈·马尔罗认为他还因为太过保守而难于获奖。

最显著的例子不是来自保守派，而是一名共产党员：贝托尔特·布莱希特，他是一个著名作家，成名作《勇敢的母亲》《三便士戏剧》《伽利略》，还有很多 1922 年至 1956 年他去世期间写的伟大作品。布莱希特没有得奖，显然是政治原因，没有其他理由了。20 世纪 30 年代以来，布莱希特是欧洲一名伟大的剧作家，还是德国最优秀的诗人之一。很少有作家有他这样的成就，但是他至死都没能获奖——据爱斯普马克说，只有在他死的当年才首次获得提名。为什么这么晚才获得提名呢？他这种情况正如诺贝尔奖评委经常说的那样："不需要花时间去评估了"，爱斯普马克只是说他的共产主义倾向让他无法更早获奖。作为一名思想家，他当然得有一定倾向。但是不能据此推断他的剧作，他的剧作总是增强了生命的神秘感及其意义。

诺贝尔在遗嘱中设立这个奖项的初衷是"为了人类的利益"，可为何亚瑟·库斯勒没有获奖呢？至少他的《艳阳天下的阴影》也应该得奖啊，这部小说帮助欧洲在1948年左右的关键时期脱离黑暗，任何时代都会涌现出许多诗作和小说，但哪一篇能有这样的力量呢？然而，我们看到的是，诺贝尔奖却对如此有影响力的作品视而不见。

令人难过的是，诺贝尔奖评委会或瑞典学会对他们一直宣称的自由或理想并没有实际行动来证明。1989年两名学会成员——克斯廷·埃克曼和拉希·居连斯登公开辞职，控告学会没有公开支持英裔印度作家萨尔曼·拉什迪，以致这位作家被伊朗暗杀。拉什迪不是诺贝尔奖得主，如果是，诺贝尔奖的桂冠也许可以保护到他，但也不一定有用。尼日利亚戏剧家沃莱·索因卡（1986年得主）1967年至1969年期间被军事执政集团关禁在他自己的家乡，1983年被强制流放。尽管他得了诺贝尔奖——或者也很有可能是因为他吸引了世界的目光，1994年他又被重新流放，1997年他被控告叛国罪，被判处死刑。

多年以来，诺贝尔文学奖总是圈定在欧洲和欧洲语言创作的作品中，索因卡得奖可真是让捍卫欧洲的评委们不情不愿。不仅阿拉伯国家难以获奖，欧洲边缘城市也一样，比如希腊，1963年才首次有作家获奖，乔治·塞菲里斯摘得此殊荣。以色列和埃及是地中海国家，离希腊也很近——但是希伯来语和阿拉伯语作品却极难获奖。最早到1966年才有以色列文学获奖，得主为小说家什穆埃尔·约瑟夫·阿格农，他是用希伯来语写作的。还有部分原因是他与犹太诗人内莉·萨奇共享了这个奖项，内莉·萨奇是用德语写作的。萨奇在德国出生长大，1940年逃亡到瑞士，大屠杀被揭露出来之后，她的诗作也被焚烧。她是一位令人难忘的作家，斯蒂芬·斯彭德说她所有的诗实际上都是重复的，阿格农更为伟大，为什么他俩共享这个奖项呢？按照诺贝尔奖的引词，因为他们共享了一种“亲密关系”。

> 尽管他们两人是用不同语言来写作的，但是他们在精神上的亲密关系是一致的，并且他们互补，在其文字中呈现了犹太人民的文化遗产。因为他们共享诺贝尔奖。

对于他们共享诺贝尔奖这件事，美国评论家希欧多尔·科夫斯基说：

> 诺贝尔奖学会成功地把自己变成了一个小丑，也把神圣的颁奖变成一场闹剧，公然的使用手段，明显的非文学也能入选。

他认为，如果萨奇获得1966年和平奖，而阿格农单独获得文学奖，“这样评选会更诚实些。”他又补充说，尽管萨奇是用德语写作的，但她获奖等同于是瑞典文学获奖，因为她30多年与德国没有任何联系，在她的作品中也未提及德国。但是有人认为，虽然萨奇多年没到德国，但她的诗作却与德国息息相关，也正是德国千方百计要回避的：死亡集中营。她的一本重要诗集名叫《烟囱》，对于萨奇的获奖一直颇有争议，有人说她能得奖是20世纪60年代西德为了与犹太和解促成的，在她获得诺贝尔奖之前，已经得了好几个德国的奖项了。著名的德裔犹太诗人希尔德·多明说，获奖使萨奇成为一名“大屠杀诗人”，德国就忽视了她德语写作的身份和在德国生活的过去。这使得德国“能够摆脱这些诗”。受到牵连的就成了萨奇个人。萨奇在精神病院住了三年，深受狂躁症的困扰。诺贝尔奖变成了她的一个心病。萨奇死于1970年。

如果说使用非欧洲语言如希伯来语或阿拉伯语写作成为作家获奖的一个

障碍，没有国籍也是一大问题。这里说的不是流放，而是说一些被其他国家吞并的小国。例如，苏联政府垮台后，拉脱维亚或立陶宛这些国家的作品都不会获奖了，它们甚至都没法存在，这儿的都是“苏联”作家。

波兰诗人，1980 年诺贝尔奖得主切斯拉夫·米沃什一针见血地指出了诺贝尔奖在这方面波及的影响力。他在 1983 年说，直到最近，欧洲的文学奖分布图还有不少空白。占大头的是英国、法国、德国和意大利，然后是西班牙、波兰、荷兰、比利时和斯堪的纳维亚。莫斯科和俄罗斯占据了东方的大部分，但是东欧国家如乌克兰和其他国家，就存在大片空白了，这些空白区域包括布拉格（因为卡夫卡，这个城市经常被提到），华沙布达佩斯以及贝尔格莱德。这样一份文学地图的影响力绝不应该忽略，米沃什说：

> 文化集中地的形象也有着政治意义，因为这可以左右委员会最终的决断。签署雅尔塔协议的领导人也很容易把成百上千的欧洲作品从那些空白区域划掉，这毫不奇怪。

当然，米沃什指的是丘吉尔和罗斯福 1945 年将东欧割让给斯大林。如果诺贝尔奖对东欧作品少一点地域偏见，雅尔塔事件会有什么不同吗？米沃什的答案是肯定的，他的观点不容忽视。拉丁美洲因为一些作家如加西亚·马尔克斯、奥克塔维奥·帕斯、米格尔·安杰尔·阿斯图里亚斯和帕布洛·聂鲁达获奖，从此在世界上不再默默无闻。诺贝尔奖的效应是非常之大的。

一小部分诗人，屈指可数的剧作家

1901 年以来，诺贝尔文学奖的比例分布就很奇怪。尽管参选作品不限文章体裁，得奖的小说家是诗人的 3 倍，是剧作家的 8 倍。一直到 1999 年，在

96 位得主中——有的年份无人获奖——其中只有 26 位是诗人，还有 6 次是共享的奖项。剧作家 7 位，有 3 位或 4 位是共享奖项的。剩下的几乎都是小说家。上述统计不包括也写诗、但在其他文体方面更为有名的作家，如吉普林或贝克特。为什么获奖有这样大的悬殊呢？可不能说是因为我们这个时代没有高质量的诗或剧作。

与小说相比，诗有两个明显的障碍。优秀的现代诗在大众读者看来太过“晦涩”，诺贝尔奖委员会也一样。一直到 1960 年，诺贝尔奖引词对法国象征主义诗人圣约翰·波西致歉说他的诗太“难懂”，直到那时现代主义还是一门新兴流派。当然，小说翻译比诗容易得多，诺贝尔奖委员会在 2000 年颁奖典礼开始仪式上是用什么语言宣读的呢，这是个很有趣的问题。

因为诺贝尔奖评委极度依赖诗的翻译，用欧洲小语种写作的诗人就处于不利地位了。要不是波兰诗人辛波丝卡的作品被翻译成德语和瑞典语，她还能获奖吗？那些来自非欧洲语言国家的诗人就更难获奖了。诺贝尔奖官方人员经常用印度诗人泰戈尔（1913 年得主）来举例，他是一位早期获奖的非西方诗人。不幸的是，尽管泰戈尔最初是用孟加拉语写作的，他获得诺贝尔奖却是因为英译的诗集《吉檀迦利》（献歌集）。这部诗集被认为是印度智慧的结晶，在西方读者中间引起了巨大的热情，至今仍有无数追崇者。读起来有一些维多利亚后期的文风意味，并带有一抹淡淡的忧伤：“这脆薄的杯儿，你不断地把它倒空，又不断地以新生命来充满。”一位名叫维尔纳·冯·海登斯坦的诺贝尔奖委员会成员，后来荣膺桂冠诗人，说只要读几首歌德的诗，就会确信他是一位伟大的诗人，同样，泰戈尔也是。但读几句歌德的用德语写的诗的开头，如果你懂德语，就认定他是一位伟大的诗人，这是一码事。而如果你只是读了几句泰戈尔诗作的英译，就推断他一定是一位伟大的孟加拉诗人，那就有点儿荒谬了。当然，诺贝尔奖评委是不会去读孟加拉语的。

诺贝尔奖是如此青睐小说胜过诗，戏剧的命运也是如此。8 个剧作家得奖情况（共享或单独得奖）如下：比昂松（1903 年）、梅特林克（1911 年）、肖（1925 年）、皮兰德罗（1934 年）、奥尼尔（1936 年）、然后整整 50 年，才又有一位剧作家沃莱·索因卡得奖（1983 年）。接下来又过了 10 年，达里奥·福获奖（1997 年）。

但是也有人说 20 世纪是戏剧的时代：易卜生、斯特林堡、契诃夫、克洛代尔、约翰·米林顿·辛格、肖恩·奥凯西、布莱希特、布莱恩·费里尔、约翰·奥斯本、哈罗德·品特、阿索尔·福嘉德、乌戈·贝提、吉罗杜、让·阿努伊、费尔南多·阿拉巴尔、欧仁·尤内斯库、田纳西·威廉斯、爱德华·阿尔比、弗里德里希·迪伦马特、马克斯·弗里施、彼得·魏斯、瓦茨拉夫·哈维尔、米切尔·盖尔德罗德、彼得·维斯，以及汤姆·斯托帕德。

关于为什么契诃夫、斯特林堡和布莱希特未得奖，有人提到了一些原因。易卜生是一位伟大的剧作家，但是诺贝尔委员会 1903 年将提名给了比昂逊，尽管比昂逊的成就不如易卜生，但他更为契合诺贝尔奖的“理想主义”。委员会给出的一些理由让人吃惊。其中有“易卜生才华已尽”，在 1892 年至1899 年期间，易卜生只写了《建筑大师》《约翰·盖勃吕尔·博克曼》和《我们死人再生时》。一位研究瑞典文学的历史学家指出，比昂逊是一名杰出的演讲家，他有着重要的政治影响和宣传力，要不是出版了一系列作品，他依然是挪威的民族英雄之一。威尔森说的是，比昂逊写了挪威的一系列赞歌。易卜生自己说，比昂逊的一生就是他最好的作品。当然，比昂逊的选择有力地打败了易卜生，因为斯堪的纳维亚人难得获奖。易卜生死于 1906 年。不过，他死之后，诺贝尔奖评委也就不担心过快授予另一名斯堪的纳维亚人奖项了。仅仅过了 3 年，1909 年，瑞典小说家塞尔玛·拉格洛孚得奖。

保罗·克洛代尔可能是这个世纪最伟大的法国剧作家，他的主要作品都是在 1920 年前完成的。他死于 1955 年，因此诺贝尔奖评委会有足够的时间去了解他的作品。1926 年他获得提名。他的作品的丰富性和独特风格深受赞誉，但是诺贝尔奖评委总是对“难懂的”作品犹豫不决，他们担心这种晦涩难懂的诗和诺贝尔奖的大众性相冲突。爱斯普马克总结了拒绝理由：“非自然”和“非现实”与“触手可及”相悖。克洛代尔就这么与诺贝尔奖擦肩而过。1937 年他再次因为作品“太难懂”被拒。瑞典学会的常任秘书奥斯德陵在克洛代尔死的前一年，称他为“法国的先锋诗人”，但是抱怨说他作品中的宗教象征把作品本身的美给遮盖了。W. H. 奥登写道：

> 随着时间的推移，
> 　克洛代尔的作品终将被世人所接受和欣赏。

显然诺贝尔奖没有接受后人的观点，克洛代尔被否决了。

1997 年意大利的达里奥·福获诺贝尔文学奖，很多人认为他不是一名剧作家，而是因为他表演自己写的剧本。他是一名喜剧演员。以讽刺时事见长，也包括其他方面——梵蒂冈、反对堕胎、贪污、遗传工程。在每次演出中，他总要即兴发挥，所以他的作品很少有固定版本，总是一个台词本。他在诺贝尔奖名单上是第一位后现代“剧作家”——或表演艺术家。查理·卓别林也被提名过诺贝尔文学奖，他也是自己写作剧本的，但因为他不是一名真正的剧作家而被否决。然而卓别林的电影现在还长久留存，比福的电影脚本持久多了。

哲学和历史

1902 年，德国历史学家莫姆森获得诺贝尔文学奖，从此历史走进了诺贝尔奖圣典。只有另外一个奖项授予了历史学家——1953 年丘吉尔获奖——一直没有颁发出去。德国哲学家欧肯 1908 年获奖意味着诺贝尔奖有了哲学的存在。20 年之后，法国哲学家亨利·柏格森 1927 年获奖。又过了四分之一世纪，1950 年，英国哲学家伯特兰·罗素获奖。让·保罗·萨特 1964 年以作家和哲学家双重身份获得诺贝尔文学奖。

从这些获奖中根本看不出什么原则，也得不出任何结论。唯一可解释的就是诺贝尔奖委员会的喜好。欧肯获奖是因为评委在斯温伯恩和拉格罗夫两位提名者间犹豫了很久，迟迟决定不了，最终中和考虑选择了他。柏格森从 1915 年起就被提名，但是他好战的法国人的爱国精神让他在战争期间未能获奖，他文笔优美，是法国最著名的哲学家。学者、贵夫人和普鲁斯特都听过他的课。无论如何，诺贝尔奖评委中的保守派认为他是唯物主义的坚决反对者。不仅如此，柏格森还给斯德哥尔摩带来了法国知识界和法兰西学院的声望。

但是与柏格森同样优秀的美国哲学家威廉·詹姆斯（卒于 1910 年）和乔治·桑塔耶拿（卒于 1952 年），也是他的同行，却没有获奖。桑塔耶拿 1920 年就应该获得提名，但一丝一毫被提名的迹象都没有。还有美国的亨利·亚当斯（卒于 1918 年），其作品有《圣米塞尔山和沙德教堂》和《亨利·亚当斯的教育》，他还写了很多一流的美国历史，也没能得奖。西班牙哲学家和文化批评家何塞·奥尔特加·加塞特（卒于 1955 年）本应获得诺贝尔奖，但他也许可能从来都没有被提名过。虽然克罗齐是候选人并被强烈推荐，但这个意大利人还是在 1933 年遭到了拒绝，也许是因为，那时候评审员不愿意从严格的文学领域中走出去。1935 年，西班牙人乌纳穆诺因为太“抽象”而被拒绝，而这可能会让任何读了他的作品《生命的悲剧意识》（1913 年）或《唐吉诃德自省录》（1914 年）的人惊讶。1915 年《金枝》的作者 J. G. 弗雷泽也被拒绝，因为他的作品“太旧了”。德式风格大师弗洛伊德也被搁置一边，因为他有

“病态和扭曲的想象”，并且他应该属于医药领域，而在这个领域他也同样遭到了拒绝。

刚开始，伯特兰·罗素是一名令人生畏的专业的数理逻辑学家。但他随后又转到阳光下一切学科的知识领域——科学、心理学、教育学、政治思想。像萧伯纳一样，罗素也可怕的变成了一个长寿且永受崇拜的例子。他的诺贝尔奖的获得当然也是由于在前一年获得了著名的英国勋章。他的确是一个清晰的哲学阐释者，但即使是诺贝尔奖评委也不敢相信，那能够成就伟大的文学作品。

蒙森在 85 岁时成为获奖者，历史学识的一个活着的纪念碑。丘吉尔自己就是一个活生生的历史纪念碑。他的 6 册书《第二次世界大战》于 1948 年至 1954 年出版，这为他成为获奖者提供了一个“文学性”原因，但诺贝尔奖评审委员会表示，同样考虑的甚至考虑更多的是他在第二次世界大战期间的演讲。

诺贝尔身份：语言和国家

诺贝尔奖得主的身份一直通过国家确定。但是对于文学奖而言，语言提供了更准确的衡量标准。国家会分裂，被瓜分甚至有时候会消失。获奖者的国家并不总是容易确定。而与之相比，语言是更加稳定的。诺贝尔文学奖得主诗人切斯瓦夫·米沃什，用波兰语写作，在立陶宛出生、长大，而在当时，立陶宛与部分波兰一起处在俄罗斯的统治下。米沃什已经在美国生活了几十年，而波兰人理所当然地把他算作自己的国民。俄罗斯流亡诗人约瑟夫·布罗茨基，在去世时是美国居民。语言忽略了所有的这种政治偶然。伊萨艾克·巴谢维丝·辛格的作品是意第绪语作品的一部分，但是从来没有过，而现在也没有这样一个国家。

诺贝尔文学奖当然大多荣归主要欧洲国家。但是，即使作为一个大国也并不能保证成功概率。德国一直比较虚心谨慎，直到 1929 年，当时托马斯·曼获得了奖项，但自那时以来，只获得过两次奖而且相隔近 30 年：1972 年海因里希获奖，1999 年君特·格拉斯获奖。不过，即使一个国家可能表现得并不好，但它的语言可以做得到。虽然德国仅仅获得了 7 个奖项，而德语却遍布在奥地利、瑞士以及中欧的很多地区：卡夫卡和里尔克都来自布拉格，而他们写作的语言都是德语。就德语而言，总共有 11 名获奖者，其中有两名来自瑞士再加上用德语写作的卡内蒂和奈莉·萨克斯。西班牙仅获得了 5 个奖项，但就西班牙语而言，所获得的诺贝尔奖的数量还是可观的：毕竟西班牙殖民统治了一个大陆。在南美洲的 13 个国家中，有 9 个国家说西班牙语，而中美洲所有的国家都说西班牙语，巴西人说葡萄牙语，未曾有过诺贝尔文学奖获得者。到现在为止，总共有 5 个拉丁美洲的获奖者，在 20 世纪最后三分之一的时期里只有一个。

英语的范围更广泛。英语作品在诺贝尔奖获奖列表中占主导地位——21 个奖项，其中包括来自美国、英国、爱尔兰、澳大利亚、南非、尼日利亚和西印度群岛的作家。

法国到 1965 年时，奖项总数也达到了 11 个，而在过去 30 年里仅有一个。意大利获得了 6 个奖项，波兰获得了 4 个。极少数的其他国家获得了 1 个或 2 个。

斯堪的纳维亚国家也获得了总数达到 14 个之多的奖项。但瑞典文学院停止了对本国和周边国家作家的慷慨，至少目前来看是这样：最后一个斯堪的纳维亚的获奖者的获奖时间是 1974 年。斯堪的纳维亚的获奖者中有一位是芬兰小说家西兰帕。芬兰是斯堪的纳维亚国家，而芬兰语不是同类语言，这表明了依据国家来计算诺贝尔奖项的获得是极为复杂的。

英语所获诺贝尔奖

来自大不列颠和爱尔兰的获奖者

1907 年　吉卜林，小说

1923 年　威廉·巴特勒·叶芝，诗歌（爱尔兰自由邦）

1925 年　乔治·伯纳德·肖，戏剧

1932 年　约翰·高尔斯华绥，小说

1948 年　T. S. 艾略特，诗歌

1950 年　伯特兰·罗素，哲学和历史

1953 年　温斯顿·丘吉尔，历史

1969 年　塞缪尔·贝克特，小说和戏剧（爱尔兰，法国）

1983 年　威廉·戈尔丁，小说

1995 年　谢默斯·希尼，诗歌

作为代表英国 20 世纪最好作品的榜单，这个列表当然是荒谬的，而诺贝尔奖评委也认识到了这一点。列表中如果没有爱尔兰的叶芝、萧伯纳、希尼、贝克特和英裔美国作家艾略特，那么英文小说列表就会缩小到只有吉卜林、高尔斯华绥、戈尔丁。不管怎样，至少，诺贝尔奖评审委员会还没能找到任何母语为英语或苏格兰语或威尔士语的作家的真正区别。

一个能力更强的诺贝尔奖评审委员会不会选择平凡的高尔斯华绥，而倾向于选择弗吉尼亚·伍尔夫、乔伊斯、康拉德、劳伦斯、肖恩·奥卡西，或 E. M. 福斯特。如前所述，戈尔丁的成就是有争议的，瑞典皇家科学院的一名成员，极少见地违反诺贝尔保密原则，公开贬低他为一个无名小卒。在他的同时代人中，诺贝尔奖评审委员会本可以把奖项颁发给伊夫林·沃、安东尼·鲍威尔、菲利普·拉金、格雷厄姆·格林、安东尼·伯吉斯、休詹尼弗或多丽丝·莱辛。

英国早期没有获奖的候选人包括哲学家赫伯特·斯宾塞，极端的“不可知论者”；乔治·梅瑞狄斯，过于矫揉造作和狂热；托马斯·哈代，因他不虔诚的小说而被否决——在他 1928 年去世后，才开始有了现在很高的地位。另外，还有维多利亚女王时代的诗人阿尔杰农·斯温伯恩，其完成于 1901 年的最佳作品沉寂了 30 年之久。他丢掉了一个独特的诺贝尔喜剧奖项。斯温伯恩的倒行逆施，有时伤感的触动，还有他的异教反基督教往往使他的维多利亚女王时代的读者感到震惊，此外，他还一度高唱革命歌曲。不管怎样，反动的威尔森仍然满腔热情地支持他得奖。他指责斯温伯恩的过激行为对不道德的波德莱尔的影响，同时，他也很高兴，老斯温伯恩醒悟过来了，他指责像惠特曼一样的好色诗人并且坚决拥护君主制。但是，斯温伯恩在 1908 年失去了奖项，然后不久便去世了。

那些被诺贝尔奖评委会忽视了的作家中的一部分可以合成一部藏书集：

约瑟夫·康拉德：康拉德殷切希望获得该奖项，总是担心自己的声誉，总是财政紧绌，直到他生命的最后几年里。作为世界上最优秀的海上作家，他享有极高的声誉，同时也因为他写过这些小说如《吉姆爷》（1900 年）、《黑暗的心》（1902 年）以及一系列非凡的政治小说如《诺斯特罗莫》（1904 年）、《特务》（1907 年）和《在西方的眼睛下》（1911 年）。从来都不切实际的康拉德把他获诺贝尔奖的希望寄托于小说《救援》（1919～1920 年），而这部小说并不是他最好的作品。最终，1919 年的诺贝尔文学奖授予了瑞士诗人卡尔·施皮特勒。康拉德希望，在 1923 年的奖项授予叶芝后，下一个选择的是小说家——也许就是康拉德他自己。1924 年的奖项的确是颁给了一个小说家，一个波兰小说家——瓦迪斯瓦夫·雷蒙特。康拉德在同年去世。埃斯普马克声称，康拉德从未作为英国人或美国人被提名过，尽管他后来又补充道：“还没有一个单独的合法提议。”这是含糊其辞的：康拉德到底有没有被提名呢？康拉德不仅在英国和美国享有极高的声誉，在法国也是如此。毫无疑问，有更简单的理由不让康拉德获奖。如果评委会没有看到1900年的凯尔特人暮光之城，那么在1923年就不会选择叶芝，那么，他们会怎样对待一部用异国情调的英语写的关于《在西方的眼睛下》和《特务》中恐怖分子和虚无主义的极作，或《黑暗的心》中奇怪且险恶的殖民者呢？T. S. 艾略特援引康拉德，身份不明的、从一个典型的、在他的《轮胎荒原》和20世纪20年代初的“空心人”中，但当时的诺贝尔奖评委会觉得艾略特难以理解。

D. H. 劳伦斯： 劳伦斯的“国际突破”发生在20世纪20年代，埃斯普马克承认，“就要开始对其评估时”，劳伦斯却在1930年去世了。劳伦斯写的作品有《儿子与情人》（1913年）、《虹》（1915年）、《恋爱中的女人》（1921年）、《羽蛇》（1926年），和《查泰莱夫人的情人》（1928年），以及许多深刻的短篇小说。但是，诺贝尔奖评审委员仅需要3年的时间把奖项颁发给赛珍珠，需要不足10年的时间授予其他人，如辛克莱·刘易斯或显克微支，再三的重复这些也是没有用的。埃斯普马克谈起了劳伦斯从未获奖的真正原因：瑞典文学院在那段时间里不可能“有能力意识到这个备受争议的人物的重要性”。简而言之，无论怀有敌意的评审委员用多长时间去“评估”他的作品，他都不会获奖的。

弗吉尼亚·伍尔芙： 如果诺贝尔奖评委了解过她，那么他们可能会想知道伍尔芙抒情的典故般的《达洛维夫人》（1925年）和《到灯塔去》（1927年），更不要说带有令人眼花缭乱的诗歌形式主义的《海浪》（1931年）和《岁月》（1937年），是否都是小说。在诺贝尔奖评审委员看来，她身上有太多他们不喜欢并感到恐惧的特点——“难”“古怪”“异类”，对于作家来讲，如密码般的文字没有广泛的号召力。

詹姆斯·乔伊斯：同样，我们知道，乔伊斯从来都没有获奖。1923 年，新爱尔兰自由邦的一名部长德斯蒙德·菲茨杰拉德，写到爱尔兰应该提出授予乔伊斯诺贝尔文学奖。乔伊斯评论说，这样的举动不仅不会让他得奖，反而有可能会使菲茨杰拉德遭到解雇。

为了维护诺贝尔奖评审委员会，埃斯普马克声称，乔伊斯的“地位无法正确地给予确认，即使是在英语文学界”。这种说法是很没有说服力的。1922 年《尤利西斯》就出版了，并在 10 年的时间里，挑剔且有影响力的批评家——艾略特、庞德、埃德蒙·威尔逊、罗伯特库尔提乌斯以及其他同水准的人物——“正确地”确认了他为全世界在世的最伟大的小说家之一。埃斯普马克勉强承认了这个说法，他又说乔伊斯如果能活到战后几年，那么，他无疑会在 1948 年被评为像艾略特的一样的“先驱”。但乔伊斯在 1941 年去世了。在 1947 年左右，他值得获奖，而六年前却不值得吗？诺贝尔奖评委会一连串的“去世得太突然了”，其真正的意思似乎是“对我们来讲，没有活足够长的时间。”

美国诺贝尔文学奖得主

1930 年　辛克莱·刘易斯　小说家

1936 年　尤金·奥尼尔　剧作家

1938 年　珀尔·布克（赛珍珠）　小说家

1949 年　威廉·福克纳　小说家

1954 年　欧内斯特·海明威　小说家

1962 年　约翰·斯坦贝克　小说家

1976 年　索尔·贝娄　小说家

1978 年　艾萨克·巴什维斯·辛格　犹太小说家（获奖时住在美国）

1980 年　切斯瓦夫·米沃什　波兰诗人（获奖时住在美国）

1987 年　约瑟夫·布罗茨基　俄罗斯诗人（获奖时住在美国）

1993 年　托妮·莫里森　小说家

这份名单作为伟大美国文学的记录，和英国的一样奇特。首先，诺贝尔奖忽略了像马克·吐温（卒于 1910 年，似乎就被诺贝尔奖评委会遗忘了）和亨利·詹姆斯这样的伟大作家。1911 年，伊迪丝·华顿、埃德蒙·戈斯和威廉·迪恩·豪威尔斯联合起来要求授予詹姆斯文学奖，他应该获奖的，而且现在正卧病在床，急需用钱。他们采取了所有必要的方法，争取到了一些知名人士的支持，向诺贝尔奖评委会写了言辞恳切的信，告诉评委会詹姆斯作为一名英美小说家的崇高文学地位，但是他们的努力无济于事。诺贝尔奖评委读了信，但是，正如詹姆斯的传记作者里昂·埃德尔所说：

> 世界文学中的北方评委没有读过詹姆斯的书。他们没有在报纸上读过他。他极其内敛低调。此外，他们会受外国作家在其他国家的知名度以及其作品的翻译等因素的影响。很少有人翻译詹姆斯的作品，他对自己作品的定义是——大多数译者也都同意——不可翻译。

如爱斯普马克所说，詹姆斯的评估者承认他文笔精妙，但是他的小说通常都是“对话和情景描写”，“缺乏一个中心思想”。《鸽之翼》反映的是“不可能和可憎的主题”。

直到 1930 年都没有美国作家获奖，然后连续三位作家获奖，刘易斯、奥尼尔和赛珍珠。诺贝尔奖评委是在弥补过去的疏忽吗？可能他们真的被貌似新颖的言论打击了。但是辛克莱·刘易斯的光环消褪得很快，现在很难再体验刘易斯早期作品中带给人们的激动人心的感觉，他那时的作品每部都是对美国人自满的毁灭性的打击：《大街》（1920 年），《巴比特》（1922 年），阿罗史密斯（1925年），《灵与欲》（1927年）。对于20世纪繁荣论和美国强势论的泡沫来说，他就是该泡沫的致命终结者。他的讽刺文学像一面镜子，把很多社会缺陷都指了出来。但是后来大萧条开始了，20世纪20年代的这些问题不再被人关注，他变得茫然起来。刘易斯卒于1951年，他一直定期有小说面世，通常都很畅销，而他的小说更多的趋于浮夸和形式化。

为什么刘易斯被诺贝尔奖评委会选择成为第一位美国得主呢？是因为诺贝尔奖评委会认为他开创了一种新的民族文学。早期他们忽略了马克·吐温和詹姆斯，现在他们又开始忽略比刘易斯成就更高的作家。仅在小说方面，就有F.斯科特·菲茨杰拉德、欧内斯特·海明威、维纳·凯瑟和西奥多·德莱塞。刘易斯在他的受奖感言中，诚恳且大度地承认德莱塞比他更应获得奖项："他要比其他人"更当之无愧为一名真正的先驱者，"独自前行，不被理解，甚至招人怨恨"，但是"他清除了维多利亚时代的痕迹……一点一点地"。当时的诺贝尔奖评委很难对此类作家给出一个比这更好的评价。

福克纳获奖是诺贝尔奖评委会做的最正确的事情之一：他们实际上挑选了一个美国和英国都不看好的作家，人们认为福克纳倔强、古怪、顽固，说他只是一位地方主义作家，他的很多书都已绝版。《纽约时报》嘲讽福克纳的获奖："或许乱伦和强奸在福克纳小说中的密西西比杰弗逊很普遍，然而在美国其他地方可是没有这种事情的。"至于海明威，他在获得诺贝尔奖时已在世界上享誉盛名，虽然他只有55岁，他的职业生涯其实已经结束了。瑞典皇家科学院称赞了《老人与海》（1952年），这是海明威的一部代表作，也是他再创作才能的一个标志；而在过去它什么都不是。接下来是约翰·斯坦贝克，诺贝尔奖评委会对他的评价是他的作品主题囊括了美国的一切，他对这个国家的山川、被压迫的人民、不合时宜的事物以及普通民众表现出了同情——反过来，这个说辞也囊括了斯坦贝克的一切，甚至对《同查利旅行》（1962 年）都给予了赞扬，这部作品介绍了他用一辆卡车带着名叫洛基南特的狗横越美国的游记。他比赛珍珠有才多了，不过，在美国人获得的诺贝尔奖项列表中，他也是她的近亲。

索尔·贝娄和托妮·莫里森的获奖得到了广泛的认可。贝娄和贝克特一样，在诺贝尔奖列表中是一名伟大的喜剧作家，福克纳是其竞争者。另一个被诺贝尔奖评委会不公正地拒绝了的是至高无上的漫画大师弗拉基米尔·纳博科夫（1899～1977 年）。或许，诺贝尔奖委员会像鼹鼠一样，见到阳光太强就会不时地闭上眼睛：评判《洛丽塔》（1955 年）淫秽，《微暗的火》（1962 年）太古怪，迷人的《普宁》（1957 年）太微不足道。

对诺贝尔奖的成熟性、开放性、文学智慧和决心的一个真正考验是本该把奖项颁给天才格特鲁德·斯坦因。在她的小说《三种生活》（1903 年）中，大胆和新鲜感表露无遗（在两种意义上），此外，还有《温柔的纽扣》（1915 年）、《美国人的本质》（1925 年）和《最后的歌剧和戏剧》（1937 年）。但是，对于这样一个“难”且“古怪”的作家，她获奖的机会是零。她于 1946 年去世。

至目前为止，美国的获奖者都是小说作家，除了奥尼尔这个唯一的剧作家。从未有美国诗人获得过此奖项。其实并不缺少值得授予其奖项的候选人。到了 20 世纪 20 年代，一场美国诗歌的复兴运动开始蔓延：罗伯特·弗罗斯特、华莱士·史蒂文斯、玛丽安·摩尔、哈特·克兰、威廉·卡洛斯·威廉斯、埃兹拉·庞德，这些都是最突出的。如果诺贝尔文学奖曾经颁发给美国诗人，那么未来的获奖诗人则要与这些强有力的幽灵抗衡，而这种比较显然不再会是那么优雅。

为什么没有美国诗人？瑞典的评委显然对美国诗歌中好的、新的事物缺乏认识。诺贝尔奖委员会对“难”的写作的蔑视已经自动把上述大部分诗人从院里排除了——除了罗伯特·弗罗斯特。截至 20 世纪 50 年代末，在美国，弗罗斯特仍然被广泛认作带有新英格兰农村风俗习惯的朴素哲学家，他的暗讽手法甚至虚无主义的一面慢慢地蔓延开来。他是当时美国最受欢迎的诗人。他总是以一定的格律和风格进行写作，这样永远不会被指责为形式古怪。事实上，以瑞典文学院自己的标准来看，如果有看似理想的诗人，那就是弗罗斯特。那么，为何他从未得过奖呢？我们诺贝尔奖委员会的引导者埃斯普马克未作过多的解释，只是指出瑞典政治家达格·亚尔马·昂内·卡尔·哈马舍尔德认为弗罗斯特因为“政治”原因而输给了海明威。

弗罗斯特 1963 年去世，史蒂文斯 1955 年去世，威廉姆斯 1963 年去世，摩尔 1972 年去世。

离现在比较近的一位“美国”诗人 W. H. 奥登，去世于 1973 年。这里又出现了一个有关国籍的纠纷：奥登已经在美国生活了 30 年，并成为一个公民，如果艾略特被算作英国人，那么奥登怎么不是美国人呢？1965 年，两个领先的候选人显然是奥登和萨特。萨特被视为哲学先驱，奥登则是文学创新者。最终，萨特获得奖项，奥登的最好的作品被认为“在时间上，太过久远”。1967 年，奥登再一次与危地马拉的次米格尔·安赫尔·阿斯图里亚斯和格雷厄姆·格林进行竞争。但这一次，诺贝尔奖委员会关于反对授予太知名作家的摇摆情绪又把奥登搁置了一边：为什么懒得去庆祝应该被庆祝的人呢？很显然，同样的观点也排除了格林，阿斯图里亚斯获得了奖项。

来自其他地区的英语语言获奖者

1973 年　帕特里克·怀特，小说（澳大利亚）

1986 年　沃莱·索因卡，戏剧（尼日利亚）

1991 年　纳丁·戈迪默，小说，诗歌（南非）

1992 年　德里克·沃尔科特(西印度群岛)

帕特里克·怀特（1912年～1990年）在他的一生中，在澳大利亚文坛占据着主要地位，现在仍然如此。怀特的名望不是地方性的，无论在何种语言方面，他都应被视作20世纪伟大的作家之一。索因卡和戈迪默是众多重要作家中的两位，却极少被诺贝尔委员会注意到。索因卡是一位重要的剧作家而戈迪默是一位杰出的小说家。但是，用英语写作的非洲作品所获的奖项本应该授予尼日利亚小说家契努阿·阿切贝（生于1930年）、阿莫斯·图托拉（生于1922年）、加纳诗人科菲·阿沃诺（生于1935年）、肯尼亚小说家恩古吉·瓦·提安哥（生于1938年）以及南非作家J. M.库切（生于1940年）。或者颁发给用法语写作的主要诗人列奥玻尔德·塞达·桑戈尔或艾梅·塞泽尔。或许还有用非洲本土语言或葡萄牙语写作的候选人也值得获奖。沃尔科特的诗专注于他的西印度的根源，不过他从欧洲和美国的现代主义、希腊神话和其他许多地方有选择地汲取了不少东西。还有来自于特立尼达的V. S.奈保尔，但是，如前面所述一样，他也被斯德哥尔摩忽略掉了。

法语中的诺贝尔奖

法国的获奖者

1901年　苏利普吕多姆，诗歌

1904年　弗雷德里克·米斯特拉尔，诗歌（与西班牙的埃切加赖共享）

1915年　罗曼·罗兰，小说

1921年　阿纳托尔·法朗士，小说

1927年　亨利·柏格森，哲学

1937年　罗杰·马丁·加尔，小说

1947年　安德烈·纪德，小说

1952年　弗朗索瓦·莫里亚克，小说

1957年　阿尔贝·加缪，小说

1960 年　圣-约翰·波西，诗歌

1964 年　让-保罗·萨特，哲学和小说

1985 年　克劳德·西蒙，小说

阿纳托尔·法朗士过去被认为是持怀疑态度的享乐主义者，马丁·加尔被认为是资产阶级史诗小说家，纪德被认为是以小说家为幌子的知识分子，莫里亚克则被认为是为天主教之罪忧虑的小说家。如今他们的声誉已经消失殆尽，莫里亚克也许是其中最不为人所知的一位。

阿尔贝·加缪是自第二次世界大战以来的那代人里第一个获奖的（1957年）。他在《反叛者》（1951 年）中写了存在主义哲学，这也出现在他通过经典控制所写的"荒谬"小说中：《局外人》（1942 年）、《鼠疫》（1947 年）、《堕落》（1956 年）。加缪十分苦恼于所获的奖项，他认为安德烈·马尔罗更应该得奖。并且他担心，从此之后他所有的写作——他获奖时仅 44 岁——都不能辜负他的诺贝尔奖声誉。他作为诺贝尔奖获得者的压力和他的阿尔及利亚出身，使他在当时的阿尔及利亚危机爆炸中成为了一个大的政治目标。不过 3 年后，加缪在 1960 年的一次车祸中身亡。

他曾经的存在主义盟友和政治对手是让 - 保罗·萨特，那一代法国知识分子中的好斗的狮子。不过，在萨特拒绝 1964 年诺贝尔奖之后，20 年的时间里没有法国获奖者。许多法国人认为，这是瑞典人的报复。也有人指出，贝克特因为用法语写作，他 1969 年的奖金只有一半。1985 年，小说家克劳德·西蒙终于使法国出现了一个"完整的"诺贝尔奖得主。20 世纪 60 年代以来的候选人，深受福克纳的影响，由于西蒙的文体探索或者强迫意念使他成为诺贝尔奖名单中少有的精力充沛的先锋派散文作家之一。

未获奖的有：

安德烈·马尔罗：遗漏马尔罗（1901～1976 年）是诺贝尔奖的巨大失误之一。刚开始他是一个小说家，在事业中期转到了艺术史，他的主要著作有：《沉默的声音》（1951 年）和《想象的博物馆》（1953 年）以及其他作品包括创新的传记和自传。1969 年，在加缪和萨特成为获奖者之后，众望所归的马尔罗也最终获奖。他曾长期作为一名突出的候选人。但贝克特被选为了法国的代表。马尔罗认为，瑞典皇家科学院拒绝授予他奖项，是因为他们认为戴高乐主义是半法西斯主义，马尔罗担任戴高乐领导下一名部长。据埃斯普马克称，诺贝尔的解释是丘吉尔在担任首相时获得了诺贝尔奖，这引起了政治偏袒的指控。从那时起，瑞典文学院只选择不担任政治职务的作家。这也许是 1960 年上任的塞内加尔共和国总统利奥波德·塞达·桑戈尔为什么没有获奖的原因。但桑戈尔于 1980 年下台了。为什么在戴高乐卸任和马尔罗不再是部长之时，他还不能获奖呢？人们不得不总结出马尔罗是正确的：诺贝尔奖评审委员会的政治观点否决的不是他的工作，而是他的戴高乐主义。

柯蕾特：西多妮-加布里叶·柯蕾特（1873～1954 年）是一位才华横溢的女作家，擅长描写感性生活、风景、希望和爱，她描写女性意识大胆，情欲激荡。也因为此，她的身上有着“世纪末”的浮躁不安，她流连于风月场，沉迷于从小的乡野体验，成年后对爱情的观念极为开放前卫。然而她是一个极有天赋的作家，直觉敏锐，精力旺盛。柯蕾特似乎仍在等待得到足够赏识。在她写了如小说《谢莉》（1920 年）和回忆录《西多》之后，在她多种作品出版之后，她在 20 世纪 30 年代后期应该获奖。意大利作家格拉齐亚·黛莱达或丹麦作家 J. V. 杰森这些人都不能与她媲美，更不用说其他人了。

保尔·瓦雷里：本来瓦雷里1945年是作为获奖者被提名的，但他同年7月便去世了。诺贝尔奖评委会曾在1931年授予已故的瑞典诗人及瑞典学会成员埃里克·卡尔费尔特奖项，但他们没有给瓦雷里授予诺贝尔奖，大概因为近十来年，反对瓦雷里得奖的呼声不绝于耳。瓦雷里的提名只是诺贝尔奖评委会为证实他们并不完全排斥“难懂的”现代诗的一个标志。新的委员会成立之后，福克纳很快获奖，接下来是1948年艾略特获奖，他延续了瓦雷里的象征主义传统，1960年获奖的佩尔斯也是，他们两位获奖都是向瓦雷里表示敬意。

在三位获奖的法国作家中，只有佩尔斯声名卓越，另外两位是苏利·普吕多姆和弗雷德里克·米斯特拉尔。但法国优秀的诗人相当之多，比如：路易·阿拉贡、布莱兹·桑德拉、内·沙尔、亨利·米肖、皮埃尔·勒韦迪、弗朗西斯·蓬热、伊夫·博纳富瓦、穆罕默德·迪布、艾米·塞沙勒。

为什么玛格丽特·尤瑟纳尔没能获得诺贝尔奖呢？

德国的诺贝尔奖

尽管德国在其他方面的诺贝尔奖得主很少，20世纪德语现代文学优秀作品却是层出不穷，也是获奖者国籍最为丰富的国家之一。诗歌方面有布拉格诗人里尔克、维也纳诗人霍夫曼斯塔尔、罗马尼亚诗人保罗·策兰、德国诗人斯蒂芬·乔治、霍尔茨和彼得·赫克尔、瑞典诗人卡尔·施皮特勒、小说和戏剧方面有德国的托马斯·曼、君特·格拉斯、海因里希·伯尔和贝尔托·布莱希特、布拉格的卡夫卡、奥地利的赫尔曼·布洛赫、罗伯特·穆齐尔、托马斯·伯恩哈特，以及讽刺作家卡尔·克劳斯、瑞士的赫尔曼·黑塞和剧作家马克斯·弗里施及弗里德里希·迪伦马特。在所有才华横溢的作家中，诺贝尔奖评委会网罗了七位德国人、两位瑞士人，以及两位移民作家。这些作家中，可能只有托马斯·曼是当之无愧的一流作家。在诺贝尔奖评委会令人费解的历史中，怎么会有这么多比上述获奖者更为优秀的作家被忽略呢？

德国诺贝尔奖得主

1902 年　特奥多尔·蒙森　历史

1908 年　鲁道尔夫·欧肯　哲学

1910 年　保罗·海泽　诗

1912 年　格哈特·霍普特曼　戏剧

1929 年　托马斯·曼　小说

1972 年　海因里希·伯尔　小说

1999 年　君特·格拉斯　小说

瑞士诺贝尔奖得主

1919 年　卡尔·施皮特勒　诗

1946 年　赫尔曼·黑塞　小说

其他德语作家得主

1966 年　内莉·萨克斯　小说（瑞典）

1981 年　埃利亚斯·卡内蒂　小说（保加利亚-奥地利-英国）

德国的诺贝尔奖得主名单可能是主要欧洲国家中最为奇怪的：1912 年前有 4 个人得奖，接下来将近 90 年只有 3 个人获奖。霍普特曼、施皮特勒和黑塞是比托马斯·曼更早的一代。但曼这一代中诺贝尔奖得主极少。曼（1875 年生）与里尔克（1875 年）、卡夫卡（1883 年）、霍夫曼斯塔尔（1874 年）、穆西尔（1880 年）、卡尔·克劳斯（1874 年）、布罗赫（1886 年）、艾尔弗雷德·多布林（1878 年），这些作家是同一个时代的人。他们都被诺贝尔奖评委会忽略了。卡夫卡发表的作品太少，其他作家运气不好，他们的作品从 1900 年左右到 1940 年左右走向成熟，而那时正是诺贝尔奖强烈排斥现代文学的时候——1898 年出生的布莱希特是一位早熟的作家，他也没能获奖。

他们也都来自运气不好的国度：德国和奥地利战争不断，纳粹党当政。欧洲中部的一些小国——捷克、斯洛伐克、塞尔维亚、波斯尼亚、克罗地亚、波勒斯、罗马尼亚、保加利亚、匈牙利——经常被周边强国吞并或岌岌可危，短暂独立。面积小，支离破碎，内部分裂的国家不可能像法国和美国强国一样，给予这些享有盛名的提名评审机构以支持。中欧国家的作品想要通过翻译引起关注都很困难，因为这些国家往往以不懂其他如德语或俄语之类的主要语言为荣。

很明显，至今没有一位奥地利的作家获得诺贝尔奖，除非把移民作家卡内蒂算作一位。维也纳是天才的集聚地，在被希特勒 1938 年侵略之前，与巴黎可是不相上下。可能这些中欧国家对现代化带来的震撼与迷失太过敏感——似乎在骨子里就知道什么是无序与分裂，是“流淌在血液里”的，法国、英国，或是瑞典就做不到这一点。诺贝尔奖评委会用了 50 多年来赶上他们的脚步。而到了那个时候，19 世纪 70 年代的人基本上都不在了，或者就是“太老了”，或者仍然未被发现。罗伯特·穆齐尔的著作《没有个性的人》(1930～1934 年)，和那些如奥地利作家约瑟夫·罗特的作品一样，直到现在才引起巨大关注。

在“垮掉的一代”中，特别要提的是赫尔曼·布洛赫和胡戈·冯·霍夫曼斯塔尔。布洛赫的多层次散文叙事诗《维吉尔之死》（1945 年）让他与普鲁斯特、曼和乔伊斯齐名。托马斯·曼和爱因斯坦都提名他获奖，诺贝尔奖评委会认为《维吉尔之死》读者不多（这倒是真的，但是读者多少与获奖本不相关），还认为这部作品混合叙事、诗歌、哲学和历史太多（何谓“太多”?）赫尔曼·布劳赫于1951年去世。到了20世纪80年代，诺贝尔奖评审委员会才最终准备应对这样的作品，他们选择了水平次之的卡内蒂。霍夫曼斯塔尔作为理查·施特劳斯歌剧的剧作者而众所周知，不过，他作为一个诗人、剧作家和语言解体的分析家，也是少有人能及的。

小说家君特·格拉斯，在政治上也是直言不讳、尖酸刻薄。1972年，诺贝尔奖评委最终选择了德国战后首奖得主，他们忽略掉了格拉斯——当时，他已经出版了《铁皮鼓》、《猫与鼠》、《狗的年月》——而是选择了优秀且更值得尊敬的海因里希·伯尔，他说话得体，典型的德国人。格拉斯终于在73岁时获得了1999年的诺贝尔文学奖。

在近代作家中，诗人保罗·策兰未获奖是诺贝尔奖评选最严重的失误之一。策兰是罗马尼亚的一个犹太人，出生于1920年，他在大屠杀中幸存，曾在巴黎工作，在德国写诗。任何有关现代写作的讨论都必将他推向浪尖。他的主题是大屠杀，并且他的写作风格——支离破碎的句法，安静和不守常规的文字——恐怖的体验像血一样渗透到读者身体的每一个部位。但是，50岁的他于1970年自杀，而彼时，诺贝尔奖评估员仍在谨慎地决定他是否达到了获奖的标准。是不是也许他年纪还不够大不足以获奖呢？有人会感到奇怪，俄罗斯诗人布罗茨基这么年轻，这么快就获奖了，是不是另外一个诺贝尔奖得主的替身呢。

斯堪的纳维亚半岛的诺贝尔奖

斯堪的纳维亚获奖者

1903年　比昂斯腾·比昂松（挪威）

1909年　塞尔玛拉格勒夫（瑞典）

1916 年　维尔纳·冯·海登斯坦（瑞典）

1917 年　卡尔·吉勒鲁普（丹麦）、亨里克·彭托皮丹（丹麦）

1920 年　克努特·汉姆生（挪威）

1928 年　西格丽德·温塞特（挪威）

1931 年　埃里克·卡特菲尔德（瑞典）

1939 年　弗兰斯·西兰帕（芬兰）

1944 年　约翰内斯·詹森（丹麦）

1951 年　帕尔·拉格克维斯特（瑞典）

1955 年　哈尔多·拉克斯内斯（冰岛）

1974 年　艾温德·约翰逊（瑞典）、哈利·马丁森（瑞典）

也许有人会加上奈莉·萨克斯，虽然她用德语写作，但仍被认为应该在上面的名单中。

总共是 14 个或者 15 个斯堪的纳维亚作家获得诺贝尔奖——法国 12 个，德国 7 个。因此，人们可能会以为我们正在面对着世界上写作的一个十分庞大的主体。但是只有汉姆生以及近来马丁森的名望有所提高。斯兰柏获奖的原因，常常被说成在于诺贝尔奖委员会想要奖励芬兰在 1939 年战争中对苏联的顽强抵抗，埃斯普马克驳斥了这种说法，并指出苏联在 1939 年 12 月 14 日攻击芬兰，此时已是斯兰柏获奖几个月之后了。不过，苏联难道没有在几个月之前就进行威胁吗？哈利·马丁森的史诗《阿尼阿拉号》是一部令人难忘的杰作，它描述了随着太空时代的开始，人类离开了地球。马丁森缺乏他应有的国际知名度，因为列表中总体上的斯堪的纳维亚获奖者的平庸让他成了可疑的人物。

本该有一个更令人印象深刻的列表。开始是易卜生、斯特林堡、勃兰兑斯和伊萨克·丹森。写法精湛的瑞典诗人贡纳尔·埃凯洛夫（1907～1968 年）被忽略掉了，难道只因为那时这份名单已经塞满了不怎么伟大的北方作家吗？

此外，引人注目的瑞典诗人托马斯·特朗斯特罗默被拒绝了，是因为再加上一个瑞典人会让人觉得太尴尬吗？

意大利的诺贝尔奖

意大利获得者

1906 年　卡尔杜齐　诗歌

1926 年　格拉齐亚·黛莱达　小说

1934 年　路易吉·皮兰德娄　戏剧

1959 年　萨尔瓦多卡西莫多　诗

1975 年　欧金尼奥·蒙塔莱　诗

1997 年　达里奥·福

作为诗人和评论家的卡尔杜奇，是 19 世纪最后三分之一的时期里，意大利文学史上占有主导地位的人物。他的作品即是解放者手中的光环。从 19 世纪中叶开始，他便以充满生机的古典主义挑战腐朽的浪漫主义，而在这一时期，与本国现存的最好诗歌或者小说相比，意大利人更偏爱甚至质量低劣的平庸的法国诗歌或小说的译文，是他帮助意大利文字恢复其原来应有的高尚。在这段时期里他创作了巨著《野蛮颂歌》（1877～1889 年），这部著作里有许多十四行诗以及歌颂雪莱、罗马和但丁教会的诗歌。

“格拉齐亚·黛莱达是自学成才的，她面对着非议为当时当地的妇女写作。她那撒丁岛风景和农民组成的社会世界，就像古老且一成不变的地球，这些都是真的只不过没有那么引人入胜。埃斯普马克指出，20 世纪 20 年代的诺贝尔奖委员会认为，她体现了被他们选作典范的歌德式“伟大而崇高的简单”。有人怀疑这是诺贝尔奖委员会巧妙挑战现代写作的另一种方式，其中最伟大的作品没有符合，但希望其达到歌德新古典主义的标准。

皮兰德娄也许仍是本世纪意大利最著名的作家。他很早就提出，现代主义戏剧伴有经验主义、存在主义和无理性。不幸的是，“皮兰德娄”往往只体现在一两个戏剧中，《六个寻找剧作者的角色》以及《是这样，如果你们以为如此》。他写过 40 多个剧本，7 部长篇小说，100 多篇短篇小说以及大量的评论和散文。

蒙塔莱之前的萨尔瓦多卡·西莫多的诺贝尔奖似乎主要依赖美国诗人和翻译家艾伦·曼德尔鲍姆的杰出英语译文，他的作品恰好在当时被翻译了出来。拉古萨说，西莫多写了一些很美妙的诗句：

> 而且在某一点上，他反对赫密斯派诗学转变成更易懂的措辞，似乎这个理由并不足以使诺贝尔奖委员会放弃可能的其他人选而做出最终决定。

蒙塔莱具有伟大的博爱。而未被神圣化的朱塞佩·翁加雷蒂（1888～1970 年）是更伟大的诗人，他具有如此的力量，可以使其他所有诗人贫嘴。

俄罗斯 / 苏联的诺贝尔奖

俄罗斯获得者

1933 年　伊万·布宁　小说

1958 年　鲍里斯·帕斯捷尔纳克　诗歌，小说

1965 年　米哈伊尔·肖洛霍夫　小说

1970 年　亚历山大·索尔仁尼琴　小说，诗歌

1987 年　约瑟夫·布罗茨基　诗歌

20 世纪的俄罗斯文学一直是非常丰富多彩的。下面一个标明日期的简短列表说明了一些最伟大的作家是如何没有机会获得诺贝尔文学奖的：

诺贝尔奖

安德烈·别雷　小说，1880～1934（住在苏联，20世纪20年代后没有出过重要作品）

亚历山大·勃洛克　小说，1880～1921（过劳死）

马雅可夫斯基　诗歌，1893～1930（自杀）

曼德尔施塔姆　诗歌，1891～1938（死在战俘营），

尤金·扎米亚京　小说，1884～1937（20世纪30年代被流放）

玛丽娜·茨维塔耶娃　诗歌，1892～1941（自杀）

艾萨克·巴别塔　小说，1894～1941（死于迫害）

米哈伊尔·布尔加科夫　小说，1891～1940（有生之年主要作品被禁）

安娜·阿赫玛托娃　诗歌，1889～1966（20世纪20年代之后很多诗作被禁，1946年受到联共中央的点名批判）

在革命过程中以及革命后成熟起来的作家中，鲍里斯·帕斯特纳克是极少获奖者中第一位得奖的。然而，帕斯特纳克的《日瓦戈医生》，常被认为无法与布尔加科夫的小说《大师和玛格丽特》相媲美，因此，在作者逝世后只允许出版了16年。安娜·阿赫玛托娃好不容易得以幸存，从20世纪50年代开始，引起了国际的关注，但诺贝尔奖评审委员会并未在她有生之年颁发其奖项。这是斯德哥尔摩不为人知的事件之一。著名的牛津大学教师和俄罗斯专家以赛亚·柏林曾在战争期间和之后不久拜访过她，了解了她的伟大价值。她曾被提名过吗，如果没有，那究竟是为什么呢？似乎只有一个原因，就是根本不会提名她——她可能因此而遭受更多的官方骚扰。但是，如果诺贝尔奖评审委员会有此番忧虑，那么，为什么他们还要将帕斯捷尔纳克致于有可能更糟糕的骚扰呢，因为他在西方出版了一部关于苏联的历史小说，他的“罪行”更加无法容忍？阿赫玛托娃是获奖名单上的又一巨大损失。

伊凡·布宁（1933年获得诺贝尔奖）于1920年离开苏联而幸存下来，自此再也没有回去过。他坚持用俄文写作，并很高兴作品被D. H. 劳伦斯等作家广为翻译。很难看出布宁除了是一个二流作家之外，还有什么特别之处，

不过，诺贝尔奖委员会褒扬道，他顶住在共产主义者面前的压力来保持与俄罗斯的联系，甚至引入了托尔斯泰，认为布宁保持了伟大的前布尔什维克的传统。然而，即使布宁获奖，纳博科夫也通常被认为是俄罗斯最出色的流亡作家。据了解，因亚历山大·索尔仁尼琴与纳博科夫的趣味性和文艺性风格有明显的距离，所以他被提名为诺贝尔文学奖获得者。纳博科夫从未获得过诺贝尔奖——不管在两种语言还是其中任何一种语言来讲，他都应该获得诺贝尔奖，他似乎保持着作为这样一个作家的记录。

波兰的诺贝尔奖

波兰获奖者

1905 年　亨利克·显克微支　小说

1924 年　瓦迪斯瓦夫·雷蒙特　小说

1980 年　切斯瓦夫·米沃什　诗歌，小说

1996 年　维斯瓦娃·申博尔斯卡　诗歌

1896 年，显克微支发表了《你往何处去》，在之后的几十年里售出了数百万本。作家的国际知名度通常会给诺贝尔奖评审委员会留下深刻印象——它似乎是身价的见证——确实有这么一位。

在雷蒙特的历史小说获得诺贝尔奖之时，波兰的写作也开始自我改造成为与世界上其他写作同等至关重要的一类。在 20 世纪 20 年代，新运动活跃起来。在第二次世界大战前后都出现了这样的小说作家，这里只提及那些在西方最有名的作家，如塔德乌什·博罗夫斯基、维托尔德·贡布罗维奇、布鲁诺·舒尔茨、杰西·彼得基维茨、科学幻想家斯坦尼斯拉夫·勒莫——和意第绪语作家 I. B. 辛格、诺贝尔物理学奖获得者，I. B. 辛格的兄弟、诗人米沃什、亚历山大·瓦特等，稍年轻的兹比格涅夫·赫伯特、塔德乌什·莱西维茨、和亚当·密茨凯维支。20 世纪 80 年代，后来的俄罗斯诺贝尔物理学奖获得者

约瑟夫·布罗茨基不再独自言说每个人都应该学习波兰语，因为本世纪最有趣的诗歌都是用波兰语写的。

米沃什在 20 世纪 30 年代走向成熟，那时候夹杂在苏联和纳粹之间的波兰遭到了破坏，而他自己内心里的许多压力也迫使他如此。他目睹了华沙的犹太人区所遭受的破坏。1951 年，他流亡在外。他的诗歌充满着极其丰富的情感，那是慷慨和痛苦融合在一起的令人不安的情感，任何经验都能感同身受。1996 年的波兰诺贝尔奖得主又是一位诗人，名叫维斯瓦娃·申博尔斯卡（生于 1923 年）。她比米沃什年龄小，并且在西方鲜为人知。她被称为我们这个时代最不多产的主要诗人之一。能够想起来的人中，没有谁像她那么随便却威严。

伊萨艾克·巴谢维丝·辛格应该被添加到波兰的名单中吗？

令人费解的国籍的概念再次出现。31 岁之前，他住在波兰，主要是华沙，用意第绪语写作并出版了著名小说《撒旦在戈雷》。1935 年，他移居到美国，但他仍保持用意第绪语写作并且他的小说背景往往放在波兰。詹姆斯·乔伊斯离开爱尔兰后，他不停地写有关都柏林的事物，成为一个爱尔兰作家。因此，辛格应被列为“波兰”作家吗？

西班牙的诺贝尔奖

西班牙语获奖者

1904 年　何塞·埃切加赖　戏剧，西班牙

1922 年　哈辛托·贝纳文特　戏剧，西班牙

1945 年　加布里埃拉·米斯特拉尔　诗歌，智利

1956 年　胡安·拉蒙·希门尼斯　诗歌，西班牙

1967 年　米格尔·安赫尔·阿斯图里亚斯　小说，危地马拉

1971 年　巴勃罗·聂鲁达，诗歌，智利

1977 年　维森特·阿莱桑德雷　诗歌，西班牙

1982 年　加布里埃尔·加尔达·马尔克斯　小说，哥伦比亚

1989 年　卡米洛·何塞·塞拉　小说，西班牙

1990 年　奥克塔维奥·帕斯　诗歌，墨西哥

在西班牙，均被认为无足轻重的两位作家埃切加赖和贝纳文特获得了诺贝尔奖，这激起了人们的怀疑和抗议。因此，在其后 30 年里，诺贝尔奖都没有颁发给西班牙作家，直到希门尼斯获奖。在西班牙，他因《普拉特罗与我》（1917 年）而为人所知，后来则以象征主义诗歌而著名，但是，如前所述，他的获奖部分代表了诺贝尔奖委员会忽略掉的一代人。阿莱桑德雷也是如此。

拉丁美洲的诺贝尔文学奖的开启，势必会引起关于奖项的纠纷。这个大陆似乎到处都是天才。秘鲁诗人米斯特拉尔是真的比塞萨尔·巴列霍更应该获奖，还是她只是活得比他长——他 1938 年去世，享年 46 岁——抑或是，诺贝尔奖评审委员会决定是时候把奖项颁发给第一个南美洲人了？米斯特拉尔的获奖也阻碍了杰出的智利诗人维森特·维多夫罗的得奖，许多人认为他比米斯特拉尔优秀。把奖项颁发给聂鲁达、马尔克斯（《百年孤独》）和奥克塔维奥·帕斯似乎都得到了普遍认可。

与拉丁美洲的两位获奖小说家不同的是一位西班牙小说家：

卡米洛·何塞·塞拉，在南北战争之后，为西班牙小说注入了新的活力，尤其反映在他的作品《蜂房》（1951 年），其主人公就是马德里本身，穿插了对 116 个人物的描写。为什么诺贝尔奖评委会延迟了 40 多年才授予塞拉奖项，这依旧是个谜。

由于诺贝尔奖陷入了贫困，两位阿根廷作家没有获得诺贝尔奖：胡利奥·科塔萨尔（1984 年去世）和无人能及的豪尔赫·路易斯·博尔赫斯（1986

年去世）。

直到 1998 年，葡萄牙作家才第一次获得奖项：小说家何塞·萨拉马戈，75 岁时获奖。

日本诺贝尔奖

日本的获奖者

1968 年　川端康成　小说

1994 年　大江健三郎　小说

在所有亚洲国家中，仅有日本获得了两个诺贝尔奖。20 世纪50 年代以来，英、法翻译家对日本文学产生的极大兴趣起了很大作用，此外，还有日本自身为西化所做的努力。这个国家的第一个现代小说家夏目漱石（1867～1916 年）于 1900 年至 1902 年留学英国，仅仅几年之后，他的作品就受到了欧洲写作的影响。一个伟大而精妙的小说家，有着毋庸置疑的诺贝尔奖的水准，而他的作品直到去世也没有被翻译过。

在第二次世界大战后的几十年里，当有足够多的译文时，两位作家谷崎润一郎（1886～1965 年）和三岛由纪夫（1925～1970 年）才为世人所瞩目。谷崎润一郎的作品主题是难以想象，令人震惊的：《细雪》（1948 年）对于一些西方读者来讲像曼的《魔山》一样，是痴迷于对疾病的分析。他的一部小说讲述了一个男人如受虐狂般地服从于一个性感迷人的女人只为一睹芳颜（《疯癫老人日记》），这种透视角度既离奇古怪也非常出色。但他没有获得诺贝尔奖。也许，就像日本文学批评家所尖锐指出的那样，“他毅然坚持的审美观点，在所谓救赎的社会价值观中是浅陋的”，这大大减少了他获得诺贝尔奖的机会。1970 年，年仅 45 岁的耀眼的三岛由纪夫切腹自杀。

第一个获奖者是川端康成。他的获奖引出了两个问题，这两个问题是每一个非西方诺贝尔奖都会出现的问题。是不是诺贝尔奖评委会倾向于选择呈现西方影响的作品呢，因为可以更容易地与他们已知的东西进行比较？或者相反：他们寻求的是在他们看来是非西方的、充满异国情调的、“其他的”、很强的陌生感的作品呢？许多日本人认为川端康成的小说从深层次看还是带着深深的日本烙印。通过他们的赞词来判断，诺贝尔奖评审委员也一定是这样认为的。他被称赞为“他对带有强烈感性色彩的叙事的精通，表现出了日本人心目中最本质的东西”，因此，他也为“东西方之间的精神桥梁建设”做出了贡献。川端无疑是一个伟大的作家，这从英文译文中可以看出，必须使片段式的现代经历以散文的形式叙述出来，而这种散文往往看起来像俳句。

第二个奖项颁给了——川端康成之后几乎 30 年——大江健三郎。他的故事是不寻常的、动人的。他开始写小说是在他的一个儿子出生时脑部受损之后。广岛幸存者的经历也影响了大江的决定：写作是一种“驱魔”方式。儿子，虽然智商受损，却成为一个了不起的作曲家，父亲则荣获诺贝尔文学奖。大江说，他所属的作家群的其他成员对他产生了很大的影响，包括安部公房，他最有名的作品是《沙之女》，此外，还有《黑雨》的作者井伏鳟二。两位作家在大江获诺贝尔奖之前就都去世了。在一定意义上，他又是一个替身。因为获得了诺贝尔奖——并且他的儿子也成功地成为一个作曲家——大江已决定停止写小说，而且可能会尝试不同的文学形式。

诺贝尔奖在“那里”

诺贝尔奖评审委员会的成员阿图尔·隆德奎斯特，曾经在瑞典文学院因忽视亚洲、非洲和其他地区的写作而备受指责之时，直言不讳地回应道：

> 我怀疑那些地区是否有那么多需要关注的。这是一个文学问题，[他说日本是一个例外]，那些可以做出判断的，都未达到一定的发展水平（艺术方面、心理方面、语言方面），这使他们在现有的背景之外才能真正地显出重要性。

许多人认为这是傲慢的欧洲中心论。不过，隆德奎斯特提出的是一个即使在政治上不受欢迎却真实的可能性："诺贝尔奖毕竟是一个西方机构，除非基于西方的评估，否则做不到合理分配。"

诺贝尔文学奖在本书以及写作中都处于核心地位。当这样一个自足的神器无关紧要时，会有什么情况发生呢？正如隆德奎斯特所证实的，会出现这样的观念，即"在那里"没有什么值得发现的——至少对于目前大家已知的诺贝尔文学奖是这样的。

还有其他许多问题。在中国和印度这样广袤的国家里，即使是消息最灵通的西方专家所不知道的作家数量都很惊人。这将需要一代人的艰辛劳动和无休止的电脑化以便能够简单地读取、列表、对其排序。印度文学语言包括北印度语、克什米尔语、旁遮普语、古吉拉特语、马拉地语，孟加拉语、迈蒂利语、泰米尔语、阿萨姆语以及其他语言。其韵律变化令人眼花缭乱，同样眼花缭乱的还有作为想象基础的假设以及源于印度教、佛教和伊斯兰教根源的多种多样的主题。重要的非洲小说家尼·瓦·西昂戈，在确立英语小说的名声后，开始用他的家乡语刻库域语来写作。

怎么办呢？诺贝尔奖委员会，而向其他委员会和组织，如PEN组织寻求帮助，同时加强自身的资源——在更早的时候，有一位阿拉伯学者及某个人可以阅读孟加拉语版的《泰戈尔》（但是没有选择那么做!），最近又多了一位中国现代文学的专家以及一位懂俄语的成员。与其他专家也进行了磋商。

但是，这就像用几个沙袋来抵挡洪水泛滥的密西西比河。世界语言的多样性是势不可挡的。仅仅为印度，就需要一个小的语言学家团队，非洲也同样需要一个。不过，无论如何，在这一方面语言学家是无关紧要的，因为需要足够多的有天赋的文学批评家来发现最好的作品，而不管在任何地方，文学批评家的数量都是不足的。

另外，诺贝尔奖也一直担心被贴上政治上有失偏颇的标签。难道委员会不应该选择一些被忽视的语言区域，然后系统地搜索“最好”的作家吗？答案是否定的：“这样做就等于把奖项政治化了。”不过，替代方法是等待，直到一个来自“边远”地区的作家莫名其妙地变得足够突出，从而被提名为候选人。

然而，作家的“当代声誉”归功于机会和幕后操控的程度大于其成就是不需要强调的。在西方，由于自由竞争的文化和贸易市场，在很大程度上取决于推广的技能和自我推销。出版商投入的钱亦可以加速进程。但是在索马里、斯里兰卡、叙利亚和苏里南又如何呢？那里的媒体和大学往往由政府掌控，学者和评论家的国际影响力通常很小，专业的文学团体不能够生存而个体学者所知甚少。译本，如果有的话，可能也极少见或者不专业。

不可否认，瑞典文学院同所有人一样极其理解这些涉及方方面面的困难。但是，有一个在汉语及类似语言方面的当地专家也不会有太大帮助。即使在法国或美国，对当代写作的不断的审查和评估由数百名专家完成，这样的努力也不能保证找到最好的作家。那么，有多种语言及亚文化的印度所能得到的机会又是怎样呢？又或者在一个非洲小国呢？

有什么能帮得上忙吗？在近一个世纪的评奖和颁奖活动的尾声，诺贝尔奖仍然极不愿意冒险融入全球文化当中。不过，也许毕竟也不算是冒险。既然颁奖（即主要西方国家）更加容易，也许还伴有一定的现实主义。也许委员会将重组来从根本上应对“那里”的大量奇怪的文学和语言习惯。也许这将重新定义“文学”是什么。或者也许会按兵不动，等待反复无常的市场和其他机会力量，推新出一个来自远方的作者，然后，不管三七二十一，他就变成了“主要候选人”。这似乎很难令人满意，但是对诺贝尔奖进行根治似乎并不可能。也许它的口号应该是贝克特《无名者》中叙述者的最后一句话：“你必须继续下去，我不能继续下去，我将继续下去。”

结局

诺贝尔文学奖一直被其历史所困扰。一个提名爱因斯坦的物理学家警告道：想象一下，如果诺贝尔科学奖列表中没有爱因斯坦，那么，从今往后的50 年会是怎样？诺贝尔文学奖证明了这句话是真理。但奖项确实发生了很大变化而且变得越来越好了。至少在过去的 30 年中，该奖项一直保持较高的水平。如果能这样继续保持 30 年左右的话，那么上个世纪上半叶以来的不怎么样的获奖者将逐渐被人遗忘。这是一个高风险的任务，因为文学声誉的不确定性，更不用说前途未卜的文学本身。

在诺贝尔奖存在很久以前，赫尔曼·梅尔维尔就担心同样的问题。当然，梅尔维尔因《白鲸》失去了自己的读者群，并且绝不会在本世纪获得诺贝尔奖（太模糊，厌世）。在这里，他预言了我们的担心。他思考的不是闪耀的奖项，而是符合大众和时代品味的文学的建立。他正在写关于霍桑的事，试图说服读者去看看霍桑现在是多么伟大，说服读者不要脱离他，直到“子孙后代”（或任何诺贝尔权威机构）传递着这样的结论：

不要把认可他是什么的愉悦责任给未来的几代人。在自己的一代人中，把那样的快乐带给自己，因此，他会感觉到那些对他的感激冲动，这可能促进他使一些你眼中仍旧更大的成就得以绽放。承认他，从而承认其他人。世界上所有的天才携手并进，一个认可的冲击力量就会使整个圆圈转动起来。

第四章 诺贝尔奖与科学

诺贝尔奖只授予“硬”科学，这使得该奖项具有了至高无上的地位。物理学、化学及医学不仅在知识方面得到显著发展，还为世界事务和人类生活提供了巨大能量。这种结合使之成为诺贝尔奖知名度与影响力的基石。如果阿尔弗雷德·诺贝尔选择了其他的学科——比如说，人类学和社会学——那么，今天，诺贝尔奖整体上来讲可能主要是学术上的兴趣。尽管量子论和相对论、生物化学和分子生物学极为深奥，但是这些理论所形成的成果大家却有目共睹——氢弹、电子，以及医学上的突破和治疗新法。

该领域很显然犹如雨后春笋般蓬勃发展。现在，随着专业领域的划分及进一步细分，期刊不断地呈现多样性直到科学家连附属专业的文献都跟不上。曾经在桌面上完成的实验现在需要如此复杂的设备，以至于仅一项实验就需要更多的技术人员而不只是曾经在世界上领先的实验家。

在同一时期，新技术使大众媒体从电报扩展到卫星通信。这反过来也扩大了现代科学家的名声——以及诺贝尔奖的名声。1895 年 11 月，威廉·伦琴发现了 X 射线，并于 12 月发表了一个简短的描述。1896 年 1 月，他也成了第一位显现大众媒体力量的科学家。在那个月，他把拍得的惊人照片寄给了全世界的主要科学家以及科学组织。在只有两个星期的时间里，他的发现——尤其是他妻子的手的骨骼的 X 射线照片——被刊登在世界各地的报纸上。在一个月左右的时间里，在遥远的新罕布什尔州的达特茅斯大学的医生用 X 射线照片，固定了一个男孩骨折的手臂。一年之内，就在报纸上出现了相关的千余篇文章和 50 部大大小小的书籍。“从未有过任何科学突破，使大众媒体如此兴奋。”这一发现有很大的吸引力：第一次使人接触到惊心动魄地透视到人体内部的神秘射线以及难以想象的医疗福利前景。而人们很长时间并没有意识到其危险性：为了拍摄到这著名的照片，弗劳·伦琴把她的手直接暴露于放射线中长达十五分钟。伦琴讨厌宣传。当他于 1901 年获得第一个诺贝尔物理学奖时，他甚至拒绝作规定的演讲。

在某些方面，伦琴的成功是很关键的。首先，在 19 世纪 90 年代，一些物理学家担心没有什么可以发现的了，也许能做的只是完善以前的实验结果。但是，正如历史学家 J. L. 海耳布隆指出的那样，伦琴的发现，从某种意义上说，标志着一个新时代的开始。“伦琴也帮助改变了公众对“纯”科学的理解。进入到 20 世纪，对“科学家”的普遍印象仍然是工程师、发明家或者实践治疗师——为什么不是呢？电力以新的方式点亮了世界，电报、电话、电车和地铁缩小了空间，加快了时间。像诺贝尔、爱迪生或马可尼这样的偶像（马可尼共享了 1909 年诺贝尔奖，但有谁记得他吗?）体现并实践着进步。但竞争的形象一直存在于“纯”科学家的身上，从毕达哥拉斯到牛顿到爱因斯坦，过着如僧侣般日子的天才远离日常生活，探求深奥的理论和实验。由于伦琴和其他几位科学家，这才开始引起公众的关注。诺贝尔奖项关于仅授予纯科学领域的决定也有助于转变只有技术层面上成功的局面。确实如此，除了极少数的例外，科学奖项从来不颁发给发明家、工程师或临床医师。

纯科学家的崇高形象——诺贝尔形象：智慧、无私奉献、求实——在近数十年来一直受到来自外部和内部的攻击。来自于内部的一个颠覆是DNA结构发现者之一、诺贝尔生物学奖获得者詹姆斯 D. 沃森的《双螺旋结构》(1968年)。他和盘托出，毫不掩饰地宣扬科学家对优先权的渴望——特别是对诺贝尔奖。他的回忆录得罪了很多人，包括和他共享诺贝尔奖的弗朗西斯·克里克。但诙谐的美国物理学家、诺贝尔物理学奖获得者莱德曼，为所有感到震惊的人提出了这样的解释："是的，弗吉尼亚，科学家们的确想得到认同，不过始于毕达哥拉斯而已。"

即使是更早的一代人中，也没有同等级别的科学家敢发布这样无礼的、忏悔式的回忆录。一切都变了。量子宇宙学家斯蒂芬·霍金（尚未获得诺贝尔物理学奖）曾经只被极少数专家所知道。但是他的才华与很多东西绑在一起，残酷的致残性疾病、电子语音盒、轮椅、他的电视露面激发了公众的鼎力支持，并使他成为媒体的超级巨星。他的《时间简史》成为一本畅销书。只有在这个新的环境下，人们才发现，即使是一贯清醒的《纽约时报》也把霍金讲得如此不凡。《纽约时报》称，他可能是现在世界上最有名的物理学家，不过，多亏了他"自我提升"的才能以及他作为物理学家的天赋。霍金一直强调，他是出生于伽利略的去世周年纪念日。《纽约时报》很怀疑是否这是"一个了不起的具有占星术意义的巧合"，并指出，霍金的很多同事都惊讶地看到，在《时间简史》的封皮上他被描述为"自爱因斯坦以来，最为出色的理论物理学家"。

诺贝尔奖无意地促成了新的怀疑观点的产生。该奖项证明了谁是"伟大”的科学家。但是，通过把获奖者推到公众的视线中，他们也帮助剥去了隔离的光环。作为名人，曾经过着僧侣般生活的获奖者，在媒体宣传可以发明的所有曲解和侵犯面前毫无办法。曾经披在科学家身上的礼仪已经随着卢瑟福的硬翻领而消失殆尽了。最有名的爱因斯坦，也是最受困扰的。他 20 世纪 20 年代的成名也带来了来自科学界的公开反犹太人的攻击。1922 年，他决定环球旅行反映了他关注生活中的可能的尝试。（在旅行之时，他被授予了诺贝尔奖）。《纽约时报》曾报道，当爱因斯坦在 1930 年来到纽约进行访问时，他被要求：

> 在简短的一刻钟内，用一个词来定义第四个维度，用一句话来说明他的相对论，对于禁酒令发表自己的看法，对政治和宗教进行评论，并谈论他小提琴的优点。

爱因斯坦私下里评论说：“记者问的都是极为空洞的问题，我用低级的笑话来回答，收到的是满腔热情。”20 世纪 90 年代，人们迷恋上爱因斯坦一度被遗忘的第一次婚姻的细节，有时以修正主义精神争论道，爱因斯坦应该感谢第一任妻子对他的早期启发，否则，他枉为世人所认为的好人。1999 年，《时代周刊》宣布他为“世纪伟人”。

不过，如果想要持久的名声，即使两个诺贝尔奖也不会有所帮助，明智的做法是做一名伟大的作家不是科学家。生物化学家弗雷德埃里克·桑格已经分别在 1958 年和 1980 年获得了两个诺贝尔奖：人们对他的名字有多熟悉，对他的伟大成就又有多了解呢？除了鼎鼎有名的爱因斯坦以外，科学奖得主在他们那个时代都不是太出名——并且，往往落后于艺人或政客。即使是物理学家尼尔斯·玻尔或者化学家莱纳斯·鲍林从来都没有过如此大的名气，爱迪生亦然。我们来向见多识广的大众读者问个小问题：你们熟不熟悉伍德沃德和巴丁这两个名字？（这两位是近数十年间的诺贝尔奖得主。巴丁获得了两个物理学奖，伍德沃德早逝，本来他一定还能再得个化学奖。）出类拔萃的狄拉克做了什么使他有如此卓越的声誉？即使不能回答这些问题，也不妨碍读者在一些知名的公司工作。物理学家亚伯拉罕·派斯写了一部尼尔斯·玻尔的传记：因为“最出色的并且最有名的”美国物理学家之一不知道玻尔做了什么——玻尔在 1962 年年底去世，是 20 世纪量子物理学的至高无上的创造者之一！

如果公众根本不记得或者不在乎谁从事基础工作来创造了现代能源、药品、物美价廉的商品和通信等富饶的成果，那么有人可能会认为，在科学内部，情况会有所不同的。但实际情况不是这样。硬科学都是向前看，不会向后看。它们被理所当然地称为“自动清除”学科：对于研究人员来讲，最重要的是国家技术发展水平的提升，而不是学科的历史。大多数诺贝尔奖获得者，即使是最伟大的，也会很快逐渐缩小为一个修饰语，例如：洛伦兹变换、格氏试剂、康普顿效应普朗克常数。

诺贝尔科学奖重点放在了个人发现，也许最适合像爱因斯坦这样独来独往的人。“一个时刻发现的概念，”彼得·盖里森说，“虽然可能对评审委员会和物理教科书来讲是有价值的，在历史记录中却很少或者根本没有。在当今大科学时代，这一英雄立场似乎已经过时了，其中关键的实验需要弗兰肯斯坦加速器或昂贵的生物实验室——以及大的研究团队。以前探索一切似乎有趣的事物的自由也意味着很少的资金。大科学扭转了这些说法：现在，资金可以挥霍，但个人自由却受到限制。”在 1960 年，一项重要的实验可以由两个、四个或者六个人来完成。1995 年，德国的一个研究团队发现，夸克可能含有粒子——这一可能性也许会迫使理论学家放弃许多已有的观念。该小组由 440 个物理学家组成。如果这个实验得到证实，那么最多三个主要研究人员可能会成为诺贝尔奖获得者，而其他 441、442 或 443 个人则不能共享奖项。

重要的是，诺贝尔奖还可以通过转移资金来左右科学家的研究目标。举一个近年的例子，请参阅医学奖那一章，士丹利普鲁西纳获得了 1997 年的诺贝尔医学奖。他获得诺贝尔奖的理论指出，是蛋白质而不是遗传因素会引发致命的流行性疾病，如 20 世纪 90 年代在英国广泛报道的“疯牛”病，这一结论仍旧有很大的争议并且在其专业领域中被有威望的一些同事所怀疑。他们还指责他的奖项断了资金链而换成了替代的理论。

优先顺序：科学的焦虑和荣耀

科学家们希望获得发现为知识添砖加瓦——不过他们也希望第一个获得。研究人员因此要尽快把他们的研究成果印刷出来，以免别人击败他们。就像赛马，这可能是一个鼻子长度的问题，只能通过照片来确定最终结果。从 1850 年到 1900 年，专业物理学家的数量从 500 增加到上千人。然而，开尔文勋爵从 1840 年到 1880 年期间的成果，至少有 32 项都是重复的。由于物理学家的数量在一个多世纪以来上升到几十万，同时发现的机会自然会增加。当理念悬而未决时，多重的发现是不可避免的。因此，经常发生优先权纠纷。

对于科学，优先顺序的重要性是独一无二的。艺术家不必为此烦恼。彼得·梅达沃（1960 年诺贝尔医学奖得主）曾经写道：“理查德·瓦格纳如果能想到在其之前的任何可能性，他肯定不会在《环》上面耗费 20 年的时间。”“但是，这种事在科学领域中不断地发生。一位名叫以利沙·格雷的人，仅比亚历山大·格雷厄姆·贝尔申请电话专利晚两个小时。但法院判决给了贝尔。现在谁还知道格雷呢？自此之后的无数案例中都是，X 刚刚得到一个了不起的发现，结果拿起最新的杂志，上面刊印了 Y 解释了同样问题的文章。X 和 Y 的文章，甚至会并排出现在同一期杂志上，然而，Y 的文章“收到”较早——也许只有一星期或一天——那么，Y 则获得优先权。对某个人研究成果的公众证词会公开发布。但它也带有“第一”，因为杂志上打印文章的日期时，已经是“收到”的了。这是不可或缺的，因为在接收手稿和出版之间有一定的时间延迟。先入为主，甚至看起来像一根头发那么渺小，都将科学的知名度和诺贝尔奖的荣耀带给 Y 而 X 只能屈尊第二。简言之：“谁是说 $E=MC^2$ 的第二个人?”

实验家欧内斯特·卢瑟福自信不已、踌躇满志。尽管如此，在他 1905 年写给他妻子的信中解释了他推迟行程的原因：“我应该把它记录下来，因为它们是我的印记，这是非常重要的，如果有机会在未来几年中获得诺贝尔奖，我必须维持我的工作继续前行。”19 世纪的伟大神经学家拉蒙用独特的方式解决了同样的问题。1887 年左右，他写了太多文章，而杂志社却不能及时给予发表来保证他的优先权，所以他自己出资办了杂志，而且有时候每一篇文章都会登在上面。

对诺贝尔奖的欲望解释不了对优先级的渴望。这只不过是虚幻的假设，为了奖牌和知名度，大多数科学家对棘手的实验和理论研究工作非常努力，并且对许多枯燥的日常工作也很专注。而实际工作本身必须提供兴趣的不断鞭策，否则，没有科学家会继续做下去。当工作失去了其自身的吸引力，无论出于何种原因，大多数的科学家或艺术家都会放弃——莎士比亚停止了写剧本。

由于科学是集体努力的结果，那么两个或三个甚至更多人在几乎相同的时间，独自做出相同的研究，在科学史中是司空见惯的。牛顿和莱布尼茨争吵谁首先发现了微积分。查尔斯·达尔文在 1842 年就完成了他重要发现的手稿，而十五年之后，他才能被公众知晓。“我希望自己所做的事情有价值，而不追求华而不实的名声，无论是现在或是追授的，但是，我觉得不会到极端的程度。”不过，1858 年，阿尔弗雷德·罗素·华莱士在婆罗洲，给他写了一封信，表达了自己的自然选择进化的观点，他不知道达尔文在同一理论方面已研究了多年。达尔文感到震惊。他说：“我相当讨厌写信为了优先权的想法，不过，如果有人在我前面发表我的理论，我当然应该很烦恼。”最终，达尔文发出一份 1844 年的手稿复印件给一位朋友来建立他的学说：“不要浪费太多时间。对我来说，关注优先权是很悲惨的。”华莱士大度退出了对这场优先权的争夺。达尔文则当然得到了他应得的优先权，留下了为世人所知的英名。现在除了历史学家，谁还记得阿尔弗雷德·罗素·华莱士？

为什么达尔文想要优先权？他说：“这是因为看到了我同道中的自然学家的野心。”但它也可以产生一些更好的东西，那就是提升——内在而非外在的荣耀。

理查德·费恩曼称此刻是他科学生涯的顶峰。他说，在他的生命只有一次先于别人发现了一个规律。不久他公布了，然后大家也知道了。但目前，他是地球上（历史中）第一个也是唯一一个对自然有特殊洞察力的人。一切关于费恩曼的描述，表明他非常具有竞争性，但不是为了获得更多的奖项。他知道自己的优势，对他来说，这意味着他没有辜负自己无与伦比的天赋——所有的科学家、艺术家和思想家都是如此。路易斯·阿尔瓦雷斯（1968 年诺贝尔物理学奖获得者）说，费米看起来似乎很谦虚，但他可以确定，如果问谁是最好的在世物理学家，费米立刻会说是他自己。他很清楚自己在物理学界的确切位置，也很诚实地给出了正确的回答。

费恩曼的自我定位也同样诚实。他曾经说过，他不希望自己只是作为另一个获得诺贝尔奖的物理学家而被人们记住。这个目标过于普通。他希望有一种精神层面的奖项。1947 年至 1948 年期间，他曾经开始探索可以使他一夜成名的新见解，但他感到气馁并且迟迟没有发布。1949 年，他参加了一个研讨会议，在会上，物理学家斯洛尼克发布了他曾经研究两年的复杂的问题答案，包括 6 个月的计算结果。罗伯特·奥本海默立即批评斯洛尼克的调查结果是错误的，因为这个定理如此之新，甚至尚未被发布过。斯洛尼克感到困惑，不知道如何回答。对于斯洛尼克的窘境，费恩曼感到非常气愤，那天晚上费恩曼使用他不愿发布的新方法重新计算斯洛尼克的结论，验证了结论的正确性。第二天早上，斯洛尼克惊讶于费恩曼仅用了几个小时就完成了他需要花费 6 个月才完成的工作。这是费恩曼关于自己感受的一个报告：

> 当我真的意识到我有些东西……在那一刻，我真的意识到必须要公布出来——我已经在世界上处于领先的位置。……那是热情的激励。是我得到了诺贝尔奖的那一刻，是斯洛尼克告诉我他为此已经研究了两年时间的那一刻。获得奖项对我来讲，不算什么，因为我早就明白我已经成功了。

1957 年，他再次欣喜异常，因为他发现了对弱作用力的一种新解释。这种弱作用力是全面理解原子物质的一个关键。费恩曼为此兴高采烈。

> 这是第一次，也是唯一的一次，在我的职业生涯中，我知道了其他人都不知道的自然法则。我以前做的工作是借用别人的理论，改进研究方法。……我想到狄拉克，他得出了他的方程［1928 年］——一个表明电子如何运动的新方程式——而我用这个新方程来探究 β 衰变，虽然这不像狄拉克方程那么重要，但还是不错的。这是唯一的一次我发现了一个新的法则。

事实上，费恩曼起初想拒绝 1965 年的诺贝尔奖。他不喜欢带给他压力的这么高的荣誉：难道他们不能先问问我想不想要这个奖项吗？在他斯德哥尔摩的演讲中，当得知自己履行了应有的权力时，他又恢复了之前高昂的情绪：“这是我胜利的时刻，此刻，我意识到，我真的已经成功地做了一些有意义的事情。”

费恩曼内心的喜悦不断地在科学研究中表现出来，这种喜悦掺杂着无比的自豪与谦虚，这是一种对获得伟大成就的内心鼓舞。这就是为什么许多科学家说，他们没有因为最出色最满意的工作而被授予诺贝尔奖。在莱纳斯·鲍林获得 1954 年的化学奖时，他很高兴却也矜持：因为哪个发现而获奖呢？他反问记者。当被告知是因为化学键时，保罗不禁笑了。其他的获奖者还认为自己是判断所做的事情是否有价值的最好评审员。

但很少有人能够无私到不争优先权。一个罕见的事例是印度物理学家塞腾德拉·玻色（他的名字在重要的玻色–爱因斯坦统计和命名为玻色子的“载体”粒子中永存）。显然玻色在 1925 年“正式”发现的前一年就有关于电子“自旋”的想法。多年以后，他告诉一个朋友他跟爱因斯坦探讨过这个想法。这个朋友很惊讶，他问玻色为什么不写给爱因斯坦“声明自己的优先权”。爱因斯坦肯定会支持他的。玻色只是说：“谁先提出的有那么重要吗？不管怎样，终究是被发现了，不是吗？”

玻色真的是无人企及。几乎不会再出现类似的情况。

如何赢得诺贝尔科学奖的注意事项

首先，来自或移民到美国、英国、德国的人：他们过去和现在都在诺贝尔获奖中占主导地位。曾经法国的诺贝尔获奖者很多，而在过去的 40 年里，人数锐减；瑞典也曾经因其人口，而有比例极高的获奖者，但这一切显然都已经结束了。

“天才”不一定会获得诺贝尔奖。许多天才，如奥本海默，从来没有获得过，而许多没有天赋的人却获得了。事实上，太多的天才可以延迟获奖：

因为他们的发现可能会使诺贝尔奖评审委员很是困惑。拉尔斯·昂萨格丝复杂的数学化学提出 40 年后，才在 1968 年获得诺贝尔奖。

请记住，同斯德哥尔摩的比赛即是与速度的比赛，因此，另外也要记得最负盛名的精英学校很容易更快地起步——如果一个人能忍受其步伐，而不失去自信。

在诺贝尔奖衍生出的问题方面做研究。（读者：请记得，这里的目标是获得诺贝尔奖，而不是真理）做一流的工作，你必须知道研究前沿在哪方面，有时每月，每周，甚至每天都不相同。你必须顺应之，最好是在国际物理、化学或者医学的某一重要领域的实验室或部门中开展研究，在那里竞争越来越激烈，在那里充斥着各种出版物、会议、访客、预印本和走廊里的八卦。詹姆斯·沃森和弗朗西斯·克里克毫无察觉地走进了这样一个幸运的境况，他们结束了在剑桥大学卡文迪许实验室的同一个房间的研究，并开始交谈。物理学中，从 20 世纪 20 年代到 1940 年的任何时间，在哥本哈根尼尔斯·玻尔的理论物理研究所做博士后都值得被授予诺贝尔奖。自第二次世界大战以来，世界各地的人都涌向美国。

知名的大学并不总是控制局面。诺贝尔物理学奖获得者克林顿·戴维森（1937 年）、约翰·巴丁（1956 年）、菲利普·安德森（1977 年）在贝尔实验室的工作获得了诺贝尔奖。（巴丁获得第二个诺贝尔奖的工作是在伊利诺伊州大学完成的。）在苏黎世的 IBM 实验室连续获得了 1986 年和 1987 年的诺贝尔奖——很少有成绩卓越的大学能与之相媲美。

坚持很重要，但有时运气也很关键。卡尔·安德森（1936 年物理学奖获得者）声称，他“意外”发现了正电子。亚历山大·弗莱明（共享 1945 年医学奖）因为在 1928 年偶然没有把装有菌落的培养基盖上盖子从而发现了青霉素。

找到一位导师也很重要，他教授你，启发你，给你提出意见并对诺贝尔奖委员会有影响力。没有导师也会成功。爱因斯坦就没有导师，其他诺贝尔奖获得者的导师也是没有影响力的。但是如果有选择的话，尽量找世界级的泰斗。卢瑟福是尼尔斯·玻尔的导师，而玻尔是海森伯的导师。年轻的詹姆斯·沃森很幸运有萨尔瓦多·卢里亚作为他的导师，这也让他成为20世纪40年代德尔布吕克和卢里亚首创的领域小却有深远影响力的分子生物学的一部分（所有提到的人都获得了奖项）。如果一切很顺利的话，希望有像欧内斯特·卢瑟福这样的伟大物理学家做你的诺贝尔奖支持者。1932年，卢瑟福的一个亲信詹姆斯·查德威克发现了中子——虽然在法国的约里奥—居里夫妇是第一个发现的，但没有被认可。卢瑟福情绪很激烈。“我想要吉米获奖——不和人共享的！”可是，约里奥夫妇就应该被忽略吗？精明且自信的卢瑟福回吼道：“那个男孩？让我告诉你，在今年之前的约里奥是如此聪慧，那么他还会有一些新的和卓有成就的发现，到时候你就可以因此来授予他一个奖！”一切正如卢瑟福所预测的那样。

但需要注意的是：一个伟大的导师可以恐吓你，即使他不是一个导师。詹姆斯·弗兰克分享了1926年的诺贝尔奖，当时他是强大的格丁根大学的教授。在希特勒时期开始流亡在外，1935年他和玻尔在哥本哈根做洛克菲勒资助的工作。即使是诺贝尔奖得主也会感觉压抑：

> 我做了一些实验。当我告诉玻尔时，他马上会说什么可能是错的，什么可能是正确的。在一段时间后，很快我就觉得自己根本不能思考了……玻尔的天赋是如此出众。自己身边有这样一个天才，人们不禁会产生非常强烈的自卑感而觉得自己毫无价值。你明白吗？

当然，除非诺贝尔奖委员会也被说服，否则这一切都无效。虽然他们的工作是保密的，但他们通常也会采纳国际科学精英的建议。但是，这种情况什么时候会发生是不得而知的。

诺贝尔奖

在古老的罗马元老院，获得最高领事职位之前，需要任职过一系列起到测试作用并使其为人所知作用的较低的职位。诺贝尔奖的获得也同样涉及类似的过程。夸克理论家穆雷·盖尔曼（1969 年诺贝尔奖获得者），曾获得了 1959 年美国物理学会的海涅曼奖、1966 年美国原子能委员会的物理学劳伦斯纪念奖、1967 年的富兰克林研究所的奖项、1968 年的美国国家科学院卡蒂奖。诺贝尔委员会看到了精英科学界已经承认他是最好的物理学家之一。

但是，因为谁也不知道什么时候诺贝尔奖委员会决定授予您奖项，那么对于如何获得该奖项的最后忠告是：活到很大的年纪，他们可能最终会选择你。

第五章 诺贝尔物理学奖

20 世纪所有科学家中，享有最高声誉的是物理学家。人们普遍认为，科学的进步主要体现在物理学领域：放射性、原子裂变与核能、空间探测与电子学、巨型加速器以及天才理论学家的出现。与此同时，物理学家也使得诺贝尔奖享有了最高声誉。1920 年，爱因斯坦作为“使宇宙发生革命性变化”的人而享负盛名。由此，物理学家便成为人们心中创造奇迹的人，他们研究微小原子、空间曲线、宇宙如何创生、如何在“大爆炸”中消亡。在过去的几十年中，生化学家开始了与物理学家在知名度上的分庭抗礼，不过这是后话。

“物理学”

之所以把“物理学”加上引号，是因为在最初的 70 年里，实际上诺贝尔物理学奖并非代表整个物理学领域。真实情况是，诺贝尔奖评判委员会仅仅是任意把奖项授予粒子物理学，而粒子物理学研究的是物质最小的结构（原子或亚原子）。

实际上，物理学不仅仅指粒子物理学，它也包括了天体物理学，其研究天体的结构和演化规律——主要研究银河系或类星体（宇宙中最大的物体），在那里，万有引力支配着一切，距离远到无法测量并且物质呈现出超自然的物理形态。地球物理学是物理学的又一分支，它主要研究地球表面与内部的气候和气象压力以及地球的磁场和电场。天体物理学与地球物理学均可以无愧声称，他们有许多同诺贝尔奖同等重要的新发现。

然而长期以来，诺贝尔奖却忽视了世界上几乎所有最伟大的天体物理学家和地球物理学家。这些天体物理学家主要包括：爱得温·哈勃（美国，1889～1953 年），他发现了宇宙不断膨胀；亚瑟·爱丁顿（英国，1882～1944 年），他发现了用来解释太阳内部及其质量的质光定律并且第一个证实了爱因斯坦的广义相对论；罗素（美国，1877～1957 年），其致力于研究恒星演化及太阳光谱的解释。此外，达到诺贝尔奖水准的地球物理学家包括：阿尔弗雷德·魏格纳（德国，1880～1930 年），他发现了“大陆漂移”并且在 1912 年就提出了关于“板块构造学说”的理论；威廉·皮叶克尼斯（挪威，1862～1915 年），其创立了“气象动态学”；宾诺·古登堡（美国，1890～1960 年），从 1913 年开始使“地震定测法”在地球物理学中的重要性得以显现。可以想象诺贝尔物理学获奖名单中若没有海森伯或者费米等，人们也可以对现存的黑洞有些许了解。

诺贝尔奖评委会于 1967 年做出了对天体物理学家迟来的认同姿态，奖项颁给了汉斯·贝特（粒子物理学家），他在 1938 年解释了太阳中的核过程（奖项授予迟了 29 年）。在接下来的 30 年间，有 4 次诺贝尔物理学奖项均为天体物理学领域所获得。直到 1993 年，诺贝尔物理学奖第一次颁给从事重力研究工作的泰勒和赫尔斯。地球物理学领域于 1947 年获得此殊荣，英国物理学家阿普顿由于在 1924 年发现了电离层而被授予诺贝尔奖，而此领域的第二个诺贝尔奖在 1970 年颁给致力于研究等离子体的瑞典物理学家阿尔文（此研究部分应用于地球物理学领域中）。除此 4 次奖项之外的其他诺贝尔物理学奖项均授予粒子物理学研究领域。

研究早期诺贝尔物理学委员会的历史学家伊丽莎白·克劳福德与罗伯特·马克·弗里德曼均提供了一些相关证据。虽然此文所述与他们的结论有所偏离，但仍对他们深表感谢。

1904 年，科学院（当时扩展为 10 个部门）物理研究所被称为物理学与气象学院，这一院系名称容纳了许多学科，包括天体物理学、地球物理学、物理化学等。因此，美国天文学家和天体物理学家乔治·埃勒里·海耳在早期多次被提名为诺贝尔奖获得者（根据旧的科学划分种类：天文学是计量科学，而天体物理学是研究空间物质结构的科学）。由于海耳发明了太阳单色光照相仪（在一定的波长范围内拍摄太阳），因此，在 1909 年首次被提名为诺贝尔物理学奖获得者，并且到 1917 年止又被提名了 5 次。在海耳首次被提名后不久，他同独立发展了太阳单色光照相仪的法国天体物理学家德朗德，共同被列入诺贝尔奖获得者候选人名单。1913 年，诺贝尔委员会热情洋溢地宣布了这两位科学家的研究工作使他们“迟早，理应被授予诺贝尔物理学奖”。

之后，第一次世界大战爆发，海耳与德朗德被搁置一边。战争结束后，普朗克（德国物理学家）、爱因斯坦与玻尔（丹麦物理学家）分别获得了 1918 年、1921 年和 1922 年的诺贝尔物理学奖。之后，委员会把天体物理学从物理学中划分出去。其中一个主要原因在于资金问题。人们不会想到资金充裕的诺贝尔奖也会有经费不足的时候，而事实是在第一次世界大战之后，瑞典同欧洲的其他诸国一样，眼睁睁看着失控的通货膨胀把资本洗劫一空。诺贝尔奖获得者，瑞典物理化学家斯万特·阿累尼乌斯认为科学院的资金状况“异常严重”“异常无可救药”。其实不然：所剩资金足以在适当的水平上为奖项提供基金，不过，不足以建造诺贝尔评审所追求的各种各样的用来测试奖项提名以及进行原创性研究的诺贝尔研究所。同时，所剩资金也不足以支撑瑞典在物理学所有领域的研究。

引人注目的是，阿累尼乌斯开始辩驳天体物理学不属于物理学。他说，近年来，天体物理学囊括了所有的天文学，因此，天体物理学“应当等同于天文学而不是物理学的一部分”。按照这个观点，爱因斯坦 1916 年的引力论也要被排除在外，它是阿累尼乌斯坚决支持天体物理学并且继续探寻天体物理学描述的所有观点中较为突出的一个。正如弗里德曼所说，阿累尼乌斯甚至试图修订“章程”来排除掉天体物理学，但没有如愿。物理学奖要缩小范围至原子物理学仅可以通过两种方法：要么合法、公开地修改“章程”，要么利用委员会和科学院来排除不必要的天体物理学家和地球物理学家。前者公开、光明正大，后者则相反。合法地修订“章程”会引起国际摩擦和非必要的宣扬。于是，诺贝尔评委会采取“笼络”科学院和具有合作精神的科学家的方法，并且利用委员会来排除他们不喜欢的提名。

也有人表达出所谓的恐惧，他们认为，授予海耳与德朗德诺贝尔奖会掀起一场天体物理学和地球物理学领域获得诺贝尔物理学奖的洪流，很显然，原子物理学则会因此在奖项、资金以及声誉方面减少。通过削去天体物理学和地球物理学，原子物理学才可以在瑞典得以繁荣发展。所以，1923 年的诺贝尔物理学奖没有授予海耳与德朗德，而是授予了美国的原子实验家罗伯特·密立根，而他在那一年的提名要比海耳与德朗德少很多。

当然，如果面临财政紧绌的瑞典科学家决定通过这些奖项来获得一定回报，以期帮助他们自己的特殊工作，也是一个足够合理的决定，虽然这个决定并不尽如人意。这样的做法可以帮助保持瑞典物理学在国际主流中的地位，并且，诺贝尔奖也一定会使得瑞典原子科学在国外荣誉、影响力以及研究机会方面大大受益。

然而，问题不仅仅在于语用学。物理学评委会在科学院内部做出决定并且保守着这个秘密。他们很可能就当时的情形，向国外著名的科学家诉诸误导性的信息。既然他们掌控着世界上在物理学领域最负盛名的奖项，那么他们也应该感到荣幸地去公开宣布获奖资格已经被重新定义。至少，在原子物理学领域，记录确实是不一般的。正如历史学家詹姆斯·麦克拉兰所说的那样，早期的物理学委员会本身就应该从众多物理学家中脱颖而出而获得奖项，因为他们应对着该专业领域中令人眼花缭乱的变化。

物理学发展探究

从 1901 年至今，现代物理学的建立经历了四代物理学家。

第一代物理学家应该始于 1900 年。在这一阶段，普朗克发现了量子定律，爱因斯坦创立了狭义和广义相对论，居里夫妇与卢瑟福对于放射性现象的研究，汤姆孙发现了原子包含电子以及卢瑟福又进一步发现原子中也有原子核。此外，玻尔于 1913 年提出了第一个原子的量子理论。

1925 年出现了发展颇为成熟的第二代物理学家，他们创造了如今仍为人们所知的“新”物理学。沃尔夫冈·泡利于 1925 年提出了不相容原理，这个原理解释了有多少电子可能占有一定的能量水平，其原因是什么。泡利的不相容原理不仅为原子物理学而且为化学也带来了启迪。1924 至 1926 年期间，海森伯与薛定谔创立了量子力学，而海森伯在 1927 年又提出了不确定原理，为观察和准确度设立了精确的限制。1928 年，狄拉克方程首次解释了相对论性量子电子并且预言了反粒子。20 世纪 30 年代早期，费米使得核物理的发展得到腾飞，并且开启了对原子内部活动着的三股力量进行解释的开端。

第三代物理学家始于 1947 年，代表人物主要有费恩曼、盖尔曼、温伯格和萨拉姆、杨振宁和李政道、莱德曼和兰姆、里克特和廷。这一代物理学家解决了上一代遗留下来的很多问题，例如：创立了量子电动力学（QED）；原子内部最基本的力量得到了解释；建立了粒子的标准模型；以夸克为基本单元对原子进行重新描述。此外，诸如超导之类的新专业领域也在这一时期开始繁荣。

第四代物理学家出生于 1940 年之后，如今正是他们发展的舞台。

当然，物理学最基本的问题会杂乱无章地延伸至每一代。诺贝尔奖亦如此，年轻时期从事着出色工作的科学家，大多数要等到头发花白时才能获得此殊荣。

122

物理学家：猫与狗

从教科书和诺贝尔奖历届获奖者中，我们得知，获奖的物理学家不是实验家就是理论家。实验家首先赢得了最多的荣誉并获得了早期的诺贝尔奖，比如居里夫妇。不过，大约从 1920 年爱因斯坦以来，理论家具有并保持着比实验家更高的知名度和魅力。不论是在大众的想象中还是在物理学本身领域，实验家与理论家几乎是完全不同的两类人——无论是在性格和工作方面还是在长久的竞争中。经常被人们引用的一个证据就是，很少有物理学家在实验和理论两方面都同样有所建树，费米（逝世于 1953 年）是其中最后一个被人们经常提到的物理学家。然而，如今，专业化程度加强并且专业范围也在缩小。一项实验有可能需要连续不断的工作四五年，尤其是在昂贵的特大实验室中，实验家不能轻易地放弃一个项目或者同时进行其他的工作。理论学家则轻装上阵，可以转换得更加容易甚至可以同时应付几个项目。

撒满了真理种子的谣言比比皆是。实验家需要实验室，而理论学家（如同传言中所描述的那样）仅仅需要纸和笔。关于实验家与理论学家的传言甚至认为理论学家总是思考得很深入，而实验家则不然。当实验家伦琴被问到是如何发现 X 射线时，他仅仅说道：“我没有想到——我会发现。”

无论如何，也许有人（或者说应当有人）已经发现这两种类型的物理学家分别类似于猫与狗。他们显然很享受互相撕咬。一些理论学家把实验家叫作“水暖工”，称一些书生气十足的实验家甚至“没有能力经营一个汉堡摊”，比如奥本海默。当然，实验家即指“狗”——不笨拙（在实验室中，上帝也不允许）却很吵杂、轻松愉快、精力充沛、具有群居性，他们会成群地奔跑。欧内斯特·卢瑟福即是一个典型，他嗓门很大，激情澎湃，能够准确判断某项实验重要与否，并知道如何进行。在他担任卡文迪许实验室主任时，由于嘈杂声干扰了精密仪器，所以到处挂满了“请轻声讲话”的标示，当然还有“禁止吸烟”的标示。但是这些丝毫不起作用。

卢瑟福对于理论学家蔑视的嘲讽一直鲜明，他说：“他们同符号做游戏，而我们在卡文迪许实验室揭示自然的真面目。”如今，人们仍然可以从热情洋溢、妙语连珠的莱昂·莱德曼（1988 年获奖）与似乎是欢宴上的咆哮者与狂热者的天才实验家、狂人卡罗·鲁比亚（1984 年获奖）身上感受到卢瑟福式的典型气息。对于他们来讲，对有利可图的实验的灵敏嗅觉则不是那么重要。

与此相对，典型的理论学家则像猫：独行侠、挑剔的形式主义者、能够洞察概念上的未发掘之处，耳朵则可以捕捉到前所未闻的想法。狄拉克具有关于一切事物的独特的理论思考方式。他对陀思妥耶夫斯基的《罪与罚》评判道：“这本书不错，只不过在其中的一个章节作者犯了一个错误。他描述太阳在同一天升起了两次。”另一同样典型的例子是小手鼓演奏者理查德·费恩曼，他可视为研究理论的“猫中之狗”。不过，这样一个理论家会在一个雇佣袒胸女招待的酒吧里写方程式时表现得更好吗？事实只是证明了费曼如同所有的“猫”一样，他们会从服从性学校里淘汰出去。再如罗伯特·奥本海默（未曾获得诺贝尔奖），他领导了历史上最大规模的科学实验——制造原子弹，这项实验涉及数千名工作人员，投入资金数十亿。然而，就像上帝创造的每一个理论学家，他通过阅读梵语作品和中世纪法国诗歌来进行放松。1925 年的海森伯、泡利与狄拉克一代人促使理论物理学家都被神化为年轻天才。下面这首诗作一度被认定为狄拉克所作：

确实
对于物理学家来说
想到年岁渐增
就不寒而栗
过了 30 岁
可以说是生不如死

这首诗主要适用于理论学家，他们在工作中与数学打很多交道。数学领域因其奇才众多，同音乐和国际象棋一样，一直以来都是闻名于世的。实验家需要更多增添趣味性的东西，更丰富的经验和实际操作——还有，在过去 40 年里，更多的资金。当然，并不是所有的理论学家都能够在年轻时取得他们的业绩。爱因斯坦在 1905 年奇迹年时才 26 岁，詹姆斯·沃森 25 岁发现了 DNA 双螺旋结构，而普朗克 43 岁才发现量子定律，薛定谔 37 岁提出波动方程，多萝西·霍奇金 46 岁测定出维生素 B_{12} 晶体空间结构。事实上，最年轻的诺贝尔奖获得者是实验家劳伦斯·布拉格，他于 25 岁获奖，卡尔·安德森于 31 岁获奖。海森伯、狄拉克和李政道是获奖者中最年轻的理论学家，在获奖时均已 31 岁。

从史实来看，理论学家与实验家的分歧仅存在于 19 世纪末期。在此之前，大约 1875 年左右，“理论学家”尤指能够对实验结果给予非常精确测量的人。但是到 1900 年，数学物理学家比如庞加莱、普朗克、玻尔兹曼以及洛伦兹建立了一种新型数学理论，此理论也引发了后来与爱因斯坦或者海森伯有关的诸多成就。从 19 世纪 90 年代开始，物理学家不得不掌握新的研究方法：矩阵代数、向量、非线性积分方程、多元代数、群论、张量（对爱因斯坦的广义相对论起到了作用）、变分法等。据说，一位数学家曾称：“对于物理学家来讲，物理学变得太难了。”1915 年，威廉·维恩公然发表言论说最伟大的理论学家“同时也是最伟大的科学家”，并且他向“如今非常了不起的理论物理学”举杯祝贺。因对自己 1915 年提出的方程充满了信心，爱因斯坦开始着手于研究对弯曲空间的大胆想象。当一项实验“证明”了他的想法有误时，他傲慢地因其缺陷而摒弃了这个想象，他的做法是对的。然而在 1927 年，数学理论名家洛伦兹承认，其绝望于物理学是如何“在抽象的道路上迈出了一大步”。

多数早期的诺贝尔物理学委员会委员极其不喜欢数学物理学，尤其是有关理论方面的，他们把“测量物理学”视为该领域所取得的巅峰成就，认为“测量物理学”里有精密度极高的测量方法，这些测量方法是“根本所在，必要条件……是我们挖掘新发现的唯一途径”。当然，这其中也包括了天文学家，他们在 1923 年诺贝尔奖革新时被排斥在外。因此，最早的两位美国物理学家阿尔伯特·A. 迈克尔逊与罗伯特·安得鲁·密立根分别于 1907 年和 1923 年获得诺贝尔奖不是偶然的，他们都是高技术“测量”物理学家。诺贝尔获奖名单表明，早期的诺贝尔委员会委员普遍反对或者忽视了理论物理学。从第一代物理学家可以看出，在数量上，获奖的实验家是获奖理论家的4倍，在速度上，前者更快。大约每10年，一位理论学家获得奖项：1902年洛伦兹获奖（可是他必须同一位实验家共同分享），1910年范德瓦尔斯获奖与1911年威廉·维恩部分获奖以及1918年普朗克获奖。实验家成群结队，而理论学家少得还凑不够一个茶会的人数。

“实验家”是一个模糊的术语。一些实验家主要是设计其他实验家所需要的设备。我们可以来看看，获奖者诸如劳伦斯（发明回旋加速器）、威尔逊（发明云室）、杜拉泽（发明泡室）、丹尼斯·加博尔（发明全息摄像）、马丁·赖尔（研究射电天体物理学）、阿瑟·肖洛与尼古拉斯·布隆伯根（对开发激光光谱仪有所贡献）、C. H. 汤斯、N. G. 巴索夫及A. M. 普罗霍洛夫（激微波）、凯·西格巴恩（X射线光谱仪）、恩斯特·鲁斯卡（设计电子显微镜）、G. 宾宁与H. 罗雷尔（研制扫描隧道显微镜）、诺曼·拉姆齐（原子钟的改善）、H. 德默尔特与W. 保罗（发展“离子陷阱”技术）、W. 菲利普斯、朱棣文与C. 科昂—唐努德日（发展激光冷却“捕获”原子的方法）。他们中的大部分人都没有做过为自己赢得荣誉的主要实验——不过，或许我们应该把设计他们用的设备本身作为一个主要的实验。有时候界限真的难以划清。

另外，也有一些做基础研究的实验家，他们通常不是理论学家。卢瑟福、居里夫妇、约里奥—居里夫妇、莱德曼、奥托·斯特恩、I. I. 拉比、亨利·肯德尔、杰罗姆·弗里德曼、理查德·泰勒及其他物理学家发现了X射线、原子核、质子和中子、镭和钋以及诸如u粒子、μ介子、τ子之类的粒子。理论学家预言了正电子、介子、中微子、反质子、Ω和宇称不守恒的存在——而实验家进行了证实。

不过，为大家所熟知的仍然是理论学家。正如彼得·盖里森所说：“尽管人们呐喊着科学的进步是通过实验研究实现的，然而事实上，所有科学的历史文献还是与理论息息相关。”从爱因斯坦到费恩曼或者斯蒂芬·霍金，他们无论是在公众面前还是专业领域都散发着智慧的光芒。研究夸克的实验家迈克尔·赖尔登曾反驳道，大部分描述认为“夸克是意义深远的理论上的成功——似乎人们的头脑中已迅速涌现出了这一想法”。实际上，“他们是理论和实验相结合的产物”。

这种反驳并未带来些许变化：荣誉的光环仍然为理论家所有。一方面，理论比实验更新得慢。卢瑟福花费了 30 多年的时间着手于了不起的实验工作。然而，不像他同时代的普朗克和爱因斯坦，卢瑟福现在看来似乎已成为历史，其原因正是由于实验设备更新得如此之快、如此彻底，以至于以前最有名的实验也很快就变得暗淡无光——“我们再也不使用那种方法进行研究了。”好的理论以数学为根基，很少有所变化。以前的方程式现在依旧使用，其中的符号并无更新。

然而，实验家在诺贝尔奖列表上的数量占了绝对优势。实验总是能比理论更快占据报纸头版头条。1980 年以来，不断有重要实验出现，获得诺贝尔奖，但是没有真正有价值的理论被提出。至少，获奖的理论学家寥寥无几。

实验家（E）与理论家（T）获奖一览：

	E	T
1901～1920	19	4
1921～1940	10	7
1941～1970	25	15
1971～2000	34	25

注： 1921～1940 年包括颁发给爱因斯坦和玻尔的迟来的奖项，他们一二十年前就完成了工作。1984 年至 1998 年期间，只有 2 名理论家获奖，还有 2 名理论家在 1999 年获奖。

第一代：1901～1925

索迪："卢瑟福，这是一个转变。"

卢瑟福："为了迈克，索迪，不要叫它转变，他们会把我们当作炼金术士加以阻止的。"

——他们 1902 年发现"永恒的"元素可以转化为其他元素

20 世纪的物理学始于 20 世纪之前大约 10 年的时间，在那时，物质被发现其运动并不是日常生活中所见到的那样，或者并不像传统物理学所解释的那样。首先，各种粒子的大小是难以想象之微小。原子直径的数量级大约是 1×10^{-10} — 2×10^{-10} m，原子核的直径则是原子直径的十万分之一。如果原子有一个大型体育场那么大，那么原子核就相当于体育场中的一颗米粒。电子的大小为 10^{-16} cm，或者说约为原子核中质子的千分之一大小。物理学家发现粒子的寿命一般少于 10^{-24} 秒。

无穷小的原子领域中所揭示出来的独特性，迫使物理学家不得不一遍又一遍地回答一些最基本的问题：什么是光？什么是原子？——物质到底是什么？早期的诺贝尔奖关于物理学家需要思考的新现象描绘了一幅带有污点的公正图片。

从放射性和电子到量子原子

放射性现象的研究缘于 1895 年伦琴对 X 射线的发现（之所以命名为 X 射线是因为当时不清楚放射出的射线是什么）。J. J. 汤姆孙于 1897 年发现了电子，证实了原子是可分的。这些看起来似乎不相关的发现不久便结合在了一起。

诺贝尔奖

伦琴是 1901 年第一位诺贝尔物理学奖的获得者，同时也是众多诺贝尔奖获得者中第一位达到此顶峰后便在事业上平平的物理学家。在发现了伦琴射线后，他没有进行更多的探究。而贝可勒尔对 X 射线进行了探究，并发现黑暗中的底片被铀所发出的射线穿透。自 1898 年开始，居里夫妇先后发现了两种新的放射性元素：镭和钋。更为重要的是，他们认为放射性现象并不是由某一外部因素引起的，而是由原子的某个特性引起的。

不过，欧内斯特·卢瑟福在 20 世纪前三分之一的时间里既进行了原子研究又进行了放射性研究，因此，在谈及其发现之前，这位“原子物理学之牛顿”本身还是值得好好研究一下的。

卢瑟福也许是自古以来最伟大的实验天才，唯一能与之相抗衡的也只有 19 世纪的迈克尔·法拉第。卢瑟福 1871 年出生于新西兰，1895 年获得剑桥大学的奖学金，1898 年他在蒙特利尔的麦吉尔大学工作，在那里他开始将射线分为 α 线、β 线和 γ 线。他与索迪合作，他发现这些元素将射线转换为其他元素。按照这个发现，元素不会是永恒的，总在不断丢失旧的形态。他获得 1908 年诺贝尔奖，但得的是化学奖，这让他又惊讶又迷惑，因为他总认为化学不过是物理学的一个分支。“科学要么是物理学，要么就等同于收集邮票。”这是他坚信不疑的观点之一。

一位卢瑟福多年的物理学家朋友曾经说：“没有人能够谈及自己可与自然之力友好相处。”事实上，卢瑟福做到了。从照片中可以看到，他比其同事更显高大，双腿有力，还有高高抬起的大脑袋和浓密的胡子。无论是自己一个人，还是在工作中，他都是昂首阔步地走路。他完成了众多成功的实验，在大家为其幸运而庆祝时，他反驳道：“我是靠自己的努力，不是凭借运气，不是吗？”他的同事说，他在工作进行顺利时会高歌“前进，基督教士兵”，不顺利时则低声吟唱。他喜欢扮演来自农场的未开化的家伙，他拍打别人背部的招呼方式总是会惊吓到他的德国同事。

但是卢瑟福的一个最聪明也是他最喜欢的学生，俄国实验家彼得·卡皮查（1978 年诺贝尔奖获得者）看到了他朝气蓬勃的表象以外的东西。在见到卢瑟福后不久，卡皮查回到家里写道：“这位教授所表现出来的性格欺骗了大家。英国人认为他的性格是精神饱满的殖民地风格。其实不然，他脾气极其暴躁，兴奋起来无法控制。他情绪波动异常剧烈。”

自 1907 年开始，他先后在蒙特利尔和曼彻斯特从事过一些了不起的工作，从 1919 年直至其逝世，担任剑桥大学卡文迪许实验室主任。他管理实验室如同管理自己的封地。然而他具有伟大的实验家所具备的关于哪些事情可以做出成就来的超凡预知能力。他把那些事情交给被他称为“孩子们”的众多助手。他们一个接一个地成为诺贝尔奖获得者：玻尔、布莱克特、沃顿、查德威克、考克克劳夫特、卡皮查。

在 1908 年取得诺贝尔奖之后，卢瑟福并没有就此止步不前，他继续从事着其事业中真正重要的工作，其中包括 20 世纪最重要的物理学研究。他于 1909 年发现了原子核，而 1911 年才公之于众。他曾是玻尔的导师，而玻尔在 1913 年创立了第一个原子的量子论——虽然卢瑟福一直都不把理论物理学家放心上，认为他们的研究是误导或者说是浪费时间。关于相对论，他曾说：“噢，那个东西啊。我们从未在工作中为其费心过。”他一方面调整意见，一面说相对论在他的工作中并没有起到多少作用。佩斯说他在发现原子核以及第一个解释半衰期衰变时，本身就是在从事重要的理论物理学研究。1919 年，他又第一个“打碎”原子，通过爆炸把质子从原子核中分离出来——他是把一种元素变成另一种元素的第一人——并且，除了一位技术人员的参与外，他是独自一人完成的实验。他曾经也预言过查德威克于 1932 年发现的中子。

与爱马仕·特里斯梅季塔斯一样，被封为爵士时，卢瑟福在盾徽上选择了新西兰毛利人和奇异鸟的图案，卢瑟福享年 66 岁。查德威克说卢瑟福不聪明，只是很伟大。

弗雷德里克·索迪是卢瑟福在蒙特利尔的伙伴，他于 1913 年发现了同位素。1919 年，弗朗西斯·威廉·阿斯顿发明了质谱仪并发现了大量非放射性元素的同位素。索迪于 1921 年获得了诺贝尔化学奖，而阿斯顿也在 1922 年获得了化学奖。同位素在了解原子及化学元素的过程中起到了关键作用。索迪感觉，公正地讲，诺贝尔评委会应该使其在 1908 年与卢瑟福共享诺贝尔奖。卢瑟福也一定有相同的感觉，即：因他，索迪才获得了诺贝尔化学奖的提名。

1897 年，当 J. J. 汤姆孙发现原子中的电子时，有许多其他人已做出的与之密切相关的失误，于是发生了一些关于时间上谁在先的争论。许多实验家发现了新的现象，但是他们没有意识到，或者不能理解其原因所在，又或者不能如同汤姆孙一样有严谨的测量方法。

早在 1905 年，诺贝尔奖被授予基尔大学的教授菲利普·莱纳德时，就发生了第一件关于诺贝尔物理学奖名单中有关谁在先的争论。自 19 世纪 80 年代开始，菲利普·莱纳德就从事研究阴极射线的工作，却错过了发现 X 射线和电子的机会。不过，他迫切希望自己能够在时间上优先。当伦琴在 1895 年发现 X 射线时，莱纳德立即声称自己是共同发现者。他当然是发现了有射线穿越电子管，但是伦琴说明了这些射线有哪些作用而莱纳德没有。尽管如此，莱纳德还是堂而皇之地抱怨：“如果说伦琴是发现 X 射线的助产士，那我就是生出 X 射线的母亲。”事实上，他仅仅借予伦琴阴极射线管的一个元件。当 1897 年，汤姆逊发现电子时，莱纳德又声称他是共同发现者。即使他的同年代人并未接受他的言论，他的学生却不得不接受：他常常询问他们：“谁是第一个发现的?”“是您，教授先生。”“说的很对，当然是我了。”不过，他还是因其 1902 年发现光电效应而早汤姆孙一年获得诺贝尔奖。但他没能对此现象进行解释。1905 年，年轻的爱因斯坦给出了正确的解释，并因此获得了 1921 年的诺贝尔奖。之后，勒纳德就反对“犹太物理学”而慷慨陈词。在希特勒时期，他成为雅利安物理学的主要领导者。

J. J. 汤姆孙获得了 1907 年的诺贝尔奖。原子内电子的发现并未使一些专家相信原子依然存在——奥斯华德，1909 年的化学奖得主，就是长期对此持怀疑观点。因而，奇怪的是，原子自身的存在是质子被发现之后才最终通过实验得到了证实，而实验便是 1908 年让·佩林关于布朗运动的研究。1913 年，佩林又确立了分子的存在，的确，这一发现离 1895 年电子的发现并不久远。佩林获得了 1926 年的诺贝尔奖。

1913 年，玻尔建立了具有革命性的原子模型。玻尔把电子描述为“环绕”卢瑟福的原子核运动，不过，根据量子规则，电子只能够做固定且离散的能级运动。玻尔模型解决了卢瑟福的原子不稳定性问题，因为卢瑟福无法解释为什么电子不会耗尽能量掉进原子核内。此外，玻尔模型也为量子理论提供了决定性的支持。玻尔的理论证明了其本身能够计算出电子和原子核之间的能量，能够引申出普朗克常量，并且能够对氢原子进行解释。1914 年，詹姆斯·普朗克与古斯塔夫·赫兹使汞蒸气中的汞原子与电子进行碰撞，发现能量的吸收和释放都是量子化的，更有力地证实了玻尔模型。普朗克与赫兹共享了 1925 年的诺贝尔奖——也及时地为海森伯、泡利等人的“新型”量子理论提供了有力支持。

正如之前所述，诺贝尔委员会为众多发明做出了短暂的改变。爱迪生、莱特兄弟、普平（电感器发明者）和其他一些发明家被提名为诺贝尔奖获得者。但是只有两次“实用性”的发明或者技术获得了殊荣——并且这两次之间还隔了几年。1909 年，马可尼和卡尔·布劳恩因改善远距离无线电传输而获奖。他们从 1896 年至 1901 年期间的工作是基于 19 世纪麦克斯韦的理论，他在其中说明了电磁波可在空气中进行传播。而实际上，海因里希·赫兹在1988年就传送过这种波。因此，这项技术才为大众所知。在20世纪90年代早期，马可尼之前，卢瑟福曾把电磁波传送一英里远。布劳恩通过发明晶体检波器而改善了马可尼的设备。所有早期的无线电设备都是“晶体设备”，这延续到20世纪20年代，此时，美国人李·笛福瑞斯特1906年发明的真空集热管开始批量生产。笛福瑞斯特没有获得诺贝尔奖——不过，为什么真空集热管不比晶体检波器更加重要呢？在获得诺贝尔奖之前，马可尼与布劳恩便获得了发明专利而变得富有。然而获奖者并不一定会从他们的科学工作中获得过多的利益。

1912年，第二个“实用性”物理学奖——也是直至今天为止的最后一个——归于瑞典人尼尔斯·达伦，理由是他通过使用乙炔改善了灯塔电源的使用。他获奖仅仅是基于一个单独提名，这也是所有科学类别中最不起眼的一次颁奖。这种情况的发生，似乎是由科学院与给人印象非常深刻的候选人比如普朗克之间的僵局导致的。另有两次诺贝尔奖，使得早期X射线出现在奖项榜单上。1912年，年轻的贵族普鲁士人马克斯·冯·劳厄成为了物理学家，他第一个证明了X射线有极短波长——他使用水晶网格对X射线的轨迹进行跟踪——由此，很快在1914年获得了诺贝尔奖。1912至1914年间，来自英格兰的W. H.和W. L.布拉格父子反复思考劳厄的研究方法并说明了怎样使用X射线对晶体结构进行精确测量。1915年布拉格父子获得诺贝尔奖时，小布拉格年仅25岁——至今为止，他仍是所有领域中年龄最小的。从此，X射线晶体学便成为不可或缺的一部分，它对于1953年DNA结构的发现起到了关键性的作用。

爱因斯坦如何获得诺贝尔奖（并非由于相对论）

在 X 射线、电子、放射性现象与原子核被发现之后，即使是最出色的物理学家也对如何进行解释而感到困惑。事实上，1900 年普朗克的量子概念与 1905 年爱因斯坦的狭义相对论很快就使得此领域具有极高的整体性和连贯性，然而，普朗克在之后接近二十年里并没有获得奖项，而爱因斯坦获得奖项的时间也被推迟了几乎相同的年数。

人们很难接受的是马克斯·普朗克（1858～1947 年）在现代原子物理学领域迈出了历史性的一步。他看起来像是德国学究的典型代表：骨瘦如柴，头发已秃掉如骷髅般，下垂的小胡子之上戴着一副夹鼻眼镜。似乎从来没有在任何一张照片中看见他笑过。他总是对于自己惊人的洞察力保持低调，而爱因斯坦可以说是第一个识别出其中革命性意义的人。虽为量子物理学的“伽利略”，普朗克在其一生中依旧担心他对传统物理学和因果律所带来的可怕突破。不管怎样，在 42 岁的年纪，他的确做出了突破，的确大胆地投身到其他杰出的物理学家不敢或者尚未有足够洞察力去做的领域。他的保守和激进正反映出了人们关于他的说法：他是完整体的典型。他是一个中规中矩的德国教授，同时他也是一个品德高尚、慷慨大方，富有同情心的圣灵。

1986 年 J. L. 海尔布隆用英语写了一本最好的传记，这部传记恰如其分地被命名为《一个正直人的困境》。在德国历史中，普朗克受到质问。作为一个忠诚的爱国者，第一次世界大战中，普朗克签署了保护德国军国主义的宣言，协约国支持者对其恶言相向，他最大的儿子死于战斗中。当希特勒在 1933 年夺取政权时，他是（爱因斯坦之后）当时最有名的德国科学家，有极高的社会地位。1930 年，他因其科学研究被任命为著名的德皇威廉学院物理系的负责人。在那个位置上，他被迫无可奈何地看到犹太同事受到残忍迫害。普朗克决定仍旧留在德国，尽管是纳粹国家，并且他还是为数不多的公开抗议反犹太主义的人之一。在担任德皇威廉学院物理系的负责人时，他对希特勒也是如此表达其观点，使希特勒愤怒，普朗克遭到镇压，于 1937 年辞去其职务。然而，他唯一活着的儿子参加了杀害希特勒的秘密行动，于 1944 年被处死。普朗克比希特勒在世时间长，1947 年他逝世时享年 90 岁。

关于爱因斯坦（1879～1955 年），关于此人及其有关的神话都已经有大量的作品进行过描述，那么在这里，也仅有一些杂闻值得我们关注了。他作为知识分子偶像的魅力已经超过了他本身所具有的精明智慧。他是一个“快乐的男孩”，一个朋友曾这样介绍爱因斯坦。他从来不把名誉当回事。关于弗洛伊德，他说：“那个老人……目光很敏锐。他不允许自己被任何虚幻所蒙蔽，除非那是他对自己想法的极其自信。”关于 1933 年他搬到的普林斯顿（在给比利时伊丽莎白女王的信中）：“那是一个有许多渺小的动作夸张的似神仙一样的人住着的古朴村庄。”他是一个水平极高超的散文大师，可以歌德的口才来写作：自然掩藏了她自身的秘密并不是由于她狡猾，而是因其本质的高贵。

在第一次世界大战期间，居住在柏林的爱因斯坦曾经告诉他的朋友玻恩，即使没有任何财产或者朋友，他都可以快乐地生活。他说，自己与任何民族、宗教或者组织都不具有约束力的关系。在后来的生活中，他对犹太人民的深深的归属感倒是一个例外。不过，他内心的距离感是一直存在的，虽然他曾因犹太复国主义和一时的和平主义而为人所知，他曾就算术问题而回信给小学生，他也曾花费时间去看望各种访客，并且他还曾以自己的名义为各种有价值的事业捐赠。在纳粹有机会逮捕或者驱逐他之前，他离开了德国，再也不回去，也不会原谅。

他非凡的名气，在很大程度上要归功于他有意志力的内心孤独：自从牛顿以来，没有任何一位主要物理学家能比得上他，爱因斯坦的成就是了不起的一个人的成就。1915 年，爱因斯坦完成了他的广义相对论，并于 1919 年通过实验证实了他之前的预言：空间是“弯曲的”，这使他一夜之间成为 20 世纪最知名的科学家。但是，正如许多人提到的那样，仅仅从他对量子物理学所作的贡献来看，他也是 20 世纪最伟大的物理学家之一——在其有生之年，他一直为自己在 20 世纪 20 年代中期打破经典因果律而遗憾。

他结过两次婚，第一次在 1903 年与一个名叫米列娃·玛丽（1875～1948 年）的物理系的同学，他们有三个孩子。第一个孩子是丽瑟尔，关于这个孩子大家所知甚少。大儿子汉斯·艾伯特（1904～1973 年），后来成为加州大学伯克利分校一名著名的电气工程教授。他的另一个儿子爱德华（1910～1965 年），是一个聪明的学生并且在音乐方面颇具天赋，但从高中毕业后患有精神分裂症，在医院里度过了他大部分余生。经历了一个漫长而痛苦的分离期后，爱因斯坦和米列娃于 1919 年离婚，他给了米列娃所有的 1921 年获奖的奖金。而那年晚些时候，他娶了自己的表姐。爱因斯坦曾在多个场合暗示，他对第二任妻子不忠，这对于那些把他看作如大理石一般的人是不小的冲击。

1952 年，以色列政府曾想授予他总统职位，但被他拒绝了，一方面是因为年纪大了，另一方面是他知道自己并不适合那个职位。据说，本—古里安曾说：“哦，我的上帝，如果他接受了会是什么样呢?”爱因斯坦拒绝手术之后死于动脉瘤。“人为地延长生命是毫无意义的。我已经做了我该做的事情，是时候走了，我会优雅地离去的。”他如是说。几天后，他做到了。而其善后却不是那么优雅。他的遗体被火化，而大脑被放入甲醛作为珍贵的标本，以帮助医疗病理学家了解“天才”的大脑物理构造。他的大脑重量为 2.6 磅——是一个令人失望的平均水平。多年来，他的大脑被切成数百片，然而研究者却未从中得到任何信息，于是 20 世纪 80 年代在堪萨斯州的威奇托结束了如此的研究。不过，在 1999 年，神经学专家发现他有一个异常巨大的大脑顶叶，这也许与其数学思维和空间想象力有关联。人们不禁想知道，爱因斯坦会对后人对其大脑所做的种种探索作何反应。他不是一个普通的人。

就好像地面从下面被拉开了。

——爱因斯坦对普朗克量子理论的评价

回到 1901 年，阿尔弗雷德·诺贝尔的遗嘱和诺贝尔基金会章程中仅仅提到了“发现”和“发明”，当然没有提到过具有革命性质的发现。任何一个颁奖机构怎么能设立规则来应对那些有足够理由使规则彻底改变的发现呢？事实上，在物理学理论方面，有为数不多的真正的具有革命性质的发现。那么，有资格被人们认为有革命性发现的人，牛顿之后，似乎就只有19 世纪中叶的法拉第和麦克斯韦以及 20 世纪初的普朗克和爱因斯坦。

普朗克的量子发现最开始是来回答一个具体的问题，由于历史的原因，我们称作“黑体”的问题，这涉及温度和波长之间的关系。由于随着金属白热化，它辐射的波长也变得越来越短。一些著名的物理学家无法找到一种方式来解释这个结果。1900 年 12 月，“在绝望中。”普朗克尝试了一个离谱的新方法。他抛弃了经典物理学中有关能量是连续不断流动的神圣法则，并做出相反的假设，能量是不连续的，并且以离散等级或量子比特（来自拉丁语 quanrum：无论多少的意思）运动。

这种做法得到了一个令人震惊的正确且精确的解决方案。不久后，普朗克计算出量子常数，这是极少数迄今已知的普适常数之一——光的速度是其中的另一个——经过万物的验证，这显然仍是正确的。然而，这种不连续推翻了我们最深切的经验和对直觉的信念。在日常世界中，你驾驶的速度可以为 3、17、32，或者 90，或者中间的任何数字，能量流是连续的。而在亚原子领域，它是不连续的，也不存在中间的速度。因此，所谓的量子跃迁就是指：你仅能够以固定不变的速度驾驶，而不需要去管如何把速度从一个换到另一个。

有人可能会认为，这从根本上背离了以前所有的物理实验所取得的成功，会引起轰动。事实上，物理学家们——包括普朗克本人——只是把它看作一个巧妙的数学答案，用它来回答无法解决却是小范围性的问题。这怎么可能涉及其他现象呢？其他现象似乎都否定了这种不连续。完完全全的影响只有到后来才显现出来。

普朗克发现的意义及应用让几乎所有人都感到困惑，包括他自己，因为他大胆的解决方案的提出没有来龙去脉。正如亚伯拉罕·派斯所说的那样，获得发现和发现本身是完全不同的理解。爱因斯坦是第一个去了解它，并获得惊人成功的人。

普朗克没有能力或不愿把他具有划时代意义的法则变成普世的理论。与普朗克不同，年轻的爱因斯坦敢于提出带有大胆设想的理论。1905 年是他的奇迹之年，他提出四个开创性的理论：狭义相对论、质量与能量的守恒、通过分子运动对布朗运动的解释，以及光量子概念。相对论至今还是他最著名的发现，但是普朗克的量子计算公式能够精确地与所有实验数据吻合，而爱因斯坦的狭义相对论很长时间里缺乏实验验证。

因此，可以想见爱因斯坦的狭义相对论受到了很多阻力，毕竟，这动摇了 19 世纪盛行的“以太”，又没有能够完全否定它。狭义相对论变革了从牛顿以来形成的时空概念，对于光速提出新的观点。此外，他的理论只有当物体接近光速运动时才可行。实验验证需要 20 世纪 30 年代之后出现的大型加速器来完成，然而爱因斯坦的理论在得到证明之前就已经被广为接受了。

诺贝尔奖

一方面，相对论——狭义的、不是广义的或引力的——是一个熟悉的话题。在爱因斯坦提出该理论不久之前，老一辈的科学家如法国的亨利·庞加莱和荷兰的亨德里克·洛伦兹就进行过相关研究。爱因斯坦提出的更为先进的狭义相对论迅速引起众多关注——谨慎的普朗克也是其中之一，他是该理论的第一个推崇者。作为老牌德国物理杂志《物理年鉴》的编辑，他得到了年轻的爱因斯坦关于狭义相对论的最初手稿。就在第二年，1906 年，普朗克自己在爱因斯坦提出的理论之上，又发表了一篇论文，在他重要的柏林论坛上进行演讲，这立刻促使极具潜力的学术会成员如后来的诺贝尔奖得主马克斯·玻恩对此加以研究，还有很多其他有影响力的人物也给予了大力支持。如果说有谁帮助奠定了爱因斯坦的事业，那就是普朗克。要说有谁使得普朗克享有盛名，无疑是爱因斯坦。普朗克第二个最重要的发现——如 J. L. 海尔布隆所说——就是爱因斯坦。

任何试图去理解狭义相对论的人都会感到巨大的冲击——用运行的列车，不同的观察者和光速作为测量杆——爱因斯坦都没有想到他的相对论就是一场革命。1921 年，那时他已经有了狭义相对论和重力论，他只是将这些说成“对于法拉第、麦克斯韦和洛伦兹工作的补充”，然而，他也说，他的光量子概念“非常前沿”。根据爱因斯坦同行们的反应，事实确实如此。

1905 年，爱因斯坦大胆地跨出第一步，将光量子概念转变为一个理论。当时盛行的观点是光是波状的，他的理论与之相对，假定光是由离散量子构成的。这使得普朗克的量子论首次被公开化，在论文最后的观点部分，爱因斯坦说明了他的假设也能用来解释光电效应。

爱因斯坦光量子理论的提出让普朗克感到痛心，和其他人一样，他也认为波状才是对光的正确描述。1909 年唯一支持爱因斯坦的著名德国物理学家是约翰内斯·斯塔克（1919 年诺贝尔奖得主），他是波长测定方面的专家。但是普朗克和维恩不赞同斯塔克的看法，格丁根大学的名师阿诺·索末菲也责备他。第二年斯塔克放弃了对爱因斯坦光量子理论的支持。尽管美国的罗伯特·密立根用了两年时间做实验（1912～1914 年），最终证明爱因斯坦是正确的，而其实他当初做实验的动机只是为了证实爱因斯坦的说法是错误的。密立根武断地认为“光量子背后的物理理论完全站不住脚”，并说爱因斯坦可能自己都不相信这一点。直到 1920 年，尼尔斯·玻尔都对光量子理论半信半疑。普朗克因为爱因斯坦对他提出概念的大胆延伸深受困扰。1913 年，普朗克给普鲁士科学院写信提名爱因斯坦加入学会，在信中，他对这位年轻同仁给予了极高的评价，又补充说爱因斯坦对光量子的假设也不算什么要紧的错误，他这么说：爱因斯坦热衷于发现，必然要承担风险。

1911 年，第一届国际会议召开，计划在会上讨论量子力学，这是第一次著名的索尔维会议，普朗克又对此泼了冷水。一年后爱因斯坦给一位朋友写信：“量子力学越成功，看上去就越愚蠢。如果非物理学家能跟上这个奇怪学科的发展，他们不知道该怎么嘲笑它呢!”

1913 年，尼尔斯·玻尔的量子原子模型面世，正如我们所期待看到的一样，时机真是恰恰好。这一切都成了普朗克和爱因斯坦获得诺贝尔奖的直接推动力。

因为 1925 年至 1926 年的量子革命，普朗克奠定了物理学上永恒的地位。很长时间以来，他只不过是另外一个很出色的物理学家，于 1906 年第一次提名诺贝尔奖获得者，并且 1907 年又被提名了两次，尽管当时还没有人强调他的量子发现。在 1908 年时，他差点获得诺贝尔奖。当时，委员会投票给了普朗克，但是在掌握最终决定权的学院那里，一切都无济于事了。在学院里，不是物理学委员会成员的科学家或者说物理学家都可以为他们自己的候选人进行操纵。著名的瑞典数学家弗雷德霍尔姆，早先是支持普朗克的，现在称他的量子法则“很难说得过去”。两位委员会委员改变了他们的投票。另一些人拒绝为非实验家的理论家投票。普朗克和另外一个领先的名为威廉·维恩的候选人最终都黯然无缘奖项。那年的诺贝尔奖授予了法国的加布里埃尔·李普曼，因其改善了彩色摄影。

从1909年开始，普朗克总是会被提名，但从未得奖。到了1916年，普朗克的概念已被爱因斯坦、玻尔、古斯塔夫·赫兹和詹姆斯·弗兰克、彼得·德拜、玻恩等成功地采用——这些人都是后来的诺贝尔奖获得者。不过，诺贝尔评估委员仍旧认为，量子的概念并没有与“物理学中其他似乎非常完善的物理命题”相统一。然而，在1918年，很显然的是，奖项除非授予普朗克，否则两个尚在时刻准备着的重要人物爱因斯坦和玻尔便不能在以后获奖。普朗克在1919年终于赢得了前一年应得的诺贝尔奖。这为爱因斯坦扫清了道路。

1919年，普朗克为广义相对论而提名爱因斯坦，却徒劳无功。当年的诺贝尔奖由德国实验家约翰内斯·斯塔克获得，化学奖则颁给了弗里茨·哈伯。斯塔克是一个反犹太主义者，而哈伯是个犹太人。斯塔克也表示反感名气较大的普朗克和哈伯，而他们曾肩并肩地出现在斯德哥尔摩的舞台上。

关于爱因斯坦，依然流行的一个说法是，他是一个被误解和被忽视的天才。事实上，他的职业生涯是一个不平凡的成功故事。刚开始时，他的确没有引起人们的注意。1902年，刚获得博士学位的爱因斯坦在伯尔尼专利局找了一份工作为“临时技术专家，三级”，而在1906年，他就晋升到了二级。1907年，他申请成为伯尔尼大学的无薪讲师时被拒，这是一个不支付薪资，非终身聘任的职位：导师的酬金由选择其课程的学生的多少来决定。1908年，他再次申请而被接受。他在那里处在学术阶梯的最底层，最不为人所知，最不稳定的位置上。

然而就在第二年，爱因斯坦 30 岁时，苏黎世大学提供给他一个理论物理学副教授的职位（他接受了）。同年日内瓦大学授予他荣誉学位。1911 年，爱因斯坦被布拉格大学聘为教授，成为席位不多的欧洲顶尖科学界最年轻的成员之一，这是从 1911 年索尔维会议的邀请函中知道的。1912 年他去自己原来的大学——苏黎世理工学院担任教授。1913 年，他达到了这样一个高度：在柏林享有盛名的普鲁士大学担任教授，还不用承担任何教职。那时他才 34 岁。当时的学术界还相当保守，反犹太运动如火如荼，爱因斯坦的事业在当时的情况下却极速上升。

此时爱因斯坦的名望已如日中天，这可以从他被诺贝尔奖委员会的频繁提名看出来。早在 1910 年，他就获得了第一次提名，1912 年，又因为理论物理学获得第二次提名，1913 年、1914 年、1916 年……一直到 1922 年，他才终于获得了补发的 1921 年度的诺贝尔物理学奖。

诺贝尔奖评委会没有否认爱因斯坦的荣誉，但不同意授奖给他的相对论。关于他的引力理论，这不是源于要取消天体物理学获奖的决定——1923 年，天体物理学从诺贝尔物理学中取消。诺贝尔奖对理论物理陈旧的偏见是事实，狭义相对论的实验验证也是一个问题。1919 年，天体物理学家亚瑟·爱丁顿到一个远离西非的小岛探险，在日全食时进行测量，广义相对论似乎得到了论证。他的发现支持了爱因斯坦的假想，空间重力可以使太阳周围的光线弯曲。爱丁顿的报道使爱因斯坦成为举世瞩目的明星。1920 年，爱因斯坦因为相对论被洛伦兹、玻尔、卡末林·昂内斯、塞曼和其他人提名，阿列纽斯对他大加赞许。但是 1920 年的奖项授给了“计量学家”夏尔·纪尧姆，他 1989 年研制出了适用于制造计量基准器的镍钢合金。他管理位于塞夫勒的国际计量局整整 30 年，听说他获奖是因为诺贝尔奖评委会为了安慰一位快去世的同事。

1912 年，普朗克、爱丁顿再次提名爱因斯坦（“爱因斯坦与牛顿一样，远远超过同时代的人。"）提名他的还有法国著名的数学家雅克·阿达马。但委员会委员阿尔瓦·古尔斯特兰德（1911 年因几何光学获生理学奖）写了一份特别报告，声称反对爱因斯坦的相对论，认为那不值得颁发诺贝尔奖。他私下说，爱因斯坦永远都不应该获得诺贝尔奖。那一年的诺贝尔奖被"保留"了下来。

到 1922 年，爱因斯坦被提名的次数多达 50 次。大部分人都殷切期望他的相对论能获得诺贝尔奖。与之相比，他的其他贡献，诸如量子光电效应和布朗运动理论，则被人提及的少得多。法国的里昂·布里渊写道："想象一下，如果爱因斯坦没有出现在诺贝尔奖获奖名单中，那么，50 年以后大众的想法会是什么样子。"1922 年，曾是玻尔的学生的理论物理学家 C. W. 奥辛，写了一份精明的措辞来评估爱因斯坦，使他终于赢得了诺贝尔奖。由于诺贝尔奖评委会对相对论的反对声并无减少，奥辛建议，仅就爱因斯坦解释了光电效应的光量子假说来授予其诺贝尔奖。毕竟，密立根的实验已经证实了爱因斯坦的理论。

随着克劳福德和弗里德曼的证实，奥辛把爱因斯坦"理论"中的"法则"或方程进行分解，这成为爱因斯坦获奖的关键。奥辛起草了一份引文，上面写着"为光电效应法则的发现，因其使量子理论得到了一次充满活力的复兴。"在奥辛早期的草案里写着"理论"，而不是"法则"。他也放弃了早期的措辞"来自量子理论"。这些在措辞上的变化是精明的政治做法：与"理论"相比，"法则"更容易为那些"测量"物理学家所接受，并且关于量子物理学的新措辞，也把爱因斯坦的成就从普朗克那里分离出来。奥辛也一直在寻求合适的措辞，以帮助他的老师玻尔赢得 1922 年的诺贝尔奖。这种策略终于显现出了成效：爱因斯坦获得了 1921 年的诺贝尔奖，玻尔获得了 1922 年的奖项。

因此，虽然爱因斯坦没有因为他的相对论而获奖，但获奖确实是源于他对这一最具革命性的想法所进行的思考。

作为获奖者，爱因斯坦因此有提名的权利。他提名主要集中在 1923 年至 1931 年期间。其他许多物理学家提名得更加频繁。也许是由于爱因斯坦对 1925 年之后量子力学的怀疑态度和他后来对大统一理论的专注，使他在对新的工作做出判断时感到措手不及或不情愿。他最后的提名是博特和泡利，为他们 1924 年和 1925 年所做的工作。但他没有获得诺贝尔和平奖的提名。

尼尔斯·玻尔（1885～1962 年）获得诺贝尔奖所做的工作完成于 1913 年，是具有划时代意义的第一个关于量子基本定律的原子理论。它本身的局限性和可取性却带动了 1925 年至 1926 年的新的量子力学和其延至今日的支配地位。

玻尔出生于丹麦一个金融业家族，父亲是一名教授，母亲是犹太人，他在贵族和特权的环境中长大。在他成为第一个获得诺贝尔奖的丹麦人的前一年，政府给他建了一个理论物理研究所，全世界的物理学家蜂拥至此。后来，嘉士伯宫成为他和妻子以及整个大家族的家，这是民族的嘉奖。

但让每个人感触最深的还是玻尔的谦虚。崇拜和热爱玻尔的爱因斯坦说：“他表达观点时就像在永远摸索中，而不认为自己的观点就是一个明确的真理。”玻尔有一张朴素且严肃的脸，在一些照片中会让人误以为他迟钝或痴呆。不过，事实上，他一点都不迟钝或痴呆。爱因斯坦曾向这位朋友表达他的感激之情，他说，在有生之年能遇到玻尔这样的天才，实在太好了。卢瑟福也对这位杰出的理论家有深刻的印象。

当年轻的荷兰物理学家亚伯拉罕·派斯于 1946 年在哥本哈根开展研究时，玻尔把自己描述为一个“外行”。派斯非常吃惊地听到这样一个伟大科学家如是说，而玻尔在说这话时是非常严肃的：“他解释了自己是如何从一无所知的起点走近每一个新的问题。”

玻尔也许是20世纪物理学领域最伟大的先知和导师。爱因斯坦是一个天生独来独往的人：他喜欢自己工作而不喜欢教学。玻尔则享受无休止的、不由自主的且充满快乐的教学过程，并且在谈话中教学是最好不过了。他就像19世纪20年代和30年代才华横溢的年轻科学家的向导，他们来到哥本哈根聚集在他周围——之后的物理学家有海森伯和泡利、狄拉克，荷兰物理学家H. A. 克拉默斯和亨德里克·卡西米尔，俄罗斯诺贝尔物理学奖获得者列弗·朗道和乔治·伽莫夫，还有获得诺贝尔奖的化学家莱纳斯·鲍林和哈罗德·尤里，以及后来在分子生物学领域享有名气的德尔布吕克。玻尔会带着每个人去散步、远足、滑雪、骑摩托车——同时也总是在谈论物理学。当欧文·薛定谔于1926年发展量子理论时，玻尔邀请他到哥本哈根，让他住在自己家中，从薛定谔到达火车站就开始了讨论，一路未曾停歇。可怜的薛定谔，他可不习惯这种高强度的论战，回到屋子便一头倒在床上，筋疲力竭。维尔纳·海森伯也在场，说玻尔夫人一直给薛定谔端茶倒水，送上茶点，而玻尔就坐在床边对薛定谔诚恳地说：“但确实你要明白……”薛定谔惊讶于玻尔这样的一个大名人却是“相当谦虚谨慎，就像是一个神学士”。

第二代：1925～1950

物理……对我来说实在是太难，我宁可自己是个电影明星，或者做类似于演员之类的工作，只要让我别再听到物理这两个字！

——1925年5月在海森伯和薛定谔提出“新”量子力学之前，沃尔夫冈·泡利如是说

在这个时期，量子物理首次完全控制了诺贝尔奖，并一直保持。这份名

单从 20 世纪 20 年代的一些回顾奖开始，有佩兰、威尔逊、理查森。同时在此十年内，还颁发给对量子方面做出贡献的科学家如阿瑟·康普顿（1923 年）、詹姆斯·弗朗克和古斯塔夫·赫茨（1925 年），以及路易·德布罗意（1929 年）。20 世纪 30 年代这种趋势更加激烈。

欧洲物理和其他科学的主导地位以恩里科·费米 1938 年获奖而告终。诺贝尔颁奖盛典结束之后，费米和他的犹太妻子没有回法西斯意大利，那年刚实行了反犹太运动的法律，他们立刻前往美国。德国纳粹的统治将很多欧洲的优秀科学家驱逐出境。科学家的大量迁移，再加上 20 世纪 30 年代很多美国物理学派的出现，使得美国和世界上的其他国家出现了更多的诺贝尔奖得主。

第二代产生的神话无疑是理论物理学家，很多都是年轻奇才。1905 年，26 岁的爱因斯坦是个神话，到了 20 世纪 20 年代，年纪轻轻便享誉盛名的人就不足为奇了。泡利也是其中一员，他对新量子力学不屑一顾，嘲讽它为男孩物理学。海森伯和泡利分别在 24 岁和 25 岁完成了获得诺贝尔奖的工作，不过狄拉克是最早的。在他 23 岁时，狄拉克就独立地对海森伯的全新矩阵数学在数学上的意义作了阐明。26 岁时他把相对论以及反物质的观点引入到电子的量子理论中。31 岁时，他获得了诺贝尔奖。

领导人物，第二代

1922 年，格丁根邀请玻尔就他的原子理论作一系列讲座，这让人感到如此兴奋，后来便被称为玻尔节。时年 20 岁的在读研究生海森伯（1901～1976 年）参加了讲座并提出了其观点，如往常一样，他提出的观点使玻尔陷入深深的思考中。随后，著名的物理学家玻尔——他在这一年获得诺贝尔奖——当然是寻找到这个学生，和他一起散步、探讨。海森伯回忆正是这件事让他感觉到物理学获得了新生。玻尔对这名年轻的学生谈到那时物理学所面临的实际问题，并通过一些方式让他看到了一幅真正的物理学蓝图，而不仅仅是数学上的意义。玻尔成为他的良师益友，不过，第二次世界大战导致他们关系破裂，再没有重归于好，真是令人遗憾。

如果说玻尔是质朴无华的，马克斯·冯·劳厄则是一个非常呆板的普鲁士人——实际上，他确实是——而海森伯所表现出的一个健康、天真的农场男孩形象却非事实：他的父亲是慕尼黑的一名希腊文教授。年轻的维尔纳对理论物理学的痴迷几乎使他在博士入学考试中栽跟头。委员会成员包括威廉·维恩（1911 年诺贝尔物理学奖获得者），都因海森伯逃过实验室课程而被激怒。维尔纳决定提出一些实际问题，这些问题他曾在课堂中讨论过。某一类型望远镜的分辨能力是什么？海森伯没有答案。一个更简单的问题：蓄电池是如何工作的呢？同样，没有令人满意的答案。维尔纳本不想让海森伯通过考试，但是索末菲说服他让海森伯以 C 等级毕业。这是一个德国人的学术生涯的灾难性开始。那是 1923 年，海森伯时年 22 岁。到了 1925 年，海森伯已经创立了量子力学，并在 1927 年提出不确定性原理。在几乎被退学九年之后，他获得了诺贝尔奖。

玻尔在学术和个人方面成为了海森伯的导师和指路人。经常是这样的场景，有无数创意想法的海森伯又向玻尔提出了一个他的设想，玻尔仍是一贯的回答：“是的，是的，海森伯，但是……”海森伯事业上的另一个重要人物是和他同时代的沃尔夫冈·泡利：他们两人经常互通长信，商讨问题。

玻尔、海森伯和泡利在很多方面都构成一个完美的团队，每每都是大胆的设想与严谨的分析相结合，彼此之间毫无保留。他们必须这么合作。但是海森伯要比他的另外两个同伴敏感，有些情绪化。青春期发育较晚在某些程度上影响了他。即便是在写作博士论文时，他还一直是类似于漂鸟运动的德国青年运动的一名热血分子。运动中的青年们希望通过漫游，寻找尚未受到现代性侵染的民间文化中重构德意志民族的生活方式，以此建构出一种区别于“西方”社会模式的共同体。这里插述一个狄拉克讲的故事。1929 年，狄拉克和海森伯一起从圣弗朗西斯科出发，前往日本旅行，他们爬上一座高塔顶部的平台，平台用石栏杆围了起来。海森伯爬过石栏杆，狄拉克说：“他站在那里，完全没有支撑，站在 6 英寸左右高的石雕台上，一点也不害怕这样的高度，他就站在那儿欣赏风景……我都感到很紧张，要是刮来一阵风，很可能就要发生悲剧。”1927 年玻尔说海森伯新提出的一个不确定的命题还存在一些问题，要延迟发表，海森伯放声大哭，他还是发表了论文。

在希特勒当政期间，海森伯的政治立场渐渐不那么坚定，一直延续到他的余生。希特勒 1933 年执政，开始驱逐犹太学者，海森伯的三个亲密合作伙伴中，两个是半犹太人（玻尔、泡利），一个是犹太人（马克斯·玻恩，格丁根大学教授）。玻尔和泡利离开了德国，玻恩 1933 年突然被解除了教授职务，同年海森伯因为前一年的工作获得了诺贝尔奖，他决定留在德国。

战争期间，海森伯成为德国原子弹计划的负责人，成为奥本海默的盟友。1935 年至 1945 年期间海森伯所做或未做的事情仍是个谜。许多人说海森伯竭尽全力想要制造原子弹，以使德国不被蒙羞或抹掉。海森伯说，他知道他的国家没有足够的资源构建它，只不过误导当局。1940 年，德国军队占领了丹麦，并顺理成章地接管了玻尔研究所。海森伯在 1942 年到哥本哈根做了一个简短的访问。他和玻尔关于他们谈话所做的记录并不相符。海森伯声称，他试图向玻尔解释，德国绝不会制造炸弹。而玻尔的版本则不同：根据海森伯所说的德国没有制造炸弹的能力可知，他肯定没有尝试说服美国人放弃制造炸弹。

在纳粹期间，海森伯的日子并不好过。为洁净德国灵魂所做的努力意味着摒弃相对论及“犹太”物理学的其他理论。刚开始，海森伯坚持教学但被指责为“白色犹太人。”海森伯做出的妥协是，继续教相对论但从来不提爱因斯坦，甚至不称这个理论为相对论。海森伯抵抗着不断的攻击。曾经一度，他也采取过进攻，要求海因里希·希姆莱完完全全地还他名声上的清白。海森伯的父母和希姆莱的父母在慕尼黑时是相熟的朋友，所以海森伯的要求对于希姆莱来讲还是有压力的。希姆莱的母亲极其天真地谈起她带有无情无义的杀气的儿子：“海森伯太太，您认为我的小海因里希没有走在正确的道路上吗？”

战争结束后，海森伯和玻尔言归于好，却未重新燃起旧时的温暖和信任。由于这一切，海森伯的科学天赋中带有使人们想起玻尔与爱因斯坦的大胆的创意和精辟的见解。无法与之相比的狄拉克，曾向海森伯为前路扫清了障碍而致敬，因为没有人可以做得到，即使狄拉克自己这样的人：“我认为如果不是海森伯，我永远不会在研究原子理论方面取得进展。我是如此青睐玻尔轨道。只有完全不同的一种才智才能够打破刚刚建立的玻尔轨道理论。”

薛定谔（1887～1961 年）是这些奇才中年龄最大的一个。他做出自己了不起的贡献时已 37 岁。他博士学位的取得还要追溯到 1910 年，事实上他应该属于一战前的那一代，那个年代确实与 20 世纪 20 年代，令人困扰的战后世界有很大不同。薛定谔总是带有“老”维也纳人的一些特点，虽然没有激情和感性，但仍然有着巨大的个人魅力，这使人难以把他与狄拉克、泡利或者海森伯联系在一起。

薛定谔的才华足以使他稳步地获得教授职位，但是他没有真正卓越的成就可以为他的声望加分。后来，人到中年时，灵感暴发。1923 年，法国理论家德布罗意提出，粒子可能会像波一样运动。爱因斯坦赞扬了其洞察力，但它仍然是一个“质”的理论。1926 年，薛定谔做出了非常细致的研究工作。

他带着他年轻的情妇（他已经结婚了，但他的感情生活是很复杂的）到阿尔卑斯山度圣诞假期。在这样难以集中精力进行抽象思维的情境中，薛定谔想出了一篇论文，这篇论文是他在1926年初发表的4篇成果非凡的论文中的其中一篇。其中包括他的波动方程，是在现代物理学中最有名的方程之一。这个方程给出了电子的“波函数”，后来又从电子延伸到质子，甚至夸克。这是一个万能方程，它可能是在现代物理学史中被引用最多的一个方程。

后来发生的事困扰着薛定谔：他真的希望脱离出原子的量子观点，却发现自己置身其中。他在激烈的反对中度过了自己的余生。他再也没有完成过与之相媲美的另一个发现。他不停地搬到各个国家。他的书《什么是生命?》（1944）启发了许多年轻的科学家转换到分子生物学领域，由此造就了DNA的发现。和爱因斯坦一样，他开始试图寻找一个大统一理论。曾经，他一度宣布找到了这样的一个理论，但他只是直接向记者宣布并没有在科学期刊上宣布。尽管他们非常相似，这是除了爱因斯坦，谁也想不到的理论，他两年没有写信给薛定谔。

也许这只是薛定谔取得的其中一个伟大的胜利，因为他感兴趣的东西太多了，包括女人和爱情。他内心里也许更像是一个哲学家和浪漫的叛逆者而不是一个物理学家。狄拉克曾这样描述他，背着一个塞得满满的背包，看起来像流浪汉似地来参加一个重要会议。波恩直言不讳地反对他的观点并且和他辩论了一辈子，此外，他也被玻恩称为所见过的最有趣的人。

保罗·阿德里安·莫里斯·狄拉克（1902～1984年）出生于英国，他的法国名字是他从瑞士移民到法国的父亲起的。狄拉克的许多独特个性也与父亲的专制有关。老狄拉克要求在用餐时只可以讲法语。他的英国妻子不会法语，所以她和另外两个不会说法语的孩子只能在厨房吃饭。狄拉克的父亲认为自己的儿子应该学习法语，因此保罗与他一起吃饭。因为他不会用法语表达自己的想法："对于我来说，不说话也要比说英语好得多，所以我很早就养成了非常沉默的性格。"这种性格伴随了他的一生。狄拉克的法语后来讲得很好，还成为了一位优秀的英语文体学家，但是他的异常缄默也是有名的。他缺乏正常的社交生活，正如一个孩子写的故事中说，一次聚会上，他看着海森伯与漂亮姑娘们跳舞。"海森伯，你为什么跳舞？""哦，她们都是些漂亮姑娘。"海森伯回答。几分钟之后狄拉克又问："你在跳舞之前怎么知道她们很漂亮呢？"还有一次，一位法国科学家来英国拜访狄拉克，英语说得结结巴巴，狄拉克只是有礼貌地听着，一言不发。狄拉克的一个妹妹进来和他用法语说话，狄拉克也用法语回答。这位法国科学家大发雷霆："你怎么不告诉我你会说法语？"狄拉克说："你没有问我。"显然，狄拉克的表现让人不知所措。当他 1933 年获得诺贝尔奖时，伦敦一份报纸的头条称他为"一个害怕所有女人的天才"，又空洞地描述他"如小羚羊般害羞怕人，像维多利亚时代的女仆般谨慎胆小"，这些评价都不真实。

他将罕见的数学天赋用于物理，小说家 G. P. 斯诺曾师从于他，说狄拉克是唯一一个在数学领域也相当精湛的物理学家，所有理论物理学家都或多或少有一定的数学天赋，但是玻尔就认为要是遇上太抽象的数学，他就搞不清了。爱因斯坦需要专业的数学家协助研究，他是个天才，但不能称作"数学家"。

而狄拉克则是在这两块领域都表现出了过人的天赋，他曾说："我做的大量工作都是在研究方程式，看它们如何演变。"1925 年，狄拉克读了海森伯关于新量子力学的第一篇论文。文中用到了复杂难懂的矩阵数学表格，以及由矩形阵列组成的符号。当时只有 23 岁的狄拉克迅速用另外一种简明清晰的方法重组了方程式。格丁根大学的教授马克斯·玻恩曾帮助海森伯完成了用传统方法提出的理论，他谈起自己读到狄拉克出乎意料之外的那篇论文时的震撼：

> 我清晰地记得——这是我科学生涯中最大的惊喜之一。我此前从没有听过狄拉克这个名字，这是一个相当年轻的作者，然而他的研究令人赞叹不已。

狄拉克另外一个伟大的贡献，是 1927 年量子电动力学的首次创立。但他最著名的成就应该是在 1928 年，他提出了一个电子运动的相对论性量子力学方程，即狄拉克方程。狄拉克方程首次将相对论与电子量子理论相结合，这是著名的薛定谔方程所没能做到的。它解释了新近发现的“自旋”现象，给出了正确的磁矩。此外，它是第一个预测到粒子存在的理论——还有什么是粒子！它是正电子，带正电荷的电子。1932 年粒子的发现首次证实了反物质的存在。

1932 年狄拉克成为剑桥大学的卢卡斯数学教授，获得此席位的还有牛顿和现在的史蒂芬·霍金。1933 年他与薛定谔共同获得诺贝尔奖。一开始狄拉克想拒绝奖项，因为这大大扰乱了他的工作。卢瑟福劝说他，拒绝领奖只会吸引更多关注，招致更多麻烦。狄拉克最终接受了奖项，但是拒绝邀请父亲前去参加颁奖仪式，他带上了妈妈。获奖之后，狄拉克就有了随时提名新诺贝尔奖候选人的权利，他的传记作家赫尔奇·克劳写道，就他所知道的，狄拉克没有提名任何人。

狄拉克用数学的美感作为钥匙打开物理现实之门，他是在这方面贡献最多的伟大的现代物理学家。但是大家总是过于强调这一点，他杰出的物理直觉反倒被淡化了。

关于第二代的伟大物理学家，最后要说的是恩里科·费米（1901～1954年），新一代物理学家又开始涌现出来了。费米与泡利、狄拉克和海森伯是完全同时代的人，也是一个天才。不过他的主要工作完成于 20 世纪 30 年代早期，而那几个人完成于 20 年代中期。更多是因为他在意大利，而不是他的自身原因。德国、英国和法国在 20 世纪 20 年代时都已经有了悠久和强大的科学传统，意大利没有，虽然意大利杰出的数学家层出不穷。是费米在他的祖国建立起现代物理学。他周围有一群优秀的年轻物理学家，包括埃米里奥·塞格雷（1959 年诺贝尔奖得主）。他们都亲切地发自内心地称呼费米为“教皇”，因为他看上去似乎永远不会犯错。后来他的美国同事们也都这么称呼他，基于同样的原因。他极少犯错，经常有着惊人的预见力。

但是来自一个缺乏尖端物理学研究的边缘城市就意味着无法向玻尔或卢瑟福这样的一流物理学家学习。因此年轻的费米选择了出国，他第一站来到了格丁根。不知为何，一开始他并未给玻恩留下足够深刻的印象，或是被看作海森伯—泡利—玻尔这些人的一部分。费米第一次怀疑自己是不是足够出色。幸运的是，他又去了莱顿，与奥地利荷兰理论家保罗·埃伦费斯特交谈，埃伦费斯特（1880～1933 年）从未获得过诺贝尔奖，也没有什么突出发现，但爱因斯坦及其他轻易不表扬别人的人却对他评价极高。埃伦费斯特能敏锐地发现卓越的品质，他确信费米具有这种品质。

费米没有让他失望。比他年轻的同事塞格雷说到年轻时的费米曾编写一本教材《原子物理学概论》，他没有查阅任何参考书，用铅笔就写完了手稿，都没有用到橡皮。这本书被接受并顺利出版。看上去有些逞能，但也反映了一件事：费米超乎常人的清晰思维。这的确是事实，我们可以用一个词来描述他：阿波罗神（与酒神相对）。他总是镇定、沉着，头脑清晰，个性鲜明。即使在其他人感到惊慌的时候，费米总是最冷静最专注的。有一个有名的故事，1942 年，当费米在芝加哥大学的老体育场监督建造世界上第一座可控核反应堆时，在场的一些著名科学家都担心失控连锁反应或是空欢喜一场。而费米开始启动反应堆时，做了一番心算，将用于停止反应的杆重新插了一下，就平静地带大家去吃午饭了。过了一会儿，又重新回来开始工作。

费米的自制力是个传奇，他 53 岁死于癌症，与病魔做斗争的日子里一个老朋友来拜访他，和别人一样，问他治疗情况怎样了。费米这么年轻就得了绝症，听到这话应该会有些生气或悲伤，然而他只是从医疗科学的角度做了回答，说了他与不可思议的困难是如何抗争的。事实如此。

费米因为中子研究，“费米－狄拉克数据”（1926 年各自单独发现），以及发现弱作用力——自然界中以前未被人发现的一种力而出名。物理学家们一直对他充满敬意。以他名字命名的有费米实验室、费米子（费米系统的粒子）、费米（一种长度单位）、费米能级（固体中的能量测量）、镄（一种放射性元素）、费米奖，可能还有其他没被注意到的等。

新量子理论问世

普朗克、爱因斯坦和玻尔刚获得诺贝尔奖，他们就立马开始了对“旧”量子理论的首创研究工作。

一方面，正如泡利在本书 149 页的引文中所感叹的，量子物理学开始变得无序。物质是粒子还是波呢？1923 年，美国芝加哥大学的实验者阿瑟·康普顿论证 X 射线的形式是粒子，而不是波。但是同年又出现了一个完全相悖的论证。法国理论物理学家路易·德布罗意王子（这个头衔可以追溯到 18 世纪，他们家族被封为公爵时间更久）提出一个设想，将量子物理学变成一项让人喜忧参半的研究。德布罗意说，如果光波能像粒子一样运动——他想到了爱因斯坦的光量子理论和康普顿对此的证实——那么粒子或许也能像光波一样运动。

玻尔 1913 年围绕核旋转的量子化电子的原子模型也越来越被认为需要改进。他按照围绕太阳的行星轨道设计了一个电子轨道模型。看到这个模型会让人感到视觉上的冲击——因为没有证据表明这种轨道是存在的——它成为原子的一个流行标志。只有通过与太阳系对比才能想象它的存在。对于年轻的海森伯来说没法接受。随意将牛顿学说与量子规则混淆的旧时代已经被摈弃了。

诺贝尔奖

1925 年，24 岁的海森伯是这么做的：任何无法观察到的仅凭想象信以为真的东西都要放弃。现在对于亚原子深处的情况，我们只能依靠仪器向我们的眼睛所报告的结果。为此，海森伯临时创造了一个不太好用的数学法则，后来，玻恩把它归类为“矩阵”。新的理论使许多人既兴奋又困惑，但至少它可以被应用在氢原子方面，最简单的一个原子（只有一个电子和一个质子）。

6 个月后，即 1926 年 1 月，薛定谔同样雄心勃勃地提出了波动力学理论。薛定谔摒弃了粒子，而是称“物质波”会激增，相互融合，相互抵消，从而产生“波包”或节点，其中的电子或静止或移动，并且这些“波包”或节点由电子构成。这既令人兴奋，也令人困惑。电子如何能像波一样传播并且仍然是一个可衡量的实体？这些波来自哪里？尽管有如此疑问，薛定谔方程同样很好地用在了氢原子上。与海森伯的新矩阵数学不同，薛定谔优雅地使用微分方程，这种方式是所有物理学家都想得到开发的。

这两种理论很快就被证明在数学上是等效的，虽然解释起来仍是剑拔弩张。海森伯憎恶薛定谔关于电子实际上是波的言论：“太可怕了”、“我越思考它，似乎越令人恶心”。薛定谔则憎恶海森伯仅仅运用可衡量的观测值：“如果不互相斥责，我会很沮丧。”事实上，他们私下里十分友好，他们的分歧是关于真理的一场战争。海森伯真的发起了一场改革，试图从原子领域中拔掉经典物理学根叶。反过来，薛定谔的反改革则试图撤消“该死的量子跳跃”并重新回到经典理论的“持续”确定性。

唉，可怜的薛定谔，他发表新理论的话音刚落，就遭到了当头一击。玻恩提出，波动力学不是薛定谔所声称的对物质本身的描述，而是表明粒子存在于哪里的一个数学方法——“波”给出了一个“概率分布”，即电子出现的平均概率。薛定谔进行了反驳，不过非但没有取代量子理论，他发现自己本身也被吞没其中。薛定谔雄心勃勃的理论在反对者的理论中被减少到只有一个方程——也许是最有价值的方程。不过，如果说是什么使量子力学以数学的方式得以维系，那就是薛定谔最得意的法宝。

奥森，诺贝尔物理学委员会中在理论方面的权威人士，却对新的量子理论无动于衷。不出所料，1923 年至 1928 年的获奖者都是实验家——米利根、卡尔·曼尼塞班、弗兰克和赫兹、佩林、康普顿和 C. T. R. 威尔森、欧文·理查森。德布罗意，第一个获奖的“新”量子理论家（1929 年），之所以能获奖，是因为 1927 年戴维逊和汤姆孙给予了他的理论强有力的实验支持，他们于 1937 年共同获得诺贝尔奖。

对海森伯和薛定谔的提名从 1926 年开始，以后每年都会得到提名。直到 1930 年，新的量子革命再也不能置之于不顾。不过 1930 年奖项仍然是颁给了非量子实验家，印度的物理学家 C.V. 拉曼——首位西方国家以外的物理学奖得主。1931 年和 1932 年的诺贝尔物理学奖没有颁发，也许是委员会太纠结或者不情愿吧。到了 1933 年，海森伯和薛定谔两个人都被提名了 25 次。终于，在这一年，委员会补发了 1932 年的奖项给海森伯，理由是其提出的理论，不过，为了安慰实验派，给出的另一个理由是因为“发现了氢的同素异形体”，此外，狄拉克和薛定谔共享了 1933 年的诺贝尔奖。

狄拉克在 1933 年共享诺贝尔奖是比较快的。因为从 1930 年至 1933 年，薛定谔和海森伯平均每个人约有 10 个提名，而狄拉克在 1933 年仅有两个提名。诺贝尔评估员奥辛说狄拉克的成果并不是首创的，它主要依赖于海森伯成果。伟大的科学家诸如爱因斯坦、玻尔、普朗克、卢瑟福都没有提名狄拉克。也许，狄拉克关于反物质的惊人预测，颠覆了他们关于物质的既有的根深蒂固的直觉。如果是这样，那么狄拉克又扮演了一次提出曾为人所耻的光量子理论的年轻爱因斯坦。狄拉克本人也在使自己相信反物质的存在上面犹像。同时代的费米和沃尔夫冈·泡利也持有怀疑的态度。后来在 1932 年 9 月，卡尔·安德森发现了正电子。不过，即便如此，狄拉克还是分享了 1933 年的诺贝尔奖，只是因为他获得了难得一见的会议全体的投票。

下一个获得诺贝尔奖的的量子理论家则没能出现在 20 世纪 20 年代这样的黄金年代，而是出现在十二年之后，即 1945 年：沃尔夫冈·泡利于 1925 年提出了重要的不相容原理。

第三、四代：1950 年至今

从 1950 年开始，诺贝尔奖评审团超越过去。奖项颁给了 53 年前就已经做出成果的来自前希特勒德国的马克斯·玻恩、瓦尔特·博特和恩斯特·鲁斯卡、英国的约翰·科克罗夫特、E. T. S. 沃尔顿和内维尔·莫特、苏联的帕维尔·切连科夫、伊戈尔·塔姆和伊利亚·弗兰克、美国的尤金·魏格纳、汉斯·贝特、约翰·范弗莱克、S. 钱德拉塞卡、威廉·福勒和弗雷德里克·莱因斯等等。由于新的发展进步，昔日成果都值得获奖，如范弗莱克和魏格纳、钱德拉塞卡、鲁斯卡、莱因斯获得了很久以前就实至名归的奖项。

陈旧的成果之所以能获奖，看起来不像是因为，现今诺贝尔奖水准的成果不足。事实上，许多新的且重要的成果源源不断。从 1950 年到 1980 年，在原子内运行的力量——强电、弱电以及电磁——最后都得以解释，后两者结合在一起形成弱电力：迈向大统一理论的第一步，或许不一定是。量子电动力学（OED）的问题得以解决或者说至少得到了控制。针对 1950 年以来，加速器中冒出的令人费解的多种“物质”粒子，在 20 世纪 60 年代，夸克理论对其进行了分类，并且出现了基本粒子的标准模型。同时，新的专业领域在诺贝尔奖的榜单上变得更加突出，例如令人震惊的超导现象和超流现象。

新旧问题的解决

1909 年著名物理学家卢瑟福发现了原子核，开创了核子物理学。他把射线射向原子，等待着（或者说精明地，或许也没有）这些射线会穿过原子。1936 年，他回忆道：

> 这是我一生中所见到的最令人难以置信的事。这件事如此令人难以置信，就好像你向一张薄纸发射了一个 15 英寸的炮弹，它弹了回来打到了自己。

在那之后的每一步研究中，都发现原子核比想象的要复杂得多。

1932 年以前，原子似乎是一个简单的东西：原子核中有一个质子（带正电），在其周围晃动的是电子（带负电）。直到 1932 年，这个家族变成了原来的两倍之大，并且也不再是那么简单。查德威克在 1932 年发现了新增的中子，卡尔·安德森 1932 年发现了狄拉克预测的特殊物质，正电子。还有 1932 年泡利假定存在的更加特殊的物质，微中子，以及汤川在 1936 年预测的介子。对于原子这么小的物体，这简直是人口激增。

在这之上，20 世纪 30 年代原子能的发现也是不断涌现。新近发明的加速器以及其他技术帮助科学家更精准地测定原子核。1934 年，约里奥—居里夫妇通过将原子核与氦原子核分开发现了人工放射性。同年，费米发现“慢”中子轰击更为有效。（中子是电中性的——由此得名——这样就能避开原子核的电栅栏并将其分裂。慢中子更容易被原子核吸收。费米通过石蜡或水使中子变“慢”。他在罗马有一个金鱼缸，用来做了最初的一些实验。）1939 年，哈恩和麦特纳发现了裂变。

30 年代不像 20 年代中期那样成果丰硕，但也有着相当多的发现。下面这份简表概述了30年代的一些主要科学进展和奖项。

1931年　尤里发现了“重氢”同位素氘（获1934年化学奖）

1932年　卡尔·安德森发现了电子的反粒子——正电子（1936年获奖）

查德威克发现了中子，原子核内的二级粒子（1935年获奖）

科克罗夫特和沃尔顿首次使用加速器分裂原子核（1951年获奖）

E. O. 劳伦斯发明了回旋加速器（1939年获奖）

1933年　费米提出β衰变，原子核的弱作用力（未获奖）

1934年　费米使用“慢”中子来轰炸原子核（1938年获奖）

约里奥—居里夫妇发现了人工放射性（获1935年化学奖）

1935年　汤川对原子核的强作用力做了假定，与一种叫作“介子”的新粒子联系起来（1949年获奖）

1936年　卡尔·安德森发现了介子（未获奖）

尤金·魏格纳提出短程核力将质子和中子结合起来（1963年获奖）

1937年　I. I. 拉比使用射频信号改变原子的旋转方向，精确地测量核自旋和磁力（1944年获奖）

1938年　汉斯·贝特阐述了产生太阳能的原子核反应（获1967年化学奖）

1939年　奥托·哈恩爆破了铀核，产生两个初始各有一半能量的原子核（获1944年化学奖）

1940年　麦克米伦、阿贝尔森和西博格，通过轰炸产生超铀元素镎，然后是钚（麦克米伦和西博格获1951年化学奖）

要不是这些迅速发展的丰富发现，原子弹就不会在1945年被那么快地制造出来。制造原子弹没有获奖，也不值得获奖。

原子核的三种模型出现了。在1936年至1937年期间，玻尔设计出了一种较重，因此不稳定的原子核模型，这种原子核像一粒液滴，逐渐膨胀，最后破裂开来。这对原子弹来说非常重要，但是太过静态，不能够诠释能级的反复运动。1948 年，玛丽亚·格佩特梅耶和 J. H. D. 杰森通过独立提议进行了阐释，正如环绕原子核运动的能级里的电子簇一样，原子核包括自身的“轨道”系统或由质子和中子形成的外壳。它们由在一个极其广阔的空间里的一系列数字构成，一直被称作幻数。1950 年，詹姆斯·雷恩沃特、以及后来的奥格·玻尔（尼尔斯的儿子）和本·莫特森，创造出一种“集合型”的模型，包括了外壳和液滴模型。他们共同获得了 1975 年的诺贝尔奖。历史学家克拉格指出，这是在核子物理方面的最后一个奖项，因此该领域的“古典时代”在 1960 年左右结束。

到了 1958 年，鲁道夫·穆斯堡尔发现，如果光子是从原子核中发出的，原子核就具有了反冲力。通过缜密的研究，穆斯堡尔将两种核能源移到一起，改变了发射频率，这样一来就能够测定核能级的变化了。穆斯堡尔与斯坦福大学的罗伯特·霍夫斯塔特共享了 1961 年诺贝尔奖，通过测量电子因原子核如何偏离来确定其原子核自身的形状、大小和密度。当然，这些了不起的发现的其中之一是，他测得了原子核外层的厚度（2.44×10^{-13} cm）并且认为原子核粒子中可能有其他的物质，预言这个物质便是夸克。这一切似乎距离对 1909 年卢瑟福发现原子核所持有的一致且愚钝的争论已有几光年。

原子核中的力量

原子有如此强大的力量，以至于它们的内聚力也是如此惊人。众所周知，两个正电荷互相排斥：原子核中的质子带正电，因此互相排斥以使原子核破裂。带有负电的电子同样应该是远离彼此来崩解原子以及所有的物质。与此不同的是，放射性元素如铀，极其不稳定：它们的原子核自发衰变，释放出强烈的放射性粒子。

力——许多物理学家现在更喜欢“作用力”这个词——在原子中使其破裂。到 1932 年，人们只知道两种力量：引力和电磁力。引力当然是最为人所熟知的力量，其唯一的作用就是“吸引”，约束着恒星与银河系，行星和太阳系，苹果、月球、人类和地球。但是在亚原子层级上，其作用似乎太微乎其微。电磁力更早为人们所知——比如磁铁中所产生的力或者摩擦琥珀会产生静电。在法拉第和麦克斯韦的研究后，人们明白了电和磁存在于同一现象中而光是一种电磁波。

从 20 世纪 30 年代开始，人们了解到自然界中的另外两种力量存在于原子核内。“强”作用力使原子核内部稳定，把其各个组成部分紧紧地绑在一起，因此，只有最强烈的撞击才可以将它们分开。另一方面，“弱”的作用力，有时候作用于帮助不稳定因素消除多余的能量，有时候则在铀自动发出射线中起作用。幸运的是，强作用力要比弱作用力的能量大很多。在原子核内部，至少是勇者（强作用力）掌控权利，并且维护着所有原子的稳定与安宁。

这些力量在作用强度和作用范围方面极为不同。电磁力比引力强了近四十个数量级。在原子核内部，强作用力占上风，比电磁力要强大 137 倍。而弱作用力，要 1 万亿倍弱于强作用力。至今没有人想出引力怎样置于量子环境中。事实上，曾经唯一被人们所熟知的引力，其本身已成为最神秘的力量。

发现这些力的关键——除了引力——是对自然界中存在两类粒子的发现。一类是“载体”或作用性粒子，如光子，它产生的力量使“构成基本成分”的粒子紧紧结合在一起，比如电子和质子。概括地讲，现在一般把能量的载体归类为“玻色子”，把物质组成部分称为“费米子”。

1927 年，狄拉克开始探究电磁的量子化，但直到 1950 年才取得进展。1932 年费米提出的弱作用力，直到 1980 年才为人们所承认。汤川 1935 年预言原子核中的强作用力存在于被称作介子的粒子中，直到 1980 年才得以阐释清楚。

量子电动力学：麦克斯韦重探

这是二战结束后，粒子物理学的第一次重大成功。理查德·费恩曼曾经说过，如果有人还记得几百年前的 19 世纪的话，那不会是因为某个短暂的事件，比如美国南北战争，而是由于詹姆斯·克拉克·麦克斯韦曾生活在那个时代。费曼也许是正确的。麦克斯韦的理论（1865 年）表明，在众多物质中，电和磁是彼此的一部分，因此，会有“电磁力”。此外，也表明，包括光在内的所有通过频谱的频率都是电磁波。并且这个理论还提出了关于场的想法，在场中存在并产生每一个有能量的粒子。那么，很显然，直到量子电动力学理论的出现——作为一个无所不包的场理论——原子物理学的中心才被开了一个缺口。

但是麦克斯韦理论是一个经典理论，与日常世界息息相关。所有要建构量子费米理论所做的努力都失败了。这个计算无穷无尽，就好像电子有无限的能量，而这很明显不可能。没有人能解答这个难题，量子物理学似乎永远没有连贯性，20 世纪 30 年代的几位伟大的物理学家——狄拉克、海森伯、泡利、奥本海默、朗道——都为此感到头疼。量子物理学可能还要来一场革命。

1945 年之后，物理学家又开始从事研究工作，量子电动力学成为他们的第一关注点。还没有出现另一个麦克斯韦，但是有其他 4 位物理学家做了该研究：理查德·费恩曼、朱利安·施温格、日本的朝永振一郎和弗里曼·戴森。前 3 个人独立解决了主要问题。戴森证明了他们 3 个人的理论价值是等同的。

1947 年哥伦比亚大学的威利斯·兰姆所做的一个实验促使了这些新理论

的验证。许多物理学家将他排在最后，例如能主导整个物理学界的理论学家和实验科学大师费米。兰姆的实验在物理学界引发了一场大震荡，因为他的实验数据对狄拉克 1928 年提出的关于电子的方程式提出了质疑——狄拉克的方程式当时被人尊为圣典。兰姆的“位移”是在氢光谱的两个能级之间，狄拉克方程式没有指出位移存在。兰姆发现狄拉克的数据错了 0.033 厘米$^{-1}$。它表明广为人们接受的电子理论是错误的——最后还提出了解决方法。

一个简短附记能够帮助看到为什么电子理论如此重要，为什么兰姆对于狄拉克方程式的一个小小纠正如此重要，这么快就使他获得了诺贝尔奖——费恩曼、施温格和朝永振一郎都是在他之后获奖。在日常世界，我们看到一块石头或一个番茄，然后知道它们的属性。在量子能级方面，物理学家必须朝相反方向研究，从属性研究到物体研究。努力想象一个东西是粒子还是波，是一个点还是一块斑，我们面前没有具体的“物体”。所幸有些属性是连贯的，能够被测量出来。因此，如果对质量、轨道矩、自旋和磁力的测量能够确定，这一定是电子。的确，这种测量就是所谓的“电子”。就如量子物理学的其他发现一样，电子包也令人惊讶。在 20 世纪 90 年代早期，人们发现电子的电荷能够分成几部分，任何理论都没法完全解释该现象（见下面的量子霍尔理论）。

所有电子都是完全相同的。这使得在测量电子时需要极度的精确——1912 年罗伯特·密立根将它的电荷确定为 $4.77 \pm 0.009 \times 10^{-10}$ 静电单位，用现在的符号表示，即 1.6×10^{-19} C。电子发现得这么早，测量这么精确，并且对于原子的研究工作意义重大，成为测量其他粒子的基准。

诺贝尔奖还奖励了描绘出电子形状的人。电子围绕原子核转动，具有磁性。1920 年，法兰克福大学的奥托·施特恩首次测量了磁矩（一个美妙的香水的名字，物理学家杰勒密·伯恩斯坦如是说）。施特恩发现这种磁性遵循了量子法则。普通袖珍罗盘的磁性可以向北、向南、向任何方向，但在量子条件下，只能指向两个方向之一。拉比公布了这个发现，获得了 1944 年的诺贝尔奖。费利克斯·布洛赫和爱德华·珀塞尔完善了拉比的方法，共同获得 1952 年的诺贝尔奖。1947 年，波利卡普·库施——拉比在哥伦比亚大学的研究小组成员之一，指出狄拉克方程式也没有给出一个电子磁矩的足够精确的测量方法——这是另一个解决量子电动力学的重要线索。

但是电子依然每秒几百万次的频率自旋（想象一个疯狂旋转的陀螺）。1925 年 2 个年轻荷兰物理学家塞缪尔·高德斯密特和乔治·乌伦贝克发现了这种类型的“自旋”，内禀角动量。他们完全有资格获得诺贝尔奖，但是没有。电子自旋就像是在围绕着原子核转动。自旋总是量子化的。电子自旋只发生在固定能级中，通过半个单位，以许多旋转运动来表示。粒子自旋可以是 1/2、3/2、1 或 0 等。但如果电子也可以是一种扩散波，一种成扇状分叉的一组概率，这种旋转怎样才能整齐地分开呢？这些困惑亟待解答。

这些问题都在 20 世纪 20 年代后期得到了解答。1928 年，狄拉克利用他精湛的数学能力和物理天赋建立了著名的有关电子理论的狄拉克方程。狄拉克方程式将当时对于电子的所有了解联结了起来。磁矩、质量、电子、自旋及其波动性。狭义相对论是如何与之相关的。它甚至还解释了“精细结构”（紧靠光谱的线，反映能级的转变）。“自旋”不仅是个有趣现象，还是区分电子的标识。所有一切都在为真正的量子电动力学理论做好了准备——除了计算还是无穷无尽，进展停滞不前。

一个大问题就是，所谓的电子固有能被认为是电子存在于海洋般的虚粒子这种说法当中。在这种条件下，狄拉克 1927 年提出，光量子的数量可以无穷尽。一个月后，海森伯提出了不确定性原理，由此打开了现实中潘多拉的盒子。按照不确定性原理，哪儿有未检测到的物质，哪儿就有未检测到的能量：粒子的寿命有时非常短暂，会被科学家忽略掉或检测不到。因此可能有数万亿的光子或电子挤在一起，尽管没有看到。

然而，1947 年，兰姆对于整个问题给出了更精确的数据。使得“重整”成为可能。解决方法从广泛的角度进行考虑，是将电子最初的自身能量分离出来，然后再进行“重整”。他提出了一种方式，可以使计算中的有限部分得以保存，同时计算不再无穷化。兰姆对之进行了微小的处理。费恩曼的时空路径概念解释了兰姆位移。美国人施温格 1949 年提出“重正化方法”，不仅算出电子的反常磁矩，而且可依据一套数学模型，表达新的量子电动力学。

量子电动力学一旦重正化，可以精确到小数位数第 10 位或 11 位，它被称为物理学历史上最成功的精确理论。但“重整”是不是一个形式主义的花招？费恩曼半开玩笑半认真地说，他和他的同事只是“把问题扫到地毯下掩盖起来”。戴森说费恩曼和施温格的量子电动力学理论“本质上不过是对 1928 年的狄拉克方程式的阐释”。他们还是没有触及狄拉克的基本概念，“只是加上了新的数学花招”。狄拉克一直持怀疑态度。1984 年，他去世的那一年，他宣布量子电动力学不是基于严格的数学，而是“一套规则”。对狄拉克来说，这是一个毁灭性的判断。

尼尔斯·玻尔对此也表示怀疑，以色列粒子物理学家杜瓦尔·尼尔曼说，费恩曼、施温格和朝永振一郎早就应该获奖，但是玻尔对重正化的否定态度使得诺贝尔奖评委会迟迟做不了决定。直到 1962 年玻尔去世之后，奖项才在 1965 年姗姗来迟。

兰姆记得，在实验之后，他第二天早上醒来，想着他做了什么，认为这个实验具有获得诺贝尔奖的价值，事实证明他是对的。他与波利卡普·库施共同获得了 1955 年的诺贝尔物理学奖。

费恩曼、施温格和朝永振一郎共同获得了 1965 年的诺贝尔奖，没有弗里曼·戴森。他证明了这 3 个理论从根本上来说得出的都是相同的结果。要么是诺贝尔评委会认为这不重要，否则，为什么其他 3 个人获奖了，而忽略了戴森。但是物理学家西尔万·施韦伯说，戴森应该获得诺贝尔奖的。

> 我不是要抹杀朝永振一郎的成就……但是 1947 年到 1959 年期间物理学界的发展若是没有他，也不会有什么不同。然而，若是缺了戴森，就不会有后来的发展。

强作用力

1929 年，年轻的海森伯去日本做讲座，一位比他还年轻的名叫汤川秀树的物理学家来听他的报告。汤川那时 22 岁，是日本物理学家小组的一名成员，几年之后，日本的物理学从停滞不前到走向世界前沿，汤川做出了极大的贡献。

1932 年，海森伯将强作用力想象为在质子和中子间来回穿梭的信使粒，将这些核粒子聚到一起，就像运动员踢球时，球从这边传到那边，令人目不暇接。但是强作用力和信使粒还没有经过实验论证。汤川读了海森伯的论文，得到了灵感，再加上受了费米的启发（见接下来的“弱作用力”）。他认为信使粒一定非常大，大到能够影响那么多的质子和中子，同时也应该很小，可以灵活运动——要比质子小 10 倍，比电子大 200 倍，因此叫作“中子”。最后被命名为“介子”（汤川想要叫它 U 粒子，奥本海默曾提议叫“育空”，还好没被采纳）。

从没有人知道有这样大小的粒子。汤川认为这有可能是在强烈的宇宙射线中出现的。“在所有可能的业界中”，杰里米·伯恩斯坦写道：“人们可能想象，汤川的论文会被广泛阅读，因此激发了他在宇宙射线中寻找介子。”事情当然不会是那样的。1936 年卡尔·安德森“偶然”发现了第一个介子(正电子也是被“偶然”发现的)，那时，他正在探究宇宙射线。

在下一个 10 年中——伴随着战争的干预——这介子被认为证实了汤川的强作用力理论。不过，第二次世界大战期间的各项实验也证明了安德森所提出的特殊介子与原子核之间并没有相互作用力。让人吃惊的是，这些实验是在战时的罗马完成的，所用的实验设备可以在任何黑市上买到。实验者是皮乔尼、M. 孔韦尔西，E. 潘西尼，他们在 1947 年公开了他们的发现。但是他们并没有因为这些重要的实验而获奖——从来没有人会因为证明一个未经证实的理论错了而获奖。

1947 年，汤川的想法得以保留，当时由英国的塞西尔·鲍威尔领导的调查小组，使用精致的摄影感光乳剂，发现了另一个介子，π 介子的存在。这确实是汤川所说的介子。安德森说错了的那一个更名为 μ 介子（π 介子现在缩写为 π，μ 介子缩写为 μ）。因为这次证实，汤川在 1949 年获得诺贝尔奖，而鲍威尔于 1950 年获奖。

当夸克理论出现在 20 世纪 70 年代时，人们用量子色动力学理论来研究强作用力。

弱作用力

与此同时，在 1933 年至 1934 年期间，费米提出了关于弱作用力的理论，来分析具有放射性的 β 射线。这是他作为一个理论物理学家的重大成就。由于 β 射线由带有电子的原子放射出来，许多人认为电子一定是原子核的一部分。否则，它们还会从哪里出来呢？费米坚决持不同意见：“在 β 射线被放射出来之前，电子不在原子核内；在放射之后，它们才出现。”电子不会存在于原子核内，因为在“中子到质子的每一次转换中，都会出现一个伴随着一个中微子的电子”。

这是费米的一贯风格。一边将惊人的事实解释清楚，一边从实用主义出发，说追问电子在哪儿是没有意义的，根本不存在电子。

50 多年之后，费米的出发点才被理解。人们向来认为物理学是属于有着无限灵感天才的神圣殿堂，而解释弱作用力的长久努力——从 1934 年到 1983 年——消除了这种浪漫遐想。在 1950 年到 1972 年期间，派斯记载，有来自 50 个国家的作者写了关于弱作用力的文章：1000 篇实验性论文，3500 篇理论性论文，100 篇综述。

费米的理论还预测了“中微子”是和电子一起被创造出来的。物理学家研究这些困惑就好似在茫茫大海中游泳，从一处游到另外一处，希望能够偶遇一块登陆处。中微子是个鲜明的例子。1931 年，沃尔夫冈·泡利设想出了中微子，解释了 β 衰变中为何一部分能量会从原子核中消失。假定一个未知粒子要比放弃伟大的能量守恒定律要好很多，玻尔甚至也这么想，将之作为解释困惑的一条出路。

和泡利一样，费米也用中微子来解释其中一部分能量都去了哪儿，使能量守恒仍然成立。“中微子”的名字是费米发明的。当时泡利将这种粒子命名为“中子”，但是在查德威克 1932 年发现了一种不同的中子之后，费米将泡利的“中子”正名为“中微子”。在意大利语中就是“小中子”的意思。中微子有着重大的意义——只是这一对于弱作用力至关重要的证明仅存在于理论家的想象当中。它可能是宇宙中已知的最难以捉摸的粒子。中微子个头小，不带电，可自由穿过地球，几乎不与任何物质发生作用，号称宇宙间的“隐身人”。这是因为它没有“静止”质量或电荷，尽管最近的一些研究有了不同的发现。它以接近光速运动，使得它无法被任何能量捕获，除非能量的运动速度比光速更快。

诺贝尔奖

直到 1956 年，美国物理学家弗雷德里克·莱因斯和克莱德·科温才确定探测到了第一个中微子。他们立即给泡利发去贺电，泡利早在 25 年前就在做这项研究了。

1962 年时，利昂·M. 莱德曼、梅尔文·施瓦茨和杰克·施泰因贝格尔，通过首次检测 μ 子中微子的相互作用观察到不止一种中微子。这项成果使他们获得了 1988 年诺贝尔物理学奖。中微子被称为电子中微子。莱因斯和科恩的中微子成为 μ 子中微子。莱因斯等到 1995 年才获得奖项，尽管他和科恩首先发现了中微子。不幸的是，科恩在获奖之前就去世了。

弱电统一理论：第一个统一的理论——和对称性原理

大统一理论，像爱因斯坦整整研究了 30 年的那一个，被所有物理学家视为圣杯。结合了弱力和电磁力的弱电，是在那个方向上迈向成功的第一步。任何统一理论所面临的挑战是能够融合那些看起来不相似甚至完全相对的事物。电磁力的范围是如此之大，它可以穿越宇宙并慢慢消失。弱力是如此之短的范围，它仅仅横跨微小的原子核，消失的速度比数字还快。尽管如此，到了 20 世纪 70 年代，弱力和电磁力还是在高能量方面统一了起来。它们被发现原来是一种单一力量的两个方面，因此只能够通过彼此互相得以解释。1979 年，这一首个统一量子理论使几位物理学家共享了诺贝尔奖，他们是谢尔顿·格拉肖、哈佛大学的史蒂芬·温伯格和在伦敦做研究的巴基斯坦人萨拉姆。1984 年，两名实验家，卡罗·鲁比亚和西蒙·德尔米尔共享诺贝尔奖，因为他们在前一年发现了证明这个理论的证据。但是，许多其他使这次理论统一成为可能的实验学家和物理学家中，很少有获得诺贝尔奖的。

这一统一理论对过去 30 年中的一个重要概念，对称性原理来讲是一次成功。镜像的反射就是一个典型的例子：当一个人拥有一个页面的镜像，左右反转，尽管转换但“节省”相同的配置。因此，变换就彼此相等。当这一现象被颠覆时——因为磁、电的影响，或者振动的干扰，或者另一个粒子的影响——物理学家说，对称性被打破了。对所谓的原始对称的偏离出现了。从理论上说，所有的现存物质都存在于一种或另一种被破坏了的对称当中，只不过是以一种有序的方式进行。所以我们说，自然加强了这种非对称选择。那么物理学家一定会发现是什么样的力量场造成了这个现象。如果统一存在过，那么也许在理论上，就可以通过方程来揭示这种统一——至少，希望大统一论者如此。

原来的对称性依然存在，只不过被不对称的方式所掩盖了，这种不对称的方式使原来单一的力现在看起来像两个不同且独立的力——即弱力和电磁力。谢尔顿·格拉肖在 1960 年左右而史蒂文·温伯格和萨拉姆也分别在 1967 年至 1968 年期间各自预测“对称性的自发破缺”将产生两个重“载体”粒子，分别是 W 和 Z 玻色子。但如何把质量巨大的玻色子和弱作用力中质量微小的电磁光子结合在一起呢？

再一次，在量子电动力学中，无穷大这个怪物，实际上扼杀了在 1967 年到 1971 年期间提出的观点。一个非常奇怪的情况。正如克瑞斯和曼所说的那样：

> 温伯格和萨拉姆要求［物理］学会相信弱相互作用是基于杨–米尔斯从未被人理解的对称论，力是由三个矢量玻色子带来的，这也从未被观察到。这些玻色子与光子形成了一个整体，在某种程度上，这些可被重正化。

然而，最终还是起作用了。荷兰的研究生，赫拉尔杜斯特·霍夫特，说明了如何重新规范这一理论。正如一个物理学家所说的那样：“霍夫特的吻把温伯格的青蛙变成了一个被施了魔法的王子。”W 和 Z 玻色子最终通过实验于 1983 年被发现。不过，五年前，确凿的证据就已在手，因为弱电理论，温伯格、萨拉姆和格拉肖于 1979 年共享了诺贝尔奖。霍夫特和他的合作者马丁努斯 J. G. 教授共同获得了 1999 年的诺贝尔奖。

诺贝尔评审员通常不会在确定证据前就颁发奖项。而预言总是让人感到有前途、有希望的。于是，1956 年出现了最重要的预言：由华裔美国理论学家杨振宁和李政道发现的“宇称不守恒”。在物理学中，其中一种守恒就是之前所提到的镜像。在镜子中，左右的对调的，自然界中也是如此。因此，守恒就是“保守”。但在 1956 年，李政道和杨振宁发现弱力宇称守恒从来没有被证明过。物理学家们只是觉得会不言自明的。不过，实验表明，在弱力中宇称确实不守恒。费恩曼以 50 对 1 打赌宇称不守恒不可能发生，泡利则大吃一惊：“我不能相信，上帝是一个虚弱的左撇子。”李政道和杨振宁共同获得了 1957 年的诺贝尔奖。所有证实了李－杨预测的实验者都被诺贝尔评审员忽略了。6 年后，也就是 1963 年，美国人詹姆斯·克罗宁和瓦尔惠发现了其他宇称不守恒，并共享了 1980 年的诺贝尔奖。

在 10 年左右的时间里，人们对弱力和电磁力有了进一步的理解：在能量低时，它们反应不同，但在能量高时，它们的表现一样——因此，可以预见它们使用了同类型相互作用的粒子。在经过几次失误，诸多的争吵后以及在很多宝贵理论的引导下，卢比亚和他的团队在 1983 年发现了这些粒子，下面我们将会讲述这些。

物质粒子：加速器和其他武器

自 1950 年以来，超高能量设备遭到攻击，加速器时代渐入佳境，由此导致一连串的新粒子的发现。一个发现可以带来些许顿悟，那么许许多多的发现则使人目眩。彼时，就有数以百计的新粒子被发现——有人把它称为一个“动物园”。把它们进行排序和筛选，并且归类为三个基本类型是夸克理论的一大贡献。所有粒子的“标准模型”也随之出现了。

进入 20 世纪 30 年代，一些了不起的成就的取得仍然是由一些随便将就的设备为主导——检流计、线圈、电流表和电压表，还有用于产生动力的蓄电池。但是，探测更小的粒子或反物质，虚光子和其他的物质颗粒需要能量，这些能量可以在其控制范围内把粒子全部粉碎掉，只不过是以极快的速度——能量必须等于或超过目标粒子的质量。

1932 年，首个运行的加速器由英国实验家克罗夫特和沃尔顿（卢瑟福的弟子）设计完成。他们的设备加速了氢原子核（质子）通过 50 万伏的电场，把锂和氢转换成氦。他们首次利用高耗能设备分裂了原子。几个月后，在伯克利分校，欧内斯特·O. 劳伦斯的回旋加速器——环形而不是直线形——开始进行研究。他的第一个模型大约 4 英寸宽。不久后，它的磁铁重达 80 吨。他不断地建立新的模型，而且都是越来越大，越来越重。他在电压方面得到了很好的结果，同时也得到了相应的荣誉。1939 年，劳伦斯获得了诺贝尔奖；虽然科克罗夫特和沃尔顿明显时间上是在先的，但是他们仍旧等到 1951 年才获得了奖项。

从那时起，加速器就成了可怕的昂贵比赛，轨道、环形或直线形——1983 年，费米造出的环周长 4 英里——挤满了数以千计的探测器，有电子的、感光的等来记录每个实验每一瞬间。

美国的诺贝尔奖获得者莱昂莱德曼，在谈起他不寻常的涉猎广泛的实验生涯时，给出了一段生动的描述：

我的实验工作使我接触到了这些加速器：尼维斯同步回旋加速器；布鲁克海文国家实验室里的高能同步稳相加速器和备用梯度同步加速器；伯克利质子加速器和普林斯顿—宾夕法尼亚的同步加速器；欧洲核子研究委员会的超级对撞机，质子同步加速器和交叉储存环机，费米实验室的4000亿电子伏特加速器，以及康奈尔大学的正负电子对撞机。

当然，他还必须学会使用多种探测器：

……从威尔逊云室开始，到用于摄影的核乳胶，利用扩散云室的进步，到闪烁计数器的小型排列，然后是火花室，铅玻璃高解析度契伦科夫计数器，闪烁描迹仪，以及最后日益复杂的多丝正比室排列，环成像和闪烁计数器。

自劳伦斯和克罗夫特以及沃尔顿之后，再没有其他诺贝尔奖获得者因设计加速器而获奖。然而，有6个奖项被授予了对探测器的发明，也许是因为探测器由会探测的人所设计，而庞大的新型加速器只要不断扩大就好了：布鲁克海文国家实验室邻近纽约，杜布纳在俄罗斯，欧洲核子研究委员会邻近日内瓦。到1952年，布鲁克海文国家实验室的机器的电压达到了30多亿伏；20世纪80年代，首次达到万亿伏级是由费米实验室的万亿电子伏特加速器完成的。

早期的加速器使一个运动的粒子和一个静止的粒子进行对撞。但是，正如两辆速度极快的汽车相撞要比其中一辆汽车静止时相撞造成的破坏力更大，粒子也是如此。自20世纪60年代以来，“撞机”（或“储存环加速器”）就是基于此原理运行。质子、中微子、电子，或其他任何可作为子弹的粒子都以极快的速度向粒子发射。

刚开始的检测器像其他的桌面设备一样。1913年，卢瑟福实验室的汉斯·盖格厌倦了人工观测闪烁次数，于是他发明了著名的盖格计数器（未获诺贝尔奖）。1911年，C. T. R. 威尔逊发明了云室，这是一种更好的检测设备，利用纯净的蒸气绝热膨胀，温度降低达到过饱和状态，这时带电粒子射入，在经过的路径产生离子，过饱和气以离子为核心凝结成小液滴，从而显示出粒子的径迹，可通过照相拍摄下来。1927 年，他与另外一位科学家共同获得了当年的诺贝尔物理学奖。

几十年来云室一直是主流的重要检测仪器，英国物理学家 P. M. S. 布莱克特 1932 年对之加以改进，于 1948 年获得诺贝尔奖，获奖理由中提及了这个贡献。卢瑟福称之为“研究历史上最独创最出色的仪器”。但是使用起来比较棘手，莱德曼说它“更具生物特性而非物理性”，“受制于种种阻碍以及磁道畸变”。布莱克特说“要使它运行，你得在大斋节的周五晚上站在电线杆上发射”。

最终，高能使得它被废弃。光在 10 亿分之一秒就可行进 12 英寸，并可以由质子在 10 亿分之一秒的 10 亿分之一的时间内加速飞驰而过。撞击次数让人目瞪口呆，经常是每秒 100 万次。所有这些都要被计算机和人眼记录下来并详细观察。

1952 年气泡室被发明，这项成果得到了两个诺贝尔奖。密歇根大学的唐纳德·格拉泽因发明气泡室得到了 1960 年的诺贝尔物理奖。气泡室运作的原理通常是将一个放满液体的容器加热接近沸点，而当带电粒子经过时就加热液体而产生气泡，它的轨迹就会形成一连串的气泡。回旋加速器的资深研究者，劳伦斯伯克利实验室的路易斯·阿尔瓦雷茨，因为极大改进和增大了气泡室获得了 1968 年的诺贝尔奖。格拉泽的第一个模型出现 10 年之后，气泡室的体积就膨胀了 100 万倍。10 年之后，它在欧洲核子研究委员会一个名叫加尔加梅勒的高能研究中心增长了 1200 万倍。1958 年，苏联物理学家帕维尔·切伦科夫与他人共同获得了诺贝尔奖，部分原因是因为设计出了精确的高速粒子计数器。20 世纪 60 年代，法国物理学家乔治·夏帕克发明了“丝室”探测器，为 1970 年之后的探测实验多了一个选择。粒子穿过丝室，使气体离子化，移动至与计算机系统相连的丝。丝探测器让计算机能够记录并进行快速精确的转换。夏帕克的探测器在弱电子理论发现 W 和 Z 玻色子的过程中非常重要。夏帕克独自获得了 1992 年的诺贝尔物理学奖。

夸克：重新分类所有粒子

20 世纪 50 年代以来，被新加速器（“粒子工厂”）大量炮制出来的几百个新粒子迅速销声匿迹。但是，尽管寿命如此短暂，它们还是显示出了非常不同的属性。这使得它们以特别的类型进行分组——重核子、K 介子、超子、Σ 正负粒子，xi 粒子。有些名字非常古怪，现在已经不再使用了，例如，某些强核力产生的粒子衰变的速度要比预期的慢 1 亿倍，很是奇怪。因此它们就被称为奇异粒子，随后被归为夸克类别。

显然，一些重大的新分类原则类似于 19 世纪中期门捷列夫的元素周期表。但是这些粒子怎样与门捷列夫的元素对应呢？创立一个成功的理论一定会产生许多诺贝尔奖。

美国理论学家默里·盖尔曼堪称领路人。1953 年，盖尔曼 24 岁时，就用一个概念解释了“奇异现象”。1961 年，他根据内部对称原理将粒子重新分类。同一时间，以色列物理学家尤瓦尔·尼尔曼独立发现了相同的方案。盖尔曼将他的分类命名为八重法，源自一句佛语。盖尔曼和尼尔曼预测了欧米加—负粒子，之前这是一种未知粒子，1964 年，布鲁克海文实验室一个由 30 多名物理学家组成的研究小组从 100000 张照片中的某一张里发现了该粒子。这个实验没有人获得诺贝尔奖。1984 年出现了改进的加速器，同样的实验产生了不止一张，而是 100000 张欧米加—负粒子的照片。

盖尔曼获得了 1969 年的诺贝尔物理学奖，尼尔曼却被忽略掉了。

1964 年夸克出现了，由盖尔曼和乔治·茨威格各自独立提出。（人们希望）自然是简单的，夸克理论也是这么个切入点。它假定组成物质基础部件的几百个粒子可以分为两种基本粒子——一种类似于没有内部结构的电子，另一种是有内部结构的夸克，类似质子。盖尔曼和茨威格均未因夸克而获得诺贝尔奖。因为，盖尔曼刚刚获得了奖而评审团认为茨威格所做的贡献还不足以获奖。

盖尔曼一直喜欢使用俏皮的术语，这就是为什么他对“八重法”的改善被称为夸克（茨威格称它们为埃斯）。盖尔曼从乔伊斯的《芬尼根守灵》中借用了他的术语——的确，《芬尼根守灵》中不停地出现双关语，如果盖尔曼只是在 1926 年左右看了乔伊斯的早期手稿，那么，大部分量子物理学的术语可能来源于此。盖尔曼和其他夸克理论学家后来发明的其他一些术语——“口味”，“色彩”，“魅力”，“美”——所显现出的美感和味觉要多于其实用性。

人们未曾见过单一的夸克。关于一个自由夸克的想法似乎是自相矛盾的。似是而非的效应——技术术语是“渐近自由”——监禁着他们：夸克越是努力彼此分开，他们这样做的机会就越少。这是一个夸克永远也赢不了的游戏。离得越远，越需要更多的能量挣脱。然而，随着能量的延展发生了突变，它会产生一对夸克和相应的反夸克；这四个夸克存在于原来一个夸克所在的区域。

奇怪的是，实验证明，夸克总是成对的。如果有一个夸克“向上”，那么就会有一个“向下”。如果一个有“魅力”，那么另外一个就很“奇怪”。如果一个在“底部”，那么另一个就在“顶部”。这些名字一点都不像物理学中的。完整的理论似乎是本轮的中世纪计划，极为错综复杂，根据不同的电荷，原子核中含有质子和中子的多少以及夸克的重量，夸克被归为不同的“代”或“家庭”。

如前所述，夸克理论也从根本上重新描述了强作用力。不像汤川的介子，把质子和中子粘在一起，现在有8种不同的“胶子”（毫无疑问）把夸克粘起来。从夸克的谈话中，可知胶子是有“色”的。这涉及一个深奥的概念，就是当其他类似于光子的“载体”粒子无法担负所载粒子的质量时，胶子可以做到。关于这一复杂概念，在以量子电动力学（QED）为基础的量子色动力学（QCD）中有详细的论述。不过，还是有持异议者存在。

夸克理论显示出了其预测能力。5个夸克已被确认，那么很有可能存在第六个。这是至关重要的，因为根据夸克理论，自然界要求事物是成对的：一定有第六个或者“顶部”夸克来平衡第五个或“底部”夸克。1994年，拥有439名物理学家的费米实验室团队发现了有可能是“顶部”夸克的粒子。

这是非常了不起的：顶部夸克的寿命是1万亿的万亿分之一秒。

因为顶部夸克而赢得诺贝尔奖也许是最后一次，当然，除非，发现更多的夸克和“味”。物理学家们对此有了分歧。其中一个不满就是“标准模型”实在太复杂，不平衡，甚至乱糟糟的。18个夸克——或者说36个，因为每一个夸克还包括一个反夸克。十12个轻子——组成普通物质，如电子的粒子。力——弱作用力、强作用力或核力、电磁力——由3个矢量玻色子、光子和8个胶子传输。这一切似乎有点凌乱（自然应该是简单的）。1995年，一个团队发现了有可能证明夸克中存在粒子的证据。1997年，期望已久的消息传来，“轻子夸克”可能已经被发现了。如果是这样，这将是第一个既为“物质”粒子又是“载体”粒子的粒子——一个雌雄同体的粒子。如果是真的，它可能会使已有的夸克理论和“标准模型”瞬间遭到淘汰。

夸克理论在斯德哥尔摩获得了极大的成就——不过理论学家没有。盖尔曼在1969年没有因夸克而获奖，在当时，夸克仍然被看作主要是一个数学配件，而不是一个物理事实。其他后来的理论学家都获得了诺贝尔评委会的认可。

随着几个诺贝尔奖均被颁发给了美国人，实验家的工作更出色了。布鲁克海文国家实验室的丁肇中和斯坦福大学的伯顿·里克特因为独立地发现了“魅力”夸克之一的 J/psi 的粒子，共享了 1976 年的诺贝尔奖。莱昂·莱德曼共享了 1988 的诺贝尔奖，部分原因是因为，他率领了一个在费米实验室的团队，在 1962 年发现了第二个中微子。1990 年的奖由杰罗姆·弗里德曼，亨利·肯德尔和理查德·泰勒共同获得，因为 1967 年至 1973 年之间做的实验，证实了原子核内的“点状”实体，这是对夸克理论的重要支撑。

超导性、超流性

从 1950 年左右开始，凝聚态物理学的新领域赢得了多个奖项。与粒子相反，其焦点主要集中在以气体、液体、无定形固体和等离子的形式存在的物质，以及它们在极低的温度下如何相互转化。

1940 年之前，凝聚态物理学一直是一个凌乱不堪甚至是没有地位的枝节领域。泡利——1926 年时还被称作固态物理领域的领头人——把它称为“污垢物理”。这在过去的几十年里发生了巨大的变化；低温物理学在当今物理学领域中处于领先地位，诺贝尔奖项中也能反映出这一点。

我们知道，第二个最简单的元素氦，只有 2 个质子，2 个电子，2 个中子，一个“巨大”的元素，如铀只有 92 个质子和 146 个中子。而任何凝聚态物质通常都包含 10 个百万的 6 次方个原子或分子。由于粒子物理学，从前未知的物质形态已被揭露——给出了所研究现象的尺宽——甚至可以使难以想象的小尺度粒子及日常尺度物体两者的第一量子理论建立起来。

凝聚态物理两个单独的分支。一个是超导性，在接近绝对零度的低温环境下，电阻大幅下降。甚至没有了电阻的金属，可以抵抗地心引力并且在空气中漂浮。开始这一切研究的实验家是荷兰莱顿大学的教授海克·卡末林·昂内斯。他在 1908 年，时年 53 岁时完成了他突破性的实验。一个秃顶的粗壮男人，留着海象胡子，面色红润，他看上去像一个富足的啤酒酿造商。而他的实验室确实也被戏称为一个酿酒厂，里面有贮水池、泵、冷却管和制冷设备。

他开始尽可能地把温度往下降，直至逼近开氏温标上的绝对零度位置。摄氏温度和华氏温度不能够如此方便测量，因为他们的零度是冷热之间的一个中间位置。在开氏温标中，最低就是零度——你只能向上测量。1908 年，卡末林·昂内斯把温度降到了 1.7K，并第一个液化了氦。他在 1909 年把温度降到了 1.38K，并于次年达到 1.04K。到了 1999 年，已达到绝对零度以上的 170 亿分之一度。

1911 年他发现了超导性，汞、铅和锡丝的电阻几乎都完全消失了。1913 年，他获得了诺贝尔奖。现有的理论都不能解释或预测他的发现，没有里程碑式的发现。很显然在经典热力学中没有一席之地，那时的量子理论也帮不上忙。在前量子理论中，金属是个好的电导体，被认为包括携带电荷的“自由”电子。1925 年，泡利的排他原理完全重新解释了原子的电子排列，科学家也开始对此重新思考。在泡利称为“住房计划”的设想中，在电子到达更高一级时首先必须充满较低的能级。在极度的低温下，充满最低的能级，温度太低，无法注入任何能量，也就到不了上一级。阿诺·索末菲 1927 年形象地比喻道，在能级上找不到点的电子就相当于“失去家园的人”。它们发生了些什么呢？

现在说说美国理论学家约翰·巴丁，他两度获得诺贝尔奖桂冠，但是大众对他知之甚少。他因发现晶体管效应共同获得了第一次诺贝尔奖，这是固体物理学首次大受欢迎的成功。1945 年，战争刚刚结束，巴丁被贝尔电话公司聘用。巴丁、威廉·肖克利和沃尔特·布喇顿希望发现一种真空管——老电子管的替代品——能够更有效地接收微弱信号并将之强化。硅作为制造晶体管的一种元素，是固态家族的一名成员。它在低温下担当绝缘体角色，在高温下又变成一个好的导体——但是，它既不这样，又不那样，因此它是“半导体”。1947 年，晶体管为电子设备小型化打开了闸门。1954 年计算机工业开始使用硅片，1985 年，首次能在一张电子芯片上复制 100 万个元件。巴丁和他的合作者们共同获得了 1956 年的诺贝尔奖。

那时巴丁去了伊利诺伊大学，和另外两名合作者研究超导电性，一个叫利昂·库珀，是名博士后，另一个是名叫约翰·施里弗的研究生。在最简化的形式中，巴丁–库珀–施里弗理论（BCS）开始于一种格构结构，它的规则性使得分析简单，正如早期的 X 射线研究者劳厄和布拉格父子所发现的那样。进一步想象一下，金属的晶格在每根横木上通过原子聚集在一起，但是每个原子都失去了一个电子。那些自由电子四处飘荡，化为气体。因为晶格带正电荷，电子带负电荷，产生了牵引力，使得晶格发生震动，反过来影响到其他电子——但总是成对的。这是利昂·库珀的发现，半导体性不仅通过单个电子，还要通过这些成对的结合体来实现。现在，当通电时，这些对就开始冲破所有阻碍，向电流的方向流动。BCS 理论于 1957 年提出，1972 年，巴丁、库珀和施里弗共同获得了诺贝尔奖。很快出现了超导磁体，这对于 MRI（磁共振成像）的医疗技术非常重要。有个宏伟的但最后未实施的建造一个 60 亿美金的高能量 SSC 的计划，就将字母 S（超导）放在最前面：SSC 超导超级对撞机。

20 世纪 60 年代，贝尔实验室的菲利普·安德森和英国理论学家内维尔·莫特研究发现了非晶形固体（其中的原子不按照一定空间顺序排列的固体，与晶体相对应）中的自由电子能有着固定位置——普通玻璃是一个惊人例子。他们因开启了磁无序的固态机制领域共同获得了 1977 年的诺贝尔奖。其诺贝尔奖共同得主是约翰·范弗莱克——该领域的早期理论学家。

超流态是凝聚态物理学的另一个重要分支，1938 年才被苏联实验者彼得·卡皮查发现。20 世纪 20 年代到 30 年代期间，卡皮查离开苏联，成为卢瑟福的得力助手之一。苏联政府急于要他回国振兴苏联物理，给他提供了一个很好的职位，为进一步说服他，创造条件让卡皮查继续原来的研究，苏联政府甚至把剑桥的整个实验室设备买了下来，用船运送到莫斯科。1935 年，卡皮查接受了苏联政府的邀请，回国了——从此他再也没能离开。

1938 年，卡皮查试图理解最新荷兰研究者实验的一些结果，荷兰长期以来在低温物理学方面占据主导地位。液氦冷却产生了一些奇妙的物理现象。当温度下降到 4.2K 时，氦气如预料中变为沸腾的液体。然而奇怪的是，温度继续向下降，沸腾就停止了，同时，氦变为两种不同的液体，暂且称它们为温度在 2.2K 以上的液氦 1 和温度在 2.2K 以下的液氦 2。还有一个奇怪的结果：液氦 2 的导热性比最好的金属导体，比如铜还要强几百倍。

卡皮查重复了一遍荷兰科学家的实验，发现了超流体。他发现当液氦温度降到接近零度时就失去了一切摩擦力，能够滑过垂直的墙壁，在看上去严严实实的密封层中自由流动。显然氦失去了所有黏度——液体内部的移动阻力（蜂蜜就是一种典型的黏性物质）。液氦的黏性只有氢气的万分之一。然而，用普通方式测量，氦的黏性似乎是常态的。

那时列夫·朗道是苏联最伟大的理论物理学家，也是世界上最著名的物理学家之一。在 20 世纪 30 年代早期，他向玻尔、海森伯和泡利学习，然后回到哈尔科夫，建立了一个伟大的物理学学派。1937 年，卡皮查将他带到莫斯科。但是在斯大林的统治之下，什么事情都是见怪不怪了。1938 年，朗道被当作德国间谍被捕，在牢里坐了一年。卡皮查直接向斯大林提出抗议，他的名望最终使牢里的朗道放了出来。1945 年，在美国建造了第一颗原子弹之后，斯大林将卡皮查软禁了 8 年之久。

出狱之后，朗道开始研究液氦 2 之谜。通常对这两种神秘液氦的解释是一些原子的量子态与其他原子不同，这些原子就构成了液氦 2。朗道得出的理论是液氦 1 和液氦 2 其实是一样的。当加热时，热能以量子声波（声子）的形式穿过冷却的液氦，类似于光子的电磁振荡。还有“旋子”，量子旋转波。在 1K 以下温度中做的实验证实了朗道的理论中关于超流态的解释。它验证了一些已知结果，解释了黏性之谜，并预测了两种不同的声波，一种是常见类型的，另一种是“温度”波。

朗道由于他的超流体理论获得 1962 年的诺贝尔奖，但是他从未去过斯德哥尔摩。同年的早些时候，他出了一次严重的交通事故，后来又活了 6 年多，无法继续工作，于 1968 年去世，享年 61 岁。卡皮查因为发现超流体获得 1978 年诺贝尔奖桂冠。大卫·李、道格拉斯·奥谢罗夫和罗伯特·理查德森共同获得了 1996 年诺贝尔奖，以表彰他们 1971 年对氦 3 超流性的发现。他们发现氦同位素 3 在 0.0027K、0.0021K 和 0.0018K 温度下有三个不同阶段（从正常到超流体）。

1957 年，理查德·费恩曼生动地描述了超导性和超流态的魅力。它们就像“两座被包围的城市……完全被知识所包围，而它们自己则保持独立，无懈可击”。费恩曼自己很快承认了失败。液体、固体和气体之间是如何互相转换的，这看上去是个很简单的问题，在极端低温的条件下却变得极其复杂。两位美国理论学家在此问题上取得了进展，获得了诺贝尔奖：一位是拉斯·昂萨格（1968 年化学奖），另外一位是肯尼斯·威尔什（1982 年物理奖）。

该领域还有实验者因研究三种主要现象获奖。隧道效应令人称奇，一股电流通过隧道效应穿过一个障碍物，如幽灵一般，因为（按照量子力学）人们无法准确预测单个电子的方位。实际上，这意味着至少有部分粒子会在障碍的另一边出现。1960 年，在通用电气实验室工作的伊瓦尔·贾埃弗发现，超导电子有足够的额外能量来实现这样一种隧道效应。1965 年前后，IBM 实验室的日本物理学家江崎玲于奈证明，相似现象也存在于半导体“超晶格”中——许多晶格构成一个晶体。1962 年，威尔士物理学家布赖恩·约瑟夫森做了进一步研究：他发现在粒子穿过隧道时，会留下一串可以被记录和测量的磁性痕迹。他们三个人共同获得了 1973 年的诺贝尔奖。

他们的研究成果使得扫描式隧道显微镜成功被发明，扫描隧道显微镜的问世，使人类第一次能够实时地观察到原子在物质表面的排列状态和与表面电子行为有关的物理化学性质。它由 IBM 苏黎士研究实验室的海因里希·罗雷尔和格尔德·宾宁于 1978 年研究发明，因此获得了 1986 年的诺贝尔奖。该实验室还有格奥尔格·贝德诺尔茨和 K. A. 穆勒共同获得了 1987 年的诺贝尔物理学奖。他们没有研究趋向绝对零度的超导现象，而是反向而行，看绝对零度之上超导性消失之前的各种可能。研究无阻“室温”能量发现了非常重要的结果。他们将温度提高到接近 35K，过去从来没人做到过，这回算是超过了。

实验者发现的第二种现象是量子霍尔效应，是根据 1879 年发现它的美国物理学家霍尔的名字来命名的。此外，它能够帮助测量半导体中的电阻。1980 年，克劳斯·冯·克利青用硅晶体管做了一个实验，在实验中，电子被分往两个方向。利用强磁场以及降到接近绝对零度的低温，阻力降低，然后趋平，然后再次降低，再趋平，如此继续。测量结果与普朗克电子电荷平方的常数比例完全吻合。克利青发现了关于电阻的一个精确的新常数。这就是“整数”霍尔效应。但是霍斯·施特默、崔琦和罗伯特·拉夫林又发现了“分数”量子霍尔效应，他们因此获得 1998 年诺贝尔奖。这里物质就像前所未见一样，在克利青的实验中，电子被量子化——但它们的电荷也只有正常电荷的三分之一或其他。夸克就是这么分离出来的。研究者思考，是否是这个发现最终改变了当时科学界对于夸克的理解，以及原子粒子的“标准模式”。

另外一个研究是“液晶”，法国皮埃尔·德热纳解释了分子和它们的光学性质在即将固化时是如何转变的，因此获得了 1991 年的诺贝尔奖。他还说明了熔融聚合物如何能够流动。他将之描述为像滑行的蛇。

获得诺贝尔物理奖的辛勤努力

快速颁发的奖和久久拖延的奖

计算研究者从事研究的时间到得奖的时间——省略 1900 年前完成的工作——前后时间最少的获奖者如下：

所用时间/年	获奖者	工作开始时间	获奖时间
1	杨振宁和李政道	1956	1957
	鲁比亚，范德梅尔	1983	1984
2	冯·劳厄	1912	1914
	卡尔西格班	1922	1924
	拉曼	1928	1930
	里克特，丁	1974	1976
3	W. H. 和 W. L. 布拉格	1912	1915
	查德威克	1932	1935
	鲍威尔	1947	1950
	莫斯鲍尔	1958	1961
4	康普顿	1923	1927
	卡尔·安德森	1932	1936
	费米	1934	1938
	张伯伦，塞格雷	1955	1959
5	盖尔曼	1964	1969
	冯克利青	1980	1985
	宾尼格，罗勒	1981	1986

续表：拖延时间最长的获奖一览表：

所用时间/年	获奖者	工作开始时间	获奖时间
17	爱因斯坦	1905	1922（1911 年的奖）
	普朗克	1900	1919（1918 年的奖）
	科克罗夫特，沃尔顿	1932	1951
20	泡利	1925	1945
21	弗兰克，塔姆	1937	1958
	弗里德曼，肯德尔，泰勒	1969	1990
	佩尔	1974	1995
22	阿普尔顿	1925	1947
23	切伦科夫	1935	1958
25	赫斯	1911	1936
26	莱德曼，施瓦兹，施泰因贝格尔	1962	1988
29	玻恩	1925	1954
	贝特	1938	1967
30	魏格纳	1933	1963
	博特	1924	1954
32	阿尔文	1935+	1970
34	布罗克豪斯，沙尔	到 1960 年	1994
38	拉姆齐	1951	1989
39	莱因斯	1956	1995
40	卡皮查	1938	1978
45	范弗莱克	1932	1977
49	钱德拉塞卡尔	1934	1983
53	鲁斯卡	1933	1986

实验家总是最快获奖，这不奇怪，因为与理论相比，实验能够更快得出清楚的结果。但是理论者和实验者都可能要等上很长时间。

长久的拖延会招致不满。当诺贝尔奖评委会终于转变了对天体物理学的偏见，将 1983 年的奖授予著名物理学家钱德拉塞卡，而他的获奖工作早在50

多年前就完成了。他公开抱怨，这不仅是对他上半个世纪所做的最重要工作的忽略，而且使得现在“公众对我的认识竟然是基于我 50 年前所做的工作”，再说伟大的格丁根物理学家马克斯·玻恩，海森伯 1925 年提出新量子力学理论时，是玻恩和他之前的学生帕斯库尔·约当帮助阐明了该理论中的数学问题。事实上，新量子力学理论那时就被叫作海森伯–玻恩–约当理论(“三人共同完成的工作”)。玻恩还对薛定谔的波动函数做出了重要解释，将之界定为概率波——即，无法预测一颗粒子的确定位置，只能知道它在波形区域中出现的可能性。但是玻恩被诺贝尔奖评委会忽略了。当海森伯 1933 年获奖时，他给玻恩写了一封尴尬的信，表达了他的谢意并致歉，最尴尬的是因为当时犹太人玻恩刚刚被纳粹解雇了教授职位。钱德拉塞卡讲述了一个有关玻恩的难忘的故事，1933 年，海森伯、狄拉克和薛定谔都去了斯德哥尔摩，海森伯到卡文迪许实验室去听报告。当那些获得诺贝尔奖的人走进来时——卢瑟福、阿斯顿、狄拉克、海森伯——人们都起立鼓掌。钱德拉塞卡坐在玻恩旁边，看到玻恩流泪了。“他喃喃自语，‘我也应该在那儿，我也应该在那儿’。”1954 年，在海森伯得奖后 22 年，玻恩终于获得了诺贝尔奖。这是像诺贝尔奖这样的科学获奖制度的问题之一，那些没有获奖的人也能在里面——然而又不是完全在里面——在获奖者不轻易吸收外人参加的小集团或小圈子内。玻恩就深刻体会到了这一点。

得不了诺贝尔奖甚至会让那些看上去已经很风光的科学家也极度沮丧——比如伯克利实验家路易斯·阿尔瓦雷茨。在他的自传中，他回忆了自己 1960 年的感受，当时传来消息，美国物理学家格拉泽因发明了气泡室获得诺贝尔奖。不清楚格拉泽是否与他人共同获奖。如果是，阿尔瓦雷茨是最可能的人选之一，因为他做的高能实验对格拉泽的发明起着至关重要的决定作用。但是结果没有他的名字。

诺贝尔奖

我应该很有希望获得诺贝尔奖，但却因为还不完全够格没能获奖。我的朋友都不知道怎么告诉我这个消息。很少有物理学家听说过这件事，也没有太多人知道结果发生了逆转。多年来，我一直认为自己的生活非常好，然而我不想再重复1960年的阴霾。

阿尔瓦雷茨是少数幸运者之一，后来他又重新参与评选，获得了1968年的诺贝尔奖——独自获奖。

扎堆

1973年，有两支实验小组开始了研究工作，一个是位于美国西海岸由斯坦福大学的伯顿·里克特领导的小组，另一个是位于东海岸的由布鲁克海文国家实验室的丁肇中领导的小组。这两个小组研究的都是新粒子，但彼此不知。因为使用的方法不同，他们以为研究的内容也不同。丁肇中小组偶然发现了一个极端显著的能峰，认定在这个尖峰处有一个新粒子存在。丁肇中谨慎地进行了反复检验，迟迟不向外公开他们的实验结果。到了1973年10月底，小组成员都催他尽快地发表实验结果。迈克尔·赖尔登记录了这一切，他说丁肇中一直在拖延。11月4号，经验丰富的美籍奥地利物理学家维克托·魏斯科普夫看到了他们的研究数据，“说他不立刻发表实验结果简直是疯了”。11月16号，丁肇中终于开始写作论文草稿。

同时，11月4日，斯坦福大学的里克特小组也在检验数据，他们也发现了相同的振奋人心的能峰。里克特开始写稿，准备发表。一次偶然，这两个小组都听说了对方的研究及发现，起初时他们还没当回事，然后决定要引起重视。赖尔登报道，丁肇中专程飞到斯坦福大学去拜访里克特，他们进行了一番“惊人会谈”。他们就像是两组隧道工人在彼此不知情的情况下分头从两边挖掘通道，碰巧遇到彼此。他们都发现了J/psi粒子（“J”和中文的“丁”

字形相近，“psi”是里克特的提议，因此这个粒子就被命名为“J/psi”）J/psi 后来被证实为一种过去未知的夸克，重命名为“魅”。

丁肇中和里克特共同获得了 1976 年的诺贝尔奖。为什么丁肇中拖延发布成果那么久，以至于失去了单独获奖的机会呢？赖尔登说，丁肇中野心太大，差点儿什么都没得到。早期发现的数据表明，未为人知的不只是一个新粒子，可能还有“一系列的新粒子”。那会是一次“巨大的飞跃”。因此丁肇中一直拖延发布已发现的研究成果，尽管这个新发现的粒子就已经足以让他获得诺贝尔奖了。他担心成果一旦发布，其他物理学家就会从中得到灵感，可能会让他的宏伟计划落空。事实上，要是他再拖延哪怕一个星期，就完全谈不上任何优先权了。

我们再看一个相反的例子，对首次发表权的贪婪争夺。加里·陶布斯生动形象地描述了一个相关故事。美籍意大利实验家卡洛·鲁比亚一直对诺贝尔奖梦寐以求。1982 年，欧洲核子研究委员会有两个小组寻找温伯格和萨拉姆在他们的电弱理论中预测的 W 和 Z 玻色子。鲁比亚负责一支叫作 UA1 的小组，UA1 即 1 号地下室，小组内有 135 个物理学家。和鲁比亚共同负责的是荷兰人西蒙·范德梅尔，他的冷却技术可以使这项实验在技术上具备可行性。另外一个叫作 UA2 的小组规模只有他们的一半大，也在很努力地进行研究。当 UA1 在 1982 年 10 月进行加速器实验时，在照片上发现了令人困惑的数据。鲁比亚因此确信 W 玻色子根本不存在，并轻率地写了篇论文，说格拉肖、温伯格和萨拉姆的理论是错的，不应该获得 1979 年的诺贝尔奖。但是，正如陶布斯所说，从没有人因为证实什么东西不存在或什么理论是错误的而获得诺贝尔奖。鲁比亚也知道这一点。

然后又出现了一幅关于可能的粒子碰撞的照片——物理学家称之为一次“事件”。这是迄今为止有关 W 玻色子存在的最佳证明，尽管肯定还有一些错误。小组的成员想要更多更精确的数据，而鲁比亚说 1964 年 Ω 粒子的发现，它的预言者盖尔曼获得了诺贝尔奖，当初也是发现了“一次事件”而已。同时，UA2 小组收集了很多结果，足可以战胜鲁比亚的小组。

现在面临的问题就是何时发布研究成果了。鲁比亚告诉 UA2 小组的负责人，既然两个小组都发现了宝贵的 W 玻色子，为了他们的名誉，“在发布成果前要三思而后行”。鲁比亚说他不打算立刻发布成果。但就在说这话的前一天，他实际上已给《物理通讯》（阿姆斯特丹的一本欧洲物理杂志）的编辑寄去了论文的第一稿，并承诺很快会寄去最终稿。他自己的 UA1 小组并不同意仓促发表论文，建议再花上一些时间检查一下。鲁比亚回答，要是等上那么久，那“我们的优先权就完蛋了”。又过了几天，他把终稿寄给了《物理通讯》的编辑，UA1 小组的 135 名物理学家中，只有一小部分读到了终稿。鲁比亚给了他们两天时间提出意见，但并没有等待他们的意见。

与此同时，UA2 小组并不知道鲁比亚的行动，他们写了成果报告，将论文在组内 60 名成员间传阅了一遍，给他们两周时间讨论。UA2 小组的论文最终也发表了，但是比鲁比亚的晚了一个月。鲁比亚抢先一步。陶布斯报道，甚至在两年之后，许多物理学家依然认为 UA1 小组比 UA2 小组早三周发现了 W 粒子。事实上他们几乎是同时发现的。欧洲核子研究委员会的总负责人支持 UA1 小组，驳回了 UA2 小组的抗议。

两个小组又开始继续研究 Z 玻色子，鲁比亚的急躁再一次表现得淋漓尽致。这次是 UA2 首先发现的——他们已经写好了论文，空白处就等着填写检测数据了。但是同一天，UA1 小组发现了疑似 Z 的粒子，鲁比亚打电话给委员会的总负责人。第二天早上，总负责人向媒体宣布——“以电话为准”，陶布斯说，Z 粒子是由 UA1 小组发现的。鲁比亚对诺贝尔奖的渴求与欧洲核子研究委员会不谋而合。尽管欧洲核子研究委员会有着欧洲最先进的加速器，但是25年来还没获得过诺贝尔奖。不到一年，卡洛·鲁比亚和范德梅尔在斯德哥尔摩共同领取了诺贝尔奖的金色奖章。UA2小组则无人再提。

1983年，丁肇中说起鲁比亚的实验，并提及他自己10年前的经历，他肯定地说："在物理学界没有第二。谁会记得UA2小组所做的贡献呢？没有人记得。"

些微之差

科学家常会忽略一些可能会获得诺贝尔奖的发现。路易斯·阿尔瓦雷茨讲述了一个例子，关于哈恩、丽斯·迈特纳和F.斯特拉斯曼发现的核裂变现象。1939年，阿尔瓦雷茨还是一名正在研究伯克利回旋加速器的年轻博士后，一天，他读到一张报纸，上面报导了他的研究生菲尔·阿贝尔森的发现，他惊呆了，他确信自己几天内研究的是相同的东西。阿尔瓦雷茨1938年差一点就发现了裂变。在铀辐射实验中，他不知为何将射线阻挡在外，因此未能发现核裂变碎片。

甚至费米也错过了这个重大发现。当费米和他的同事们从铀中提取出放射物时，发现了一些奇怪的数据，表明铀核中可能减少了一个大块——或者，换句话说，铀可以缩减为自身一半大小体积的一种元素。这违反了普遍为人们所接受的理论。"人们都知道"微小的氦核是任何原子中最大的一块能够被轰击的。费米认定，他发现了元素周期表中铀元素之后的第一个已知元素，第93号元素。一位名叫伊达·诺达克的德国化学家说，费米应该仔细检查元素表中的92种元素，看看到底发生了什么。但是费米没有那么做。"谁也没有把诺达克的话当回事。"就连诺达克本人也没深入研究。路易斯·阿尔瓦雷茨说，如果她进行了研究，她可能要比哈恩早三年发现裂变。当费米1938年获得诺贝尔奖时，他的获奖理由是发现了比铀重的新放射元素的存在。但是哈恩 1939 年对裂变的研究工作表明，自然界不存在这种元素。费米发现了核裂变，而自己却不知道。他刚刚做的诺贝尔奖演讲其实是错误的，换作其他人，一定会感到很窘迫。但是费米认为他没错，至少他做了足够的工作，否则不会获奖。

雾里看花

最糟糕不过的就是进行一场错误的比赛——要么是意识不到眼前的危险，要么就是做出错误的判断。艾琳和弗雷德里克·约里奥–居里（居里夫人的女婿）就同时犯了这两个错误。

1932 年他们研究原子核被 α 射线轰击时会发生什么反应。得出结论 γ 射线会从原子核内部发射出质子，尽管他们不能解释 γ 射线是怎么使得那么大的质子被发射出来的，质子要比电子重两千多倍。他们迅速发表了论文，因为还有很多其他人也在做相同的研究。他们犯了一个错误。詹姆斯·查德威克是卢瑟福的一名学生，他读了约里奥–居里夫妇的报道，发现他们的数据是正确的，但结果是错误的。γ 射线没法发射巨大的质子，原子核的内部应该还有另外一种粒子存在。查德威克由此发现了中子，获得了 1935 年的诺贝尔物理学奖。

同年，1932 年 8 月 2 日，加州理工学院的卡尔·安德森发现了正电子——正子。这是一种带正电荷的电子，反物质的双胞胎兄弟——该发现证实了狄拉克的预测。这是物理学历史上的重大发现之一。安德森获得了 1936 年的诺贝尔奖。

安德森那时还不知道他证实了狄拉克的预测，或者说他不知道自己发现了正子。他只知道这是一种过去从未被发现的粒子。1932 年他发布了自己的成果，并配上一幅图片。在卡文迪什实验室工作的 P. M. S. 布莱克特和 G. 奥基亚利尼意识到安德森发现了正子。他们之所以知道，是因为他们在 1932 年也发现了正子，但是因为怕出错，就延迟了发布成果的时间，尽管狄拉克本人帮助解释了他们的照片。“但是那时没人把狄拉克的话当回事。”布莱克特说。正当他们还在犹豫时，安德森抢先一步发表了论文——那时人们才开始去读狄拉克的那篇论文。他一直说自己是“偶然”发现了质子的。

与此同时，安德森的论文刚发表，约里奥–居里夫妇立刻研究他们前一年的宇宙线云室照片，发现了一条安德森所强调的同样向上弯曲的轨道。但是他们没有意识到其中的重大意义，而是将其归档存放了起来。

1934 年约里奥–居里夫妇终于抢了个先，他们发现了人工放射性。在这个发现上仅仅比欧内斯特·O. 劳伦斯和他在伯克利研究回旋加速器的团队领先一步。劳伦斯的研究小组本应在一年前就发现了人工放射性。只可惜他们的盖革计数器在回旋加速器运行时停工了，因此未能记录残余放射性。他们使用的盖革计数器也不够好，没能够将回旋加速器发出的放射性与充满整个实验室的“本底”放射性分隔开来。约里奥–居里夫妇获得了 1935 年的诺贝尔化学奖，同年他们的竞争对手查德威克得了物理奖。1939 年约里奥–居里夫妇也刚得知他们错过了裂变的发现。

另一个错失发现的原因是没有能及时跟上他人的成果。1947 年威利斯·兰姆发现了导致量子电动力学（QED）重正化的谱线位移。维克多·魏斯科普夫对此有着苦乐参半的回忆。他确信自己早在 1936 年就发现了兰姆的成果，1939 年以及后来在麻省理工学院也做过该研究。但是他总是转移到其他方面的研究。因此量子电动力学的问题在 10 年之前就应该得到解决——不用说，魏斯科普夫也一定获得诺贝尔奖了，但他从没得到诺贝尔奖。一位记者采访过他，问他对于错失诺贝尔奖的感受。

诺贝尔奖

坚持！我对其他事情投入太多兴趣，我总是说，你知道，就是因为分心，使得我失去得诺贝尔奖的机会，而这些年来我对物理学有了一个总体概览，这也是一件令人高兴的事情，我从不遗憾。

利昂·莱德曼也为没有发现 J/psi 粒子（1967～1968 年）而耿耿于怀，J/psi 粒子的发现让丁肇中和里克特获得了 1976 年的诺贝尔奖。他以独特的口吻说了自己在 1974 年首次听到 J/psi 粒子被发现这个新闻的感受。

作为一名科学家，一名研究粒子的科学家，我对这个突破性进展感到高兴，当然，还有点儿嫉妒，甚至还有些不共戴天的仇视之感。这是很正常的反应。我一直都在那儿——丁肇中做的是我的实验！是的，丁肇中 1967 年至 1968 年占据了用于做实验的实验室，而这对于实验起了至关重要的作用。而且，布鲁克海文实验成为两个诺贝尔奖的重要组成部分——如果我们的导师当时能力更强大一些、我们脑子再灵活一些，如果当时理论家约肯在哥伦比亚大学的话，这些成就原本应该是我们的。

然而还有一个失去诺贝尔奖的原因则是被物理界学忽略的。1946 年，苏联物理学家乔治·伽莫夫那时在美国教书，他发表了关于宇宙大爆炸的一些推测和想法。1948 年，他的博士生拉尔夫·阿尔菲写了一篇论文，首次用清晰的数学形式和物理学基础提出了大爆炸的理论。阿尔菲 1948 年与伽莫夫合作发表了他的理论。这个理论得到了很多关注，但是射电天文学发展尚不完善，没法提供足够论证。阿尔菲的相关理论一直发表到 1955 年，后来他转向了其他方面的研究。1967 年，美国射电天文学家阿尔诺·彭齐亚斯和罗伯特·威尔逊研究了宇宙辐射的背景，得出的数据证实了阿尔菲的预测。但是阿尔菲和伽莫夫被忽略了，他们对此表示抗议也无济于事。彭齐亚斯和威尔逊以及一些主要的宇宙学家都说他们没有读过阿尔菲的那些论文，要不就是忘记了。1978 年彭齐亚斯和威尔逊因为他们的发现共同获得了诺贝尔奖。阿尔菲也应该获奖（伽莫夫死于 1968

年）。他的理论解释了彭齐亚斯和威尔逊的发现，要比他们两位早了 20 年。但是阿尔菲被大家忽略了，诺贝尔奖名单没有为这位宇宙大爆炸理论的共同创立者留下一席之地。

即便一切都发展得很顺利，也可能因为没有坚持下去而让其他人占了先机。瑞士物理学家 E. C. G. 斯塔克伯格（1905～1984 年）就是个典型例子，他是一位极有想法、独特而古怪的现代物理学家。他出身名门望族，看上去不应该出现在物理学杂志上，只应该出现在达哥达年鉴中——全名，恩斯特·卡尔·耶拉克·斯塔克伯格·冯·布赖登巴赫·祖·布莱登斯坦·温德·梅尔斯巴赫男爵。他不仅使用自己不熟悉的数学符号，还将论文发表在没什么名气的杂志上。这两点都导致他与诺贝尔奖无缘。他在 1934 年独立建立了“信使”粒的理论，比汤川早一年，但是他错误地采纳了泡利的建议，没有将成果发布出来。在量子电动力学的理论上，他也领先于其他物理学家很多年。1934 年至1938 年期间，以及 1947 年，他发表了多篇观点极富创新性的论文，但是都湮没在一些知名度不高的普通杂志中。维克托·魏斯科普夫是泡利当时的助手，说那时“要是我和泡利能够抓住他的灵感，说不定我们也能够发现兰姆位移和更正磁矩（1936 年）”。

终于他的独创性为人所发现，但是时间太晚，没有机会获得诺贝尔奖了。理查德·费恩曼因为参与建立量子电动力学理论与他人共同获得 1965 年的诺贝尔奖，获奖之后没多久，他去苏黎世做讲座，那是斯塔克伯格的居住地。斯塔克伯格也来听讲座了。费恩曼很感动：“他默默进行工作，独自走向日落，然后我来了，独占了所有荣誉，而这些荣誉本应属于他！”

合作者的问题

在一个团队中，成就如何分配呢？一般而言，实际上，如果所做贡献均等，成果应该属于小组中的每个成员。有时团队中明显会有一个人做出更大的贡献。但事情并不总是这么简单公平，诺贝尔奖评委也常遇到这样的难题，究竟将荣誉归于谁呢？

失望的小组成员有时会在公众中掀起轩然大波。埃米里奥·赛格雷和欧文·张伯伦 1955 年发现了反质子，获得了 1959 年的诺贝尔奖。1972 年，意大利物理学家奥雷斯特·彼西奥尼指控他们“窃取了别人的知识产权”，他说自己没有得到公正的评判。他控诉的关键点是有关粒子从一个检测器到另一个检测器所用时间的检测实验，彼西奥尼说他提供了解决方法，因此应该共享成果。赛格雷—张伯伦小组 1955 年首次取得成功时，彼西奥尼说他向实验室的负责人欧内斯特·O. 劳伦斯抱怨过，据说他被警告不许提出起诉，否则事业可能会毁于一旦。诺贝尔奖法庭没有受理彼西奥尼的申诉，因为时隔太久。《科学》杂志报导了这起诉讼，同时提到在 200 名英国科学家中，有六分之一以上的人怀疑他们的想法被小组成员盗用。

就在第二年，1956 年，彼西奥尼和三位合作者共同发现了反中子。该成果没有获得诺贝尔奖。是等着获奖的人实在太多？是早先反质子的发现使得这次的发现变得无关紧要？还是彼西奥尼之前的抱怨使得他无缘诺贝尔奖？

采纳权威人士的错误建议

1925 年，年轻的美国人拉尔夫·克罗尼格设计出一个关于“自旋”的有价值的公式，迄今为止尚未被人发现。沃尔夫冈·泡利是一位不折不扣的权威人士，他直接告诉克罗尼格这个想法不可行。海森伯也持怀疑态度。因此克罗尼格就没有发布他的研究成果。

那一年稍晚的时候，莱顿两位年轻的荷兰物理学家也提出了“自旋”。乔治·乌伦贝克和撒姆尔·高斯密特将他们的发现告诉了他们的教授保罗·埃伦费斯特（爱因斯坦最亲密的朋友之一），埃伦费斯特很认可这个发现。他建议他们将这个成果的论文提交给荷兰物理学界的一位元老级人物 H. A. 洛伦兹（1902 年诺贝尔奖获得者）。洛伦兹说这个想法不可行。显然，埃伦费斯特知道洛伦兹会提出异议，但不管怎样，论文已经投稿了。就这样，乌伦贝克和高斯密特成为“自旋”的发现人。“当然无疑，”乌伦贝克说，“克罗尼格早先就发现了我们成果的主要部分。”但是乌伦贝克和高斯密特没有获得诺贝尔奖。因为诺贝尔奖评委会知道克罗尼格发现得更早？如果是这样，为什么不干脆将奖项授予他们三个人呢？高斯密特常说，大家总以为他和乌伦贝克会获得诺贝尔奖。讽刺的是，“自旋”的发现使得泡利 1925 年的不相容原理获得证实，泡利因此获得 1945 年的诺贝尔奖。

知道得太多：刺猬和狐狸

我不敢公开发表任何有关这个想法的论文，就私下里和你们说说吧，亲爱的研究放射性的同仁们……

——泡利，在一封写给朋友们的信中提出中微子的假说（1930 年）

古希腊有一句谚语——“刺猬仅一招，狐狸多机巧”。英国哲学家以赛亚·伯林用这句谚语来形容一元论者和多元论者的区别。柏拉图和卡夫卡就如同刺猬，亚里士多德和莎士比亚就好比狐狸。这里引用该谚语是用刺猬和狐狸分别代指那些在一个方面坚持钻研的物理学家和涉猎面广的物理学家。

我们要举的例子是沃尔夫冈·泡利和罗伯特·奥本海默，他们的出生日期相隔 4 年（1900 年、1904 年），两位都堪称天才，后来亦都成为物理学界的知名人物。

沃尔夫冈·泡利（卒于 1958 年）是 20 世纪 20 年代至 50 年代期间最敏锐、博学，以批评尖刻、不留情面著称的物理学家。有一个关于泡利的故事讲了他是怎样一个人，当他还是一名非常年轻的学生时，有次去听世界著名的物理学家爱因斯坦的讲座，听完后他评论说“爱因斯坦教授所说的不完全是蠢话”，并且他对爱因斯坦的一个理论持怀疑态度，谴责说“连错都算不上”！任何发言人，无论是名人还是新人，面对讲座现场的泡利可能都不太敢提出新理论，泡利素来批评尖锐，被称为批评之王，他坐在前排，时刻准备着指出错误，或是质疑不清楚的问题，他时不时点头，点头不代表赞同，似乎是因为他神经系统失调所致。

在所有著名的物理学家中，他是长相最古怪的一位。照片上，一眼就能在众人中注意到他奇特的脸。“黎凡特”是人们对他长相的惯常描述，眼睑下垂，眼睛充满好奇，有点斜视，黝黑的皮肤，矮胖壮实的身板——像是彼得·洛的一个聪明的远房亲戚。海森伯是他关系最紧密的合作者，玻尔是他的导师。受玻尔的“哥本哈根精神”的影响，尽管泡利向来批评刻薄尖锐，其实内心深处也很谦虚，这使得他实际得到的要比他所做的贡献少。

泡利 21 岁时发表了一篇论文，对爱因斯坦的广义相对论做出了出色阐释，大师本人对此大加赞誉。泡利一生都受到物理学界的追捧。22 岁时，他做出了一个重大发现，至今仍是他本人最重要的理论——不相容原理。该原理对于物理和化学有着极其重要的意义。泡利发现了原子用电子填满它们的能层或“轨道”的规律。很好地解释了原子的内部动力和化学元素周期表。

泡利还在 1929 年至 1931 年期间提出了“中微子”的概念，以解释为什么电子发射时能量会丢失。但他一直都是个不情愿的革命家，只是自己私底下研究。一年多后，意大利物理学家费米采用了他的想法，并对此研究加以发展。

物理学家亚伯拉罕·派斯回忆起 1946 年他与泡利共同进餐，泡利和往常一样，一直不断地点头，向他抱怨他遇到了困难，找不到一个物理问题研究。他沉默了一会，又接着说：“可能是因为我知道得太多了。”这不是夸大，事实还真是如此。知道得太多有时会成为一个人思想上的桎梏，限制其内心的自由。美国物理学家理查德·费恩曼故意不紧随同时代其他人的文章，就是怕自己的思想被扼杀。费恩曼读一篇论文的开头，大概了解一下，然后就把论文搁置一边，自己做出解答。

但是泡利阅读广泛，理解力极强，并且过目不忘。这使得他倍加谨慎。海森伯敢于发表论文。他认为泡利太过精益求精，使得很多非常有价值的观点没有公之于众，令人遗憾。泡利对量子场论做出了重要贡献，提出了中微子的假设，开创了固态物理学，是介子理论的领军人物。然而他的创造性才能似乎都浪费在给别人提出建议和做出批评，以及研究各种问题之上了。

奥本海默以最优异成绩从哈佛毕业，想到卡文迪许实验室跟卢瑟福从事实验物理研究，但卢瑟福不愿收他为学生，于是他开始攻读理论物理，1926 年，转到德国格丁根大学，跟随玻恩研究，1927 年以量子力学论文获德国格丁根大学博士学位。后来他去了伯克利大学，20 世纪 30 年代，据诺贝尔物理学奖获得者美国物理学家汉斯·贝特说，他在美国建立了理论物理最伟大的学派。20 世纪 40 年代他负责原子弹计划，二战后成为普林斯顿高等研究院的院长。

奥本海默也是“知道得太多”，尽管这么说他太过挑剔。他对最困难的课题也有迅速吸收的能力，这一点让人印象深刻。贝特说，他将洛斯阿拉莫斯国家实验室的复杂工作的每个细节都处理得井井有条——错综复杂的理论，十几个地区的工程设备技术和实验细节——真是令人惊叹！其他人是做不到这样的。拉比在20世纪20年代和奥本海默在国外学习，对他的余生了解得比较多。他说，奥本海默绝对是他见过的头脑最敏锐聪慧的人。这里就有一个对奥本海默的疑问了：为什么这样一个才华出众的科学家没有获得诺贝尔奖呢？拉比的解释是，奥本海默太过聪明，反而成为不利因素。他从一个研究转到另一个研究，涉足很多研究，却没有深入其中一项。拉比不像奥本海默那么才华横溢，但是他懂得坚持，只要可能，他能就一个问题静心研究多年。拉比获得了1944年的诺贝尔物理学奖。泡利是个完美主义者，奥本海默被自己不安分的敏捷思维所束缚，他们成为伟大的批评家，激发了别人思想的火花，却忽略了开发自己的原创性观点。

然而，路易斯·阿尔瓦雷茨说，要是奥本海默活得足够长，最后是能获得诺贝尔奖的。阿尔瓦雷茨指出奥本海默1939年发表的两篇有影响的论文。一篇是有关中子星的，另一篇是有关黑洞的。在20世纪70年代，发现了中子星（脉冲星）并在大力寻求黑洞，诺贝尔委员会本应该把奖项颁发给天体物理学领域的奥本海默。不幸的是，奥本海默于1967年因癌症去世，享年63岁。

在他成为洛斯阿拉莫斯国家实验室主任之前，奥本海默也有可能因解决量子动力学的无穷大问题而赢得诺贝尔奖。那是在1938年，当时奥本海默仍在伯克利。他和布洛赫想出了一个关于如何分清有限和无限的能量的方法。他们并没有自己去计算（奥本海默的计算是出了名的差），而是把这个问题交给了在伊利诺伊大学的数学物理学家悉尼·丹科夫。据奥本海默的一个同事罗伯特·塞伯所讲，丹科夫把计算弄糟了却拒不纠正错误。塞伯说，奥本海默后来觉得丹科夫的固执浪费了他一个诺贝尔奖。

物理学奖的后遗症

我的天啊！我的余生怎么了啊？

——李政道，31岁获奖

像所有的科学家一样，物理学奖得主感叹他们因公众、政府、大学、同事和一些古怪的人的需求而消耗的时间、精力和耐心。当然，这样的分心会干扰他们的研究时间和注意力。但目前还不清楚，诺贝尔奖实际在多大程度上影响了一个物理学家的创造性研究。在爱因斯坦、普朗克、玻恩、汤川、莱德曼及其他许多人获奖时，他们多产的年代也随之结束了。有些在年轻时就获奖的物理学家，不管是居里夫人还是威廉·劳伦斯·布拉格，从此之后却再没有工作表现得如此优秀。美国人欧内斯特·O. 劳伦斯在31岁发明了回旋加速器，并于1939年获得诺贝尔奖。那时，他是激励能量的一种人类回旋加速器。但自获奖之后，虽然还不到40岁，他的科学生产能力却稳步下滑。这种情况，是因为分心，还是自然而然的放慢了呢？海森伯、泡利、狄拉克后来做出了许多了不起的贡献，但没有像他们在早期获得诺贝尔奖的成就那样出色。玻尔，尽管他具备激励他人的奇妙能力，却未曾创造出任何能与他在1913年创造的原子理论相提并论的成果。另一情况是，费恩曼和盖尔曼在获奖之后，仍然保持着令人印象深刻的多产性，同样的还有贝特。巴丁分别在1956年和1972年获得了诺贝尔奖。卢瑟福则是这些人中无人能及的。

这整个问题被另一个问题困扰着：究竟什么是重要的研究工作？正如钱德拉塞卡所说，现在，近40年的研究已经被排除在了主流物理学之外。但是，当观念转变了或者如果观念转变了，这样的工作就会成为处在正中心的主流。在爱因斯坦寻找大统一理论的最后几年中，他开玩笑说自己是一个古老的化石。但在今天，他所进行的研究工作变得很重要，这是令人难以想象的。不管怎样，爱因斯坦给出了证明，即他把不起眼的 19 世纪非欧几里得数学家黎曼的研究工作应用到宇宙引力理论中——后来成为主流。

也许造成的最不寻常的结果就是布赖恩·约瑟夫森获奖之后的职业生涯，他因固态“隧道效应”而享有名声。33 岁时，他共享了 1973 年的诺贝尔奖。在 20 世纪 70 年代，他成为披头士乐队的灵性导师玛赫西大师的弟子，并试图靠冥思静坐来调和量子物理学。他以前的老师，同时也是一位诺贝尔奖获得者，菲利普·安德森对他失望至极，公开对他的信仰进行攻击；约瑟夫森说，安德森被困在了“范式”中，而它已失去其效用。

物理超诺贝尔奖

所有诺贝尔奖原则上是平等的，但是——为了适应乔治·奥威尔——有些人比其他人更有能力。爱因斯坦原本鹤立鸡群，后来……惹来了争议。

理查德·费恩曼的电视纪录片的副标题为“自爱因斯坦以来最伟大的智者”。费恩曼那时已经去世了，否则，我们可能欣赏到他爆发出的具有启发性的义愤和正直。他看不起那些企图排名伟大物理学家的把戏，更不用说崇拜某个人，无论是爱因斯坦还是自己心目中的英雄狄拉克。但是，在 1963 年，狄拉克被排在薛定谔之前而紧随海森伯之后，虽然也许更多地在于“脑力”——“因为海森伯很多时候要通过实验证明，而薛定谔只是用他的头脑来完成”。

俄罗斯天才物理学家列弗·朗道（1962 年获得物理学奖）曾经与玻尔共事过，并且在回苏联之前认识了 20 世纪 20 年代末和 30 年代初的其他所有物理学家。他曾认真地试图对物理学家进行排名。他用了一个对数标度：

这意味着，2 级物理学家完成了（精确地完成，我们正在处理成果）1 级物理学家的十分之一多的成果。在这个标度上，爱因斯坦处在 0.5 级，玻尔、薛定谔、狄拉克、海森伯和其他少数物理学家处在 1 级。朗道把自己放在 2.5 级（即，只有爱因斯坦的百分之一）。并且仅仅是 10 年前，满足于他的一些成果……他说他以第 2 级为目标进行工作。

1959 年诺贝尔奖的共享者埃米利奥·塞格雷讲了一个关于整个事情的最有启发性的故事。他和他的朋友费米还有一个兼职教师，曾经有过一次简短却引起共鸣的谈话：

“埃米利奥，你可以用你所有的工作来交换狄拉克的一篇论文，你会从这个交易中获得很多。”费米曾经对我说。我当然知道这是真的，不过，我还是回答说：“我同意，但你同样也可以换爱因斯坦的一篇论文以排在前面。”

短暂的停顿之后，费米表示了认同。

第六章 诺贝尔化学奖

有价值却沉闷？混乱却处于中心地位？

1929 年，年轻的英国物理学家 P. A. 狄拉克写了第一个电子的相对论方程，当时他还没有自以为是地竟然宣称，他的公式解释了所有的物理学问题；他只是声称，它解释了所有的化学问题。在他之前，19 世纪著名的物理学家开尔文和玻尔兹曼建议化学反应可以降低为“涡原子”或原子的动力学。许多当代物理学家依然赞同这样一个观点：化学仅仅是应用型量子物理学。

令人吃惊的是，似乎没有人准备为化学做出如此紧急的声明。为生物学或医学，有：“人类基因组”项目，如人们所期望的那样宏伟，它描绘出了人类数以百万计的基因。但是，化学却很奇怪地缺乏魅力。有几个问题：读者能够说出一个诺贝尔化学奖获得者的名字吗？或某个重要的在世的化学家？

或 1901 年以来的任何两个？一些化学家本身似乎就把他们研究的科学看作是“有价值却沉闷的”。

没有一个化学家有牛顿、达尔文或者爱因斯坦似的光环。巴斯德也许是最近的一位声明者，但他实际上是医学方面的英雄人物。美国的莱纳斯·鲍林（1954 年诺贝尔化学奖获得者），曾经声称要做 20 世纪最伟大的化学家，但公众可能知道，他能获奖，不是因为他的化学键理论和其他伟大的发现，而是他在 20 世纪 60 年代的“反战”活动——1962 年，他获得了第二个诺贝尔奖，和平奖——他关于维生素 C 提出的改革性的言论。化学似乎也没有开启那些具有划时代意义的革命性的想法或与物理学和医学相关的发现：抗生素、移植、相对论。

因此，历史学家戴维·奈特说，最明智的是承认“化学反应的背后有辉煌的未来”。19 世纪“可能是化学发展的最高点”。但在 20 世纪，他认命地说道化学主要是一门“服务科学”。然而，实际情况恰恰相反。如今，生物学研究必定是生物化学性质或者化学物理性质的。因此，化学可能到最后会处于优越位置。

起源

1900 年普朗克的量子概念主宰原子物理学仅花费了 25 年的时间。在化学中没有出现过这样的统一现象或类似现象。与物理学中少量的、统一的粒子相比，分子是令人困惑的更为复杂、更为繁多，表现得更为古怪，虽然计算机正在帮助解决一些这样的问题，如分形和混沌理论的新的数学程序。但是，至少到目前为止，化学家做出像爱因斯坦那样的向宏大的广义理论的飞跃似乎总是以失败告终。

诺贝尔化学奖覆盖的领域非常广，具有延展性并且十分凌乱（它的崇拜者之一描述为“混乱、不完整、不确定”)。它的具体内容是压倒性的。化学占据着地球和空间里的每一种化合物，不管是液体、气体还是固体，有生命的还是无生命的。这些数以百万计的化合物和它们的反应方式表现出大小、形状、行为和产生的效果等令人目不暇接的变化。应对这样如此丰富的变化，滋生出更多的特殊领域并使诺贝尔化学奖评审委员会从开始就一直忙碌着。

在19世纪，有机化学获得了最早的成功。它探求了物质的化学结构。但不同的元素怎样结合，会产生更加少的各种物质，如血液、水、煤，这在刚开始都是扑朔迷离的问题。化学家弗里德里希·沃勒在1830年把他的时代的有机化学比喻为黑暗丛林。然而，1850年左右，有机化学有两个伟大的见解。其一，某些元素的原子只可以与某些其他元素的原子结合；量子理论花费了70多年的时间来解释其原因。其二，碳被发现存在于所有的生物体中并且很容易进行自身结合形成奇妙复杂的链。由此，有机化学从早期的“生命”科学发展成为碳基物质的科学，从而，在丛林中有了路径。如今化学上仍然使用的棒状结构图得以发现——那些熟悉的构想，如六面体的苯环。这是一个非凡的成就。现代物理学仅仅是简单地采用现有的数学符号。有机化学则必须从头开始自己的发明。如果1860年就有了诺贝尔化学奖，那将会有多少壮举值得获此奖项呢?

直到1901年，有机化学占据了其领域中的主导地位，但物理化学是一个强大的新对手。它崛起于19世纪80年代，其开拓者为早期的诺贝尔奖化学获得者，如范特霍夫、阿累尼乌斯、奥斯特瓦尔德等。这次运动贬低其对手仅仅是“描述性”的化学家，没有把物理学的严谨性运用到对于化学问题的探求中。更多世俗的东西也岌岌可危：工业、政府的资金和青睐、著名大学的地位；1887年，世界上第一个物理化学教授职位在莱比锡设立，奥斯特瓦尔德获得委任。

物理化学家确实抓住了有机化学基本上忽略或不能处理的核心问题：化

学反应中究竟发生了什么？毕竟反应不像有机化学的棒状图那样的静态的图片。它涉及各种变化。物质的能量以热的形式被释放，物质从固体变化为液体或气体，产生新的物质。另外，通过使用特定的催化剂，可以促进反应，或与某些试剂在一起时或者电流通过溶液时，产生不一般的现象。

作为 20 世纪的宠儿的生物化学，是化学的主要分支中发展较晚的。从 20 世纪 20 年代开始，它才真正主导着自己的领域——代谢、酶学、维生素、激素。在 20 世纪 50 年代，这成了“经典”生物化学，当时新的分子生物学发现了双螺旋结构和开拓了基因更为开阔的视野。

诺贝尔化学奖，1901 年至 1915 年，1918 年至 1945 年

在诺贝尔化学奖的前 15 年中，有机化学——尽管是化学领域中最负盛名、规模最大的化学分支——只获得了六次奖项。相比而言，领域更窄却突然爆发的物理化学获得了几乎同样多的诺贝尔奖。至少，原因之一在于，物理化学家在斯德哥尔摩诺贝尔化学委员会中掌握着关键的权力。

第一个诺贝尔化学奖颁给了荷兰的物理化学家范特霍夫，他被象征性地神化为那个时期最伟大的化学家——而物理化学则是当时最重要的分支。这个选择结果源于诺贝尔评委会的政治内斗。第一个诺贝尔化学奖委员会得以成立，并且服务了多年，情况如下：

克利夫，P. T（1900～1905 年）乌普萨拉大学化学教授

克拉松，P.（1900～1925 年）皇家技术学院化学与化工技术学院教授

彼得森，O.（1900～1912 年）马尔默大学化学教授

索特伯姆，H. G（1900～1931 年）农业科学院，农业化学教授

威德曼，O.（1900～1928 年）乌普萨拉大学化学教授

汉马斯顿，O.（1905～1926年）乌普萨拉大学生理化学教授（取代了克利夫）
埃克斯特兰德，A. G（1913～1924年）公务员，工程师（取代了彼得森）

获委任时，这些都是享有声誉的化学家，几乎到1930年，他们的继任者都控制着化学奖。其中有影响力的有无机化学家克利夫、有机化学家威德曼和生理化学家帕特森。但真正的推动者不在此列表：斯万特·阿累尼乌斯，他是瑞典最有名的科学家和国际著名物理化学家。他虽然处在物理委员会中，但同时也为化学奖提名。他和帕特森是盟友：他们曾帮助在斯德哥尔摩建立新贵Hogskola技术学校来挑战老乌普萨拉，此外，帕特森大力支持阿累尼乌斯的在早期存有争议的电解理论。阿累尼乌斯的一生都处于备战和战斗的状态。旧照片中，他穿着镶有金边的礼服，那一张如固执的政治领导所特有的圆润脸颊无时无刻不在凝视着一切。他名声的鹊起最早源于他1884年博士论文中所提出的理论，乌普萨拉化学系当年差点没有让他通过。阿累尼乌斯永远不会忘记或原谅或者说错过了获得应得分数的机会。此外，阿累尼乌斯认为放射化学所关注的东西与物理学的联系比化学更为紧密；重要的是，物理学家玛丽·居里和卢瑟福都获得了诺贝尔化学奖。

因此，前三个在化学领域的诺贝尔化学奖都颁给了物理化学家不是偶然的。1884年，范特霍夫做出了一个重大贡献，即通过用气体的物理定律作类比帮助解释了溶液中的化学反应。这澄清了所涉及的一些复杂的动力学。不幸的是，盐、酸和碱并没有像范特霍夫预测的那样反应。显然，在反应的过程中还涉及了一些其他的变化。年轻的阿累尼乌斯在1887年提出，那是电：当盐、酸、碱在溶液中时，它们发生了分离（“解离”），并表现出电和化学的性质——它们变成离子，负载着正电荷或者负电荷。这填补了范特霍夫的理论，但此理论本身提出了很多的疑问。只有有远见的化学家开始认为化学物质涉及电的性能。1897年后，随着J. J. 汤姆孙发现电子，即原子内的带电粒子，一切慢慢地开始改变。但是，阿累尼乌斯的理论有其自身的局限性：它仅适用于稀溶液。40 多年之后，荷兰人彼得·德拜和德国人埃里希·休克尔才于 1923 年解释了强电解质如何反应。

在范特霍夫获得第一个化学奖的同一年，奥斯特瓦尔德给阿累尼乌斯写了一封信：

> 范特霍夫获得了诺贝尔奖对于德国的物理化学来讲是好事。因为目前，有机化学家开始担心他们的霸主地位并且试图千方百计地打压我们。因此，他们对贝耶尔和菲舍尔都没有获奖而感到非常愤怒。

这种党派精神自然有其代价。范特霍夫的获奖意味着超越了当时在世的最伟大的物理化学家。他就是美国著名的物理化学家吉布斯，他于 1876 至 1878 年之间独立发展了化学热力学，比范特霍夫早了 10 年的时间。不过，他的成果发表在不起眼的美国杂志上，并且直到 19 世纪 80 年代末，在欧洲都不为人所熟知。不过，范特霍夫、阿累尼乌斯和奥斯特瓦尔德都熟知他的工作，因为奥斯特瓦尔德在 19 世纪 80 年代后期就已经重新发现了他，支持他的观点，甚至于 1892 年对其进行了翻译；然后于 1899 年，翻译成了法语。吉布斯迅速赢得了关注，并于 1901 年获得了著名的英国皇家学会科普利奖章。那么，既然吉布斯在很长时间都超越于范特霍夫，并且他的理论在很多方面都有深入的发展，为什么他没有获得第一个诺贝尔化学奖呢？诺贝尔奖官方的说法是，他从来没有被提名过。范特霍夫或奥斯特瓦尔德当然可以提名他。但范特霍夫是欧洲新物理化学运动的领导者，而吉布斯不是，不管他本身多么著名。并且，阿累尼乌斯的影响力支持着范特霍夫。而 1903 年时，吉布斯已经去世。

第一个诺贝尔化学奖所面对的候选名单中有一长串著名的科学家，他们能够获奖的工作可以追溯到10至30年前。在前13个获奖中，只有卢瑟福的获奖研究工作勉强算是完成于1901年后。在老一辈突出的科学家获得应有的荣誉之前，耗费了15年的时间而诺贝尔化学奖最终得以转向20世纪的贡献。有机化学和物理化学占据了名人的奖项份额，而其中有些名人已经过了他们的全盛时期。

而1902年的第二个奖项却与此不同。埃米尔·菲舍尔，无疑是那个时代之前和之后很长时间内最伟大、最多才多艺的有机化学家。他解决了所有问题。诺贝尔化学奖表彰了他在嘌呤和糖方面的研究工作，但他也分析了复杂的糖和碳氢化合物（我们熟悉的“饱和”和“不饱和”），然后，他在获奖后，几乎凭借一己之力创立了蛋白质化学和它们的氨基酸。由于蛋白质对于生物学是如此重要，因此菲舍尔也被认为是现代生物化学的创始人。他用化学方法连接了18个氨基酸首次合成了多肽，这在40多年的时间里都无人能超越。与卢瑟福一样，菲舍尔获得第二个诺贝尔奖是实至名归的。而在此期间，只有玛丽·居里获得了诺贝尔化学奖。菲舍尔的人生在他的三个儿子死于一战后也以悲剧而结束：他自杀了。

在菲舍尔获奖之后，诺贝尔化学奖委员会把1903年的奖项颁给了另一个物理化学家阿累尼乌斯。1901年，他在物理学和化学领域都获得了提名，但获奖被延迟了，部分原因是由于在所有领域的第一个诺贝尔奖都被瑞典人获得似乎会造成不好的影响和差的国际关系。

1904年，诺贝尔化学奖为了弥补对无机化学的欠缺而把奖项颁发给了英国的威廉·拉姆齐，原因在于他发现了（1892~1898年）新的“高贵”的或者说惰性的元素——氩、氪、氙。之后很多老一辈的化学家都获得了此殊荣。1905年，德国化学家阿道夫·冯·拜尔因为其30年前对合成染料的研究而获奖。奥托·瓦拉赫在1910年因为在25年前对数以百计的萜烯进行了分类而得奖。无论染料还是萜类（包括香水）的最重要的核心是什么，这些都是了不起的、应用范围广泛的成果，并且萜烯作为最复杂的物质而被彻底地分析。需要记住的是在贝耶尔和瓦拉赫开始自己的职业生涯之时，有机化学是多么新的并且不确定的领域。

拜尔的诺贝尔化学奖同时也象征着别的东西。一个偶然的机会把有机化学带入了工业和政府的特权科学的角色。在 19 世纪 50 年代的英国，普尔金在试图生产出奎宁的过程中，操作不正确而意外地发现了第一个人工合成的染料苯胺紫。这种合成染料便宜得多，并且更为生动，比天然的染料更容易使用，由此，英国的纺织工业获得了蓬勃发展。这也引起了欧洲历史上的"苯胺紫时期"；普尔金变得非常富有，35 岁时便退休了。拜尔，作为到目前为止最好的一位化学家，他进行了第一个合成实验——本质上是对一种天然物质的实验室再创造——有关靛蓝染料的，德国的纺织和化工等行业很快就与英国相匹敌甚至超越了它。染料是一系列没完没了的合成工业化学品——明胶、照相胶片、塑料、人造橡胶、胶木、人造丝等——的第一个，但它们一个都没有获得诺贝尔奖。

其他的奖项则授予了范围更窄的工作。1906 年，莫瓦桑因为在 1886 年隔离了当时被认为最活泼的元素氟而获得奖项。1912 年的奖项由法国化学家格林尼亚及萨巴蒂埃获得，他们发明了改进有机分析的试剂——非常实用。哈佛大学的理查兹获得了 1914 年的奖项，原因在于他对元素的原子量进行了精确测量。这些都是早期的诺贝尔科学委员会所钟爱的那种明确的工作。

早期的物理化学领域的三巨头中，只有奥斯特瓦尔德到现在都没有获得过诺贝尔化学奖。1904 年，他的名字被列于简短的候选人名单中，但他是一个问题。当然，他的生产力和能量是绝对惊人的：他写了 45 本书、500 篇文章、4000 篇评论，并且编辑了 6 种期刊。他的作品充满了刺激并且透露出他渊博的见识。后来在苏黎世获得博士学位的阿尔伯特·爱因斯坦钦佩奥斯特瓦尔德，他在 1901 年寄与其发表的第一篇论文没有得到回信，也许有一段时期是希望被邀请到莱比锡做奥斯特瓦尔德的助手。但是，奥斯特瓦尔德还是坚持认为原子没有物理现实性的最后的顽固分子之一。奥斯特瓦尔德的提名被搁置，而 1907 年的奖项颁给了爱德华·布赫纳。

布赫纳属于在其漫长的职业生涯中做出卓越成就的那一类科学家。据说，阿道夫·冯·贝耶尔对布赫纳的发现这样评价，他说："这将为他带来名声，即使他没有化学天分。"的确，这为他带来了名声。1897 年，布赫纳由于加入了一种酶而使酵母的死亡细胞发酵。一个世纪以前，这是一个惊人的发现，是一个很多人都不信的发现，特别是因为布赫纳的实验推翻了"生命"的活动是完全在细胞中进行的观点。此外，这也回击了受人崇拜的却模糊的原生质理论，原生质即"生命物质"。如今，已经证明酶位于活细胞之外——即使了不起的巴斯德也曾经发表过相反的言论——因此可以进行独立的实验室分析。由此，作为新激进分子的不可或缺的主题，酶开始了其漫长的职业生涯，而这些激进分子不久便成为生物化学家。

1908 年的奖项颁给了实验物理学家欧内斯特·卢瑟福——对于一个不把化学放在眼里的物理学家来讲，这是没有预料到的——他发现了复杂的重金属元素，如铀自发地衰减，直到变成铅而停止衰减，因为铅是没有放射性的。这种自然的"炼金术"式的一种元素向其他元素的转变永远地改变了对化学的理解。

同时，奥斯特瓦尔德犹豫着。1909 年，他终于承认原子的存在，否则他可能永远也不会获得诺贝尔奖：因为在卢瑟福之后把奖项颁发给一个反原子论者会很奇怪。最后，终于在 1909 年，由于阿累尼乌斯的操纵，奥斯特瓦尔德获得了奖项。玛丽·居里则由于发现了新元素钋和镭，并且早在 1898 年就分离出了镭而获得了 1911 年的诺贝尔化学奖。

第一次世界大战前的最后三个奖项中的两个颁给了两项重大成果的获得者。1913 年的奖项颁给了瑞士的阿尔弗雷德·维尔纳，因其对无机黏合剂（很久之后）做出了一个开创性的解释。1915 年的奖项颁发给了德国有机化学领域的埃米尔·菲舍尔之后的领军人物理查德·威尔斯泰特，他在光合作用方面做出了创新性的研究——光怎样产生化学变化。威尔斯泰特分析了叶绿素，并发现其在化学上与血红蛋白有关。为什么这些看似无关的东西，如植物色素和人体血液，会有共同点，这是化学中一个富有想象力的乐趣。20 世纪 40 年代，梅尔文·卡尔文解释了在分子水平上，光合作用中实际发生的变化。1982 年和 1985 年之间，哈特穆特·米歇尔，约翰戴森霍弗和罗伯特·胡贝尔，对此给出了一个更全面的解释，由此而分享了 1988 年的诺贝尔化学奖。

因为一战的原因，1916 年和 1917 年的奖项被取消。但在 1918 年，战争结束后，德国的无机化学家弗里茨·哈伯获得了奖项。这可能是科学领域中最有争议的一次颁奖。哈伯关于氨的合成，得到了应有尊重，而且产生了重要的农业效益。不过，同时，哈伯也为第一次世界大战带来了恐怖的毒气。为什么诺贝尔基金会决定在战争结束后的次年，在国际舆论对哈伯的恶语相向中，就授予他奖项，这需要更深入的探讨。

另一方面，1920 年的奖项为一个长期的个人战争进行了总结。当年的诺贝尔化学奖得主瓦尔特·能斯特是一名物理化学家，他在 1906 年发现了涉及低温的“热定理”，这一定理有时也被称为热力学第三定律，运用了量子物理学和统计物理学，这是范特霍夫和阿累尼乌斯所鞭长莫及的。但是，尽管在

1907 年到 1914 年期间，能斯特在化学领域获得的总提名次数最多，他的诺贝尔化学奖却被一拖再拖。正如历史学家伊丽莎白·克劳福德所指出的那样，阿累尼乌斯是道路中的主要障碍。他和能斯特的性格都比较固执，曾经是亲密的朋友，后来成为了对手。能斯特是一名卓有成就的科学家，而阿累尼乌斯有投票权。在 1922 年时，阿累尼乌斯仍有足够的能力为爱因斯坦颁发物理学奖。

还有一个问题。能斯特发明了电弧灯并申请了专利，成为爱迪生的对手。他以百万马克的价格把专利权卖给了一家德国公司。事实上，爱迪生的发明更好用，因此，能斯特的灯很快就消失不见了。但是，能斯特也不再是一个拿着中等工薪的教授，而是成了百万富翁，以百万富翁的方式生活并为此津津乐道。他买了多辆昂贵的新汽车和一间酒店，在格丁根开了一间能斯特咖啡厅，此外，他还为其家人置办了豪华地产。并且，他也很享受被人认为是天才。

能斯特的专利提出了一个道德问题。在诺贝尔法规中，对于因发明所得的个人利润并未被明令禁止。但是，当时的假设是奖金应该用来帮助有需要的科学家做研究；“造福人类”的条款也似乎反对私人独自富有。能斯特的确把他的一些新财富投入到了研究中。但是这个问题一直含混不清。马可尼肯定从为他获得 1909 年物理学奖的“无线”中获利颇丰。哈伯当然也从他的制氨过程中获利不少。

从 1920 至 1940 年，诺贝尔化学奖评审委员把他们的第一个祝福给了生物化学和其激素、酶，以及放射化学的同位素。同时，化学键理论的基础遭到了量子革命的颠覆，不过，那段时间的诺贝尔奖——可以理解的，而这段时间的诺贝尔奖充斥着各种混乱——偏离了这一重大事实。

首先，酶和激素。酶是一种蛋白质，它催化生物过程，就好像说，我们呼吸的是空气。没有惊人的各种酶的作用就像没有空气一样，我们就不能生存。激素激活具体的反应，特别是生长和性发育。在 1927 年、1928 年、1929 年和 1930 年，诺贝尔化学奖被颁发给了胆汁酸、类固醇和有关酶的化合物等方面的研究者。胆汁有类固醇的结构，而类固醇与性激素有关，激素的作用方式与酶类似，这控制着新陈代谢。1937 年和 1938 年的两个奖项连续被授予对维生素的研究，维生素通常是酶的激活剂，这把我们带回到 1927 年至 1930 年期间获奖的研究者工作中。向前看：激素的研究在诺贝尔化学奖方面蓬勃发展，这并不奇怪，因为它们控制着生长或器官的活动——类固醇、肾上腺、甲状腺、卵巢、睾丸、胰腺都会有所涉及。

这个领域早期的奖项都是在化学方面；而此后则被授予在医学上。梅奥诊所的菲利普·肖瓦特·亨奇和爱德华·肯德尔分享了 1950 年的医学奖，理由是他们开发了第一类固醇药物——可的松。美国人厄尔 – 萨瑟兰（获得 1971 年的医学奖）表明了激素活性是如何与身体的能量系统（ATP）共同作用的，此外，阿尔弗雷德·吉尔曼共享了 1994 年的医学奖，理由是这些研究结果促成了“G 蛋白”的发现。罗杰吉·耶曼和安德鲁·沙利在早期使用罗莎琳·雅洛的放射免疫分析法对激素进行了重要的合成；他们三人共享了 1977 年的在医学领域的奖项。1982 年，巡弋伯格斯坦、约翰和本特·萨缪尔森因为发现了影响肌肉和血液循环的前列腺素而获奖。

从 1901 年到 1930 年，九个诺贝尔奖中有六个颁发给了物理化学领域的对同位素的研究工作者。在一个同位素中，在原子核中不同数目的中子可以产生形式稍微不同的相同元素。1921 年和 1922 年的奖项被连续颁给了英国化学家弗雷德里克·索迪（1900 年，卢瑟福的实验合作者），他于 1913 年发现了放射性同位素，以及弗朗西斯·阿斯顿，他借助自己发明的质谱仪发现了大量的非放射性同位素。还有两个奖项被连续在 1934 年颁给了美国的哈罗德·C. 尤里，他发现了“重氢”的同位素，以及在 1935 年颁发给了约里奥-居里夫妇，理由是他们用粒子轰击创造出了不存在于自然界中的同位素。1943 年，匈牙利化学家乔治·德赫维西获得了奖项，理由是他在1930 年发明了同位素“跟踪”。熟悉的钡剂灌肠提出了这样的观点：生命系统反作用于元素而不是放射性——只要在容忍的数量之内——从而放射性物质使得化学反应得以跟踪。诺贝尔奖获得者免疫学家彼得·梅达沃称，放射性同位素示踪物与生物学领域的显微镜同样是一场重要的革命。

除了同位素以外，在这个时期，还出现了其他宝贵的分离技术并且使用至今。超速离心机通过高速旋转分离出物质，从而使得瑞典的西奥多·斯维德伯格获得了 1926 年的奖项。另外，瑞典人阿恩·蒂塞利乌斯（1948 年奖项获得者）改进了这种方法，并分离出几种球蛋白或血清蛋白以及改善了色谱图。色谱图最初由俄罗斯人米哈伊尔·茨维特（1872 年至 1920 年）在 1906 年发明。由于不同的有机化合物以不同的方式黏着于给定的物质，把颜料的混合物（以此为例）注入此物质的长管则可以得到分离；冲下来之后，该混合物的组成部分形成彩色的条带。但茨维特的论文是用俄语写的，因而被国外忽略了：茨维特没有获得诺贝尔化学奖。在 1944 年，英国的 A. J. P. 马丁和 R. L. M. 辛格发现了一个原理相同却更精细的方法；他们获得了 1952 年的诺贝尔化学奖。1903 年，德国人理查德·席格蒙迪发明了超显微镜，这使他获得了 1925 年的诺贝尔化学奖。

没有这样的改进，化学领域的进步是不可想象的。但是，这些新的工具也成了当时在化学领域痛苦争论的武器，并导致了极其重要的后果。20 世纪 20 年代，德国化学家赫尔曼·施陶丁格提出不管多大的分子都可以达到任意大小——塑料和聚合物就是例子。但是，这一观点是不存在这样的巨型分子；只有小的簇群。斯维德伯格的超速离心机证实了施陶丁格的观点。但施陶丁格直到 1953 年才获得奖项——沃森和克里克在同一年发现了 DNA 的大分子结构。在此之前和之后，大分子随着尼龙、聚乙烯的发展和“裂化”气的提炼而繁荣。

1911 年，奥地利著名分析化学家弗里茨·普雷格尔实现了一项宝贵的技术进步。截至 1900 年左右，一个研究人员可能需要 0.20 克的物质来进行分析。而数吨物质经过处理后才会产生这样一块物质。普雷格尔发明了一种天平，可以测量低至 3 毫克的物质。1923 年，他获得了诺贝尔化学奖。

量子化学：舞台下的大革命

与此同时，自 1900 年左右，化学领域就掀起了一场革命，这在诺贝尔化学奖的前半世纪中没有凸显出来。

从 1900 年普朗克的量子理论到 1925 至 1926 年的海森伯和薛定谔的新量子力学，原子物理学成为一个更加统一的领域。然而，在 20 世纪 20 年代，化学仍然像一个遥远的帝国，其所属领域之间没有真正的共同语言，甚至关于它们讨论的主题也没有相同的基本假设。各领域之间口角不断，争论着谁应该统治及其原因。

除了专业与外界隔绝，从来没有被低估过，但问题是，有机化学家和生物化学家需要像物理化学家一样思考，反之亦然。两者都未做到这一点。是物理学帮助提供了共同的语言和假设。

毕竟，原子结合的方式和原因是化学建立的基石。原子物理学本身的建立也是以此为基石。但是，粒子物理学家试图粉碎原子捕捉到它最核心的秘密，而化学家希望看到一个原子是如何以及为什么与其他物质结合而形成现有物质的陈列状态。原子是物理学和化学之间起决定性作用的核心所在：研究其内部结构，就是粒子物理学；从其内部结构出来，与其他原子形成分子，就是化学。

门捷列夫著名的周期表是经典化学的最伟大的发明之一。1869 年，他排列了所有已知的元素，从最轻的（氢）到最重的（铀），以这样的方式表明元素的特性以特定的群组分类，并不断重复，因此被称为“周期”表。周期表中有 92 个天然存在的元素，在门捷列夫的指导下，其中大部分都在 1914 年左右被发现了。

此后，在 1920 年之后不久，所有这些在组成和性能方面不同的大约 90 个元素，以电子、质子和中子的形式被人们理解。

化学的新原子以及它们的结合

玻尔在 1913 年提出的原子的量子理论，帮助一扫 19 世纪模糊的思想，即当原子进行结合——如两个氢原子和一个氧原子形成水——是由于“亲和力”的作用或诸如此类的原因。现在，我们知道，是原子的最外层轨道中的电子进行的结合。

早期发生过一些变动。J. J. 汤姆逊在 1897 年发现电子时，一些化学家重新思考化学键合。在 20 世纪，第一个创新性的化学键理论来自于物理化学家，如伯克利分校的吉尔伯特·N. 刘易斯。刘易斯曾与奥斯特瓦尔德和能斯特一起做研究。早在 1902 年，他就勾勒出关于原子如何分配成对电子的理论，成对的电子被描绘成有共同边缘的两个立方体。1916 年，他提出了关于这一至今仍被使用的简便符号“共价”结合的成熟理论。当然，人们原来期望刘易斯自此会继续发展其理论。但他没做什么。他需要一个化学键理论，以进一步推动对于化学反应的研究，他找到了，这就够了。毕竟，他是物理化学家。在提出共价键理论之后，刘易斯放弃了关于结构的研究，又回到了反应。正如化学史学家约翰·塞沃斯尖刻指出的那样：

我们不应该感到惊讶。与在美洲丛林中寻找香料的兴趣相比，刘易斯在探索他在有机化学领域中的共价键理论应用方面并没有多出多少兴趣。

然而，刘易斯今天的名气主要还是在于他的共价键理论。他也是从来没有获得过诺贝尔奖的最伟大的化学家之一。化学家认为刘易斯的结构理论非常的奇妙。但是，在 1925～1926 年之间，新的量子力学代表海森伯和薛定谔出现之时，刘易斯原子则显得过于静态，而不能代表量子物质的极其动态的活动。其中一个新的量子化学理论学家，美国的诺贝尔物理学奖获得者罗伯特·马利肯，称刘易斯的理论是一个“游离电子”的理论，其中，化学家“想象电子围坐在各个角落的干燥的货箱上，准备握手，或扶住其他原子中的类似的游离电子”。

将薛定谔的量子波物理学（1926）应用于化学理论引起学界极大的兴趣。沃尔特·海特勒和弗里茨·伦敦（未获奖项）在 1927 年迈出了第一步，他们在电子自旋的基础上解释了成键。谢韦伯指出，这是应用于化学的量子力学。莱纳斯·鲍林和美国同事约翰·克拉克·斯莱特（没有获得诺贝尔奖）通过碳四面体开创了一个真正意义上的量子化学理论。

鲍林及马利肯成为量子化学键的两位伟大的理论家。他们都把薛定谔的量子波理论改成了化学成键。在一本回忆录里，鲍林描绘了最初理论化学家们的困惑：

1925 年，我已经接受了共价键包括两个原子间共享的一对电子的观点【即刘易斯理论】。但是，关于化学成键详细的思考，我没有坚实的理论基础……我没有办法区分有关分子的电子结构之间的良好的思想和不良的想法。然而，到了 1935 年，我觉得我有一个基本完整的理解，化学键的性质……在很大程度上是直接应用量子力学的原理于分子的电子结构的问题。

鲍林的价键理论中，薛定谔方程所描述的“波浪”变成了电子“云”。几乎在同一时间，马利肯发展了一种替代理论，这一理论并不是始于电子而是分子结构（“分子轨道”成键）。

部分原因是因为对于物理学发挥巨大作用的数学并没有很好地转移到化学的应用中。直到 1940 年，鲍林的量子价键理论开始获得广泛认可，并且十多年后，如今成为主导理论的马利肯的理论才得到认可。诺贝尔化学奖委员会分别推迟了 20 年和 30 年的时间来纪念这场革命。鲍林在 1954 年因为价键理论而成为诺贝尔化学奖获得者；马利肯则在 1966 年获得了奖项。鲍林在 1954 年的获奖仅仅比双螺旋结构的发现迟了一年，这导致鲍林与化学领域中具有根本性转变意义的发现擦肩而过。旧的专业竞争开始显得越来越没有意义。这也许就是为什么 1981 年的奖金颁发给了研究有机化学分子轨道理论的罗尔德·霍夫曼，他与合成法专家罗伯特·伍德在 20 世纪 60 年代共同构想了此理论。然而与霍夫曼共享诺贝尔化学奖的是日本的福井谦一，他独立发展了相关的“前线轨道理论”。伍德沃德 – 霍夫曼规则被称为 20 世纪 30 年代以来在有机化学中最重要的理论。它解释了一个特定的配置如何在合适的阶段，当结合发生时提供稳定性。

这一情景大致可以总结如下：关于原子核的电子组处于一定的能量轨道。这只是一个比喻；另一个比喻或者可以比喻成“中国盒子”一样的能量弹。简单的原子，如氢原子，有一个电子“轨道”，而更复杂的碳原子则有几个。当电子填充到原子轨道中时，这是最稳定的。如果外轨道没有电子时，原子就会试图丢掉或获得电子而达到“饱和”，从而稳定。基于此考虑，产生了一个化学键理论，它引导着如今的化学家前进的道路。从大约 1970 年开始，化学课本很快给一年级学生介绍作为基础研究的量子化学成键的元素。当代化学参考著作也与物理学交织在一起。

原子通过它们的最外层电子，以三种不同的方式粘结。首先，一个电子从一个原子转移到另一个原子。这就是所谓的离子键。食盐就是这样的：钠捐赠一个电子给氯，然后离子以静电的形式把两个原子结合在一起。但是，这样的控制力是比较弱的，这就是为什么食盐这么容易在水中溶解。其次，两个原子共享电子对。这是一个“共价”的结合，活跃的物质中存在的主要类型。由于两个原子与同一对电子黏结，因此黏合力量较大。事实上，仅仅两个原子的化合物是极为罕见的。通常来讲，化合物涉及了大量黏结在一起的原子，仿佛拉在一起的几十双的手。碳通常有五个或六个拉在一起的力，这使得它比较强大和灵活。第三，金属化合物——这是诺贝尔物理学奖获得者阿尔弗雷德·维尔纳了不起的洞见——一种别样的黏接。其中的每个原子使电子以原子为中心围绕着，就像“海”或是“蜂群”。这有助于解释为什么金属具有延展性，可以弯曲，锤不破或撕裂。因此，与肉体相比，如金属铜，似乎就是“不朽”的。

但是，清晰明了的同时也导致了新的混乱。原子的内部非常复杂，它们形成的分子都在疯狂地以不同的形状、大小和行为变化着。在活跃的物质或碳基化合物中，一个原子以高度选择的，相当挑剔的方式与附近的原子结合：原子的能量必须精确匹配，性质和几何形状的“适当”必须是完全正确的。化合物和分子，可以扭曲，折叠、反转或螺旋。为了达成这一点，化学家发展了分子结构的几何形状：电子的加入往往互相排斥，因为两者都是负的，从而使分子或离子形成不同的形状——线性的、弯曲的、平面的，以及四面体的。此外，电子从来没有整齐的轨道移动，而是“变得模糊”，形成了一种轨道云，最好的情形是从不同的角度成像为哑铃或甜甜圈的形状。

当获得充分的刺激——热或某些其他形式的能量被投入时——分子就会翻转、旋转，并且振荡，这意味着原子之间的化学键不断地拉伸和收缩。碘分子每秒钟可以旋转 100 万次，并且整个分子可在同一时间移位。

它的电子可以根据量子法则提高或降低原子的能量水平。如果有足够的能量来打破现有的化学键，那么就会发生化学反应：电子必须吸收或失去足够的能量来通过能量屏障。数以百万计的这种反应同时发生——似乎没有分子和任何其他的分子完全一样。

化学家的转机

我们必须同情当时的化学家，以及当时面临着这一切的诺贝尔化学奖评审委员会。化学家怎样才能跟踪这种能量变化、结合和反应的极速进行的闹剧？当然，没有任何一个现成的方法。

它们各自的聚居地内，形成了不同的分支。然而，根据一位历史学家的言论，这些分支使对别人的工作保持一无所知成为某种程度上的骄傲。1904 年，一个年轻的有机化学家，未来的诺贝尔奖得主奥托·哈恩被送到拉姆齐在英国的实验室，主要是学习英语。拉姆齐指导他进行放射性分析的工作，但是对此方面研究的有机化学家知之甚少或者根本不在乎这一点，所以哈恩不得不寻求物理学家的帮助。由于运气很好，哈恩转移到蒙特利尔与卢瑟福一起进行研究。1907 年，他回到德国，在埃米尔·菲舍尔门下工作。哈恩讲述了一个座谈会，他与这位精湛的有机化学家进行的座谈会，在会上，他徒劳地——

> 试图说服埃米尔·菲舍尔教授，不是由于一些硫化合物的刺鼻气味导致某些物质的微量存在，而是由于 α 和 β 射线，它们可以使物质更加微量，以致无法权衡其存在。

不过，与他的同事们不同的是，菲舍尔对于他所不知道的东西产生了极大的好奇心，从而聘请哈恩。而一般的有机化学家，在直到 20 世纪 30 年代或更长的时间里一直都孤傲。

到了 20 世纪 30 年代，自我封闭的专家成为濒危物种，尽管有许多响亮或骄傲的否认。为了进行真正具有创新性的工作，化学家需要跨越他们的专业。分类为有机的、物理的等类别是本末倒置。毕竟，学科并不驾驭科学。某些基本问题，以及如何理解“结构”和“反应”推动着学科的发展。

在这个时候——我们现在是在 1900 年和 20 世纪 30 年代中期之间的任何时间——人们可以不时地看到希望：有机和物理化学家在其他专业领域中研究。吉尔伯特·N. 刘易斯是一个早期的例子。结构和反应成为两个对立面。

俄罗斯物理化学家尼古拉·谢苗诺夫与英国化学家西里尔·欣谢尔伍德分享了 1956 年的诺贝尔化学奖，并在他的诺贝尔演讲中表达了希望，他们从 20 世纪 20 年代的合作“使人们有可能更加接近于理论化学主要问题的解决——活性之间的连接和反应中粒子结构”。读到这一点，很难记住，在世纪之交，奥斯特瓦尔德曾希望能从化学反应动力学中完全“清除”个体结构。

早在 1922 年，吉尔伯特·刘易斯，曾做了很多努力以把物理化学家的注意力转移到结构方面来，他提出了强烈的声明：

> 事实上，物理化学不再存在。被称为物理化学家的这些人发展了大量有用的方法，通过这些方法，无机化学、有机化学、生物化学和技术化学的具体问题可能被攻击，并且，这些方法的应用变得越来越多，也变得越来越难以坚持我们以往的分类。

诺贝尔奖——以及化学的气味和沸腾

据物理学家的声称（狄拉克），化学仅仅是物理学的一个分支，一些著名的化学家做出回应，宣布物理与化学完全不相关——甚至充满激情地警告说，除非被驱逐，否则，物理学将是某种毁灭性的寄生虫。回想一下：这些著名化学家为诺贝尔奖提名。对于他们来说，物理学的精神是不可与化学相容的。某个诙谐的化学家最简洁地描述了整个问题：

问：究竟什么是化学？

答：不管怎么说，至少，它不是物理学。

人们能够理解这一抱怨。与原子物理学家的极少数粒子相对，化学界要研究约 92 种自然元素，可以称得上是化合物的海洋——到 20 世纪 90 年代末至少有 800 万种——细菌和金鱼草，猪和人类。实验物理学家莱昂·莱德曼写了一本书，名为《上帝粒子》，关于可能会形成一个所有物质的统一理论的最终粒子。很难想象一个专业的化学家会写“上帝分子”。因为它会冒犯化学的精神。

现在的问题是，分子运动，隆起，呼吸，滚动和分裂，对电，热，振动产生反应，以及受到相邻的影响。因为化学有序却混杂的范围抵制严谨的数学化，物理学领域中理论家和实验家之间的激烈分歧，在化学中并不真正存在。

事实上，在化学领域中，竞争的理论可以共存，而不会因为错误而被赶出去。在罗伯特·德穆尔的诺贝尔化学奖的演讲中，他用比喻的方式提到，尽管他的分子轨道理论和鲍林的价键理论没有达成一致，但是他们却是彼此有效的替代。“但是，为什么不是一个正确，另一个错误呢？”他如此问，然后回答：“对此的解释是，粗略地说，这两种方法都仅对应近似的完整方程的解决方案，这些方程控制着包含两个和两个以上电子的分子行为。”

化学家似乎仍然坚决不拘一格，既致力于“物理”的严密性和自己心爱的实验室“臭味”，又致力于其隐含的所有的得过且过艺术。大卫·奈特说每个化学家的记忆具有——

不同液体的黏度，流动性以及固体的坚韧不拔，油腻或玻璃质感；物质的难以言表却难以忘记的气味……颜色……品味……沸腾，因为过热而无法握住的试管……突然浑浊和沉淀。

莱纳斯·鲍林，捍卫他的价键“共振”量子理论，接着，仿佛他从来都不是一个极其严谨的理论家，对其“感觉”热烈地发言道：

共振化学的理论是一个基本定性理论，像经典结构理论一样，其成功应用与否在很大程度上取决于通过实践而得到发展的化学方面的感觉。

在理论方面有实力的他的同龄人马利肯，曾经说过：“物理学家们更关心力和光波领域而不是分子和物质的个性。”听到如此爱好量子理论的人讲分子“个性”是非常惊人的。他还补充说：“化学家爱分子，并了解它们。”如何想象一个物理学家热爱电子呢？

其中一个最重要的新的理论化学家罗尔德·霍夫曼（1981 年诺贝尔奖获得者），以一种更现代的俗语的方式重申了鲍林和马利肯不拘一格的信条：

我认为，在丰富性和多样性方面，分子是可以与人相比的。这是我喜欢在纽约乘坐地铁的原因——在那里，能看到太多来自不同种族、长相各有千秋、穿着不同风格的衣服、有着各种情绪的人。我看到疲倦的黑黝黝的男人，染着头发的妇女，读韩国和俄罗斯报纸的人，加勒比黑人，一个沉睡的印度女孩。他们有的像天使一般，有的则很粗俗，但他们都是活生生的存在，并且，他们的生活可以写出上百万本小说。当我打开一个化学通信或应用化学的页面，我有类似的感觉。

这样的陈述后，试着想象自己是诺贝尔化学奖委员会的成员，从如此众多不同的主题中，选择出今年的重大成就。

天才的有机化学家和他们的合成

在 20 世纪 50 年代和 60 年代，有机合成得到了许多结构的成功。在超过十年的时间里，它当之无愧地包揽了诺贝尔奖。后来，突然间，这个可以追溯到一个世纪前的研究有机化学的夸张的方式，似乎结束了。

是否会有一次复苏，曾经活着的死而复生，是一个宗教问题，而不是化学问题。然而，这个问题的一个较小版本在早期近代化学历史中出现了，并且至今，还有很多的后遗症。

瑞典化学家贝采里乌斯（1779～1848）制定了化学符号，原子量的第一个准确列表，做了许多实验来确认道尔顿理论，这一理论指出所有的元素都必须由不同的原子组成（他还创造了“催化剂”，“蛋白质”和“异构体”等词汇）。

贝采里乌斯笃信一个不可逾越的鸿沟把生命与非生命隔开了。生命不可能来源于不活着的物体。贝采里乌斯创造了有机和无机两方面——有机物质可以燃烧，以证明其来源于活着的物质；无机石块或铁显然是不可燃的。但在 1828 年，他的一个学生弗里德里希·沃勒，合成了尿素，其在各方面都与天然产物相同——除了它是在实验室由无机材料制造而成。沃勒简单加热氰酸铵，这是贝采里乌斯必然会认定的一种无机物质。贝采里乌斯不敢妄下结论，而化学家很快就用“死”材料制造出了活着的化合物。病毒让人想起了今天这样一个困惑：它所处于的一个平衡立场即为，要么是最活跃的非生命物体，要么是最奇怪的活着的有机体。在 1845 年，科尔贝利用其自然元素生产了醋酸。同沃勒一样，这也是“在试管中创造的生命”，或者是化学家所说的“合成”：一种在实验室中重新创造的，与在自然界中发现的相同的化合物。

有机化学的较高的地位一直与其合成和分析实力相关联，因为它们提供

了一个独特的知识结构。到 1900 年，布洛克指出，像冯·拜尔埃米尔·菲舍尔一样的有机化学家

> 使得结构测定和合成曾经并且同时成为最迷人和最负盛名的，以及单调乏味的化学研究领域。随着因其令人难以置信的合成和结构测定的壮举而被授予诺贝尔奖，其魅力和威望年复一年地被彰显出来。这种结构有机化学的乏味和机械规则的性质通过以下的方式呈现出来——一代又一代的中小学生和大学生被迫学习添加或减去（元素）的方式。

他们的诺贝尔奖当之无愧。涉及的棘手问题也很难被夸大。1945 年，英国化学家弗雷德里克·桑格（1958 年和 1980 年的诺贝尔化学奖获得者）首次合成胰岛素。1922 年，胰岛素首次被分离出来，但其结构仍然未得以分析。经过 8 年不断的努力，桑格得到了有史以来第一个对主要蛋白质分子的完整分析。

生物化学家艾萨克·阿西莫夫，也是一名科学幻想家，他为了指出桑格将要面临的问题，做了以下计算：

> 19 种氨基酸可以被放置在一个链中（即使假设每个只被使用一次），这样所形成的可能编排的数目会接近千万亿……当你的蛋白质有超过 500 个氨基酸组成的血清蛋白大小，可能的排列有可能会达到……1 后跟 600 个零。这……在整个宇宙中已远远超过亚原子粒子的数目。

此外，序列的安排必须是准确的。即使一个氨基酸的顺序变化将会变成完全不同的蛋白质。

与这样看似不可能的概率相对的是，使“合成”成为可能的首先是“分析”——反向合成。化合物并非被重新建立，而是将其分解成其组成部分。如果该化合物是简单的，此过程也可以相对简单。到世纪之交，埃米尔·菲舍尔已经解决了纤维素的结构——植物，树、木，等等，包括地球上一半的有

机物质——因为它是建立在一个简单的基本单元机械地重复数千次的基础上而形成的。但是对于一个复杂的物质，每一种武器和独创性（还有运气）必须经过长期的安装。当桑格发现了完整的病毒的碱基序列时，化学家也开始了研究，桑格通过切断氨基酸链来了解链接开始和结束的所在，并赢得了他的第二个诺贝尔化学奖——这只是埃米尔·菲舍尔在 1900 年左右使用的一个改良版方法。桑格发现，尽管与定论相违，基因重叠。但这些“耦合”的单位都是相同的，不断重复，就如同一个人构建了一个链接围栏。要看到之间有什么，可以使用某些试剂来蒸掉不需要的物质，或使用色谱分离，其中的元素由于颜色差异而被分离，或者甚至是选择性地选择化合物的一些部分，从而起到探测器的作用。桑格完成了这一切甚至更多。

但是，即使所有化合物的成分被确定，化学家仍可能是无法前行的。不幸的是，数以千计的化合物有相同的公式，但却有完全不同的空间排列。化学家称之为“异构体”。所以化学家必须查明其物理形状或构型——这绝非易事。一些化合物或分子中含有数千个原子以任何一种可能的形式扭曲、弯曲、挠曲，弯曲——这涉及的不仅是一种氨基酸链，而是两个或三个或更多。即使在图表中可以查看到很多细节，仍然通过不同颜色得以强化区分，它们看起来像硕大的纠结，对此，只有上帝能解开。这里的 X 射线晶体照相术一直都起着不可估量的作用。但是，这也是很艰苦的、细致的工作。在 X 射线衍射仪中，X 射线穿过原子以把一种模式的规律的图案投射在胶片上。化学家然后反向进行研究，使用这些模式来重建该物质的结构。大约在 1914 年，这种技术第一次成功地运用于晶体研究。

但是，晶体结构比有机分子简单。霍奇金是 1964 年的诺贝尔化学奖得主，她利用 X 射线晶体照相术来分析维生素 B_{12} 和青霉素的结构。在诺贝尔奖获奖的演说中，她描述了由英国获奖者、化学家马克斯·佩鲁茨和约翰·肯德鲁分析血红蛋白和肌球蛋白所涉及的复杂性：

> 从足够数量的测量中，可以直接计算出电子密度，并且看到眼前所展现的整个结构的铺开。然而，描述的计算中所涉及的技艺是十分惊人的——五个或六个晶体的数十万的反射被进行测定以提供肌红蛋白和血红蛋白中的电子密度的分布。

霍奇金补充说，即使一切非常顺利，得到的答案也只是“逐步”：由于已经放置了部分原子，你不得不重新开始，一次又一次进行。这种方法提供了重要的数据，从而克里克和沃森发现了 DNA 双螺旋结构模型。

佩鲁茨和肯德鲁（共享 1962 年的诺贝尔化学奖）的壮举，是真正的英雄壮举。在 20 世纪 30 年代后期，佩鲁茨对血红蛋白进行了分析；十年后肯德鲁对相关的肌红蛋白进行了研究。除了分析之外，他们想要获得其分子的三维模型。蛋白质是分子之中的巨人。分子量——不是绝对重量，而是一个化合物相对于另一个的重量——糖的碳水化合物可能是 200 左右，而脂肪中的则是 800 左右。蛋白质中分子的重量范围从大约 1 万到 50 万。血红蛋白，虽然巨大，但是在蛋白质范围内来看，仍然是小尺寸的，它具有的分子量约为 67000；一个单一的分子中仅含有约 12000 个原子。而肌球蛋白的分子更小，约为 3000 个原子。在 1959 年进行的最终分析表明，血红蛋白包含 2932 个碳原子，4724 个氢原子，828 个氮原子，8 个硫原子，4 个铁原子（名称中的“血”是指铁产生的复杂物），以及 840 个氧原子。此外，由于肌红蛋白“较小”，肯德鲁的分析需要从 110 个晶体中测量 20 多万 X 射线反射的强度。肯德鲁和佩鲁茨仍然成功构建了一个三维模型，这意味着解决了棘手的相关的构造问题。

虽然桑格、佩鲁茨和肯德鲁可以使用新仪器——超速离心机、红外线和紫外线光谱、电泳、同位素示踪法、色谱法——所涉及的基本方法又让人想起了前几十年的费力的方法。仍然有两个基本方法来合成：要么缓慢而艰难地建立链接链，一次一个，一个接一个地连接；要么，把链条上的基本单位都聚集在一起，然后把它们连接起来，这也是缓慢而艰难的过程。其中将会涉及成百上千个步骤。整个过程需要不停地洗涤以去除不必要的浪费，但这些也丢掉了很多产物。

1926 年，美国人詹姆斯·B. 萨姆纳第一次结晶了一种酶，从而证明了它们曾被认为是蛋白质的观点，这是德国化学家威尔斯泰特曾否认的观点。1935 年，两名美国学者温德尔·斯坦利和约翰·H. 诺斯罗普，获取了第一个结晶的病毒，这是一个非常了不起的壮举，而很少有人对此了解。这三个美国人共同获得 1946 年的诺贝尔化学奖。

20 世纪 30 年代，英国人沃尔特·霍沃斯（1937 年诺贝尔化学奖得主）合成了一种维生素（维生素 C）。瑞士人卡勒则于 1930 年和 1935 年分别合成了维生素 A 和维生素 B_2。德国人理查德·库恩（1938 年诺贝尔化学奖获得者）独立研究出胡萝卜素是维生素 A 和合成维生素 B_2 的前体，并证实了其对呼吸道的作用。

在 20 世纪 50 年代，出现了更伟大的艺术大师。美国化学家文森特·杜·维格诺德（1955 年诺贝尔化学奖获得者）于 1953 年首次合成蛋白质激素（催产素）。他了解到它有八种氨基酸，然后把它们以复杂的顺序连接起来，最终取得了成功。

所有人都认为作为有史以来最伟大的合成家的是罗伯特·B. 伍德沃德。他的才华在早期就有目共睹。由于自己单独学习更加有效而没有入读高中，后来他考入麻省理工学院。后来他再次进入理工学院，并得到允许去创设自己的课程，20 岁时，他获得了博士学位。21 岁时，他成为了哈佛大学的教师。对他来讲，似乎没有什么困难能够烦扰到他。伍德沃德在 20 世纪 40 年代开始合成奎宁，这是一个极其复杂的化合物，为合成它，已让人们付出了百年的艰苦努力。他继续又合成了胆固醇、可的松、羊毛甾醇、士的宁（毒性较大）、麦角酸（著名的迷幻剂麦角酸二乙基酰胺）、麦角新碱、玫瑰树碱、秋水仙素、金霉素和土霉素。他的最高的成就是第一个完整的叶绿素的合成。

然而，就像马和马车突然让位给了汽车一样，这些事业至少其英勇的一面突然间就销声匿迹了。到了 1970 年，美国的布鲁斯·梅里菲尔德找到了一种方法来自动化合成多肽类，一种氨基酸链。在此之前，威廉·H. 斯坦和斯坦福·摩尔的洛克菲勒研究所用 30 年的时间完成了第一次对于一个重要且复杂的酶——核糖核酸的分析。当时是 1960 年，他们共同获得了 1972 年的诺贝尔化学奖。此后，再也没有人能够复制这一壮举——直到梅里菲尔德的出现。1969 年，他通过使用新方法来反复进行穆尔和斯坦因的第三年的工作，尽管这种酶的合成需要 369 个反应以及 11931 步单独的步骤——并且，他只耗费了几个星期的时间。在不到一周的时间里，他的自动化过程同时也合成了胰岛素，其中涉及了 5000 次测算。

1985 年的诺贝尔化学奖共享者豪普特曼和美国人卡尔勒，对 X 射线晶体学做了类似的研究，但他们 1950 年提出的方法由于过于机械而长期被忽视，因而这一研究也是“非化学性质的”。现在，这种方法被广泛应用于快速分析分子结构，尤其是用来生产新的药物。

1990 年的化学奖获得者埃利亚斯·詹姆斯·科里，进一步简化合成为“反合成”：他一步步地分解化合物，并且始终确保能扭转每一步骤。因此，他后来发现了分解和合成化合物的规则。用计算机处理“反合成”极大地加速了其过程的进行，并且科里的电脑程序现在也得到了广泛的应用。

用计算机来绘制反应的另外一种应用是由 1998 年的诺贝尔化学奖得主沃尔特·科恩和约翰·A. 波普尔在 20 世纪 60 年代发展的。科恩的“密度泛函理论”的重点在于定位一个特定分子的电子的平均数，而不是单独的个体。

波普的方法通过计算机来分析分子的性能和形状；他的这一计算机程序十分流行。

对于新反应的新反应

到了 20 世纪 50 年代，对于反应的研究类似于 19 世纪末的研究方法：对化合物加热或增加其他能源，并测量其结果。即使结构理论的改善足以帮助澄清反应的性质，反之亦然，却往往没有足够的仪器可用。在 20 世纪 50 年代，曼弗雷德·艾根，罗纳德·诺里什和乔治·波特发展了研究方法，以便能够测量出发生在十亿分之几秒钟甚至更少时间时的反应（他们共享了 1967 年的奖金）。后来出现了更多的改进，例如由美国的达德利·赫施巴赫和李远哲，以及加拿大的约翰·波兰尼做出的改进，而他们分享了 1986 年的诺贝尔化学奖。在 20 世纪 60 年代中期，赫施巴赫把物理加速器导致的碰撞引入化学。但是，赫施巴赫并不是用粒子轰击原子核，而是用分子轰击分子。最早的“交叉分子束”的实验主要是研究碱金属，如钾、铷、铯。分子碰撞表现出新现象和新机制，如能源“篮板”，并且在理解分子转移位置时所处于的振荡和旋转，或者“平移”的能量方面，打开了一个新的视角。波兰尼在 1968 年独立地发现了一个称为化学发光的不同方法来衡量这些同样的能量。

从 19 世纪开始，对于反应的研究转移到平衡方面。简单地说，所有可能的力量、精力和影响的分配必须在反应最终达到平衡。吉布斯指出，在 19 世纪 70 年代，水提供了一个现成的例子：它可以冷冻，然后融化，然后变成气体，可液化的气体等。然而，比利时物理化学家普里高津，发展了一种非平衡系统——最初形式“混沌”的结构，仍然能够自我组织成为有序的系统，并稳定下来。普里高津荣获了 1977 年诺贝尔奖，并且激发了人们对混沌理论的兴趣。

另一个长期为人所熟悉的事实是，一种酶只执行某一特定的任务，所以很明显，它必须能够从人类数以百万计的选择中辨别出其选择的目标。但很少有人知道这一“分子识别”是如何进行的。美国的唐纳德·克拉姆、C. J. 佩德森和法国的让-马里·莱恩提出一个有用的解释。如果一个人喜欢有奇怪的线索和纵横交错情节的化学侦探故事，那么他们的研究就会是惊心动魄的。当然，酶选择特定的有机物目标。1963 年，彼得森发现酶出人意料地选择某些只连接特殊离子的金属分子。但是，某些金属离子，如钾和钠，都会参与身体和神经的反应过程。一个困惑是，这些离子如何能从源细胞中分离出去。细胞膜具有油脂性质，而离子不能溶于油脂。事实证明，一个被称为离子载体的分子可以穿透细胞膜，并且离子载体显示出对某些金属离子的高度选择性。因此，离子通过“乘坐”离子载体而通过细胞膜。

现在，一个相关的观点是：如果目标离子载体及离子可以用作抗生素，并且如果能人为地把离子载体与金属离子结合，那么可能会产生一个最有用的药物过程（比如抗生素），以及许多对分子识别如何进行的新的见解。实现这一点是非常棘手的，至少可以这样说，因为“识别”在很大程度上取决于对分子形状的敏感性。适合的必须是正确的。埃米尔·菲舍尔在 1894 年把它称为锁和钥匙的图案（即，锁匙学说）；随后，酶寻求完全正确的“基板”。佩德森把某一分子的形状称为冠醚；莱恩为离子建立了名为穴状配体的分子分离器。这些都还不够好。克拉姆找到一个更好的方法叫作——名字刚开始听起来不太好听——共价空穴。由于这种“主客体”的过程，克拉姆、莱恩和佩德森在 1987 年分享了诺贝尔化学奖。

在某种程度上，由于工业需求的原因，无机化学新成就的取得始于 20

世纪 50 年代。1938 年，试图生产合成橡胶的居利奥·纳塔对聚合物进行了研究——复制单元的长直链上的分子。德国人卡尔·齐格勒在 1953 年发现了一种方法，以更快捷、方便、可靠地促成这些聚合物。他们共享了 1963 年的诺贝尔奖。

德国人恩斯特·奥托·菲舍尔和英国的杰弗里·威尔金森，在 1973 年发现了“三明治”化合物，这一种极具工业价值的有机金属化合物被用于制造丙烯和乙烯——被用来制造其他化学物和塑料的易燃、无色的气态烃。1974 年，又一个在无机化学领域的奖项由美国的保罗·弗洛里获得，他证明聚合物没有确切的长度，而是由许多大分子组成。他能够为决定聚合物特定属性或测量设立一定的温度。他的研究结果尤其有助于改善橡胶的弹性。1994 年，美国人乔治·奥拉获得了奖项，原因在于他从碳化合物的分裂中发现了“超强酸”，如今，它被广泛地应用，例如，应用于生产高辛烷值汽油。

毒气、原子弹与诺贝尔奖

在第一次世界大战期间，诺贝尔基金会取消了 1916 年和 1917 年的奖项。战后的第一个奖项让很多人都感到吃惊：它被授予德国化学家弗里茨·哈伯。他的诺贝尔化学奖的获得源于他在 1908 年左右发现了如何用空气中的氮制取氨。这一发现确实能够很好地造福人类。随着世界人口的增加，供应用于农业的硝酸盐减少。土壤贫瘠，亟待振兴。哈伯很荣幸地为避免世界范围内的饥饿做出了贡献。

他的获奖同时也有不好的一面。如果说二战（原子弹，雷达）是物理学家的战争，那么第一次世界大战则是化学家的战争。哈伯的硝酸盐不仅可以带来肥沃，也会造成爆炸。仅在战争爆发几个月后，德国就发现其军需用品急缺硝酸盐。智利一直是世界范围内的供应商，但英国海军切断了德国从该国的来源。显然，哈伯的人工硝酸的制造方法使德国在战争中维持了多年，否则它可能不得不投降。

然而，这并不是哈伯的获奖引起轰动的原因。原因在于，他把毒气引入到了战争中。他作为德国的坚定的爱国者设立程序，招募其他的科学家，完全投身到项目中。在这项工作中，他并不孤单。其他帮助毒气战计划的科学家，有时直接为哈伯工作，包括未来的诺贝尔奖得主斯特、维兰德、哈恩、弗兰克和赫兹。而他们都没有像哈伯一样遭受公众谴责。1968 年，哈伯曾经执教过的卡尔斯鲁厄大学庆祝百年诞辰，两名学生举着抗议海报来到前台："为一个谋杀犯庆祝"；"哈伯：毒气战之父"。1983 年，甚至一个为纪念哈伯而以其名字命名的德国机构也在一本小册子里抨击他，说他是导致广岛暴行的好战分子。

哈伯在战争中所扮演的角色使国际哗然，以至于他担心在战争结束时被逮捕，并作为战犯而被判处死刑。奥托·哈恩说，哈伯

> 在战争快要结束时，变得非常紧张，并且消失了一段时间。当我看到他时，他为了不被别人一眼就认出而留了胡子。但是，战争结束后，(国际组织) 并没有采取任何不利于他的措施。

当然，所有现代军事技术源于科学，而处于禁区的十字路口的毒气似乎是特例。气体的影响，即使不是致命的，也是特别可怕的。此外，德国已经签署了 1899 年和 1907 年禁止毒气战的"海牙公约"——虽然当时还没有这样的武器存在，那么，这样的条款也是模糊的。"让德国准备使用毒气的是战争开始后不久的弹尽粮绝。他们希望一个快速的突破和胜利，但阵地战威胁无限期拖延。似乎只有毒气才能清除掉盟军的战壕。所以哈伯开始了此项工作。他认为，在和平年代的科学家属于世界，而在战争中，属于他的国家。毕竟，于 1876 年，为法国参议院工作的路易·巴斯德毫不犹豫地使

用了“爱国科学”的口号。

1915年4月的第一次毒气攻击，沿途几英里（1英里≈1千米）便释放了5000罐，并吹向法国边界。气体几乎形成上千码（1码=0.9144米）深的浓雾。法国人完全措手不及，成千上万的人死亡或重伤——在战争中，两边都没有非常准确的受害者的数字。确定的是，毒气很可怕，但它也有令人困惑的一面，因为有时对攻击方所造成的危害要比敌人多。无论如何，出于可鄙的设计，德国的偷袭使他们失去了军事上的优势。几个月后，盟军也用毒气反攻。其后，双方都用毒气攻击。

哈伯的爱国热情贡献给了无情的任务。即使在一个外交政策非常强硬的年代，他也是一个超民族主义者。当哈伯在1915年1月招募年轻的奥托·哈恩研究用氯做毒气时，哈恩因为海牙协议而犹豫了。哈伯的主要论点是，毒气的使用可以缩短战争以拯救生命。阿尔弗雷德·诺贝尔本人当然更甚之，他认为真正可怕的武器有可能完全结束战争。哈伯虽然是德国最杰出的化学家之一，但他是因为硝酸盐而留在战争中的德国人，他除了是一位超爱国主义者外，也是一个犹太人。在毒气战中，他最初被任命为一名警长，后来也只是升为队长。而哈伯的领导着化学战的英国合作者是一名准将。卡尔斯鲁厄大学曾多年拒绝哈伯晋升为全职教授，而原因在于他是犹太人。然而，哈伯认为反犹太主义是一种“特权”——它刺激犹太人更加努力地工作。当哈伯的同事和未来的诺贝尔奖获得者赫尔曼·施陶丁格建议，红十字会呼吁在未来战争中禁止使用毒气时，哈伯几乎指责他是叛徒。

他光头，戴眼镜，肥胖，专心做事的时候不发一言。但他也可能是最热闹的同伴，一个最有趣的故事大王，一个即兴作诗的天才，一个抢手的朋友，他与爱因斯坦、普朗克、波恩，威尔斯泰特共事过。然而，哈伯不惜任何代价为赢得这场战争而做奉献，却花费了极高的个人代价。据说他的妻子曾劝说他放弃毒气的研究工作，他拒绝了。她于 1915 年开枪自杀。

因为德国人首先违反了“海牙协定”，因此盟军研究毒气的科学家也没有任何责任。涉及的美国人包括后来哈佛大学校长詹姆斯·科比科南特，和杰出的 G. N. 刘易斯。但是，既然哈伯是如此的一个愤慨的避雷针，为什么诺贝尔奖评审委员还要把他作为战后第一个化学奖得主？如果国际盟军是诺贝尔的动机，那么它最后是悲惨地失败了，而哈伯的选择加深了盟军对德国科学家的怨恨。

哈伯的儿子认为，诺贝尔本身关于哈伯获奖的讨论真的是一个“无知和无关的奇怪的混合”。由于他，化学委员会分裂了。他的反对者认为哈伯的波希制取氨法仍是秘密，这违反了诺贝尔律例，这个过程也“延长了战争”。但诺贝尔档案馆——哈伯的儿子说——本身没有记录对化学战的批评。1918 年，化学委员会投票否决了哈伯。1919 年，同一委员会否定了原来的决定并一致决定把奖授予他。历史学家伊丽莎白·克劳福德认为，诺贝尔委员会将不会在战后这么快就授予哈伯奖项，因为其他候选人也得到了很多的国际支持。如果是这样的话，那么盟军通过宗派主义授予了哈伯至少这一场胜利。

涉及的紧张关系无疑是哈伯没有在 1919 年的仪式上而是在 1920 年 6 月获得奖牌的原因。即使在 1920 年，也没有瑞典王室成员出席会议。诺贝尔基金会的颁奖词仅仅说，王室的缺席是由于公主玛格丽特的死亡，由于“特殊原因”仪式被推迟到 1920 年。哈伯的战争记录和他的诺贝尔奖，必定也部分解释了为什么从 1915 年至 1927 年，没有德国化学家被任何盟军的科学家提名为诺贝尔化学奖候选人。

另外两个德国的获得者，是哈伯的第一届学生也是后来的同事，他们也卷入到了希特勒战争中。他们是卡尔·博施和弗里德里克·贝吉尔斯，两位共享了 1931 年的诺贝尔化学奖。博施能够共享奖项是因为，早在 1910 年就使哈伯的合成氨工艺商业化。博施也没有从事毒气工作。希特勒上台后，博施是留在德国的几个诺贝尔奖获得者之一；他于 1937 年接替普朗克成为德皇威廉研究所的主任，并在 1940 年去世。1913 年，贝尔尤斯发现了高压手段提高煤炭和汽油产量，这在 20 世纪 20 年代得到实际应用——对于纳粹运动，及时地证明了其使用价值；此外，这种方法也生产了代用食品。

事后看来，哈伯的 1918 年诺贝尔化学奖充满了讽刺。毒气战显然在战争中很少或根本没有造成什么差异。最讽刺的是，英国化学家把哈伯的成就应用在为英国战争生产人工制品。这就是曼彻斯特大学的哈伊姆·魏茨曼博士，当时他已经是世界犹太复国主义的领军人物。作为犹太人，超同化的哈伯和充满激情的魏茨曼有很大的区别。魏茨曼对英国战争的巨大贡献，是在著名的 1917 年的“贝尔福宣言”起到了重要的推动作用，在宣言中，英国承诺为世界上的犹太人提供在巴勒斯坦的家园。在 20 世纪 20 年代，当德国人遭受盟军对其施加的惩罚性和毁灭性的赔偿和土地割让的情况时，满腔爱国主义热情的哈伯把他的科学能量使用在其计划中以从海水中提取金子来支付赔偿金——最终是徒劳的。

最可悲的讽刺是在 1933 年，当时纳粹上台了。作为犹太人的哈伯不得不辞去作为著名的威廉皇帝物理化学和电化学研究所所长的职位。他流亡到了英国，在那里他的宿敌友好地欢迎了他。魏茨曼试图招募他为雷霍沃特巴勒斯坦正在兴建中的新的科研机构的成员，而哈伯也有强烈的兴趣。然而他的心脏开始衰竭，并于 1934 年去世。

现在，来谈谈核弹的事情。在第二次世界大战结束时，奥托·哈恩在有史以来最好奇的氛围下获得了诺贝尔化学奖。这是在 1945 年补发的 1944 年的奖项。当这一决定公布时，时年 66 岁的哈恩在英国一个高度秘密的名为农场庄园（Farm Hall）的监狱围墙里，同在一起的还有其他 9 人，其中包括诺贝尔奖获得者马克斯·冯·劳厄和海森堡。海森堡和其他一些人在德国核弹项目中是关键人物。哈恩和冯·劳厄都拒绝进行科学的战争工作。冯·劳厄公开反对纳粹，并于 1943 年辞去他在柏林的教授职位，从战争的高度，以示抗议。很显然，他能够活着是因为他是一个伟大的普鲁士军人家庭的后裔，这个家庭在德国军队里仍然具有很大的影响。

盟军逮捕哈恩和其他人，部分原因是为了了解他们为德国的原子弹工作所做的努力，以确保他们不会被苏联抓住。被拘留者每天只能了解被严格审查的新闻，他们的行踪被保密。尽管如此，他们还是被视为尊贵的客人，虽然英国秘密录制了他们的谈话；直到 1993 年，这些东西才被允许全面发行出来。

英国情报人员偶尔对他们的“客人”进行缩略图人物速写。哈恩被描述为世界上的这样一种人，“他的幽默和常识使他多次化险为夷”和“不受年轻成员欢迎的……他们认为他独断专权”。美国在广岛投放原子弹的消息让德国科学家傻眼了，他们简直不敢相信美国人在他们失败的地方获得了成功。英国窃听者这样报道：

哈恩被这一消息彻底击垮了，并说他觉得自己对数十万人的死亡负有责任，因为是他最初发现了核弹的可能。他告诉我，他原本想过自杀——在大量的酒精兴奋剂的帮助下，他才平静下来。

哈恩并没有立即得到允许回复诺贝尔当局接受奖项。盟军不想让世界都知道他们扣留了哈恩和他的团队。

虽然对此有争论，哈恩的狱友仍然为他安排了即兴的庆祝活动——这肯定是有史以来最不寻常的诺贝尔庆祝会。一名英国联络官提供了烤肉类和饮品。据英国窃听者所说，庆祝会开始就比较糟糕，当时，冯·劳厄做了一个有点伤感的讲话，讲到了哈恩妻子的一些事情，使哈恩伤感流泪。当海森堡和其他人对荒谬煽情报纸报道以漫画蠢事的形式描述时，才使得会场欢呼雀跃起来。一种恶搞集中在“希特勒原子专家”（即哈恩）的神秘失踪，有人传言他已经和希特勒乘坐一个U型艇逃脱了，或者有人说他在特拉维夫出现过。另一种恶搞则是把哈恩比作歌德：一个人撕裂人心，另一个则撕裂原子。在另一个恶作剧中，诺贝尔奖奖金以糖的价格来划分，而糖的能量可以通过铀来衡量，“即使人不能吃铀”。结果是：1千克糖包含约4000卡路里的热量，因此，诺贝尔奖的价值约6亿卡路里。最后，在真正的日耳曼学术时尚界里，有一首学生唱的歌——德语和英语的混合，据报道说，其中一节如下：“半年之前被拘留 / 哈恩和我们在农场庄园 / 如果有人问，谁的责任 / 答案便是：奥托·哈恩。”总计多达14节。

在哈伯的事件中，讽刺比比皆是。在他的回忆录中，哈恩讲道，随着诺贝尔颁奖时间的临近，在英国《新政治家》杂志上的一篇文章推测，哈恩有可能获得化学与和平奖两个奖项。“尽管我已经知道了如何制造原子弹的秘密，但没有告知希特勒。真是胡说八道！”

有几个关于诺贝尔奖的奥秘依然存在。当授予哈恩奖项时，诺贝尔化学奖委员会似乎不知道他在哪里。难道他们不担心吗？他们怎么知道他还活着呢？如果哈恩被指控犯有战争罪行，又该如何呢？诚然，哈恩、海森堡和冯·劳厄都是极其重要的科学家，有关他们的消息极有可能被泄漏出去。但我们不知道，诺贝尔奖评委是否知道，或者甚至试图找出缺席的新的获得者所处之所。哈恩肯定担心，瑞典人会认为他粗鲁不回信接受奖项。他请求允许亲自去斯德哥尔摩接受他的奖项。这遭到了拒绝，但他终于被允许在12月写信拒绝，并且没有任何解释。一个月后，在1946年3月1日，所有的10名被拘留者被允许返回德国。哈恩去了格丁根，去接任马克斯·普朗克德提供给他的威廉国王研究所的负责人职位，这一研究所不久便被重新命名为马克斯·普朗克研究所。

哈恩当然应该获得诺贝尔化学奖。但是，他的同事也理应分享奖项：核物理学家莉莎·迈特纳和分析化学家弗里茨·斯特拉斯曼。哈恩和迈特纳在一个不可分割的团队里有 30 年的时间，并且斯特拉斯曼曾在过去 10 年左右的时间里与他们紧密合作。因为迈特纳是奥地利的犹太人，她在 1938 年末逃亡到瑞典，当时德国已经占领了奥地利。她和哈恩关于正在进行实验的每一个细节都保持密切和经常的联系。在哈恩 1946 年的诺贝尔奖获奖演讲中，他称迈特纳和斯特拉斯曼是他的团队成员，但作为平等的同事没有得到荣誉。这里，最大的神秘性在于化学委员会和诺贝尔基金会。该基金会在迈特纳到达瑞典之初便提供了帮助。在诺贝尔委员会投票之时，她已经在瑞典工作了至少 5 年的时间。目前仍然不清楚他们是否曾经咨询过她关于她在研究发现中的地位。

第二个最伟大的错失的化学奖得主

诺贝尔化学奖评委会在工作之初有两件令人沮丧的失败事件。第一个已经提到过：它们未能在吉布斯去世前颁发其奖项。几年后，他们对伟大的俄国化学家门捷列夫也做了同样的事情，门捷列夫因不可或缺的元素周期表而闻名于世。他在 1871 年发表了他的最后版本。在 1905 年和 1906 年，他是诺贝尔奖候选人中的领先者，并且得到了化学奖委员会的强烈支持。但是，评委会的其中一名成员辩称，他的发现太旧了并且众所周知，根据“新的兴趣”来看，并不该作为例外。“这很奇怪，因为直至今日，门捷列夫的周期表是一个持续的发现，并是诺贝尔奖获奖者们研究领域的基础。”1906 年，无机化学家亨利·莫瓦桑以多于门捷列夫一票而获得奖项。显然，诺贝尔基金会觉得莫瓦桑比门捷列夫的荣誉更高，这既不讽刺也不是不公正的，因为他发现了门捷列夫早已精确预测的元素氟。众所周知，门捷列夫在元素周期表中已经为应该存在的元素空出了位置，而第一届化学奖委员会把荣誉全都颁发给了对这些元素的发现，其中不仅有拉姆齐和莫瓦桑，还有 1911 年第二次获奖的居里夫人，因为她发现了门捷列夫通过研究而预测存在的镭和钋。后来的一些元素的发现——1925 年的铼，1917 年的镤，1923 年的铪——都未获奖。只有美国人麦克米兰和西博格在 1951 年因为他们的团队通过人工方法产生了新元素而获奖。

门捷列夫的事件值得停下来一瞥诺贝尔奖评审委员常常令人费解的逻辑。为什么因为太旧而否认门捷列夫的研究工作呢，而拜尔的工作不是也要追溯到 19 世纪 70 年代吗？拜尔的支持者辩称，他在直到获奖之时还做着持续不断的贡献。不过，拜尔也是德国化学界中的一个顶尖人物，他是伟大的凯库勒的学生以及埃米尔·菲舍尔的老师。而门捷列夫是俄罗斯人。在 1910 年，物理委员会提名荷兰物理学家约翰·内斯范德华为获奖候选人，因其对于低温的研究，而这一研究可追溯至 19 世纪 70 年代；至 1910 年，他的获奖研究工作已有接近 40 年的历史。但是，大约从 1908 年开始，这一研究引起了人们对于荷兰物理学家昂内斯·卡默林的低温实验的重新的兴趣。在这一方面，一个更有力的论据本可以说明门捷列夫的研究在汤姆孙发现电子之后的先进地位——因为这一发现促进了人们对于门捷列夫元素周期表以及记录原子及其重量的“重新的兴趣”。

门捷列夫的事件还提出了关于优先的问题：一个想法的最初提出者是不是应该先于实践之人获奖呢？一直以来，这都是一个难题。而一个抱怨门捷列夫的委员，意大利化学家康尼查罗（1826～1910 年），在他 1858 年的关于原子质量的研究中，就使得门捷列夫周期表的发现成为可能。如果是这样的话，那么为什么康尼查罗没有和门捷列夫共享奖项呢？如果知道这曾被考虑过，那会是非常有意思的。或者，可能仅仅就是不时地发生这样的事件，诺贝尔化学奖才会出人意料。

第七章 诺贝尔生理学或医学奖

243

阿尔弗雷德·诺贝尔的遗嘱为“生理学或医学”领域的发现设立了奖项——就是以那样一种顺序。但现在很少有人清楚为什么他把生理学等同于医学。

“生理学”

从 19 世纪中期，出现一场被称为实验医学的革命性的运动。阿尔弗雷德·诺贝尔的时代，这就是“生理”的意思——为把医学研究从医生的诊所转移到实验室所作的努力。“生理学家”最初是 19 世纪在医学校教书的地位低下的解剖学家。他们忤逆生理学家对健康和疾病的严格研究的不屑和无知，于是大胆决定重新建立他们的科学。

在 19 世纪 60 年代的法国，著名的克劳德·伯纳德认为医学停滞不前，被动，陷入无用的分类中。他呼吁“实验医学”：

> 因此，这是清楚……医学走向其最终的科学路径……逐渐放弃（类别的）系统的界限，以承担越来越多的分析形式……这对实验科学来讲是很寻常的。

同时，伴随着“心理物理学”和“生理感知”的战斗怒吼，在德国推出了类似的实验心理学。年轻的反叛者之一便是后来成为伟大的物理学家的亥姆霍兹。

阿尔弗雷德·诺贝尔同时代最伟大的人物在这里——路易·巴斯德（1822～1895年），他不是医生而是医学化学家，他的实验革命性地洞察细菌学和免疫学，从而打破了古老而备受尊敬的——疾病“自发生成”的想法。他说，不是一些含糊的生命哲学原理，而是细菌造成疾病。在巴斯德之后，并非久负盛名的诊所的医生，而是不起眼的化学家和解剖学家、生理学家在实验室掌控着医学研究的方向。“巴斯德先生，甚至都不算是一名医生！”1886年，一名医学科学院教授如此抗议。的确如此，他只不过是巴斯德。

要理解生物体，生理学家要走近它把它作为实验对象。一些医生认为这曲解了他们愈合的目的，并担心“艺术”医学变成一个机电还原的过程。对于活体解剖的打击开始于19世纪，这是反对“不正当”实验室的研究人员的态度活动的一部分。

诺贝尔对新的实验生理学产生极大兴趣。因此，他在巴黎和意大利成立了自己的私人实验室。他在输血方面做了实验，并紧跟其他地方的发展。在19世纪90年代，他对俄罗斯的巴甫洛夫实验室慷慨捐赠。生理学还倡导科学促进发展的信念，这是诺贝尔的最深切希望的表达。

诺贝尔选择了一家医学院和研究中心，即斯德哥尔摩卡罗林斯卡学院，来管理诺贝尔医学和生理学奖。然后该研究所决定，奖项应该只颁给对人体健康所做的基础研究。因此，诺贝尔奖果断地把医学与新的实验室研究联系在一起。在当时，这是大胆的一步。这也意味着临床成就可能得不到奖项。20 世纪早期的开创性的美国神经外科医生哈维库欣，虽然获得了提名，但从未获得过奖项。弗洛伊德也未曾获奖，其新心理学分析缺乏严格的实验证据。

事实上，在 1895 年，当诺贝尔考虑新的医疗创新和见解的时候，似乎到处都出现了进展。在 20 世纪末，这有时候似乎可以看作是一场古老的生理学精神的模棱两可的胜利，是患者通过在挤满了不人道的实验室设备的医院病房里的管子和显示器维持生命的胜利。阿尔弗雷德·诺贝尔逝世于 1896 年，当时进步的曲线似乎仍然在上升。也许他很幸运，没有在一个世纪以后逝去。他被活埋的恐惧困扰着整个生命。

生理学在 20 世纪 30 年代获得了众多诺贝尔奖，尤其在神经系统、肌肉、运动神经和呼吸机制的解剖方面。但是，即使它聚集了很多奖项，在其之前所提出的专业特色方面还是毁灭性的。一名同时也是生理学家的医疗历史学家，于 1953 年总结出生理学“不再是一个统一和连贯的研究领域”。或许古典生理学获得的最后奖项便是 1963 年颁给约翰·埃克尔斯、阿兰·霍奇金、安德鲁·赫胥黎的奖项，颁奖词中这样写道：“发现在神经细胞膜的外围和中心部位与神经兴奋和抑制有关的离子机理”。

1901 年～1950 年的诺贝尔医学奖

到 20 世纪中叶，生理学是两个大的获奖领域之一。另一个则是微生物学。

1901 年至 1950 年的诺贝尔生理学奖

（括号中为从事获奖研究工作的年份）

1904 年　巴甫洛夫（19 世纪 90 年代），消化生理学

1906 年　卡米洛·高尔基（1873 年）和圣地亚哥·拉蒙·卡哈尔（1887 年），均在神经学领域

1909 年　埃米尔·特奥多尔·科克（19 世纪 90 年代），甲状腺腺体

1911 年　阿尔瓦·古尔斯特兰德（20 世纪初期），眼睛屈光学

1912 年　亚历克西斯·卡雷尔（1904～1910 年），血管缝合，器官移植

1914 年　罗伯特·巴拉尼（1910 年左右），耳朵生理学

1920 年　奥古斯特·克罗（1916 年），毛细管神经机制

1922 年　A. V. 希尔（1920 年左右）与奥托·迈尔霍夫（1913～1920 年），肌肉氧化

1923 年　弗雷德里克·班廷和 J. J. R. 麦克劳德（1922 年），胰岛素

1924 年　威廉·艾因特霍芬（1913 年），心电图

1931 年　奥托·华宝（20 世纪 20 年代），呼吸酶作用

1932 年　查尔斯·谢林顿（20 世纪初期）和埃德加·阿德里安（1925 年），神经学

1934 年　乔治·迈诺特、威廉·墨菲和乔治·惠普尔（1926 年左右），贫血病的肝脏疗法

1936 年　H. H. 戴尔（1929～1936 年）和奥托·洛伊（1921 年），神经脉冲传送

1938 年　柯奈尔·海门斯（1924～1927 年），呼吸机制

1944 年　约瑟夫·厄兰格和赫伯特·加塞（1921～1932 年），神经学

1949 年　沃尔特·赫斯（1925～1940 年）发现间脑对内部器官起着协调职能作用；安东尼奥·埃加斯·莫尼兹（1936 年），前脑叶白质切除术

第一位获得奖项的生理学家是巴甫洛夫，他是最有名的一个，虽然他的方法太死板，但他成为这一领域的具有代表性的人物。他的名字与条件反射永远联系在一起，但这一理论在很大程度上延缓了他的奖项的获得。相反，他获得奖项是因为消化理论，这一理论显然在其获奖之前遭到了驳斥。在

1889 年的实验中，巴甫洛夫换了狗的食道，使食物不能到达胃中。但胃液仍然可以发挥其作用。为什么呢？巴甫洛夫认为在狗嘴里的神经刺激了大脑，而大脑控制着消化液发挥作用。

不幸的是，当两个英国生理学家，斯塔林和贝利斯在 1902 年重复巴甫洛夫的实验时，发现了一种叫促胰液素的物质，这是一种调节十二指肠功能液的肠道激素。在圣彼得堡，巴甫洛夫重复他们的实验，和之前预测的一致。作为一个见证人后来回忆，巴甫洛夫没有说一句话就消失到他的书房里。半小时后他返回来说："当然，他们是正确的。"胰腺酶不受神经的控制。自此，巴甫洛夫便投身于条件反射的研究。在 1904 年的诺贝尔讲座中，无论是他还是诺贝尔颁奖词都没有指出斯塔林和贝利斯的驳斥。人们普遍倾向于认为，诺贝尔奖评委展示条件反射来纪念因为一个半信半疑的发现而著名的巴甫洛夫。

为什么不是至少斯塔林和贝利斯与巴甫洛夫共享奖项呢？他们的发现很快被充分报道，并且在巴甫洛夫获得诺贝尔奖之前就被认可。不过，斯塔林和贝利斯本身就值得获奖，因为他们于 1902 年发现的激素促胰液，开启了内分泌学领域之门。斯塔林发明了激素的概念，肾上腺素被发现得更早，但其普遍重要意义并未得到理解。据官方的诺贝尔奖历史记载，他们是由诺贝尔奖评委审查者在 1913 年和 1914 年发现应该获奖的。但第一次世界大战导致中断，斯塔林直到 1926 年才再次得以入围，而在当时，"其发现被视为太旧了"。这似乎是斯德哥尔摩分裂推理的另一个实例，因为在同一时期的其他奖项似乎很陈旧或者更加陈旧：见下文高尔基体和拉韦朗。发现一种蛋白质激素胰岛素后（1921~1922 年），因为诺贝尔法规的允许，人们对"荷尔蒙"重新产生了兴趣。

早期的生理学在神经内科取得了很大的进展。1887 年，西班牙人拉蒙·

卡哈尔发现了突触（后来杜撰的名称），这得益于意大利组织学家高尔基在1873年的研究工作。双方共享了1906年的诺贝尔医学奖。人们不禁要问，为什么当时高尔基的发现不是“太旧”呢？

到1906年，英国神经学家查尔斯·谢林顿为中央神经系统的整体行为做了第一次系统记录。他区分了运动神经和感觉神经，跟踪肌肉中的神经根并调查了反射，发明了著名的“下意识”反射测试。

谢林顿在超过30年的时间里，收到来自13个国家的134项提名。但是，他的诺贝尔奖却被莫名其妙地推迟，直到1932年，他时年75岁时才获奖。诺贝尔奖历史上说，1910年考官告知延迟，但随后在1912年和1915年发现谢林顿值得获奖。然而，该委员会的一位成员提出了梦幻般的反对，并得到了严肃的对待，他指出谢林顿的发现早在1826年就已经被预测了！反对的理由在第一次世界大战后又奇怪地转移：谢林顿做出了具体的足够的发现了吗？自1910年以来犹豫着评估谢林顿的审查者最终在1927年退休。五年后，谢林顿终于获得了他的奖项。

生理学从解剖工作发展而来，并长期保留其行进方向。拉蒙·卡哈尔和谢林顿在铺设裸微观神经末梢或细胞方面都是很知名的。这一过程继续研究着——不过使用的是电的或化学探针，这比任何手术刀更为细腻——诺贝尔奖获得者，如埃德加·阿德里安、H. H. 戴尔和奥托·洛伊、约瑟夫·厄兰格和赫伯特加塞。其他人，像A. V. 希尔迈耶霍夫、奥托、奥托华宝，都使用化学探针。班廷和麦克劳德，在他们的胰岛素实验中，捆绑管道；特奥多尔·科克手术切除在羽毛状片中的甲状腺，来研究所产生的变化。

沃尔特·赫斯（1949年诺贝尔奖获得者）设计了一个“立体”的手术刀以在大脑中植入电极。亚历克西斯·卡雷尔（1912年诺贝尔奖获得者）发明了巧妙的缝合技术，将血管移植。他获诺贝尔奖后，使一只鸡的心脏处于活着的状态——或者至少抽搐——长达 34 年的时间。事实上，“活得比他还长”。心电图（EKG）和脑电图（EEG）是在生理传统领域的创新。唉，还有埃加斯莫尼斯的残酷的前脑叶白质切除术（1949 年诺贝尔奖）。

但在各专业之间不可避免的斗争中，生理学开始让位于生物化学。

细菌学诺贝尔奖，1901～1952 年

（括号中为从事获奖研究工作的年份）

1901 年　埃米尔·冯·贝林(1890 年)，白喉疫苗

1902 年　罗纳德·罗斯（1897 年），疟疾病媒

1903 年　尼尔斯·芬森（1893～1894 年），以光线放射治疗寻常狼疮

1905 年　罗伯特·科赫（19 世纪 80 年代至 90 年代），结核病和炭疽疫苗

1907 年　查尔斯·拉韦朗（1882 年），疟疾研究

1908 年　埃黎耶·梅契尼可夫（1882 年），白细胞

保罗·埃利希（19 世纪 90 年代），血清疗法

1913 年　查尔斯·里歇（1901～1903 年），抗休克的研究

1919 年　儒勒·博尔德（1898～1906 年），免疫成分

1926 年　约翰内斯·菲比格（1913 年），癌症治疗

1927 年　朱利叶斯·瓦格纳-尧雷格（1917 年），以疟原虫接种来治疗麻痹性痴呆

1928 年　查尔斯·尼科尔（1902 年），斑疹伤寒

1929 年　克里斯蒂安·艾克曼（1897 年），脚气病的原因

1939 年　格哈德·多马克（1932 年），磺胺类药物

1945 年　亚历山大·弗莱明（1928 年），恩斯特和霍华德·弗洛里（1938～1941 年），青霉素

1948 年　保罗·穆勒（1939 年），DDT 杀虫剂

1951 年　马克斯·泰勒（1937 年），黄热病

1952 年　塞尔曼·瓦克斯曼（1943 年），链霉素

在诺贝尔奖的前 20 年，不包括战争的 1915 年到 1918 年，细菌学拿走了一半的奖项，而从 1921 年至 1940 年，几乎同样这么多。

巴斯德发现了当时摧毁法国丝绸工业的寄生虫，并且发现了预防狂犬病和炭疽病的接种。他于 1895 年去世，错过了必得的诺贝尔奖，不过后来，他引起了一场小的疫情。

“微生物捕获者”的鼎盛时期

从 1880 年到 1930 年左右，细菌学家是医学光辉的征服者。他们穿着白大褂跑遍世界各地，带着显微镜和试管强悍地进入丛林和疫情，追查人类的细菌敌人。这就是大众对他们的想象；而现实也是没有太大差异的。

德国细菌学家罗伯特·科赫最初在一个小镇上做执业医生。外表上非常刻板和谨慎的他，内心却对冒险充满了渴望，他渴望做一名军队的医生或船舶的医生。尽管他高度近视，1870 年的普法战争仍然给了他一个机会，这使他兴奋不已；此外，这次机会还使他接触了霍乱和伤寒疫情的案例。和平到来的时候，他转移到了细菌学，这当然比常规的医疗实践更具冒险性。他前往埃及和印度去征服霍乱。1876 年，他发现的炭疽杆菌是巴斯德的细菌理论的第一个确凿证据。1882 年，他发现了结核杆菌。在 1897 年初始，他最后解释了可怕的中世纪的瘟疫黑死病：该病是由受感染的大老鼠身上的虱子所传播。他还表明，引起昏睡病的锥虫由采蝇传播。他的证明微生物会导致一种疾病的“假定”，是指能够分离出微生物，用

它来传输的疾病，然后再把它隔离。

这开启了控制流行病的现代流通方式之一：不攻击疾病而是攻击载体。消灭虱子和苍蝇，疾病就会结束。载体的寿命周期必须进行研究，从而开辟了细菌学的另一个新的分支。科赫虽然是开拓者，但他在1905年才获奖。

另一种方法被科赫的弟子保罗·埃尔利希发现：由化学物直接攻击。他在1885年有了这种设想，并在之后的50年间进行了发展，其中有两年时间花费在埃及，从结核病中恢复过来——这一次是微生物捕猎者捕猎。埃尔利希似乎已做好准备与任何不服从他信中的意愿的人斗争。不过，这个实验的暴君显然是未来的人，他于1896年被国家血清研究与控制研究所指定为带头人。总之，细菌学有其独特的政治性和帝国主义用途。欧洲人需要保护，而欧洲在世界各地的殖民地也同样需要。

埃尔利希发现了一种新的方法来杀死病菌。他把细菌细胞染色，这样它们就可以用显微镜看到。然后，他思考如果细菌选择性地与染料结合，那么它们是否可能与杀死它们的化学物质结合呢？这种物质有一个浪漫的名字“灵丹妙药”——这是一种化学物质，它们杀死病菌而不会危害人类宿主。埃尔利希由此开启了化疗和持续不断的搜索直接攻击病原体的实验室制药。在20世纪40年代，出现了磺胺类药物和抗生素。埃尔利希的成名来自于他对梅毒的治愈，此“灵丹妙药”为洒尔佛散，而这是在1908年获奖后两年的事情。

埃米尔·冯·贝林而非科赫，获得了第一个诺贝尔医学奖，也许是因为当时全世界的家长和孩子都非常担心的白喉。贝林的接种方法来自于1796年的爱德华·詹纳的发现：感染的血清可以保护人类免受未来的感染。第二个诺贝尔奖涉及征服殖民地的祸害疟疾。在印度政府服务的医生罗伯特·罗斯，在1897年至1898年发现，疟蚊携带疟原虫。沼泽被排水，蚊帐被人们忠实地使用，由此，疾病消退。在一些案件中，诺贝尔奖医学委员会一定对“发现”的内容大为不解，因为它把 1907 年的诺贝尔奖授予了法国军事外科医生查尔斯·拉韦朗，他于 1880 年在阿尔及利亚分离出的寄生虫是罗斯后来所认为的引起本病的根源。而当时，拉韦朗的工作已经几乎进行了 30 年。也许拉韦朗得益于诺贝尔奖委员会对细菌学家喜爱的连锁反应。

俄罗斯化学家梅契尼可夫发现的白细胞也可追溯至 19 世纪 80 年代。直到他在 1908 年与埃尔利希共享奖项之时，从 1901 年开始的每年，他都会被提名。梅契尼可夫是诺贝尔奖持久的候选人的一个典型：在遥远的过去有一个成就斐然的科学家，但是，随着年龄增长，他放弃了研究而管理一个著名的研究所。他是巴斯德钦点的巴斯德研究所的接班人，因此，他担任了一个对瑞典科学院有很大影响的职务。像梅契尼可夫一样的很多人都经常被提名，有很大影响，是难以忽视的。他的生活有时像不同凡响的俄罗斯人的游戏诗文：年轻的时候，他的妻子去世后，他试图自杀——对于化学家来讲很奇怪——他摄入过于多剂量的药物，却没能吞咽下去，而幸存了下来。在以后的岁月里，他认为，人类的正常寿命是 150 年，并且宣传喝酸乳可以长寿不老。他本人在 71 岁时死亡。他的名气在于对抗体的发现。

1913 年的奖项颁给了法国人查尔斯·里歇，因为他发现了过敏反应：第一剂药可以幸存，但第二剂同样的药就可以摧毁整个系统，并导致其死亡。里歇的发现在某种程度上开启了对过敏的研究，过敏这一词汇是在 1906 年创造出来的，而过敏反应是局部的，它是抗生素的广泛使用的一个关注点。里歇在莱特兄弟之前尝试飞行，而后他的两个戏剧在巴黎演出，他长期担任心理研究学会会长。他的诺贝尔奖似乎令人失望。

还有三个诺贝尔奖仍然颁发给了细菌学，但没那么多了。1919 年的奖项授予了比利时的朱尔斯·博尔德，因为一项反应测试显示了某种疾病的存在。著名的瓦塞尔曼的梅毒测试便基于此。瓦塞尔曼可能共享或甚至独享获奖，但这是不可想象的：他是德国人，里歇是比利时人，而当时第一次世界大战刚刚结束。最后两个颁发给旧的细菌学研究的诺贝尔奖于1928年被法国人查尔斯·尼科尔获得，因为他对斑疹伤寒的研究，而在1951年颁发给南非人马克斯·泰勒对于黄热病的研究。两者都帮助对抗恐惧的疾病，但他们的贡献并没有为当时已使用了几十年的基本方法增加任何新意。

细菌学能够获得如此丰富的奖项，部分原因是由于消除了疾病对大家的影响。另一部分原因也是由于诺贝尔医学委员会倾向于其科学带来快速、旗帜鲜明的结果，而不是太多的理论。早期的细菌学，像早期的生理学，符合这一切要求。当然，捕猎微生物也有其魅力，在于提振公众的兴趣（私利），这是其他各门科学所做不到的。寻找最顶端的夸克可能是一个物理问题，而找到治疗癌症的方法，是每个人的问题。科赫和其他研究者是找到治愈小儿麻痹症、癌症、多发性硬化症、艾滋病和其他目标疾病的研究者的先驱。从那时直到现在，诺贝尔奖评委、公众、工业界和政府都给予他们丰厚的回报。非诺贝尔奖得主乔纳斯·索尔克无疑是比麦克林托克、李普曼或梅达沃更为人所熟悉的名字。

维生素，激素

历史学家罗伯特·科勒发表言论，说“医疗化学家是因为发现了一个新的维生素或激素而获奖，而不是因为解决了大的生物问题”。

维生素由荷兰医生克里斯第安·艾克曼发现于1890年，英国的生理化学家F. G. 霍普金斯予以部分证实。诺贝尔奖在这里变得有点纠结。

我们先从艾克曼说起，他与伟大的科赫一起研究，花了 10 年时间在爪哇研究严重的脚气病。他最终得出这是由饮食引起的。精米使他的实验鸡得了脚气病；糙米或者没有打磨过的米则没有产生这种情况。艾克曼认为稻壳一定包含某种抵挡水稻中毒素的物质。他实际上已经发现维生素缺乏症，但不知道怎么回事。抛光大米造成了这一缺陷。

霍普金斯误打误撞地因为解释了艾克曼的发现而获得声誉。他在 1912 年，把艾克曼和其他线索总结成一条身体所需要的“附属食品因素”的理论，但不能识别产生问题的物质。然而，也是在 1912 年，波兰的生物学家卡西米尔·芬克发现了治愈脚气病的存在于水稻中的物质。他把它命名为维生素，认为它与氨基酸有关，而它并不含氨基酸。20 世纪 30 年代，所确定的维生素是 B_1。但是，尽管艾克曼和霍普金斯实际中并没有真正证明维生素的原理，并且霍普金斯的主要研究结果在于被他所称的“中介新陈代谢”，霍普金斯和艾克曼共享了 1929 的医学奖；而芬克从来没有获奖。

生物化学家现在享有名望。但是，霍普金斯的职业生涯提醒人们职业生涯的早期是如何让人灰心丧气，即使是最负盛名的人。在世纪之交，霍普金斯被任命为剑桥大学的第一个生物化学讲师，但工资是如此之低，他不得不寻求教医学生来获取额外的收入，因此很少有时间来专注自己的研究。他的实验台是一张建在地窖中的令人沮丧的桌子。1914 年，年满 53 岁的他终于被任命为生物化学教授——但是并没有获得资助也没有薪酬。仅在 1924 年，一个制造帽子的私人捐助者，让霍普金斯得以建立一个好一点的实验室。霍普金斯取得了一些重要的发现，虽然其中大多数似乎都有错误，并且他的许多获奖理论也证明是错误的。但他帮助创造和建立了现代生物化学，尤其是在英国。这个瘦小，双颊凹陷的人，留着下垂的小胡子，带着一种“中国式”的礼貌，他作为一名伟大的教师值得获得诺贝尔奖——除非不存在此类奖项。

生物化学优势

像其他科学专业一样，生物化学做出了多样化的发现，在这种情况下，才有了新的技术和力量投入到生理学、药理学、有机化学和生物学领域，生物化学常常以这些建立的专业为对照，慢慢地，也获得了自己的专业地位。

爱德华·毕希纳发现细胞外存在酶，这是一个重要的开端。酶的进一步研究带来了几个方向的奖项，体现了这个话题的重要性所在。酶活性是令人费解的，因为众所周知，他们做了大量研究：它们是最重要的代谢剂，最终涉及所有的生物体的化学反应。在 1904～1905 年期间，英国人阿瑟·哈登向前迈出了一大步：他证明了一种酶需要另一种酶来帮助完成其工作，一个可移动的部分称为辅酶。哈登与在 1924 年至 1928 年间研究出辅酶酵母结构的瑞典人汉斯·冯·奥伊勒共享了 1929 年的化学奖。由于从 1904 年拖延至 1929 年颁奖，复杂的复合酶的真实面目也很晚才显露。

举个例子，令人敬畏的德国有机化学家理查德·威尔斯泰特（诺贝尔化学奖，1915）认为酶不是蛋白质，但无论是他还是其他人都不能够提纯和分离哪怕一种酶。然而，1926 年，康奈尔大学的化学家詹姆斯·B. 萨姆纳成功地结晶酶，也显示了它是一种蛋白质——这是一个很大的突破。萨姆纳的发现在 20 世纪 30 年代初得到了证实，当时洛克菲勒研究所的约翰·诺思拉普结晶了其他酶，使用了一百种试剂来完成。萨姆纳和诺思拉普分享了 1946 年的奖金的一部分。20 世纪 30 年代以来，几百种酶得以结晶。1931 年的奖项颁发给了德国的奥托·华宝，他发现了支配细胞中氧气流的呼吸酶，同时这也是第一个辅酶。华宝的诺贝尔奖很有可能帮助他渡过了整个纳粹统治时期的难关，尽管他是犹太人。据说，希特勒怕患癌症，并希望获奖的华宝会找到治愈的方法。

显然，到了20世纪20年代，需要一个新的跨学科专业。就在这时，普罗维登斯——以洛克菲勒基金会的形式——把资金从医学转移到生物医学研究和生物化学，并且以在纽约的洛克菲勒研究所作为其大本营。在哥本哈根、剑桥大学以及柏林的威廉皇帝研究所也采取了类似的措施。代谢途径，激素，维生素和氨基酸的作用，开始得到澄清。

酶是代谢系统的代理，这一领域在20世纪40年代以及之后都繁荣到获得很多奖项。从20世纪30年代开始，夫妻团队格蒂和卡尔·柯里表明碳水化合物是如何在肌肉组织中分解成乳酸的，他们共享了1947年的奖项的一部分。1937年，汉斯·克雷布斯进一步通过解释乳酸自身如何代谢而推动了柯里的发现，这个过程被称为克雷布斯循环。但是，仍不清楚细胞如何获得其释放到人体里的能量，直到弗里茨·李普曼在他对ATP的记录中进行了全面的解释。克雷布斯和李普曼共享了1953年的医学奖。生物化学在免疫学方面开始其另一条成功的主线。卡尔·兰德斯泰纳于1902年取得了惊人的发现，人体血液类型可被分为四组。此外，包含抗体的各组不能攻击自己组。他因此而获得了1930年的诺贝尔医学奖。既然他的发现为输血以及免疫学的进步开辟了道路，为什么颁奖从1902年延迟至1930年呢？因为输血需要技术的进步：一种来保持血液凝固，节省血液的方法；通过实验来探索什么方法可行，以及各种类型如何获得继承。在进入20世纪20年代之后，这些问题和其他问题才开始得以梳理。

该项研究的主体指向了移植的可能性。在20世纪30年代，澳大利亚免疫学家麦克法兰·伯内特提出了关键问题：活的有机体如何才能辨认出自己身体中释放的毒素，和那些从外面进入的呢？伯内特提出这样的理论，即身体

"容忍"它在生命早期就了解的毒素。但这会对后来新引入的物质容忍吗？伯内特不能用实验证明这一点。不过，牛津大学的彼得·梅达沃在1947年和1953年期间证明了这一点。他们分享了1960年的医学奖。另一个颁发给免疫学的奖由多塞，乔治·斯内尔和巴茹·贝纳塞拉夫在1980年获得，因为他们澄清了"组织相容性"复合物，这对于移植和抗体的有效性至关重要。从1955年到1973年，出现了尼尔斯·杰尼的"克隆选择"理论：当抗体攻击或"绑定"抗原时，他们就会产生新的抗体；身体辨认出这一点是和克隆大量的抗体同样有价值的。1984年，杰尼共享了医学奖。1996年诺贝尔医学奖获得者是彼得·多尔蒂和罗尔夫·辛克纳吉，他们更清晰地表明"T细胞"——有毒性的白血细胞——如何识别它们所攻击的病毒细胞。他们发现，涉及两个信号：T细胞必须识别病毒与身体的组织相容性蛋白。显然T细胞把表面蛋白作为受体。

1987年的获奖者是利根川进，他解释了抗体多样性的遗传基础。1990年的奖项由约瑟夫·穆雷和E.唐纳尔·托马斯获得，因为第一次肾脏移植和非双胞胎之间的骨髓移植。当DNA出现，免疫学又做出了人们所关注的其他进步。

DNA和双螺旋结构

自从克里克和沃森在1953年戏剧性的发现双螺旋结构，遗传物质DNA（脱氧核糖核酸）已成为大众偶像。博得人们紧急关注的有：发现基因控制可怕疾病的任何线索，或者由遗传"指纹"所确定的杀手，由克隆或全部人种的遗传工程所带来的试管变种。分子生物学反过来又成为流行语，并扩大成世界观。

这一学科以很小、杂乱且自我推举的形象出现在20世纪40年代初，来对抗当时的主流。它吸引并需要一些持异议的人：对物理学或遗传学有兴趣的化学家鲍林，另类的如遗传学家萨尔瓦多·卢里亚和詹姆斯·沃森，爱德华·塔图姆和乔治·比德尔，对生物学和遗传学有兴趣的如马克斯·德尔布鲁克和弗朗西斯·克里克，以及少部分 X 射线晶体学家。

遗传学开始于 1866 年，当时，摩拉维亚僧侣孟德尔耐心地绘制了豌豆突变图，并发现隐含在其中的遗传规律，后来被称为“基因的遗传规律”。1900 年他的研究被重新提起，激起人们极大的重视。一个年轻的美国动物学家托马斯·摩根——化学家和医学研究人员在 20 世纪 40 年代之前都不会与遗传学有太多交道——在 1908 年左右决定证明孟德尔是错误的。相反，他证明了孟德尔比以往任何时候都更加正确。摩根杂交了果蝇，它们繁殖快，容易测试，并且编目了大量的眼睛颜色的基因突变和翅膀形状。到了 1911 年，据他所知，细胞中含有染色体并且基因以一定的位置排列。摩根荣获 1933 年的诺贝尔医学奖。

摩根的诺贝尔奖表明了自从他 1908 年开始研究以来，在医学上发生了多少变化。在哥伦比亚大学，摩根在外面的医疗学校工作。为什么，在 1910 年，任何医疗学校难道都不应该对果蝇繁殖有兴趣吗？摩根在 1928 年移居到加州理工学院，那里没有医疗学校。但结果是，在 1953 年，不是传统的生物化学家而是动物学家——遗传学家沃森和前物理学家克里克发现了 DNA 的双螺旋结构。

涉及 DNA 的奖项列表

（括号内是从事获奖工作研究的年份）

1933 年　托马斯·H. 摩根（1908 年起），染色体研究

1946 年　赫尔曼·穆勒（1926 年），X 射线突变

1958年　乔治·比德尔和爱德华·塔图姆（1941年），发现基因受到特定化学过程的调控；约书亚·莱德伯格（20世纪40年代至1952年），细菌的基因

1959年　塞韦罗·奥乔亚（1955年），RNA酶的合成；阿瑟·科恩伯格（1955～1956年），DNA合成

1960年　麦克法兰·伯内特和彼得·梅达沃（20世纪40年代至50年代），免疫学和移植

1962年　弗朗西斯·克里克，詹姆斯·沃森和莫里斯·威尔金斯（1953年），DNA结构

1965年　弗朗索瓦·雅各布和雅克·莫诺（20世纪60年代），遗传迁移

1966年　佩顿·劳斯（1911年），病毒致癌

1968年　罗伯特·霍利，哈尔·葛宾·科拉纳和马歇尔·尼伦伯格（20世纪60年代初），遗传密码

1969年　马克斯·德尔布吕克和萨尔瓦多·卢里亚（1943年），细菌遗传学；阿尔弗雷德·赫尔希（1952年），噬菌体结构

1972年　杰拉尔德·埃德尔曼和罗德尼·波特（1967年），抗体结构

1974年　阿尔伯特·克劳德和克里斯汀·德·迪夫（20世纪40年代），细胞分级分离；乔治·帕拉德（20世纪60年代），蛋白质合成

1975年　戴维·巴尔的摩，罗纳托·杜尔贝科和霍华德·泰明（1970年），逆转录酶病毒

1976年　巴鲁克·布隆伯格（20世纪60年代），肝炎遗传学；D.卡尔顿·盖达赛克（1970年），新感染病毒

1977年　罗杰·古勒明和安德鲁·沙利（20世纪70年代），发现大脑分泌的多肽类激素；罗莎琳·雅洛（1959年），开发多肽类激素的放射免疫分析法

1978年　维尔纳·阿伯尔（1962年），双酶系统和基因拼接；丹尼尔·内森斯和汉密尔顿·史密斯（1971年），限制性内切酶

1980年　巴茹·贝纳塞拉夫，让·多塞和乔治·斯内尔（20世纪70年代），免疫遗传学

1983年　芭芭拉·麦克林托克（1950年），移动基因

1984年　尼尔斯·杰尼（1974年），抗体识别；乔治·科勒和塞萨尔·米尔斯坦（1975年），单克隆抗体

1985年　迈克尔·布朗和约瑟夫·戈尔茨坦（20世纪70～80年代），胆固醇遗传学

1986 年　斯坦利·科恩和丽塔·列维—蒙塔尔奇尼（20 世纪 80 年代），生长因子

1987 年　利根川进（20 世纪 70 年代），遗传学抗体多样性

1988 年　詹姆士·布莱克、格特鲁德·伊莉昂和乔治·希金斯（20 世纪 70 至 80 年代），DNA 和细胞复制堵塞

1989 年　J. 迈克尔·毕晓普和哈罗德·瓦慕斯（20 世纪 70 年代），逆转录病毒癌基因

1993 年　菲利普·夏普和理查德·罗伯茨（20 世纪 70 年代），"分裂基因"

1995 年　爱德华·刘易斯，克里斯蒂安·纽斯林–沃尔哈德和艾瑞克·威斯乔斯（20 世纪 70 至 80 年代），同源异型基因和人类出生缺陷

必须加入的与遗传学相关的诺贝尔化学奖：

1946 年　詹姆斯·B. 萨姆纳（1926 年），约翰·H. 诺斯罗普，温德尔·斯坦利（1935 年），纯化的酶和病毒蛋白质

1964 年　多萝西·霍奇金（1957 年），X 射线技术，阐明了维生素 B_{12} 的分子结构

1970 年　路易斯·勒卢瓦尔（1959 年），糖核苷酸

1980 年　保罗·伯格（1956 年），DNA 重组；沃尔特·吉尔伯特（1977 年）和弗雷德里克·桑格（1973 年），核酸的碱基序列

1982 年　阿伦·克卢格（1972～1981 年），用晶体学电子显微镜技术在病毒以及其他由核酸与蛋白质构成的粒子的结构分析方面都做出了卓越的贡献

1987 年　唐纳德·克拉姆，让–马里·莱恩，查尔斯·彼德森（20 世纪 70 年代），"主客体"化学

1989 年　西德尼·奥特曼和托马斯·切赫（20 世纪 80 年代），核糖核酸的催化作用

1993 年　凯利·穆利斯（1983 年），聚合酶链反应；迈克尔·史密斯（20 世纪 80 年代），定点突变形成到细胞 DNA 的改变

遗传学走向分子

基因突变是一个难题：为什么会发生，它们又是怎么发生的呢？可以说

"基因"能解释的太少。长期以来，基因是朦胧的，甚至是不存在的东西。在基因水平上来讲，摩根在他 1933 年的诺贝尔奖获奖讲演中说："基因是否是一个假设性的单元或物理单元，这没有丝毫差别。"他们肯定很难阻住。在第一次世界大战期间，一些微生物被发现，就像寄生性吞食细菌宿主的病毒，但也会像基因突变。但基因不应该像病毒。

这些特殊的微生物之一是噬菌体，后来在分子生物学中闻名。这些奇怪的像病毒一样的基因吸引了摩根的第一批学生之一的遗传学家赫尔曼·穆勒的眼球，他在 1922 年做出了一个非凡的预言。如果基因和病毒是完全不同的物质，穆勒说，但都突变，这将是一个"奇怪的巧合"，这提高了"两个完全不同的生命，用不同的机制工作的可能性"。但是，假设病毒和基因相同或相关，那么——

> 会给我们一个完全新的角度来解决基因问题。它们是过滤性的，在一定程度上是可分离的，可在试管中进行处理的……称它们为基因，这将是非常轻率的，但目前我们必须承认，已知基因和它们之间没有什么区别。因此，我们不能断然否认，我们也许能够在研钵中磨碎基因，然后在烧杯中烹饪。

他的下一句话对当时的果蝇实验者来讲是非常大胆的：

> 我们遗传学家必须成为细菌学家、生理化学家和物理学家，同时也要是动物学家和植物学家吗？但愿如此。

穆勒然后做了他所讲到的事情。他从字面上把遗传学带到了物质的分子水平。1926 年，他用 X 射线使他的果蝇突变显著增加。X 射线幽灵般地穿透微小的物质，某种显然是在微生物制剂水平的细胞中的遗传物质。穆勒因此荣获 1946 年的诺贝尔医学奖。

在 20 世纪 30 年代后期，一些物理学家因为基因转向了生物学。遗传和物理乍一看，似乎是一对奇怪的夫妇。突变的果蝇翅膀与量子物理学有什么关系呢？穆勒的 X 射线突变是这样一条线索。基因，毕竟是非常稳定的。它几乎不停地保持复制相同的遗传信息。撇开世代的演变，还有什么可能使这样如岩石般稳定的形式发生变异呢？穆勒的高能量的 X 射线做到了。这可以让物理学家思考如何来动摇稳定水平足够高的原子的能量，从而激发电子形成不同的排列。或许基因可以从物理学而不是化学那里获得更直接的解释。毕竟，整个 20 世纪 30 年代，马克斯·德尔布吕克后来回忆说，没有人真正确定基因到底是什么，或者它们如何（或是否）不同于噬菌体或蛋白质。

> 当时的基因是组合遗传科学的代数单位，但根本不清楚的是：这些单位是可以从结构化学方面来分析的分子。它们本可以是亚微观稳态系统。

德尔布吕克来自于一个大的德国学术家庭，他作为理论物理学家，开始是玻尔的学生。想要了解一切的玻尔，也想知道生物学是否可以提供新的物理定律。德尔布吕克觉得这个建议是不可抗拒的，于是转移到生物学。他在 1935 年发表了对此的一些猜测，不久之前，他刚移居到美国。

1944 年，出现了一部非常有影响力的书，全书长度不超过 100 页，书名叫《生命是什么?》它是由著名的量子波理论家薛定谔（1933 年诺贝尔物理学奖得主）所著。如同德尔布吕克，他想基因也许能完全绕过化学，通过物理学来搞清楚。薛定谔提出基因以其原子的排列，也许体现了遗传的“代码脚本”，就像莫尔斯电码，通过组合简单的点和破折号来“说”句子。生物学家和化学家曾推究过这样的代码，但是，薛定谔在物理学上的权威和突出地位让人们听信于他。其中有三位年轻的，后来由于解决基因的结构问题而共享了诺贝尔奖的科学家：詹姆斯·沃森和弗朗西斯·克里克、莫里斯·威尔金斯。

德尔布吕克在 1940 年开始与另外一个移居者，意大利化学家萨尔瓦多·卢里亚一起研究噬菌体。噬菌体因为其令人惊讶的快速繁殖，促成了一个很好的试验药物，在 20 分钟内，它们可以填满空间，然后从它们的宿主外壳迸发出来——实验者几乎没有坐等的时间。该病毒的原始化妆，只是一些蛋白质和核酸，也简化了实验室的技术。

德尔布吕克和卢里亚——两个“敌国侨民”，德尔布吕克这样说——于 1943 年研究得到一个重要发现。在那些日子里，卢里亚回忆，细菌学家认为细菌“没有染色体和基因”。但是，如果细菌能够变异，并且对抗病毒，那么这种说法是错误的。测试这一想法是一个问题。唉，细菌不会单独，而是数以百万计地出现。查找“一些”具有抗性的细菌要比大海捞针还难。在他的回忆录中，卢里亚回忆了在战时的一个大学生舞会上，他是如何在观察老虎机时冒出一个想法的。这些机器偶尔会陷入很大的困境，但大部分时间花费很少。如果你测试细菌，卢里亚想，它就会像玩老虎机一样随机：赔率是你遇到没有抗性的细菌。但概率论表明，数百万细菌中可有会有一些耐药细菌在某个地方聚类，就像老虎机一样。德尔布吕克花费了几个星期的时间算出了数学结果，而卢里亚的实验也成功了。他们证明了，细菌可能会发生突变，这意味着细菌是进化的，从而有遗传特性。德尔布吕克和卢里亚共享了 1969 年的诺贝尔医学奖，尽管他们作为分子运动的精神领袖指导是很重要的。

现在，遗传学在分子水平上，一条狭窄的研究路径被急剧打开，因为细菌要比果蝇小一万多倍。

但是，物理学家希望绕过化学是错位的。事实上，直到化学家清除了长期混乱，没有任何人做出实质性的进展。此路障便是，直到 1944 年，大多数生物学家认为——错误地，但是可以理解——基因由蛋白质组成。具有二十种氨基酸成分的蛋白质很大，很复杂，用途广泛，足以应付生活中的许多要求。然而，事实证明，基因由核酸组成。德国生理学家阿尔布雷希特·科塞尔其实早在 1893 年就表明了核酸和基因之间的联系（他获得了 1910 年的诺贝尔医学奖）。

然而，核酸似乎是长期以来的一个枝节问题。早期在洛克菲勒研究所的一个受到不可能的福玻斯·列文爵士的名字烦扰的重要研究员——他出生在俄罗斯，刚开始叫作菲谢尔·列文，然后把菲谢尔化为费奥多尔，后来他又错误地美国化为不大可能的名称，福玻斯——第一个表明核酸是 RNA（核糖核酸）或 DNA（脱氧核糖核酸）。两者都含有核糖附加碳水化合物；“脱氧”是指 DNA 缺乏糖结构的一个氧原子。这发生在 1911 年。尽管在科塞尔之前，列文并没有获得诺贝尔奖，可能是因为他的模型为进一步研究开辟的机会很少。列文等人的发现，不管多么优雅，却是死胎，除非它们可以与其他重要发现联系起来（找到一个没有作用的可爱的结构，会经常吓到克里克和沃森）。列文还首次排列核酸的组合或“基地”——一个开创性的想法，虽然部分是错误的，因为过于机械。

然而，在 1944 年，洛克菲勒研究所的艾弗里转移了遗传学的中心。他证明，是核酸，而不是蛋白质组成基因。有人可能会认为，这会引起轰动。唉，可惜的是，艾利只是一个为自己的发现推销的贫穷的推销员，挑剔并且极其谨慎，“几乎神经质地不愿意声称，DNA 是基因而基因就是 DNA。”对立面被击倒了，诺贝尔奖评审委员会非常想念他。即使洛克菲勒研究所里面，著名的化学家仍然投票蛋白质作为遗传剂。仅在 1952 年，艾弗里的观点就获得了广泛接受，当时阿尔弗雷德·赫尔希和玛莎·蔡斯证明了他是正确的。赫尔希与德尔布吕克，卢里亚共享了 1969 年的诺贝尔医学奖；艾弗里被诺贝尔奖忽略了，直到他于 1955 年去世，到那个时候他的发现被沃森和克里克在 1953 年的发现所证实，欧文·查加夫于 1948 年在 DNA 中发现核酸对时也证实了。但无论是查加夫还是蔡斯都从未获得过诺贝尔奖。

可以肯定的是，艾弗里的化学分析与理解实际的基因的分子结构相距甚远。一个人在某种程度上需要直接通过分层肉和肌肉、骨骼、组织和细胞来寻找，以看到事物本身的形状和编排。久经考验的方式，至少是间接地，是 X 射线晶体学，这是由第一次世界大战前，冯·劳厄和布拉格父子开始研究的，他们是很不错的父子组合。儿子，后来成为劳伦斯·布拉格爵士，最终引领着克里克和沃森所工作的卡文迪什实验室的工作。X 射线有足够小的波长来穿过物质之间紧密的连接，并且把自己投射到屏幕之外。分析结果模式，反射和阴影的同心环，晶体学可以向后重建用 X 射线检查的结构。到了 20 世纪 40 年代，这项技术有了丰富的专业内容。这将为沃森和克里克提供第二条线索。

第二条线索来自解释晶体拍摄的大师鲍林，同时他也是化学中其他方面的专家。他还喜欢建立模型，找出实际的物理细节和问题。这是反向晶体学家的向后分析方法：使用的键角和长度先验知识，用模型建立了一种结构。1948 年，在访问牛津时，病床上的鲍林开始折叠一张勾画了公式的折纸，以此来看看粘接长度和角度在三维空间里是什么样子。原子通过单键或双键结合；双键加强额外的刚性。碳原子双键连接的所在位置，纸张可以折叠和更灵活地扭动。但是，所有的弯曲和扭转必须完全与已知的键长和角度相匹配。

鲍林发现了螺旋遗传学——几乎。他的模型是一个单链螺旋，被称为 α 螺旋。其他人当然知道分子弯曲、扭曲和线圈，但研究出一个匹配复杂的数据模型已经击败了他们，包括在 1950 年、布拉格，佩鲁茨和肯德鲁的惨败。至少，鲍林的单螺旋给克里克和沃森留下了深刻的印象。但无论是他还是他们都没有意识到，鲍林本应该提出一个双螺旋模型。

到了 1952 年底，克里克和沃森突破的前几个月，情况是这样的：终于知道，不是蛋白质，而是核酸才是遗传信息的携带者。就好像该基因分子有一个螺旋或螺旋结构——但没有人完全清楚涉及多少链，或它们如何以及是否交织在一起，或核酸基是在螺旋的外部还是内部。

沃森和克里克从鲍林那里学会了使用模式。他们一次又一次地建立，却总是徒劳无功。这就像玩弄两个或三个球，太多了。这些模型的几何结构与萨尔瓦多·达利的而不是欧几里得的更相似。某些平面相交成直角，除了一个角，他们可任意弯曲。涉及旋转的螺旋线的螺旋轴，以严格的顺序排列，但目前并不清楚具体是怎样。

一些 X 射线晶体学专家也正在动手——布拉格他自己，罗莎琳德·富兰克林和在伦敦的莫里斯·威尔金斯。富兰克林和威尔金斯试图解决 DNA 的结构，但没有一点运气。1951 年沃森和克里克首次会见。然后于 1953 年 3 月 7 日，他们成功地解决了基因的分子的双螺旋结构。1962 年，他们与威尔金斯一起被授予诺贝尔医学奖。

沃森和克里克是如何获得诺贝尔医学奖的？

他们第一次见面的时候，沃森是一个 23 岁的新博士，而克里克 35 岁还是研究生。他们俩成了合作者，这样两个不同的人一起工作很好，从他们所做的事情中有所发现，并可力排众议。每走一步，他们的职业生涯都证明了在科学上取得成功如何显示出传统智慧：极有才华；得到最好的教育，即使是在职培训；找到合适的导师和同事；在正确的地方、合适的时间对一个极其重要的问题做研究。克里克和沃森带着坚持不懈的努力和所谓的天赋做了所有这些事情，多数情况下很随意，其他情况则是幸运。

沃森是一个广播节目上的小神童，从芝加哥大学毕业，然后去了印第安纳进行遗传学研究生的学习，因为赫尔曼·穆勒在那里任教。但穆勒的的果蝇突变打击到了沃森的旧想法。幸运的是，他选择了萨尔瓦多·卢里亚作为他的恩师，这把沃森带到德尔布鲁克周围的“噬菌体”组，在这里分子生物学是渗透的。卢里亚为他获取了到哥本哈根的奖学金，但沃森在那里却很无聊。他听说过在剑桥名为“佩鲁茨的人”也许会感兴趣；这当然是伟大的——尚未获得诺贝尔奖的——生物化学家。卢里亚把他从哥本哈根叫回并送到了佩鲁茨那里。如果这属实的话，那么这无疑证明了有合适的导师在你身后有多么重要。沃森说，佩鲁茨接受了他这个初学者，因为卢里亚在美国会议上碰巧遇上了约翰·肯德鲁，佩鲁茨的同事，然后做了惬意安排。沃森去了剑桥，并在佩鲁茨的办公室里办公。一个名叫弗朗西斯·克里克的也在同一间办公室工作。

克里克于 1938 年毕业于伦敦大学学院，并开始其研究生的工作，研究“能想象的最乏味的问题”，水在压力下的黏度。他很感激，1940 年的德国炸弹摧毁了他的仪器。在战争服役之后，为了躲避粘度分析，他定位于分子生物学，虽然他几乎一无所知，也不是非常关注生物或化学。但是，也许他可以用他的物理学背景。他当时是 31 岁，却仍然没有博士学位：在 1947 年一个年纪大的学生去哪里学习分子生物学呢？常规化学或生物学部门几乎没有听说过或关心过。他在实验室过了两年不开心的日子，然后申请另一补助。剑桥大学卡文迪什实验室，是世界上最负盛名的研究机构之一，策划了一项佩鲁兹为首的关于 X 射线衍射的研究。克里克会感兴趣吗？

克里克对 X 射线晶体学知之甚少，却作为博士生被接受，并且研究佩鲁茨自己的主题，蛋白质结构。克里克和沃森一拍即合，智力上等同。克里克说，两人都有“青春的嚣张气焰，冷酷，以及对马虎想法的不容忍”。

奇怪的是，直到沃森和克里克发现前几个月，他们从来都没有正式研究过 DNA。他们本来不能这样做，因为两个官方资助的研究人员是伦敦的晶体学家罗莎琳德·富兰克林和莫里斯·威尔金斯。在空闲时间里，在沃森不打网球的时候，克里克和沃森讨论，推理推测，然后用其他人的数据来制造模型。他们从来没有进行任何 DNA 的实验。克里克写道：

> 人们经常会问，我和吉姆研究 DNA 有多长时间。这要取决于一个人对于工作的理解。在过去一两年内，我们经常讨论这个问题，无论是在实验室还是在我们每天的午餐散步时间……或是在家里……有时，当夏季天气非常适宜的时候，我们就会花一下午的时间去撑船。
>
> 克里克和沃森对于富兰克林和威尔金斯之间的摩擦非常有耐心，他们工作进展缓慢和采用“行人”的研究方法。他们知道鲍林的 α 螺旋结构，直到原子间的距离和角度的限制，而富兰克林和威尔金斯并没有以那种方法来研究。

鲍林在沃森的回忆录里是最伟大的获奖者。鲍林是早期分子生物学运动的成员，沃森把他当作英雄崇拜。如果鲍林用心去诠释，以尝试解决 DNA 的结构，沃森认为他肯定会很快得出结论的。α 螺旋进一步加强了沃森的担心。“人们可能永远无法确定鲍林接下来要攻击哪个地方。”沃森在 1952 年真正开始担心。鲍林宣布，他将到英国，在那里参观国王学院，在那里他一定会去看罗莎琳德·富兰克林的 X 射线照片，而这些沃森和克里克是没有机会接触的。沃森后来才真正意识到，对鲍林来讲，富兰克林的数据本该是多么宝贵。鲍林的专业知识，将是他解决这一难题所需要的。

但鲍林当时反对原子武器。国务院撤销鲍林的护照，从而在不知不觉中把发现权让给了克里克和沃森。尽管如此，在 1953 年 1 月，鲍林宣布一种解决基因的分子结构，三链结构的方法。正如沃森和克里克的研究一样，他们意识到这比错误更糟糕：令人惊讶的是，这似乎是一个低级的化学家做出的。沃森对鲍林的失误感到惊讶和高兴。鲍林很明显是依靠可怜的 X 射线照片。就在这时，沃森终于看到——通过威尔金斯的托词——一幅极好的富兰克林所拍摄的 X 射线照片。"我的嘴打开了，我的脉搏开始加速。"（通常沃森的回忆录要写得好得多。）尽管如此，鲍林仍然是一个威胁。很快，他会感到懊恼，并且日以夜继地用更好的 X 射线图研究 DNA。"然后，在一两个星期之后，莱纳斯就获取了结构。"

沃森说服劳伦斯·布拉格爵士，鲍林已经接近最佳的解决方法，而布拉格之前曾遭受鲍林无情的打击，这次再也不想重蹈覆辙。他允许克里克和沃森对 DNA 进行研究。在 3 个月之后，他们找到了答案。沃森兴高采烈地说："我可能已经使鲍林一败涂地……答案将彻底改变生物学。（我）将获得诺贝尔奖。假想鲍林作为对手无疑给沃森带来了能量。然而，鲍林本人显然不知道他是任何人的对手，甚至可以说，他不知道自己是在比赛中。"

克里克沉吟着他和沃森当之无愧的研究的功劳。当然，虽然他们年轻，经验不足，并且在很大程度上无知，但是他们选择了正确的问题，并坚持。他们愿意比他们的对手工作努力，愿意准备无尽的时间和精力去学习遗传学、生物化学、化学、物理化学和 X 射线衍射——以及日日夜夜的合作，耗尽他们的智力和个人需求。富兰克林和威尔金斯失败的原因在于他们之间有摩擦，克里克这样认为。克里克理解合作的神奇价值："假如吉姆被某个网球所谋杀。"克里克说，他"有理由相信，他不会单独解决问题的，但会是谁呢？"人们怀疑鲍林会很迅速地完成。

伟大的发现后，没有举行盛大的庆祝活动，没有被赠予此城市的钥匙，也没有来自斯德哥尔摩的电报。威尔金斯、富兰克林、鲍林，他们是最先了解到的，显得非常高兴。其他知识渊博的同事认为双螺旋模型是“有趣的”。1953 年，少数人完全有信心相信这是正确的。德国伟大的化学家、诺贝尔奖得主奥托·华宝甚至在一年以后才听说。事实上，克里克清醒地说，直到 1980 年，DNA 双螺旋结构的发现才最终得以证明，没有人再挑剔，所以克里克没有立即去参加瑞典仪式——而是去布鲁克林理工学院待了一年，得到了他的博士学位。当他在 1954 年返回时，38 岁，医学研究理事会没有授予其终身职位。只是当他年近 40 岁，在国际上有影响力时，才获得其终身职位。事实上，当 1987 年 4 月一部电影发布时（沃森由杰夫·高布伦扮演，克里克由汤姆·皮戈特–史密斯扮演，罗莎琳德·富兰克林由朱丽叶·史蒂文森扮演），克里克认为结尾很荒唐，两位年轻的发现者在祝贺和庆祝活动中沐浴。“实际上，我和吉姆担心，可能都错了，我们会再次把自己扮演成傻瓜。”

1962 年弗朗西斯·克里克、詹姆斯·沃森和默里斯·威尔金斯共同获得诺贝尔生理和医学奖。很明显，克里克和沃森当之无愧。诚然，罗莎琳德·富兰克林的 X 射线照片提供了很大帮助，但她仍然对结构性问题无从下手。威尔金斯是在同一条船上的，他的晶体工作不如富兰克林。富兰克林在 1958 年 30 岁时死于癌症。但在此之前，1953 年，克里克和沃森在《自然》发表了他们的发现，富兰克林和威尔金斯要求在同一时间公布他们的 X 射线照片。依照似乎极不充分的根据，威尔金斯被选入了诺贝尔奖之列，这是布拉格的管理程序。作为有史以来最年轻的诺贝尔奖得主的科学家，并且作为伟大的卡文迪什的主任，布拉格对诺贝尔奖得主的确定有巨大影响力。他在 1960 年要求诺贝尔化学奖委员会把奖项授予克里克、沃森和威尔金斯。他写了一封长信给鲍林，要求他支持，但鲍林回信，沃森和克里克不成熟，威尔金斯完全不配。

诺贝尔奖

布拉格试图再次争取1962年的奖项，而这一次成功了。他对历史学家霍勒斯·弗里兰·贾德森解释道：

威尔金斯已经心寒。“因为他研究了这么久。然后，佩鲁茨和我说：‘威尔金斯必须在此获奖。’他们共同在《自然》上发表了他们的成果，后来去评诺贝尔奖时，我把每一盎司的力量都贡献于此，力挺威尔金斯使他们共同获得。这真是可怕的坏运气，真的。”

但是，如果布拉格为威尔金斯安排奖项，那么他也使克里克和沃森有获奖的可能。英裔美国物理学家弗里曼·戴森记得，他于1946年在剑桥大学作为新生时，听到过布拉格的很多诅咒。1938年，布拉格成为卡文迪什实验室主任，仅在卢瑟福去世一年后。到了1946年，卡文迪什已经失去了其高能量物理的世界领导地位，布拉格不仅没有去挽回它，甚至怂恿其下去鼓励。布拉格决定使卡文迪什因别的方面而著名。

戴森说：

我当时认为跟这一堆小丑没有什么可学的，我来美国是想找一个进行真正的研究物理的地方……布拉格7年后退休了……他给剑桥留下了一个生气勃勃的活动中心和在两个领域研究的一流的国际地位，而这两者可能至少与高能物理一样重要[：]射电天文学和分子生物学。在1938年布拉格被任命时，这些学科甚至都没有名称。

布拉格聘请了尚未出名的马克斯·佩鲁茨，他花了10年时间用X射线分析血红蛋白。并且把克里克和沃森收为学徒。

沃森在1968年出版了《双螺旋》。之前大多数科学回忆录都回避任何亲密的行为。科学家说，很少是私人的。沃森却不同：“和盘托出的人”。它的工作头衔是诚实的吉姆。许多科学家认为，这一历史显示冒犯的粗俗，不礼貌，可疑并且违反诚信。更糟糕的是，随着他的同事和诺贝尔奖获得者马克斯·佩鲁茨的提出，便是沃森的“通过比赛获得奖项的浅薄的代表性的研究”。在写给沃森的一封信中，无论理查德·费曼怎样表示不同的看法：“这就是科学如何进行研究的。我深刻地认识到为发现所做的研究。(也许是第一次!)”书非常倚重个性，像罗莎琳德·富兰克林，都是卡通似的对待。后来克里克在1967 年读到草案，他爆发了，给沃森写了长达 6 页的愤怒的信，并且把副本寄给了布拉格和其曾经就读的哈佛的校长。他指控说，沃森曾轰动他们的协作和科学，仿佛只是一个诺贝尔成名的欲望，而不是基于对大自然的认识。克里克声称，沃森在他们的合作中从来没有提到过诺贝尔奖。他们对这个问题非常谨慎，并确保他们会正当地得到。哈佛大学出版社放弃了出版《双螺旋》，而雅典出版社进行了出版，并公众买断了这本书。其销售数量达100 万册，被译成近 20 种语言。克里克自己的更传统的回忆录——《什么疯狂的追求》，在 1988 年才发表。

现在重读沃森的回忆录，人们可能不知道发生了什么事。例如加里·陶布斯的《诺贝尔梦》里，对于卡罗鲁比亚如何揭开他的诺贝尔物理学奖进行了吹嘘的记录，从而使沃森的记录看起来似乎非常的古怪。但在 1968 年，沃森的记录显然击中了禁止主题的痛处。根本不允许如饥似渴地追求诺贝尔奖。不管私下里怎么说，但公开对前辈和对手无礼是相当出界的。

在他获奖后，沃森再没有做什么积极的研究。他在哈佛大学任教，然后成为长岛的冷泉港实验室的专职管理员，并且在很长一段时间内担任人类基因组计划主任。克里克则继续取得了一些在 DNA 方面的辉煌的胜利，尤其是它的编码，然后转移到神经生物学。威尔金斯继续对 DNA 进行研究，并转移到神经生物学。

DNA 和诺贝尔奖，续

双螺旋仅仅戳穿了基因的分子结构。但是没有人知道基因如何编码遗传信息，基因如何传达信息到其他细胞，或者极其多样却与此相关的具体的途径。从 1955 年左右开始，研究澄清了很多东西，诺贝尔奖如雨点般落下。

DNA 是一种长而细的分子，位于一个细胞的细胞核里面。每个基因有四个分子，都是成对的——腺嘌呤和鸟嘌呤，胞嘧啶和胸腺嘧啶——每个基因具有相同的糖和相同的磷酸组。一个 DNA 分子通过不可思议的生物机械进行自身复制。在双螺旋机制里，基因的双链互对并且彼此紧紧圈在一起。他们的核酸基严格匹配，就像一个扭曲的梯子，在其梯级的末端，核酸进行配对。“当 DNA 自我复制时，双链在某一时刻拉开，向相反的方向移动，作为对方的模板。在大肠杆菌中，在肠道内的细菌，可能需要约 30 分钟的时间；在人体细胞中，则为 16 小时左右。当周期完成时，代替原来的 DNA 分子的双链，现在有两条新链出现。新的子链进入一个新的细胞的细胞核——原始细胞分裂成两个。

一个不同的进程也随之而来，其中 DNA 产生一个复制（RNA），以制造蛋白质。

ATP（三磷酸腺苷）

DNA 是处于休眠状态的，直到酶推动它进行自我复制。但酵素如何进行，仍然是一个谜，直到 20 世纪 50 年代末。显然，它必须拥有一个强大的能源存储，有力地使用它，并且与核酸有关系。

遗传学在这里跟上了早期研究的步伐。分子生物学开始研究基因，后来担心它是如何得到能源来操作的。从 1937 年开始，美籍德国化学家弗里茨·

李普曼从另一端开始研究细胞的主要能量来源。能源当然必须以细胞可以使用的形式予以提供。否则生命就进行不下去。李普曼在 1941 年确定了最为重要的东西：三磷腺苷（ATP）。在细胞的细胞质中产生 ATP：一组腺嘌呤延伸出一长串磷酸盐。可以这么说，这些磷酸盐点燃的糖释放出能量，就如同细胞将食物转化为能量。分子生物的历史学家霍勒斯·弗里兰·贾德森，将其形象地称为“后古典生物化学的最重要的成就”。但李普曼是因为另一不同的发现而分享了诺贝尔奖。1945 年，他说 ATP 通过辅酶 A 提供能量，辅酶是一种非蛋白质分子，它们“接受”或“捐赠”酶进行催化反应所需要的能量。这无疑是一个重大的发现，帮助澄清了整个脂肪代谢。但是，为什么诺贝尔奖评委会忽略他更伟大的发现呢？李普曼在他另外的有保留的科学自传里，表明他的“关于能量丰富的键联的讨论引起了有力的，有时是暴力的对抗”。总之，生物化学家可以理解，需要能量来创建化学键，而能量不可能源于这些化学键。这种反对意见早已过时，但李普曼的名声仍然远远低于他应得的。

1957 年，阿根廷的路易斯·勒卢瓦尔发现了辅酶尿苷三磷酸（UTP）。这在碳水化合物的代谢中具有重要的作用，并且与 ATP 有着密切的联系。勒卢瓦尔获得了 1970 年的诺贝尔化学奖，因此，阿根廷后来把他的画像印在了邮票上。在 1992 年，另一个医学奖颁发给了爱德蒙·菲舍尔和美国的埃德温·克雷布斯，因为他们表明了另一种酶如何与 ATP 反应以在人体的基因、受精卵和激素机制中携带能量。在磷酸盐结构和细胞能量方面的相关研究使阿尔弗雷德·吉尔曼和马丁·罗德贝尔获得了 1994 年的诺贝尔奖。

从 DNA 到 RNA，tRNA，mRNA 等

1955 年，西班牙人 S. 奥乔亚，在实验室分离出一种可以重新制造 RNA

的细菌酶。通过这样做，他成功地破译了 11 个氨基酸的代码。与此同时，把李普曼的研究结果记在心上的美国生物化学家阿瑟·科恩伯格，发现了一种酶——DNA 聚合酶——允许 DNA 分子被合成。DNA 以一种耐人寻味的循环赛的方式进行自我复制。聚合酶为 DNA 分子提供能量，以提供模板，这样才能够制造这种酶。奥乔亚和科恩伯格共享了 1959 年的诺贝尔医学奖。科恩伯格发现的酶是错误的，但这在 1970 年才被发现；那些纠正科恩伯格错误者之一便是他的儿子托马斯。

但是，DNA 自我复制的目的是什么？仅仅是为了制造细胞中的蛋白质。克里克说，DNA 真的没有其他的作用。蛋白质是酶物质，所有生命变化的催化剂。蛋白质组成大部分的由这些变化产生的生命物质——大脑、鸟的羽毛、木材。双螺旋结构毕竟是一个简单的重复螺旋，但蛋白质的结构没有这样整齐的重复模式。它可能是难以控制的，偏离中心的，并且过分挑剔。蛋白质可以在每一个可能的组合中扭转，单独或双重或三重螺旋，弯曲或折叠。没有理论可以预测其多方面的形状。这里化学与在其他地方一样保持着顽固的经验性。这是个不小的问题。

工作机制涉及生物学家刚刚开始理清的某种微妙、精度和想象的自由。复制是 DNA 如何自身复制，把一个双螺旋结构变成两个。接下来是转录，从而 DNA 的信息通过 RNA 进行移动，直到它合适且被需要的特定点。最后，翻译：核酸的遗传信息要被翻译成蛋白质和氨基酸可以理解的“语言”。

DNA 通常被比喻成总蓝图。除了这里讲到的，蓝图本身也要制造能量，零部件，工人，和建设工地，从而把计划付诸实践。此外，由于遗传过程涉及生命物质的创造，哪怕是一个微小的错误都可能是致命的。

DNA 的大分子为形成生命物体的基因提供处所。如果基因被损坏，那么寿命就会异常，产生疾病或致命死亡。如果 DNA 及其基因被破坏，那就没有生命存在。因此，DNA 仍然在细胞核内，这是细胞最安全的地方。在那里，它自我复制，从未离开过。那么它是如何向外发送信息呢？过程的第一部分是转录：DNA 把信息转录到单链分子 RNA，之后，RNA 成为 DNA 的信使。RNA 剥离，并通过细胞核壁的开口移动到成为细胞质的细胞区域外。这个信使核糖核酸（mRNA）把遗传信息传输到制造蛋白质的所在地。现在另一种 RNA 进入——转运 RNA（tRNA 基因）——把氨基酸附加于 mRNA，从而产生蛋白质。但生物学从来不会如此简单，更不用说在遗传方面。蛋白质和它们的氨基酸能够以 64 种方式组合，并且都有特定的转运 RNA。反过来，这些组合必须准确地找到一个与之匹配的 mRNA。这里还有另一种形式的 RNA 进入画面：核糖体 RNA。在一个著名的古老比喻中，一些生物实体的建立就像锁和钥匙一样适合、完美，否则什么也不会发生。核糖体——转运 RNA 这把钥匙可以匹配的锁，制造蛋白质——是微小的细胞颗粒。对于涉及的复杂感，细想一个微小的细菌细胞包含 15000 个核糖体，人体细胞大约包含 150000 个。随机移动的 RNA 信使如何能够精确地撞入其匹配点，从而使特定的氨基可以变成蛋白质？这一切一发生，蛋白质——产生，RNA——就完成了它的职责——然后消失。如果用蜜蜂做比喻，那么 RNA 就是雄蜂。珍贵的 DNA，在其细胞核据点生存，像蜂王一样。

第二个步骤是翻译：每个基因编码一种蛋白质。由于基因“语言”由核酸或氨基酸序列位组成——它们是不同的——核酸和氨基酸“说”不同的语言。如果你耐心地把特定数量的氨基酸以特定序列组合，那么你所制造的恰恰是这种蛋白质而不是另外一种。一个环节出错，你就会得到不同的蛋白质。就像已经发生的，你说的语言发音错了，然后被误解了。当这种情况发生在遗传系统中时，就会产生突变和异常。

因此，信息如何以核碱基序列表示，才能被氨基酸序列所理解呢？该解决方案通常被比作罗塞塔石碑的破译，其中希腊文片段帮助破译了楔形文。20 世纪 60 年代，美国生物化学家马歇尔·尼伦伯格最终破译了遗传密码。他用合成的只含 4 个可能的核碱基之一的 RNA 开始研究，将其与蛋白质混合，仅得到一种氨基酸。于是，他得到了所需要的第一点信息：只决定一种氨基酸的一个核酸。基于此，像密码破译家一样，他最终破译了整个代码，并与分别进行独立研究的 H. G. 科拉纳和罗伯特·霍利共享了 1968 年的医学奖。遗传密码横空出世：核酸四大碱基的三重排列允许有 64 种（4×4×4=64），它涵盖了所有的 20 种氨基酸。其中一些起初看起来是废话或“垃圾”，但现在被看作是标点符号，指示开头和结尾，或涉及其他用途。

所有这些线索都是迫切需要的。人类基因组计划研究正研究破译代码，其中涉及测序遗传蓝图中的约 30 亿个字母。从彼得·梅达沃曾经说过：“组成分子的四种不同核苷酸排列组合起来的品种数实际上是无穷无尽的。”如果人们考虑到这一点，这个已经庞大的数字要更加庞大。他补充说，已知的人类基因组合品种数超过所有现在活着的，曾经活着的和将要生活的人的数量。

再次谈及免疫

“经典”免疫学（伯内特，梅达沃），询问免疫毒素如何激发产生抗体。DNA 免疫则更倾向于问：什么样的信息被传达，以及通过什么样的中介？新的免疫学与分子生物学联系起来，因为信息传送对两者都是如此的重要。

1952 年，约书亚·莱德伯格（1958 年的诺贝尔医学奖获得者）帮助澄清了 DNA 信息处理过程和免疫过程。因为基因包含所需要的信息复制，因此，它们需要自我复制，从而烦基因唤醒或激活一些“对应的细胞中预先存在的潜力”。然后在 1960 年，雅克·莫诺和巴斯德研究所的弗朗索瓦·雅各布把“信使 RNA”携带蛋白质所需的遗传信息进行理论化。他们分享了 1965 年的诺贝尔奖。

到了 1962 年，抗体的结构变得更加清晰，当时，英国的罗德尼·波特提出被称为丙种球蛋白的中央抗体为 Y 形结构。几年后，在 1969 年，美国的杰拉尔德·埃德尔曼成功地分析了丙种球蛋白，首次分析了人类抗体中的氨基酸序列——1330 个氨基酸。波特和埃德尔曼分享了 1972 年的诺贝尔奖。到了 1975 年，阿根廷的塞萨尔和德国的乔治科勒发现了如何把抗体与癌细胞结合来制造一个单一的或者“单克隆的”和专门的抗体。这有助于诊断和对抗病毒，追踪癌症、血型和寻找疫苗。米尔斯坦和科勒与尼尔斯·杰尼分享了 1984 年的医学奖。

朊病毒

虽然遗传学似乎可以解释一切，两次诺贝尔奖都被授予了有分歧的发现。1957 年开始，当时一个年轻的美国医生和研究人员卡尔顿·盖达塞克，前往新几内亚去调查一种特殊的神经系统疾病。他发现，是由同类相食造成的——特别是人脑的噬食——他指出这是名为“传染性海绵状脑病”（TSE）的致命疾病的原因。因为此研究而获得 1976 年奖项的盖达塞克，发现未知的某种作用物或多种作用物要比病毒小，精密的检测手段也无法观察到，并且它们能抵抗热和灭菌。他认为它们可能是成熟非常缓慢的病毒。

盖达塞克还认为，这些作用物不包含 DNA 或 RNA，和所有其他病毒，寄生虫等传染病作用物一样。罪魁祸首似乎是一个新的，以前未知的感染形式。引起传染性海绵状脑病的似乎是唯一的蛋白质。但如何才能使蛋白质本身自我复制？大约 1968 年，盖达塞克提出它自我复制不是通过基因复制，而是以结晶形式进行，就像冰一样。无论是他还是其他任何人，没有人可以证实这一理论，而盖达塞克也拒绝过早公布其研究成果。但斯坦利·普鲁西纳，盖达塞克的合作者之一，于 1982 年公布了他的研究成果，并声称发现了一种新的生物原理并为所涉及的作用物杜撰了名称——朊病毒（蛋白质传染性粒子）。理查德·罗德在他的研究记录中说，普鲁西纳论文的合作者感到证据被夸大了，于是退出了。普鲁西纳从而成为唯一的作者——这对于优先获得诺贝尔奖是决定性的一点。在该领域资深的专家一直坚持认为，普鲁西纳的论断不受支持并且夸张。然而，诺贝尔委员会站在普鲁西纳一边。罗德说，普鲁西纳不择手段地竞选，但他在 1997 年的获奖可能会造成诺贝尔奖评委会的很大的难堪。该作用物还可能是一种病毒。然而，与此同时，也有人抱怨普鲁西纳的获奖，产生了“抑制”探索任何替代物所需要的资金的效果。

病毒和癌症

从大约 1910 年开始，病毒和癌症的研究开始慢慢地联系在一起。实际上，1926 年的诺贝尔医学奖便是授予了对解释癌症的原因所做的研究。非常荣幸的获得者是丹麦研究员约翰内斯·菲比格。大约在世纪之交，癌症不能在实验室根据需求被复制，并因此，研究遭受重创。1913 年，菲比格认为他已经找到了一个方法。他的一些实验鼠患上了胃癌，他在恶性肿瘤里发现了线虫（蛔虫）。基于对此的好奇，菲比格了解到，他的大鼠来自炼糖厂，而炼糖厂有很多蟑螂。也许老鼠吃蟑螂，因虫类而引起癌症。他喂给老鼠蟑螂，看到它们得胃癌，然后确信自己已经找到了一种关系：蟑螂体内的蛔虫寄生虫的幼虫带给大鼠癌症。菲比格没有宣称所有的癌症都是由蠕虫造成的，而更可能是由一些蠕虫加重的外部原因。他是一个受人尊敬的、细心的研究员，但在这种情况下，却是完全错误的。当他的实验在日本被重复，一部分大鼠产生了良性肿瘤，可能是因为缺乏维生素的饮食所致。

菲比格在斯德哥尔摩诺贝尔颁奖期间病倒了，仅仅过了一个月后便去世了——他得了癌症，死时才 60 岁。他也摆脱了不久在他的“发现”中出现失误的尴尬。

几乎在同时，美国研究人员菲比格提出了一个更好的洞见：病毒似乎像基因一样会变异。这发生在 1909 年，当时佩顿·劳斯，一个来自巴尔的摩的年轻医生，刚刚开始在新的洛克菲勒研究所做研究。一个鸟饲养员带着一个生病的普利茅斯岩石母鸡，寻求医疗帮助。劳斯发现它有一个肿瘤。他捣碎了肿瘤，却无法通过任何过滤器捕捉到传染性病原体；没有一个人，一个世纪的四分之一时间里都没有一个人能做到。到了 1911 年，劳斯认为长了肿瘤的鸡的杀手就是那个在 1892 年发现的新的神秘的病毒。当然，劳斯迷迷糊糊地提出极其重要的可能性，即病毒在某种程度上会引起癌症。早就知道辐射可引起细胞突变和癌症——居里夫人就是这样死的。但没有任何解释，也没有任何方式可以捕捉到这无穷小的病毒。终于在 1935 年，找到了一点实质性的帮助，当时，美国生物化学家温德尔·斯坦利第一次结晶了一个纯净的浓缩病毒，烟草花叶病毒。斯坦利发现，它是一种蛋白质，其感染力在结晶后仍然存在。1936 年，他进一步表明，该病毒由蛋白质和核酸组成。

在 20 世纪 30 年代，做出这些发现仍然是居里夫人在 1898 年所做的类似的那种无尽苦差事的模仿。洛克菲勒研究所在士丹利，他耐心地种植感染那种病毒的土耳其烟叶。他把它们打成满桶汁。他通过过滤器除去汁，然后倒在化学试剂中，寻求一个浓缩和纯化的物质。

直到31岁时（他于28岁时开始工作），他已经减少了约一吨的烟草植株变成一汤匙感染晶体。事后有人说，就像通过把大象熬煮成一碟焦糖来寻找大象的耳朵上的跳蚤。

病毒是非凡的生物。它们不能像基因或其他生命物体进行复制。它们寄生。它们使用蛋白鞘欺骗宿主从而穿透宿主，然后嵌入它们的核酸来制造更多的病毒。

20世纪30年代中后期，在洛克菲勒研究所，比利时著名的阿尔伯特·克劳德成功地从一个癌肿瘤中提取出了核糖核酸（RNA）并进行移植——同样也引起了肿瘤。这有助于进一步把肿瘤和病毒紧密联系起来。克劳德与他的同事乔治·帕拉德分享了1974年的诺贝尔医学奖。

正如弗朗西斯·克里克所阐明的遗传学“中心法则”：DNA制造蛋白质的RNA。但教条也指出这是一个无法逆转的过程：蛋白质不能合成RNA，RNA也不可以合成DNA。但到了1970年，克里克被反驳。霍华德·泰明和他的老师雷纳·托贝科，以及独立研究的戴维·巴尔的摩发现了“逆录病毒”。这种RNA病毒被称为逆转录酶，因为它令人惊讶地转录遗传信息成为DNA，并因此变为原来的DNA染色体的一部分。这显然会导致干扰正常基因的信息，并可能会导致癌症、艾滋病或肝炎。1975年，泰明、贝科和巴尔的摩共同获得诺贝尔医学奖。次年，加州大学的J.迈克尔·毕晓普和哈罗德·瓦慕斯对转录病毒的起源给出了解释。他们在1989年成为获奖者。

至于佩顿·劳斯，他曾一度放弃解决癌症的希望，称它是“形而上学的最后据点之一”。但他还是重燃他早期工作的兴趣。1966 年，他终于获得医学奖——时年 87 岁，还在做研究！回顾过去，正如为梅达沃所宣布的那样，劳斯“是他那个时代最伟大的实验病理学家”。

胰岛素是一个人还是多个人发明的?

直到 1922 年，都没有治愈糖尿病的方法，也没有任何方式可以真正减轻它带给病人的痛苦——消瘦，截肢，早期死亡。人们都知道，糖尿病——有不同的种类——与胰腺和它的代谢机制相关。实验室的研究人员发现，拿掉胰腺后的动物无法吸收碳水化合物；把糖放入动物的血和尿里，动物不久就死了。然而，一个健康的胰腺则有一些作用物，允许无害地吸收糖和它们的能量燃料。研究者们一直在紧锣密鼓地找寻解决办法，但到 1920 年，没有一个人成功。

在那一年，加拿大医生弗雷德里克·班廷，想到一个可能的实验。正如迈克尔·布利斯对这一案例所记载的那样，班廷只是一个普通的乡下医生。他在研究方面没有受过任何训练。连他所受的医疗教育也在 1917 年因为战争而匆匆结束。他在伦敦，安大略省的实践都不是很带劲，肯定也是无利可图的。当开始有了治疗糖尿病的想法时，他就开始考虑进入多伦多一个设备齐全的实验室工作；逃避他沉闷的医疗实践也很可能是另一个诱因。

麦克劳德是多伦多大学的生理学教授，并引领着其生理实验室。班廷认为麦克劳德孤傲，而麦克劳德认为班廷不成熟，不足以做好实验工作。然而，直到 1922 年，班廷的希望终于成真：胰腺分泌的胰岛素被发现，并立即得到改善，拯救了世界各地糖尿病患者的生命。时至当时，治疗方法是临时和绝望的：碳酸氢钠，甚至还用到鸦片，一个法国专家建议吃大量的糖，自己也不幸成了糖尿病患者而死亡。备受青睐的方法是“饥饿疗法”，意思是降低糖的摄入量。而情况往往是足够严格的节食本身造成因饥饿或“空虚”而死亡。

胰岛素的发现，横扫所有这些无助的或有害的旁门左道。一年之内，在1923年，班廷和麦克劳德共同获得诺贝尔医学奖。如果许多合作者——像克里克和沃森——神奇地工作，这表明，即使在剑锋上，有时候也会有成功的合作。这两者是难以想象的不同。班廷是一名乡村医生，总是咧着嘴笑，很快乐的样子。麦克劳德彬彬有礼，出生在英国，在那里他有很多显赫的朋友，并因为碳水化合物的代谢研究工作而在国际上享有声誉。他们很快就开始讨厌对方。

起初，麦克劳德允许班廷在夏天的一部分时间使用实验室，并提供实验狗。他真的给了他一名助手，名叫查尔斯·贝斯特的高年级本科生。班廷的想法是，结扎导向胰腺的导管，导致其变性，这会隔离被测试胰腺的内部分泌。一些研究人员早先曾试图结扎导管，使胰腺发育停止。但没有人探索宝贵的萎缩胰腺的内部分泌。在乡村医生的计划里，这可能是麦克劳德的兴趣所在。

研究开始时希望渺茫。麦克劳德不得不展示给班廷如何切掉狗的胰腺。班廷和贝斯特杀了四只狗做第一次尝试，并且不久更多的狗以同样的方式进行。但是，直到8月份，这些实验胰腺中的提取物开始显现出对于希望的假设是无规律的结果。对于麦克劳德来讲，他们已经做出足够的进步而得以允许继续使用实验室。然后J. B. 科利普加入了这个团队。他比班廷还小一岁，一个生物化学博士以及洛克菲勒旅行奖学金的获得者。1921年12月，第一次对病人提取胰岛素，受试病人是一个14岁的男孩。结果失败了。1922年1月23日，他们再次尝试，取得了巨大成功——布利斯说，在人类糖尿病的胰岛素方面是“第一次明确成功的临床试验”。但没有足够的胰岛素提取物可以满足需求，连做一次足够的测试都不够。

同时，这个团队——如果能够永远这样适当地被称呼——长期以来一直烦躁不安，且变得越来越严重。班廷和贝斯特共同反对麦克劳德和科利普。班廷开始认为麦克劳德偷了他的想法。科利普和麦克劳德躲避敏感的班廷。敏感的，确实如此。他是一个蹩脚的公众演讲者，而在耶鲁大学的糖尿病会议上是如此不合场，导致麦克劳德来处理问题。而麦克劳德造成摩擦的方式激怒了班廷，尤其是他以指出“我们的工作”的方式：根据班廷的说法，麦克劳德没有做过一个实验。

作为一名医生，班廷期望能够负责治疗第一位人类患者；麦克劳德予以抵制。班廷认为自己是合法的胰岛素发现者，并担心，发现了提取的改进形式的科利普，也许是想以自己的名义申请专利。他们签署了一个不寻常的正式协议，禁止任何团队成员未经协商和取得其他人的同意，就申请专利或泄露提取物。但是科利普或麦克劳德能信
任班廷不对另一个病人尝试提取物吗？“偏执狂生偏执狂”，布利 284
斯这样评论。

胰岛素的成功引起了北美的关注，然后是欧洲。大型制药公司，如礼来公司对此极为感兴趣。1920 年的诺贝尔医学奖得主，来自哥本哈根的奥古斯特·克罗来到多伦多，与班廷和麦克劳德谈及研究工作，然后回家便希望能够在斯坎迪纳维亚用上胰岛素。

团队的关系每况愈下。1922 年 5 月，在华盛顿特区盛大公布发现时，班廷和贝斯特不在场。否则其党羽会因怨恨搅和。当麦克劳德的一个朋友，因激素而享有名气的杰出的生理学家威廉·贝利斯爵士，写了一个草率和无知的文章来证明麦克劳德的发现时，班廷爆发了；麦克劳德印发了一个防卫的撤回声明，证明班廷至少想出了给胰腺管打结的想法。

但是，正如布利斯所生动地说的那样，班廷成了完美的新闻素材：

诺贝尔奖

班廷的故事是完美的：受伤的老将，没落的小城市的医生，而到了深夜便产生伟大思想，从设施方面得到的只是沮丧，只有一个年轻的学生帮手，赤贫，最艰苦条件下的富有想象力的实验——也许甚至要偷狗才能继续下去——然后取得了辉煌的成功。

如果他在演讲和某种土包子的事情中被绊倒，你们则赋予他“谦虚的天分”。他和贝斯特与加拿大首相共进晚餐。加拿大政府在 1923 年 5 月成立了一个班廷和贝斯特医学研究所并设立了主席位置，以 10000 元的薪水由班廷每年举行一次演讲——这在当时是一笔巨额学术薪水。

与此同时，班廷和麦克劳德都分别被提名为诺贝尔奖获得者。诺贝尔委员会没有表现非常大的信心，两个评估最终同意了，班廷和麦克劳德都应该获奖。另一位成员以其为空前的十足的道听途说的证据表反对这些评估。但其来源竟然是克罗，他来自多伦多的直接报告有很大分量。据布利斯所讲，麦克劳德告诉克罗，如果没有他的意见的话，班廷会走向错误的轨道。

班廷被麦克劳德的获奖激怒了，他决定拒绝接受奖项。一位年长的朋友向他谈起，并指出，这是有史以来，加拿大所获的第一个诺贝尔奖，科学家应该超越个人差异。班廷屈服了。但他宣布，他的奖金的一半会给贝斯特，他真正的“伙伴”。一两天后，麦克劳德宣布他的奖金的一半会给科利普。1923 年，麦克劳德和班廷在斯德哥尔摩，肩并肩，接受他们的诺贝尔奖奖牌。麦克劳德于 1928 年离开加拿大成为他的祖国苏格兰的亚伯丁的教授，并于 1935 年去世。查尔斯·贝斯特取代班廷成了多伦多的生理学教授。班廷继续他的研究工作，试图找到治愈癌症的方法，却徒劳无功。他于 1941 年去世。

他们的争吵一直持续到双方去世，然后诺贝尔基金会仍然争论不断，打破了他们关于诺贝尔奖的争论的高贵沉默。基金会在 1962 年声称，麦克劳德被错误地赋予奖金的份额：“他没有任何积极参与研究工作的行动，实际上在进行决定性实验时，他不在场。”贝斯特当之无愧应该享有奖项的份额，但没有人授予他奖项。另一个科学史家称麦克劳德为“整个诺贝尔科学奖列表中唯一明显没有成就的研究者”。

但是，布利斯得到不同的结论。班廷和贝斯特都没有单独发现胰岛素，只是其中的一部分。他们开始了这个过程。科利普、麦克劳德以及也许其他人做出了决定性的贡献，并且班廷的导管结扎也没有在发现中起到最核心的作用。

即使这些也不是故事的全部。罗马人尼古拉斯·保罗斯科曾在 1921 年发表关于胰腺提取物的重要文章。而班廷和其他人研究工作进行很快，保罗斯科从来没有赶上过。然而，1971 年的一篇学术文章声称保罗斯科是真正的发现者，在布加勒斯特的罗马尼亚医学院激动地授予保罗斯科荣誉。罗马尼亚人指责班特和贝斯特故意虚构保罗斯科的工作（布利斯指出，贝斯特误读了，他的法语还是小学水平）。他们还暗示，麦克劳德得到了诺贝尔奖，是因为不这样的话，就会暴露出班廷对保罗斯科的证伪。保罗斯科从未被提名，但身为诺贝尔化学奖获得者的诺贝尔基金会主席阿恩·蒂塞利乌斯，以诺贝尔机构的名义向罗马尼亚人道歉，并声称他个人认为保罗斯科理应获奖。还有其他的索赔。

胰岛素是临床上的一个胜利，但很长一段时间，没有人知道它是通过使人体的细胞增加对葡萄糖的使用而起作用的。胰岛素的结构也一直是个谜，直到 20 世纪 50 年代后期，弗雷德里克·桑格巧妙合成了胰岛素，展示了其确切的成分，并获得了他的两个诺贝尔奖中的第一个。

没有发现链霉素而荣获的诺贝尔奖

1952 年，诺贝尔医学奖被授给了塞尔曼·瓦克斯曼，因为他发现了链霉素。这是继青霉素后第二种著名的抗生素，特别是能够有效防治肺结核。在他的诺贝尔奖演讲中，以及在一些书籍和文章中，瓦克斯曼总是提出自己是唯一的发现者。

但事实上，从英格兰谢菲尔德大学的分子生物学教授米尔顿·温赖特所恢复的档案来看，瓦克斯曼不是发现者，可能甚至都不是共同发现者。这一荣誉属于瓦克斯曼的曾经的一个博士生阿尔伯特·沙茨。无论是诺贝尔基金会还是瓦克斯曼都未曾提到沙茨，大多数微生物学历史中也未曾提及。

出生于 1888 年的瓦克斯曼，自 1925 年以来，就在罗格斯大学任教，是一位著名的研究生活在可以提供抗生素的土壤中的腐殖质，真菌和其他微生物制剂的科学家。20 世纪 30 年代，瓦克斯曼的研究就已经很了不得，默克制药公司为瓦克斯曼的实验室设立了奖学金。罗格斯大学和瓦克斯曼因为任何研究发现都会收到专利税；在当时，这是普遍的做法。

出生于 1920 年的阿尔伯特·沙茨，1943 年从美国军队退役以完成他在瓦克斯曼门下的博士学位。与梅奥诊所的医师共事，瓦克斯曼在当时寻求到一种用于预防结核病的抗生素。某种特定土壤制造真菌类病毒，这些病毒可以治愈某些疾病，而不伤害身体。早在 1916 年，瓦克斯曼以为他发现了会产生这样一种抗生素的细菌。但是他错了。沙茨在 1943 年至 1944 年期间找到了正确的种类。

因为结核病是传染病，沙茨被分配到一个独立的地下室工作，在那里他完成了两种链霉素的培养。其中一种来自于名为多丽丝·琼斯的同系的研究生，她试图把有用的抗生素与鸡的病毒隔离。那些在她的实验中没有做的，她便通过地下室实验室的窗口传给沙茨。在这些“鸡喉菌株”之一里，沙茨发现了链霉素。后来他在土壤中又发现了另一个，这种土壤产生了大量的链霉素。

但究竟是谁发现了它，沙茨或瓦克斯曼？正如温赖特所展示的那样，整个事件打开了一个小却关键的突破口。如果琼斯直接把试样给沙茨，那么沙茨就是发现者。如果她递给了首先进行测试并筛选标本的瓦克斯曼，那么瓦克斯曼就可以正当地要求优先权。琼斯对温赖特证明，她总是直接递给沙茨标本。瓦克斯曼本人在 1946 年的一封信中也证实了这一点。在那个时候，优先级似乎并不重要。确实是这样，宣布发现的论文在 1944 年被刊登，研究人员按以下顺序排列：沙茨、E. 布吉和瓦克斯曼。布吉是检查沙茨工作的助理，后来向美国专利办公室发誓，她对于发现没有分享权。为什么沙茨的名字在后来的法律争吵中都是先让人想到呢？

法律纠纷在 1945 年开始，沙茨和瓦克斯曼为链霉素申请了专利。经过必要的测试后，在 1948 年得到承认。他们都签署了有以下叙述的誓章“他们确信自己是原创，（在链霉素方面）改善的第一个联合发明者”。他们还提出了把药物的利润用于非营利的罗格斯研究设施。

沙茨并不知道，瓦克斯曼收到了大约 35 万美元的专利税。同时，他曾给沙茨微不足道的 1500 美元，就好像礼物，而绝口不提他的专利费。沙茨把 1500 元作为礼物归为所得税；瓦克斯曼把它作为工作支付款归为他的国家专利税。沙茨写道，瓦克斯曼曾自称是唯一的发现者。瓦克斯曼私下里说他的确是自己做出了发现，而且说到沙茨只是出于礼貌和友好，对于为什么论文中沙茨的名字放在第一个，他给出了相同的解释——尽管在早期的论文中，瓦克斯曼都把自己的名字放在发现者的第一个。

沙茨提起诉讼，得到了法律上的承认，并赏赐他应分享的数额。瓦克斯曼和罗格斯大学什么都无法做，只能进行让步：瓦克斯曼在专利申请的自己的宣誓证词中承认沙茨至少是共同发现者。他们在庭外达成和解。沙茨被认定为共同发现者，并获得 3%的专利税份额，与瓦克斯曼高达 10%的份额相对，这笔链霉素专利费用在 1950 年时多达 50 万美元。瓦克斯曼把部分钱捐赠给罗格斯成立一个研究机构。

温赖特用文件证明科学界对沙茨行动的敌对反应。瓦克斯曼是一个受人敬仰的，有能力的科学家。当瓦克斯曼在他 1952 年的诺贝尔奖演讲中没有提到沙茨时，沙茨所在大学的校长（在宾夕法尼亚州多伊尔斯敦的国家农业大学）向诺贝尔委员会进行投诉。他们的回答如下：

> 非常遗憾，你在信中的部分信息并不被委员会成员所认可，因为没有在任何科学期刊上发表。也许你会有兴趣知道，许多美国同事……提名瓦克斯曼医生，而他们没有一个人提到沙茨医生。

换句话说，那些提名瓦克斯曼的人要么不知晓法律决定平反沙茨，要么选择直接忽视。人们必会得出结论，是后者。例如，在 1950 年，瓦克斯曼获诺贝尔奖前两年，《纽约时报》刊登了关于沙茨对瓦克斯曼提起诉讼的文章，之后的后续故事帮助沙茨诉讼成功——有关货币结算的细节。这样一个广泛宣传的事件没有引起瓦克斯曼的同僚注意是难以置信的。它也不可能被定义为八卦，因为它有法律的记录。“资深科学家”老男孩广播网保护了瓦克斯曼。

有人可能会认为，沙茨不应该允许瓦克斯曼宣称自己在共同发现者的首位。可这是不现实的。沙茨是一个新博士；他的强大的导师宣称像伟大的父亲一样爱护他。如果沙茨提出了抗议，然后说他是唯一的发现者，那他没有办法证明。资深科学家将会与瓦克斯曼结成同盟。沙茨的整个职业生涯取决于瓦克斯曼好的建议，他们双方都知道这一点。

诺贝尔委员会是这样一种不知情的仪器，既不会增加自己的也不会增加被提名者的荣耀。然而，罗格斯大学，终于把荣誉给了沙茨，时间却是在事实发生 50 年后。沙茨在 1994 年作为链霉素的共同发现者被授予罗格斯大学的最高荣誉，罗格斯奖章。

心电图而非脑电图

在 19 世纪 80 年代，众所周知，心脏收缩涉及电流变化，电极被用来测量这些变化。但是笨拙的工具测量的结果不稳定也不准确。到了 1901 年，荷兰生理学家威廉·艾因特霍芬解决了这个问题：他使导电的线程通过整个磁场，这样的灵敏和稳定足以给出可靠的数据。目前在每一个诊所都有改善了的心电图。艾因特霍芬获得了 1923 年的诺贝尔医学奖。

同年在耶拿，德国精神病学家汉斯伯杰，改善了脑电图，首次测量人类大脑中的电流变化。早些时候，这项实验也对狗进行了。脑电图已被证明是研究大脑的最有用的方法之一，是不可缺少的癫痫病的诊断方法。伯杰还发现“阿尔法”和“贝塔”大脑变化节奏电流图。

伯杰没有获得诺贝尔奖。也许他从来没有被提名过。当然，他是一个深居简出的人。不为冲进打印室建立他的优先权而烦恼，伯杰——在 1925 年完善脑电图后，经常使用他儿子的头骨来做实验——早在 1929 年，他就发表了他的研究结果。在数年里，反应冷漠或诋毁。很少有人愿意相信大脑有如此活跃的电流。然而，在 1937 年，因为他的发现而在巴黎研讨会上被授予荣誉。他哭了。“在德国，我没有这么有名。”因为战争，1940 年至 1942 年的诺贝尔医学奖被取消了。而伯杰在 1941 年去世。

鸟类和蜜蜂：动物行为学

根据之前所述，现代医学研究从临床转移到实验室开始于 19 世纪后期。一个世纪后，1973 年，诺贝尔奖授予了三位从实验室出来，研究自然状态中动物的科学家。为什么会有这样一个诺贝尔医学奖？当然有对在人工实验室条件下对患者治疗的广泛不满。从更广泛的方面来讲，行为学有助于打破人类和动物在健康和疾病方面的分割线：由于我们的消费，相似之处可能被忽视了。

卡尔·冯·弗里希研究蜜蜂，劳伦兹研究鹅和狗，尼可·丁伯根研究海鸥、黄蜂、蝴蝶和刺鱼的行为。他们开创了一种新的研究方法，称为动物行为学。这里是丁伯根谈及劳伦兹的工作：

> 他研究动物是为它们着想，而不是为了在严格限制的实验室条件下方便项目的进行。他把观察复杂事件的状态恢复为一个有效的、体面的，实际上是科研过程中高度复杂的一部分。在这个过程中，他发现许多迄今为止尚未被发现的规律。

这种描述适用于所有三个获奖者的工作。

弗里希是最老的，他在 87 岁的时候成了获奖者。他在故乡维也纳，取得了医学学士学位，但很快转到动物学去研究昆虫的知觉。第一次世界大战后，他大部分时间在德国教学，在那里，他从 1924 年开始就进行他最为重要的发现。他想知道花的彩色图案是否作为信号来吸引蝴蝶和蜜蜂。如果是这样，蜜蜂可能具有色彩感觉。实验表明，蜜蜂可能在某些情况里，不仅对不同的颜色有反应，还会对气味产生反应。他最伟大的发现是蜜蜂如何传达它们所发现的东西。如果食物在附近，侦察员蜜蜂就会做一个圆形的舞蹈；如果进一步的腾飞，尾巴便会摆动飞行。其他蜜蜂按照这些指示发现食品源。“我相信这是我生命中最有深远意义的观测。”弗里希说。在未来几年中，他进一步破译复杂的蜜蜂舞蹈，每一种舞蹈都传达一个有关方向、距离或食物量的信息，并且与太阳的角度有某种关系。

弗里希是第一个主要的生态学家，但丁伯根和劳伦兹共同使此领域系统化。荷兰人丁伯根是一个令人印象相当深刻的家庭的一分子。他的医生父亲阿道夫，几乎就获得了诺贝尔医学奖，他的弟弟让分享了 1969 年的第一届诺贝尔经济学纪念奖。丁伯根对动物行为学的兴趣因观察鸟类和阅读弗里希对蜜蜂的研究而被激起。没有涉猎传统科学，他在一所技术大学获得博士学位，然后去格陵兰岛研究鸟类和哺乳动物，他那里与爱斯基摩人待了 14 个月。回到荷兰，他开始研究刺鱼和海鸥的行为。

1936 年，丁伯根会见了劳伦兹，他们统一了思想和动力。像弗里希一样，劳伦兹也是来自维也纳，有医学博士学位，然后转移到动物学。起初，劳伦兹做常规的实验室实验，但他发现，人工隔离歪曲了本能行为。1934 年，他开始了他的著名的灰鹅研究，这是他们看到的第一个对象——鹅妈妈，气球或箱子——他们被打上“长辈”的标签。劳伦兹他自己成为很多这样的雏鹅的“母亲”，鹅宝宝的照片尽职尽责地跟随大胡子绕树林已非常有名。他和丁伯根发展的“固定动作模式”理论——关键的本能动作，比如家长印迹，之前没有受到训练的触发。丁伯根以类似的方式，研究一只雏鹅从父母的喙里啄食是如何提示重要的本能刺激的。

共同获奖由于劳伦兹的过去受到指责而阴云密布。在 1940 年和 1943 年，他曾在德国期刊上刊登了两篇长的科学论文，其中之一是他与别人合作的。双方发表的言论，似乎都同情纳粹的种族理论。这一点在早期由英国生物学家霍尔丹指出，他总结了整个事件：对于劳伦兹来讲，人类是“被驯化的”动物，即脱离了其天然或本能的状态。然而，驯化意味着颓废：家养的人类或动物失去了强壮的力量，视线，以及在野生状态下的反应。如果不采取措施扭转这种局面——比如，通过“种族纯洁”政治——将会导致更加颓废。霍尔丹，事实上是劳伦兹的朋友，称其为纳粹的观点并予以谴责。

当劳伦兹获得诺贝尔奖时，同样的罪名再次在科学期刊上出现。据说，纳粹主义者西蒙·维森塔尔要求劳伦兹“拒绝奖项作为一种痛悔的姿态”。而另一边，人类学家玛格丽特·米德为劳伦兹辩护，认为他是媒体和大众迫害的受害者。劳伦兹没有放弃奖金，但声称他一直对纳粹的目的一无所知。“他们的意思是杀人时，他们说，‘选择’超越任何人的信念。”也可能传递任何在1940年至1942年住在德国的人——当时他在那里任教——对于纳粹的目的都很无知的信息。但劳伦兹似乎真诚地声称驯化和自然“退化”，而不是种族不纯，是他攻击的目标。动物行为学本身就是一种对驯化的抗议，而驯化导致了不自然的，不健康的野兽的实验室标本。丁伯根支持这一观点，不是纳粹——他花了两年时间在纳粹集中营抗议对犹太教授的迫害。

劳伦兹仍然是三个获奖者中最有争议的，一方面是因为获诺贝尔奖之后，他写了最畅销的书籍，而这些书籍传达了类似的观点。批评者指责他过分强调本能行为，人格化他的动物。最挑衅的是劳伦兹关于侵略的观点，他认为人类是唯一的捕食自己同类的物种。这种观点通过书籍被广泛推广，包括罗伯特·阿德里的《领土势在必行》，福克斯和泰格的《帝国动物》，以及E. O. 威尔逊的《社会生物学：新的综合》。

弗洛伊德——与两名获奖的精神科医生

实际上有两个诺贝尔奖是颁发给精神病研究的，但弗洛伊德一个都没有获得。他最初被1914年医学奖获得者、生理学家巴拉尼提名为诺贝尔医学奖，因为他在内耳方面所做的研究。弗洛伊德对于巴拉尼的获奖及提名很恼火。

被授予诺贝尔奖的巴拉尼，是若干年前被我拒绝接收的一个学生，因为他似乎太变态了，他关于一个人获得公众的尊重是多么无助，引起愁思。你知道，这对我来讲仅仅是钱的问题，或许是烦扰我的某些同胞的小事情。但一个拥有世界八分之七的人与拥有八分之一的人对抗以获得认可是十分荒谬的。

此后，弗洛伊德被提名几次。真正的活动似乎开始在20世纪20年代。他的传记作家欧内斯特·琼斯记录，在1927年，精神分析学家乔治·果代克进行干扰以确保弗洛伊德获得诺贝尔奖。弗洛伊德要他停止这么做："这样的荣誉不适合我。"但是，他的朋友和弟子还是不停地尝试。1930年，弗洛伊德获得了著名的法兰克福歌德奖，有些人希望它会使斯德哥尔摩也颁奖给他。但是没有，弗洛伊德似乎也没有认为世界对他的观点有任何"友好"。1936年，弗洛伊德刚满80岁，罗曼·罗兰和托马斯·曼，当时都是文学奖的获得者，他们试图唤起斯德哥尔摩的兴趣。有人请求爱因斯坦为弗洛伊德提名诺贝尔医学奖，但遭到了拒绝，他说他不认为心理学适合该奖项。

1938年，当弗洛伊德逃离奥地利和纳粹党控制定居在英国时，奥地利作家阿诺德·茨威格，开始再一次为弗洛伊德有一个诺贝尔奖尝试。弗洛伊德写了一份典型的直率的责备：

不要让自己的工作建立在对诺贝尔奖的幻想之上。很肯定的是，我不会得到任何诺贝尔奖。精神分析有几个很不错的对手，而奖项取决于他们，并且没有人可以在他们掌握局面时改变主意之前或者在有生之年使我获得诺贝尔奖。因此，尽管我在维也纳被纳粹致伤后，很需要这笔钱，并且安娜和我一致认为因为我的儿子和女婿迫于贫困也需要，但我和她还是放弃奖项和去斯德哥尔摩领奖的旅程。

当然，弗洛伊德是正确的。对于诺贝尔医学委员会来讲，他的理论太张扬了，并且不适合他们对明确的实验确认的坚持。没有医生获得过此殊荣，而臭名昭著的弗洛伊德是不大可能成为第一个的。

弗洛伊德本人，在同一封信中，给出了另一个原因，希特勒之后，他永远不会获得瑞典人的殊荣：“很难期望，官场上可以使自己对纳粹德国做出这样的挑衅性的挑战而赐予我荣誉。”不知纳粹是否会为把奖项颁发给又一个流亡的犹太人而生气。弗洛伊德忘记了，或者选择忘记，诺贝尔基金会曾在仅仅几年前，公开挑衅纳粹，更为严重的是，1935 年的诺贝尔和平奖被授予德国记者卡尔·冯·奥西茨基。奥西茨基是一个好战的反纳粹主义者，当时他在集中营里。此后，希特勒在 1938 年后禁止任何德国人或者奥地利人，接受任何诺贝尔奖。因此，1939 年发现了第一个磺胺类药物的诺贝尔医学奖得主格哈德·多马克，以及 1938 年和 1939 年的化学奖得主库恩和布特南特——都是德国人——均被禁止去斯德哥尔摩接受他们的奖牌和奖金。战争结束后，他们得到了奖牌，而没有奖金。

弗洛伊德于 1920 年开始有奇怪的诺贝尔奖情结。当时的维也纳总医院精神科主任朱利叶斯·瓦格纳-尧雷格教授和弗洛伊德曾是同学，并且一直保持友好，他们亲切地称呼对方 DU，在节假日互致问候。有人对瓦格纳-尧雷格提出了残忍对待有精神问题的士兵的指控。1920 年，奥地利军事当局任命一个特别委员会来调查，弗洛伊德是其中之一。他的备忘录被保存下来。医院对士兵用电击治疗，而他们声称是战争创伤。根据弗洛伊德的传记作家欧内斯特·琼斯的观点，接受电击治疗很是难受，而疗效甚至不如治疗之前。不幸的是，士兵再次生病，有时候电击治疗不堪再继续增加。弗洛伊德认为，瓦格纳-尧雷格不会亲自粗暴地用电击治疗，应该是其他医生做的。瓦格纳-尧雷格最终得以免除罪行，弗洛伊德不得不做出有利于瓦格纳-尧雷格现况的证词。他试图友好且客观，但也指出医患间的矛盾，以及军队医生的职责是尽快使军人恢复健康履行使命。

委员会谴责弗洛伊德的观察为不爱国的。

1927年，瓦格纳-尧雷格获得了第一个精神病学的诺贝尔奖。他的获奖研究工作是一种旧观念的新版本，即短暂的发烧或感染会产生有益的结果。1917年，瓦格纳-尧雷格为九位因梅毒感染而引起精神错乱的晚期患者做接种治疗。他使他们感染了疟疾，并声称三人已被完全治愈，并能回去工作，而三者都有轻度和暂时的改善。别处的多个测试表明同样是30%的治愈率。同时，这种疗法发展为造成瓦格纳-尧雷格被调查的电击疗法。

弗洛伊德祝贺瓦格纳-尧雷格获得诺贝尔奖，并且他们保持着友好的关系。然而后者的助手，公然攻击精神分析法。瓦格纳-尧雷格在他获奖一年后开始写自传，并于1935年完成，但直到两人都去世才出版，其中他指责弗洛伊德试图在调查过程中攻击他。他还声称，19世纪中期的法国精神病学家夏科才真正创立了精神分析学，而弗洛伊德抄袭了他的想法。也有报道说，瓦格纳-尧雷格曾经说弗洛伊德的心理分析不应该获诺贝尔医学奖，而应该是文学奖。

冰锥精神病疗法

精神病学的第二个诺贝尔医学奖于1949年颁给了葡萄牙神经学家安东尼奥·埃加斯·莫尼斯，脑叶手术的发明者。他把它称为前额脑白质切除术；这就是他的弟子美国人沃尔特·弗里曼博士所俗称的“叶切断术”。莫尼斯把物理治疗精神病法带得很远。1935年，在伦敦，两名美国生理学家报道黑猩猩的实际操作，手术切除就在额头后方的大脑，额头被称为前额叶。操作前，黑猩猩已经能够解决可能会难倒一个小孩子的难题，不过，他们也容易激动。操作之后，大卫·舒特对其宝贵的研究报告说，它们变得温顺，但也愚蠢，麻木不仁。莫尼斯出席了这个会议，并且决定把这种方法在表现出焦虑或打扰他人的行为的人类身上进行实验。

次年，他对 20 个患者进行了叶切断术。外科医生通过额头钻孔，切断通往大脑其他区域的神经通路。莫尼斯宣布有 7 人已经治好了他们的忧虑，8 个得到了改善，5 个既不好，也不坏。焦虑并未消失：患者只是变得无动于衷，并且往往对一切事情都如此。

治疗方法几乎立即获得了狂热的追捧，特别是在美国。治疗机构挤满了精神病人，他们被工作人员随意地严厉地收治，工作人员往往太少，太缺乏训练，当然薪水也少。1936 年，美国公立医院有超过 43 万精神病患者。许多不能够得到可以减轻他们痛苦的治疗的患者住在这些地方。几乎任何类型的古怪或怪异行为都可能被法庭或医师视为精神错乱。有时，“沮丧”的患者，不管是什么原因或症状，都被自动认为有自杀倾向。在一些地方，紧身衣被人习惯使用；在另外一些地方，则使用更人性化的沐浴和镇静剂疗法。几乎任何可以想象的治疗方法都得到了应用：沐浴，发热注射（瓦格纳-尧雷格式），加热或冷却，拔牙或扁桃体或腺体切除。制约因素可能是化学——水合氯醛或鸦片剂量——或填充细胞和紧身衣。在华盛顿的圣伊丽莎白医院，其中一个比较开明的机构，一人地牢被应用于最激动和最暴力的人。在 20 世纪 30 年代，出现了更强的方式：注射胰岛素来导致休克，或直接用重的电击疗法。

但是，即使与这些和其他粗暴方法相比，前脑叶白质切除术也算是过分的手段了。前脑叶白质切除术反映了传统的医疗观点，认为精神疾病是由于身体上的疾病引起的，应被视为像其他身体上的疾病一样——这一观点遭到了弗洛伊德的反对，他认为精神疾病通常有心理原因。前脑叶白质切除术是手术并且是不可逆的。它对“治疗”的评价是不确定和仓促的，尽管莫尼斯非常自信地宣布有人在手术后短短十几天，精神疾病就得到了治愈。更糟糕的是，批评者指出，早在 1937 年，其大肆吹嘘的神经学基础“依靠纯大脑神话学”。

在 1937 年的芝加哥神经学会的一次会议上，对粗枝大叶的手术过程的批评是专家级的且是毁灭性的。在头骨钻孔后，在谈到怎么样插入一个电线圈来拔出皮层下组织时，一个外科医生说：

> 这个过程是基于什么？首先，这不是操作，而是切割。莫尼斯说他无法说出脑白质切断器［插入大脑的手术刀］所去除部分的确切程度和位置。这是显而易见的，因为有不同大小的头骨和大脑，没有办法知道什么可能会被切除。线圈有可能打击到血管。

但这些批评仍然是在行业内的，是医生的职业道德要求。同时，报刊媒体把前脑叶白质切除术捧上了天。《纽约时报》在 1938 年进行了题为《治疗心病的手术》的报道；困扰的消除被报道：据说，新的大脑手术帮助了 65%的精神病患者。“治愈”或“援助”的构成被含糊地留下。

许多有案可查的案件都面临严峻的形势。肯尼迪的父亲约瑟夫·肯尼迪，在他女儿罗斯玛丽 20 多岁时为她进行了前脑叶白质切除术。这个记录是最令人震惊的，因为是机械方式的。据宣称，他的家人曾担心罗斯玛丽可能怀孕了或是被舞男挟持了。有人称她也许是智障或是故意的。她那急躁和烦恼的父亲决定在当时结束滋扰。沃尔特·弗里曼博士，最著名的美国叶切断术医生——他骄傲地宣称已经完成了超过 4000 例手术——进行操作。他的手术是在上眼睑下面插入一个冰锥，然后锤进额叶，然后扭动。随着外科医生用手术刀挖通了她的额头，直到碰到她的大脑，罗斯玛丽被要求保持唱她知道的任何歌曲，或算数字加法。只要她那样做，手术刀就推进一步。最后，她再也无法记住任何歌曲或如何加数字：她的大脑已被摧毁。弗里曼博士在喧闹和幽默中挖冰锥时，通常使用这样的歌声添加测试。但他的工作拙劣。罗斯玛丽并未变得“温顺”，却往往很暴力。她被囚禁于一个修道院几年的时间，然后在酒吧的一个房间里长达九年时间。她的妈妈从来没有去看望她。脑叶手术 30 年后，她被发现心烦意乱地走在芝加哥街头。

不管导致其他什么情况，前脑叶白质切除术平定了大多数患者或在精神上“阉割”了他们，正如一名医生所说的那样——当患者迟钝地坐着，没有任何需求，不造成任何打扰时，医院运行要容易得多。不幸的是，他们经常倒退至婴儿阶段，变得像婴儿一样不能自制或者性侵略——通常对于他们的家庭来讲是较重的负担，他们被送回“改善”。在 20 世纪 50 年代镇静剂取得了足够的镇定效果，并帮助停止了前脑叶白质切除。

莫尼斯不是普通的医生。他来自一个大的葡萄牙家庭，是葡萄牙在西班牙的大使，拥有一个完美外交家的世俗手腕。他喜欢把自己打扮成一个文艺复兴时期的人——剧作家、作曲家、画家、史学家、科学家。他肯定是觊觎诺贝尔奖。1928 年，他在医学奖方面提名自己，但委员会认为他在脑血管造影方面的研究工作不够重要。两个在里斯本大学医学院的同事在 1933 年再次提名他。但他发明脑叶手术后，他被授予了 1949 年的诺贝尔医学奖，并且与神经学家沃尔特·赫斯共享——但他不是脑叶切除师。华伦斯丁在他谨慎的报告中指出，莫尼斯获得了该奖项，因为那年刚好没有几个不寻常的有优点的提名。似乎被莫尼斯催眠的《纽约时报》在表示祝贺的社论中说，他教会我们“不再那么敬畏大脑。它仅仅是一个大的器官……并不比肝脏更神圣”。受人尊敬的《新英格兰医学杂志》继续愚蠢地说：“可以说，当莫尼斯第一次在精神疗法领域大胆地迈出一步之时，一个新的精神病疗法在 1935 年诞生了。”

尽管在医疗界逐渐增加的抗议，诺贝尔奖的威望还是给脑叶切除手术一个新的权威性。据说，1949 年和 1952 年之间，在美国已经进行了 5000 例前脑叶白质切除术。然而，在几年之内，前脑叶白质切除术迅速消退。莫尼斯于 1955 年去世，就像他的手术过程成为历史的兴趣，像疯人院或紧身衣。关于莫尼斯的逝世的记录各有不同。一个说他在默默地写一篇文章时，遭受了大规模的体内出血；另一个说他被一名精神错乱的病人活活打死，这个病人是他在退休前要治疗的最后一个病人。无论哪种说法，他都在 81 岁时去世。

第八章　诺贝尔和平奖

阿尔弗雷德·诺贝尔把和平奖交给了由挪威议会选择的一个委员会，这是唯一一个不受瑞典控制的诺贝尔奖。它与其他奖项的另外一个更重要的不同之处在于，它表彰的既不是艺术，也不是科学，而是一种特殊的政治活动。正如诺贝尔在他的遗愿中所表达的那样：

该奖项应该授予为国家之间的友爱、为取消或裁减常备军队以及为召开和宣传和平会议做出最多或者最出色工作的人。

这显然是指国与国之间的战争，诺贝尔委员会为这方面的努力妥善授予奖项。然而，从1960年开始，诺贝尔和平奖也开始强调在一个国家内部实现和平的努力。这与阿尔弗雷德·诺贝尔的初衷相距甚远，但原因是显而易见的。许多国家，在与邻国和平相处之时，对本国公民却发动了战争：卢旺达、埃塞俄比亚、塞尔维亚和柬埔寨就是近来这样的例子。有时也涉及为寻求正义的非暴力斗争，如美国的民权运动。这扩大了和平的意义，同时也使其变得更为复杂：国际和谐是一回事，但是以某个国家内部正义为形式的和平完全是另一回事。确实，诺贝尔和平奖已经有了翻天覆地的变化。

自1950年以来，一个相关的变化就是诺贝尔和平奖的国际化。在1950年之前，所有的奖项都以欧洲问题或者活动家为中心，除了一个例外，就是1936年的奖项颁发给了阿根廷的萨维德拉·拉马斯。自从1950年开始，获奖者都来自于亚洲、非洲、中东以及中美洲。

不管怎样，不幸的是，和平奖恰好赶上了20世纪，这可能是整个人类历史上最大的停尸房，在这里有数百万人遭到了杀戮。使这一切成为可能的技术从诺贝尔的炸药到坦克和飞机、到核弹和电子武器，不断取得进步。过去的100年里，我们看到了前所未有的全面的全球战争，第一次真正的“世界”大战。第三次这样的战争中，如果使用氢弹，那么确实可能结束所有的战争还有人类自己。

然而，在19世纪即将结束之际，出现了让人乐观的契机，从中燃起了战争可能会得到控制甚至结束的希望。诺贝尔本人分享了这个希望。第一次世界大战证明了这是一个可怕的错觉。原子弹和氢弹极大地改变了对和平的估量：现在，只有最糟糕的事情没有发生了——人类尚未灭绝。我们的期望已经降低或者说犬儒主义已经抬头。例如，20世纪80年代的历时8年的两伊战争对双方来讲，都是毁灭性的和徒劳的，却从来没有威胁使用核武器。从使人战栗的基本的规模讲，它仍是一场“规模较小”的战争。然而，与此同时，越来越多的国家“拥有核武器”。目前，有12个或更多的国家有能力面对未来更多的国际军控挑衅。

迄今为止，虽然战争仍然是“惯例”，但是一个世纪的和平奖也没有使国家之间更加友好。就在1999年末，根据美联社的报道，全球193个国家中的65个——占三分之一——处在战争中（国际、国内、大规模的暴动）。这比20世纪80年代末的情况要糟糕两倍，当时只有35个国家发生冲突。即使那些处于和平的国家也扩大了常规军和武器，其中的一些最贫穷的国家也挥霍着微薄的财政预算来全副武装，并且经常从其他国家购买武器——美国、法国、苏联——这些国家曾经是和平游行队伍里的先锋。

给“和平”下定义似乎不太可能。这个概念的意思不明确反映在和平委员会颁发奖项的范围很广——颁发给取得一定实际成效的政治人物，也会颁发给为穷人建立医院的特蕾莎修女。这似乎使和平意义的范围过于大了，但是和平是精神上的而非一个政治问题。当然，有些古怪的此奖项的提名被报道了出来：希特勒在1934年荣登榜首，除非这是一个恶作剧。

最纯粹的和平倡导者是“和平主义者”，以耶稣、梭罗或托尔斯泰为典型。然而，诺贝尔和平奖评委会几乎完全忽略了除政治活动家以外的真正的和平主义者。这是有一定道理的，诺贝尔的遗嘱中很清楚地说明和平奖是活动家的奖项。马丁·路德·金，非暴力民权运动领袖，是诺贝尔奖中把行动主义和非暴力相结合的最有名的例子。许多人道主义者和组织也获得了奖项，他们寻求帮助病者或难民的途径，或作为传递“道德意识”的个人：史怀哲、特蕾莎修女、国际红十字会、神父皮尔和南森、大赦国际、埃利·威塞尔、无国界医生组织。特德·特纳的传记作者写道，美国媒体之王希望获得和平奖，因为他为难民和穷人向联合国捐赠了10亿美元。

再者，诺贝尔和平奖主要颁发给了官员。在第一次世界大战之前，这些通常是自发的和平运动的组织者或管理者。随着1920年的国家联盟的建立，政府接管了对和平运动的控制。获奖者越来越多地从国家政治领导人或国家联盟的官员或联合国中选择。美国的州务卿乔治·马歇尔和亨利·基辛格、埃及总统安瓦尔·萨达特和以色列总理梅纳赫姆·贝京、苏联总统戈尔巴乔夫位列其中。事实上，和平奖也作为“政治才能”的最高见证而被政治家垂涎。美国前总统吉米·卡特，在近几年作为同伊朗、朝鲜、海地以及其他国家保持和平的和事佬，就被讽刺为有希望成为这样的获奖者。全球最著名的漫画家加里·特鲁多对卡特在 1994 年发表的一部诗集做出的诙谐改编说明了这一点：

金玉其外

你的城市，万王之王
照亮你的山顶
圣洁的心仍在歌唱
歌唱世界上的和平，歌唱你的心愿。

何时才能得到你的召唤
受到你的赞许
你的金牌
让这粗俗的灵魂也顿时增色

哦，我要去你那儿
(马车轻轻摇晃)
已经预订好
奥斯陆万豪酒店。

和平的希望

两个历史因素为 19 世纪战争可能消失殆尽带来了希望。阿尔弗雷德·诺贝尔的和平奖即是其中一个。

一方面，从来没有过这样充满大屠杀的战争。军队要大得多。庞大的法国军队带着拿破仑战争席卷欧洲，而使得这一切成为可能的是现代第一个全民草案——法国大革命的*全民皆兵*。年龄较大和年龄较小的军队以及志愿者的部队都要走向战场。新技术也使得杀戮能力成倍增加。据说，在拿破仑战争中有 100 万人死去。美国内战期间，工业化兵工厂源源不断地制造出大炮、精密机械加工枪管、装甲舰、初级潜艇和具有毁灭性的炸弹——以及新的战术——使仅仅 50 年前的拿破仑战争看起来像古董一般。1812 年，当拿破仑的军队占领莫斯科，俄罗斯人烧毁自己的城市把其驱逐出去。但谢尔曼烧毁的敌后路径破坏了南方生态及其公民的精神意志，这一做法影射了 20 世纪的全面战争。

即使是现在，几乎已经被人们遗忘了的“规模较小”的战争都是异常可怕的。奥地利在 1859 年入侵意大利，展开了同法国以及意大利同盟国的战争。在索尔费里诺战役中，伤亡 4 万人。偶然目睹这一切的瑞士人亨利·杜南（1828～1910 年），对屠杀感到如此震惊，于是他把毕生的精力都倾注在了初期的和平运动中，他帮助建立了国际红十字会，而其标志则来源于瑞士国旗。在回忆录中他回顾士兵站在尸体上面，用枪托砸敌人的头骨，然后用刺刀挖出敌人的内脏：“屠杀”。杜南共享了 1901 年的第一个诺贝尔和平奖。

然而，在另一方面，战争似乎在减少，至少从 1815 年的滑铁卢之战以来欧洲列强之间的战争在减少。诚然，1854 年的克里米亚战争中，俄罗斯对阵英国和法国。然后，在 1864 年，奥地利和普鲁士吞并了丹麦的石勒苏益格——荷尔斯泰因省；1866 年，普鲁士击败奥地利；1871 年，普鲁士击败法国。

但是，因为这些战争中没有一个可以与席卷整个欧洲的拿破仑战争相比，因此，对于许多人来讲，至少在“文明”的国家之间，战争在消退。也许理性在人类事务中开始盛行。有些人，比如，托尔斯泰以宗教道德反对战争。不管怎样，整体上来看，19 世纪的和平鼓动者的都是理性主义者，他们孜孜不倦地列举着无可争辩的逻辑和论据。康德说：“商业精神与战争不能共存。”和平的倡导者常常这样认为。和平为国家的自身利益带来好处。谁能否认那场战争摧毁了宝贵的资源和能源，或者把他们转化成了无用的装备，除了武器装备制造商没有任何人受益？自此出现了不忠诚于任何国家或信条，只专注于销售的险恶的战争贩子，“死亡商人”：德国的克虏伯；居住在法国的土耳其希腊族人巴西尔·扎哈洛夫，报纸给予其绰号“欧洲的神秘人”；当然，“炸药大王”诺贝尔的和平奖自然也对公众有极大的吸引力。

应用于社会不健全状态中的理性意识带来了巨大的治疗作用。诺贝尔本人辩论道：人类可能会放弃战争，因为武器越来越具有破坏性。对于其他人，19 世纪的民主气氛的上升证明理性意识也越来越有优势。一个自由的新闻媒体会公开引发战争的秘密阴谋；教育的普及会安抚野性的冲动，会剥去战争虚假魅力的外衣。人类已经从原始的野蛮、部落和君主制发展到了民主。也许好战的非理性也可能演变，如同残留的阑尾。国家——那些古老的单位，他们的竞争性和排他性引起了大多数战争——可能演变成人类的议会。

有时候乐观主义上涨。有些人希望协调各个国家以形成真正意义上的国际和谐。这是维克多·雨果在 1849 年的国际和平大会上就“欧洲合众国”发表的演讲：

> 这个神圣的想法，世界和平，所有国家结合在一起，福音作为他们的最高法律，调解取代战争。当你，法国——你，俄罗斯——你，意大利——你，英国——还有你，德国……都无比地团结而又不失去各自的独特品质……那么，这一天就会到来了。

随之而来的是众多和平会议，成千上万的书籍和小册子，写出或说出的数以百万计的词，非政府间国际组织的军队，无尽的请愿书，数不清的对和平与战争的原因分析，对工人、神职人员、议会和国王的呼吁。从 1870 年左右，这种状况不间断地持续到今天。

1914年之前的和平奖

在第一次世界大战之前，除了像西奥多·罗斯福这样极少的人士，奖项颁给了被人们遗忘了的查尔斯·戈巴特、弗雷德里克·帕西、贝尔塔·冯·苏特纳、克拉斯·阿诺尔德松和托拜厄斯·阿塞。他们有共同的特征。即，战争的破坏性、疯狂以及浪费使他们投身到和平事业中来。他们坚持不懈地工作，充满了无尽的希望，忽略掉所有的冷漠。他们没有惊人的成功，并且很少获得声誉。在大多数情况下，他们的故事是有关组织者和管理者以及勤奋、务实、坚持不懈的一心一意的人们，不辞辛劳地推动和平运动的发展。足够了解他们的经历后，很难把他们分开：他们就像不露面的传教士和早期教会的主教，做善事，牺牲个人的抱负和赞扬，并坚定地在上帝的葡萄园中默默无闻地快乐地劳动着。就像年老的高僧一样，他们也试图以更高深的思想来改变野蛮人——战争决策者。他们在工作岗位上死去，即使获得诺贝尔奖之后也很少有人能记住。事实上，有一些机构获得了诺贝尔奖，而个人却被忽略了。谁能反对呢？和平运动是为了更多人的利益，而不是为了私人的荣耀。

这些早期的获奖者是记者、律师、商人、作家、基层政府职员，他们建立了国际和平社团或者就职于其中：博爱联盟、国际律师协会、国际仲裁联盟，大不列颠及爱尔兰国际仲裁与和平协会，这些名称如此响亮、如此令人敬畏，以至于让人把他们想象成如美国最高法院那样的富丽堂皇的建筑。事实上，他们往往是根据一个印有抬头的信笺纸，对应的文件，以及一些小册子和传单纸的机构，有时甚至是其创始人家庭或私人办公室之外的工作机构。

与决定着战争与和平的高水平政治商会的世界相比较，宏伟的机构名称可以使人忘记和平事业的边缘性。

和平鼓动者总是无休止地诉说对于人类议会、世界和平与裁军的需求。但是，直到 1914 年的“和平运动”，其内部都是有分歧的。原则上，对和平的争取忽略了阶级路线和社会差异。实践中不是这样。获得和平奖的人通常属于政府领导人想要影响的一个阶级。有些人甚至与总统或者国王的关系亲密。毕竟，即使是沙皇尼古拉二世，“欧洲最伟大的专制君主”，在 1899 年时也令人惊讶地谴责破坏经济和文明的战争，并敦促通过会议来促进国际调解。

这些保守的和平斗士，选择避开那些认为和平需要阶级革命甚至暴力的激进分子。对于保守派，和平就是教育和道德规劝的胜利，他们往往拒绝任何政治立场，以免危及他们的“客观”和“中立”——当然，还有令人厌倦的政府领导。

然而，在当时，所有的和平活动家都会争辩说，精英很少对“人们”发动战争。一旦人们受到教育或信息量足够多，那么战争就会减少：人们就会拒绝开战。引用几个几十年前的口号：“如果发动了战争而没有人参与会是什么样呢?”爱因斯坦曾经计算过，一个国家只要有百分之二的士兵拒绝战斗，那么战争就不可能发生。他的数学可能不是太好。

1914 年前的获奖者

最早的两个获奖者反映出早期和平时代的紧张局势。杜南来自一个典型且虔诚的日内瓦家庭，后来成为银行家。由于工作他曾到过北非，而斯托夫人的著作使他于 1853 年转向废奴主义并写了一本关于奴隶制的书。不过，阿尔及利亚牧场似乎是一个很好的企业，于是，他和其他人准备投资数亿瑞士法郎。1859 年，法国殖民地官员愚蠢的延迟让没有耐心的杜南亲自去见法国皇帝。杜南及时赶到并目睹了那可怕的索尔费里诺战役。他非常震惊，就此写了一本书，引起了轰动。杜南忽略了他的生意，投入到对战争受害者的救助中，几年之后他破产了，不久便穷困潦倒。不过，他仍然继续坚持工作，号召支持者，呼吁名人——狄更斯、雨果——1863 年，他成立了国际红十字会。来自 16 个国家的 39 人参加了在日内瓦召开的第一次会议。后来，杜南成了一个隐士，没有人知道原因，可怜的他不得不用墨水修饰他的外衣来遮盖裂痕，用粉笔使其衬衫更白一点。1895 年一个记者找到了他，恰值诺贝尔和平委员会授予其奖项。他捐出了自己的奖金给穷人。

然而，他的诺贝尔奖的获得使和平运动有一段时间的不顺利。没有对战争受害者的帮助会使战争更让人能接受，甚至可能使其合法化吗？他的同伴，诺贝尔奖得主法国人弗雷德里克·帕西（1822～1912 年），做出很多努力以防止战争，而不是减轻战况。杜南在人们心中是人道主义者而帕西是驯顺的成员。他被教育成为经济学家，工作时担任法国政府官员，然后成为一个全职和平宣传人员。在生态方面，战争造成了浪费；即使光从这点来说，人类的自私也应该被说服从而放弃国家之间的冲突。他建立了永久和平的国际联盟，却正好赶上了 1870 年的普法战争而解体。帕西于是建立了另一个和平组织。当选为法国众议院成员的他，在 1889 年利用其职位促进不同国家立法者之间的国际和平仲裁。他的努力带来了各国议会联盟，成员有 10 个欧洲国家和美国，帕西则作为第一任主席。这是欧洲和美国立法机构的一个重要立足点，并且，在第一次世界大战之前，这个组织是最有影响力的两个和平组织之一。

另一个组织是成立于 1896 年，位于伯尔尼的国际和平局，它的职能是来协调欧美无处不在的众多和平组织。1903 年的诺贝尔和平奖颁给了因为和平局做出贡献的瑞士人埃利·杜科蒙和因各国议会联盟而获奖的帕西的继任者，瑞士人查尔斯·戈巴特。

但是他们互相排挤，而和平事业也同样遭到撕裂。一边像戈巴特的联盟一样寻求直接的政治影响力，而另一边则担心某种政治立场可能会失去其道义上的影响力。因此，杜科蒙认为对德雷福斯事件或俄罗斯的对犹太人的大屠杀进行公开评论是不可思议的，更不可有任何立场。

接下来就是贝尔塔·冯·苏特纳（1905 年获得和平奖）。作为一个美丽、受过良好教育且来自贵族世家的著名小说家，她是诺贝尔和平奖的历史上最为炫彩的获奖者之一。有人回忆说，她曾经差点成为阿尔弗雷德·诺贝尔的私人秘书，但突然去结婚了，很显然，这令诺贝尔非常沮丧。贝尔塔和她的丈夫，一个维也纳贵族，在俄罗斯以教语言和音乐为生。同时，他们也成了和平运动虔诚的信徒。在 1877 年的俄土战争中，亚瑟·冯·苏特纳成为一名战地记者，而贝尔塔开始写小说。1886 年在巴黎，贝尔塔再次见到了诺贝尔，他带着他们见了重要的人物。对于法国在 1871 年战败后所显示出的复仇德国的欲望，她感到困扰。在其早期的小说中，她强调世界和平、自由政治和国际主义。1889 年，她出版了最著名的小说《放下你的武器》。这个故事是关于 19 世纪 60 年代的一个生活被战争所摧毁的女人。现在看来，这部小说很平淡，但对当时战场的描写却如此地真实和让人震惊。这本书得到了托尔斯泰和奥地利帝国议会的称赞，其影响力可与斯托夫人的《汤姆叔叔小屋》相比（很恰当的比较，因为不同之处在于斯托夫人帮助挑起战争，而苏特纳要结束所有战争）。贝尔塔·冯·苏特纳成为和平组织机构的有名望的人，具有明星般的吸引力。

据说，是她说服了诺贝尔在他的遗产奖项中纳入了和平奖。对她来说，和平是一项高尚的教育上和道德上的问题，这与政治活动是截然分开的。她的道德和平主义以及她对于妇女的后天培养和和平解放妇女的强调，吸引了许多妇女加入到这项事业中来。但是，随着第一次世界大战的临近，她的愿望破灭了。爱国的奥地利人谴责了她的和平主义；德国人也同样对其进行了谴责，也许是因为，她于 1905 年帮助建立了英德友谊委员会。她忍受着对其尊严的攻击。也许她有一点点运气，在恐怖的战争真正开始前几个星期，她在癌症的病魔中去世。

早期的和平奖授予总统西奥多·罗斯福（1906 年）和其国务卿伊莱休·鲁特（1912 年）都是重要的事件。两人都是强大的政治家同时也是军国主义者。和平社会几乎总是与裁军和和平仲裁相关。罗斯福分裂了这两者。一方面，他毫不掩饰地挥舞着战力的“大棒”。作为海军的助理部长，他为与西班牙之间的战争做了很多准备，他的密信帮助了海军上将杜威在马尼拉击败西班牙舰队，从而为美国获得了第一个殖民地。作为总统，他扩大了美国的海军，以促进美国的影响力和安全性。他为反抗哥伦比亚的巴拿马革命提供了援助，从而使得美国可以购买控制巴拿马运河的权力。他把军事威胁引入到了门罗主义中：如果欧洲国家对南美事务进行干预，那么美国将使用武力来驱逐。

但是，罗斯福在第一次世界大战前仍然完成了国际和平仲裁的一项伟大壮举。1905 年，他把俄罗斯和日本带到了新罕布什尔州的朴次茅斯的一个会议上，并做出了调解，最终结束了始于 1904 年的日俄战争。罗斯福的动机是为了保持权力平衡。日本在战争中的成功使俄罗斯远离了满洲。然而，罗斯福并不想让日本胜利得太多，以免它变得过于野心勃勃。因此，这就是仲裁。

可追溯到古代的这种权力平衡的策略，对于许多和平爱好者而言都是诅咒。那种需要国家在军事上匹配的和平共处，使裁军变得没有可能。因此，和平活动家认为罗斯福的和平奖是一个矛盾体。但是，他的威望和成功使仲裁受到了欢迎和尊敬。作为一名仲裁员，罗斯福是以个人而非美国总统的名义行动——但他后来说到，他承认作为总统是他有权力进行一切行为的唯一原因。

罗斯福的国务卿伊莱休·鲁特的动机也与其类似。他与日本谈判，来保持中国对外敞开自己的大门，并想要在太平洋地区保持现状。他获得诺贝尔奖的行为是，修复了南美州对罗斯福强行进入巴拿马的不信任。“我们期待的不是胜利，而是和平。”他在 1906 年里约热内卢泛美和平会议上如实说，得到了热烈的掌声。一年后，他成立了后来的中美洲和平仲裁法庭，开创了北半球的先河。然而，在他获得诺贝尔和平奖的获奖感言中，鲁特表现出对乐观的和平活动家的不满。他宣称，不论由于好的还是坏的原因，战争都是人性根深蒂固的一方面，永远都阻止不了。他确实使人们对于国际仲裁越来越大的兴趣变成了微乎其微的一线希望。

事实上，希望的曙光已经出现。一个是国际仲裁。传统上是由外交途径完成，在 1900 年左右的创新是在一个永久的基础上试图使其制度化。因此，1899 年和 1907 年之间，在海牙成立了常设国际法院，用来作为解决国际争端的政治中立法庭。对于这项工作，很多国家都赞同国际法法典——即是另一希望。不幸的是，没有这样的法典存在，或者说从来没有过。条约和联盟总是以事实为基础。每个国家仍然拥有最高统治权，这恰恰是战争可能爆发的原因。因此，从 19 世纪末期开始，为编纂国际法倾注了很大的努力。英国前首相格莱斯顿对这个想法表示欢迎。许多研究机构做出了繁重的法律分析，在各方面都令人满意——除非没有国家愿意放弃决定其自身的利益的权力。那么国际法律和法院如何强制执行其决定呢？

诺贝尔奖

1914年8月，很明显，理性并非之前预想的那样深入人心。关于反对战争的长篇大论，没有一个能停止得了具有前所未有的广度和破坏力的接近自杀式的战争。

伟大的战争与和平的转化

随着第一次世界大战的爆发，和平运动想要避免的噩梦带来了复仇。在以后的四年中，不计其数的士兵参与了战争，并战死沙场。

战争的爆发摧毁了和平运动。整个蓬勃发展的国际组织网络也随之崩溃，或者陷入痛苦的争斗中，或者转向谨慎的沉默。在盟军和日耳曼国家，和平组织机构受到打压。其他的还有如美国和平协会这样的组织，他们很快就从对抗战争转化为助推战争的爱国主义。

因此，人员急剧减少且士气低落的和平活动家——与他们的诺贝尔和平奖——经历了一段痛苦的时期。曾经看似充满信心的希望现在似乎被出卖了或成了自欺欺人。在战争时期的各个国家，和平活动家经常被指责缺乏爱国精神，甚至是叛逆。例如，伯特兰·罗素因为对战争的鼓动稍作了批评就被关进监狱半年。有影响力的伦敦和平报纸《和平使者》说，和平主义者“不能够与他的国家站在一边……是毁了自己以及对手……他也不能站在对立的一边，理由则是同样的”。

正因为第一次世界大战推出了如此多的新武器——坦克、飞机、毒气——它突显了具有讽刺意味的不同的诺贝尔奖之间的彼此暗地里的交战。和平奖反对军事冲突，但物理学奖和化学奖却以发现扩大和加强战争的新技术为荣耀。苏联氢弹之父和持不同政见者安德烈·萨哈罗夫（1975年诺贝尔和平奖获得者）宣称核研究一定会继续向我们提供所需的能量。与之相对，世界医生争取防止核战争运动（1985 年获奖）警告我们会变成我们所造就的科技的奴隶和潜在目标的危险。

同时，在每个诺贝尔奖典礼上，科学奖与和平奖是并排在一起被授予奖项的。1995 年的和平奖共享者，出生于波兰的英国物理学家约瑟夫·罗特布拉特，曾在洛斯阿拉莫斯国家实验室研制原子弹。1944 年，当德国显然要战败时，他退出了原子弹的项目——他是唯一这样做的物理学家。后来，他由于有证书而成为洛斯阿拉莫斯国家实验室的物理学家，他帮助组织了帕格沃什科学与世界事务会议。会议首先在加拿大新斯科舍省的渔村举行，它吸引了苏联和西方的科学家。帕格沃什会议声称，他们已经说服了美国和苏联签署 1972 年的《反弹道导弹条约》。罗特布拉特说，帕格沃什会议的目的是说服政府“把魔鬼放回瓶子”。然而，罗特布拉特在 86 岁获得诺贝尔奖时恰恰是因为魔鬼没有被放回瓶子。诺贝尔和平奖主席弗朗西斯·塞哲斯特德承认，“罗特布拉特获奖的原因之一是抗议测试核武器和核武器普及化”。1995 年的罗特布拉特的获奖——这一定是有意为之——在广岛原子弹爆炸 50 年之后，当时法国正在进行核试验。

1914 年、1915 年、1916 年和 1918 年的诺贝尔和平奖没有颁发。1917 年的和平奖颁给了对战争受害者提供援助的国际红十字会。

然而，到了 1920 年，事情似乎完全不同了。1914 年以前，和平活动家在转变政府对他们的态度所做的努力收效甚微。现在，随着国家联盟的成立，政府自己亲手接管了和平事业。和平集团似乎不再需要在各个政府间进行和平游说。理由之一：

> 战后的和平运动比以往任何时候都真正地具有国际性，尽管构成其共同联系的国际和平局不再那么充满生机。其次……很多的愿望终于得以实现。不再有为了仲裁条约而发起的改革运动；不再有为了编纂国际法的疯狂请愿书。在联盟的框架内，各国

政府现在已正式接纳共同维护和平的工作。

这是在 1930 年，一个观察者所能觉察到的情况。之后发生的事件，如意大利 1935 年的反抗联盟，则仍然需要仲裁条约的改革运动——并且在 1945 年以后，比以往任何时候都更加需要。

国际联盟和国际之吻

伍德罗·威尔逊和其他人于 1919 年成立了国际联盟。国联承诺联合起来惩罚任何罪犯。如果经济和其他制裁失败，就会爆发暴力事件，那么他们就会对战争制造者发起战争。他们的联合军事力量强于“罪犯”国。正如政治科学家弗雷德里克·舒曼所说，这即是提出了要通过战争来获取和平。不过，国际联盟却是一败涂地。

哪里的和平遇到问题，威尔逊总统就退回成为西奥多·罗斯福。罗斯福信奉军事强国，不过如果有利于国家利益，他愿意仲裁。威尔逊也信奉军事力量：1916 年他以难以令人信服的理由派遣美军进入墨西哥，并以各种各样甚至不成立的理由把美国带入第一场欧洲之战。但他信仰和平不仅仅是为了他的国家也是为了全世界。他希望通过仲裁来防止所有的战争。他由衷地相信自己的口号：“世界必须安全才会有民主。”

随后就是威尔逊于 1918 年提出的著名的“十四点和平原则”，其中有些被认为带有高尚的理想主义，其他则是无可救药的天真。他目睹了国际联盟建立在一个雄心勃勃却从未进行过尝试的基础之上：仲裁是强制性的，如有必要还会实行制裁；裁军是强制性的；将会建立一个永久性的国际组织；禁止制定没有经过自由和公开讨论就发动战争的秘密外交。

既成为希望又同时成为障碍的真正创新是，如有必要将通过战争制裁来实现和平的建议。交战的国家，现在要面对的不仅是他们自己选择的敌人还有世界各国的联合威力。基于此决策观点，国际联盟慢慢地沉没，并最终解体。因为促成国际联盟而于1919年获得诺贝尔和平奖的威尔逊本人在这一点上也是游移不定。如果需要，他希望军事制裁，而他的法国同僚莱昂·布尔热瓦于1919年在巴黎和平会议上，坚持和平需要军队时刻准备着并自愿参与战斗，此时，他又感到困扰。布尔热瓦于1920年获得了诺贝尔和平奖，比威尔逊晚一年获奖。他们是联盟中头脑清醒又极端理想主义的例子，而联盟提供了很大的空间——过于大了——让人含糊其辞。

痛苦的后果随之而来。意大利作为创始成员国于1920年签署了《联盟公约》。1923年，新的法西斯独裁者墨索里尼强行占领了希腊的科孚岛。没有调用任何惩罚性制裁；海牙法庭提出了仲裁，但意大利不在联盟司法权的控制之内。20世纪30年代的挑衅事件越发严重，而随着美国和英国不再提供强有力的支持，反应也越来越无力。美国参议院因为纠缠不清的国内因素，于1919年拒绝批准进入国际联盟，或加入海牙法庭。英国和英联邦拒绝签署《日内瓦公约》，旨在加强联盟的权威性。公约认为，只有联盟整体才可以发动战争，只能对战一个“侵略者”国。相反，英国选择了“区域协定”。其中之一涉及德国。1919年签订的带有惩罚性的《凡尔赛条约》，其中所规定的赔偿对于德国垮掉的经济而言根本无力承受。直到1923年德国极其严重的失控的通货膨胀，即是其中一个后果。另一个是当德国在1923年不得不拖欠赔款支付时，法国人占领了德国的工业核心鲁尔河谷。

《凡尔赛条约》集中体现了和平以及战争如何灾难性地消除。一方面，它停止了历史上迄今为止最具破坏性的战争，另一方面，它帮助毒害了未来。

诺贝尔奖

德国与日俱增的积怨很快就被希特勒所利用。

解决德国问题很重要，但诺贝尔和平委员会做得也很过分。奖项被授予了一小组谈判者。1925 年的两位共享诺贝尔和平奖的分别是英国外交大臣奥斯汀·张伯伦和美国副总统查尔斯·道斯，他们在 1924 年减少了对德国的惩罚性赔偿。次年，奖项则由德国外长古斯塔夫·施特雷泽曼和法国外长阿里斯蒂德·白里安获得，理由是订立了《洛迦诺公约》，它解决了德国与法国和波兰边界的纷争，保证互不侵犯，并接受德国成为联盟成员国。再下一年，1927 年，法国的费迪南德·比松共享了和平奖，部分原因是他缓解了法德之间的紧张局势。最后，哥伦比亚大学校长尼古拉斯·默里巴特勒因对《洛迦诺条约》有力的公众倡导而共享了 1931 年的诺贝尔和平奖。5 年内有 6 个诺贝尔和平奖，而《洛迦诺条约》可能使和平长期的机会变得渺茫。它只谈安全问题，而对于裁军保持沉默。

联盟对于裁军的态度仅仅是大声玩唱。苏联于 1927 年提出立即普遍裁军；同年，联盟大会通过了一项决议，谴责一切侵略战争；泛美联盟放弃战争。这种崇高的口头放弃在 1928 年的《凯洛格—白里安公约》中达到顶峰，最终，由 65 个国家签署，这些国家都自觉地“把放弃战争作为制定国家政策的手段”。其在美国的保证人是美国国务卿弗兰克·凯洛格，因为该条约，他在 1929 年获得了诺贝尔和平奖。这一令人惊奇的进步实际上是一种退步。这一条约始于法国和美国之间关于互不侵犯条约的提案。但是，这意味着法国和美国的利益绑在了一起，而凯洛格的协议首先表明就是要避免这种情况。他建议所有国家都放弃战争，但没有说应该如何执行。一位美国参议员嘲笑其为“国际一吻”。美国参议院立刻批准了该条约，持反对意见的只有一票。

联盟的大起大落

1922 年 41 个国家签署了新国际联盟的《盟约》。到 1934 年成员国总数达到了 61 个。不过 1927 年以前，成员国是稳步缩减的。下面是一个说明了部分原因的一些违反与侵犯活动的列表：

1922 年至 1923 年　海军会议崩溃（美国，英国，日本），在关于限制海军军备的条约中英国拒绝与美国等同。

1923 年　法国夺取鲁尔

1926 年至 1933 年　美海军陆战队赴尼加拉瓜与桑迪诺叛军作战

1927 年　英国军队进入中国上海

1931 年至 1933 年　日本占领中国东北三省

1932 年　日本夺取中国上海

1935 年至 1936 年　意大利占领埃塞俄比亚

1936 年　德国宣布废除《洛迦诺公约》，派兵占领莱茵兰非军事区。

1936 年　西班牙内战，德国和苏联进行军事干预

联盟在以上任何事件中都没有采取任何惩罚性行动。对于希腊和土耳其的敌对行动所涉及的对士麦那的劫掠和大屠杀，仅仅是给予了高尚的谴责。法国侵占德国的工业中心鲁尔也在《凡尔赛条约》庇护下变得合理化。

日本对于满洲的侵略太过挑衅，绝不应该忽视，即使联盟已尽力了。日本大言不惭地声称，没有入侵过满洲；而是满洲人自愿选择成为日本国民的一种自发行动。实在令人难以置信，联盟不禁颤抖。欧洲大国对中国有自己的想法，并不愿失去其机会，只是更不愿对抗强大的日本军队。这种消极的担忧也把他们拉了回来：制裁日本有可能威胁到与该国宝贵的经济和金融关系。日本本可以停止侵略，但是，正如一个学者所总结的：

欧洲大国希望只进行调解，美国则可能高估了反对日本军国主义的危险，美国与联盟的协作模棱两可……伦敦政府两次政变，西方世界爆发金融风暴；日本受到鼓舞要与联盟的迟钝赌一赌。

日本轻而易举地成立了“满洲国”。中国提出抗议，这得到了联盟中许多小国的支持，他们担心自己不久就会成为下一个“满洲国”，并坚持认为日本必须受到惩罚。联盟仅仅用华而不实的“世界判决”来谴责日本。而日本则以一副鄙夷的态度完全退出国际联盟。

1935 年，意大利入侵埃塞俄比亚显示出联盟更多的无能。虽然墨索里尼曾明确表示，他会进行侵略，而英国则因为“在埃塞俄比亚没有英国重要的利益存在”而没有采取什么动作，这是对联盟共同目的的赤裸裸的冒犯。1935 年 10 月，墨索里尼入侵，意大利军队打败了海尔·塞拉西的以长矛为武器的军队，取得了辉煌胜利。联盟迅速做出反应，宣布意大利侵略者违反联盟公约，但唯一的惩罚是一些经济制裁，禁止从意大利进口某些货物，和一个有漏洞的对意大利武器实施禁运的措施。弗雷德里克·舒曼说：“通过关闭苏伊士运河和禁止石油出口到意大利，一个星期之内，意大利战争就会被迫停战。两种方法均未被采取，甚至未认真地考虑过。”但在两年的时间里，大多数联盟成员国都认可了意大利对埃塞俄比亚的要求。

联盟确实曾经有一次准备驱逐一个侵略者成员：苏联，因其在 1939 年入侵芬兰。日本、意大利或德国都从来没有被如此严厉地对待过。这是第二次世界大战之前，联盟的最后一次行动。其后，联盟再召集的会议只有一次，那就是，在 1946 年 4 月 8 日，投票表决“从今天起，国联将不复存在”。

20 世纪 30 年代的获奖

随着下一次世界大战的迫在眉睫，20 世纪 30 年代的诺贝尔和平奖中只有两个是针对纳粹德国的威胁。第一个是在 1935 年，一名德国记者卡尔·冯·奥西茨基获奖。在 1914 年之前他转向和平观念，而两年在战壕里的兵役也使此观念进一步加深，在 20 世纪 20 年代奥西茨基编辑了《柏林日记》。他发表了一篇文章称，魏玛政府秘密地允许武装军事组织训练，违反了《凡尔赛条约》。他因诽谤罪被关在监狱里一个月。刚被释放，他就发表了一篇文章揭露德国战机的秘密训练。他因叛国罪被逮捕，后来又被释放。1931 年，纳粹党在国会赢得了 107 个席位之后，奥西茨基摆出事实，指控他们计划未来的战争。秘密听证会后，他被判处 18 个月的监禁。爱因斯坦等著名人士签名抗议使得奥西茨基被关了 7 个月即被释放。但是，1933 年希特勒的上台则意味着结束。奥西茨基很快被送到了集中营。同时，他被托马斯·曼、简·亚当斯、伯特兰·罗素、爱因斯坦、弗吉尼亚·伍尔夫和其他许多人提名为诺贝尔和平奖获得者。1936 年，他被授予了 1935 年的和平奖项。纳粹愤怒地抗议挪威议会，得到的回答是，诺贝尔和平委员会是独立的。当时，奥西茨基病得很厉害，无法前往斯德哥尔摩或其他任何地方。德国当局嘲讽地说，他很自由，随便去哪都可以，只是他们不会发给他护照。1938 年，奥西茨基在柏林于被捕期间去世。这是诺贝尔和平奖最了不起的状态。

第二个这样的奖项于 1937 年颁发给了英国获奖者罗伯特·塞西尔。他此前曾经帮助建立国联，是一个出色的爱好和平的官员和宣传者。1932 年退休后，他问自己，为什么花费了这么大的力气还没有实现和平。他警告公众舆论反对欧洲的绥靖和正在筹划的血洗。他的声音犹如旷野里的响声般洪亮。

另外，奖项在一如既往地令人尊敬的同时，往往也值得回顾。瑞典索得勃朗大主教因组织基督教和平会议而于1930年获奖。1931年的奖项部分颁给了美国改革运动者简·亚当斯，她因1889年在芝加哥的贫民窟成立了赫尔馆（社会福利机构）而受人尊敬。作为一个和平主义者，她勇敢地反对美国加入第一次世界大战，这遭到了公牛驼鹿党的创始人西奥多·罗斯福的反对，他嘲讽她为“牛鼠”。1933年，诺贝尔和平授予了另一个长期从事和平事业的人——英国的诺曼·安吉尔。1909年，他写了最著名的关于和平的一本书《大幻想》。说到“幻想”，安吉尔要表达的意思是战争是有利可图的：相反，现代世界经济相互依赖，胜利者同战败方一样会遭受巨大的经济损失。对许多人来说，《大幻想》尽管其真实，直率，过分简单化的论证，一系列统计数据以及对经济利益的吸引力，但它仍然是和平“圣经”。它被翻译成近20种语言，销售达到百万册，并且衍生出了近百机构专门宣传安格尔的观点。

国际联盟的努力，尽管越来越没有意义，却仍然给诺贝尔评审委员留下深刻印象。在这10年中，有三位国际联盟的官员成为获奖者。

英国人阿瑟·亨德森（1934年获奖）于1932年主持国际联盟举办的世界裁军会议。不幸的是，本次会议与之前遭遇的一切不相关：日本对中国已经实施侵略，德国纳粹党进入政府部门并且很快就会当政，而墨索里尼也正在武装意大利。

1936年，阿根廷的卡洛斯·萨维德拉·拉马斯因为两次只做了一半的成就而获奖。在1933年，他起草了一份反战协议以及一份没有信心的制裁条款，15个南美国家以及美国和意大利签署了协议。奇怪的是，该条约保证国际合作，但还批准了相反的中立原则。此外，签署了和平条约的两个国家玻利维亚和巴拉圭，自1928年以来就一直处于两国战争状态。在1935年调停这一战争是拉马斯的其他成就。只不过，在那时，战争已经处于疲惫的僵局状态，自然会以某种方式得到解决。那时的一位美国大使说，托付给拉马斯的任何会议，他都会“以最大程度的不称职和怀着最小的希望来对待”。获得诺贝尔奖的威信的确帮助了他当选国际联盟大会的主席。

1938年南森国际难民办公室的获奖是实至名归。该办公室是由1922年的诺贝尔和平奖得主，来自挪威的弗里特约夫·南森所建立，此外，南森也为一战后数以百万计的无国籍难民首创了“南森护照”。南森的生命历程犹如史诗一般。他开始作为一个北极探险家，居然徒步穿越格陵兰岛。他和他的小组成员用了一年的时间冒着零度以下的严寒，越过冰山和冰川层。为此，他是世界名人，同时他也是一个海洋学家，并且在1906至1908年期间担任第一任挪威驻英国大使。他着手于难民的工作开始于1920年。在不到一年的时间里，他在某种程度上成功地从俄罗斯遣返了战争中接近50万的德国和奥匈帝国战俘。当他下一步开始重新安置俄国革命中150万难民的时候，他创造了著名的“护照”。国联拒绝了他对资金的请求，但南森的名气使他得到全球的关注；美国政府给了他2000万美元。南森国际难民办公室从1921年一直持续到1938年。其他丰功伟绩还有：在1922年结束的血腥的希腊—土耳其战争之后，南森组织安排了在土耳其的100万希腊人和在希腊的50万土耳其人进行交换。他于1930年去世，但是南森局一直继续着他的工作。

第二次世界大战至今

1939年至1943年期间没有颁发和平奖。1944年，国际红十字会因战争救援工作而被授予奖项，尽管在1942年年末，该机构了解到纳粹死亡集中营时没有发表任何说辞。

战后，许多奖项颁给了人道主义者。似乎最为人所知的是史怀哲（1952年获奖），旨在表彰他1924年以来在法属赤道非洲（加蓬）兰巴雷的医疗工作。经过多年的努力，他建立了一家有上百座建筑和大量员工的医院。每隔一段时间，他回到欧洲，通过讲座和风琴独奏音乐会来筹集资金——他是一个伟大的巴赫学者。他无休止地忙碌着，还写了许多作品，阐述了他“敬畏生命”的理念，其中包括世界兄弟情谊与和平。史怀哲布满皱纹的笑容和蓬松的胡子使他看起来俨然一个年老的智者，许多人因为他在非洲的工作而尊敬他为圣人。其他人则把他看作欧洲殖民家长式统治的残余势力，因其对他的员工和病人过于专制，甚至有人认为兰巴雷为史怀哲逃避困扰着非洲和欧洲的更大、更困难的政治和社会问题提供了帮助。

在新近几年一直为人称道的“圣人”是特蕾莎修女（1979年诺贝尔和平奖得主）。一方面，人们认可她为圣者，另一方面，她也因强烈反对堕胎而遭受攻击，甚至是因为利用人类的痛苦来促进天主教教义。同史怀哲一样，她会给予穷人医疗救助。不过，史怀哲曾是著名的音乐家、神学家和哲学家；他远赴非洲获得了民众的钦佩和引起了他们的好奇。而特雷莎修女的出现则是从完全默默无闻到意外地被世人所知。她出生在阿尔巴尼亚，成为修女，并决定在印度做一个传教士。从她与世隔绝的修道院，她可以看到加尔各答贫民窟的可怕生活。她获得了在修道院外工作的许可，学过护理，并且同患者和穷苦人一起工作了若干年，后来放弃了。她建立了一个新秩序，传教慈善事业，并最终于1954年为加尔各答将要死去的人建了一个避难所。有20个修女志愿者来帮助她；她们誓言只能与患者吃同样的食物，并且至少16个小时轮班工作。后来，她又新建立了一家孤儿院，一个麻风患者聚居地，一家老人避难所和一家接种门诊，此外，她还在罗马、委内瑞拉、坦桑尼亚等地方建立了类似的机构。她的诺贝尔和平奖被批评为与诺贝尔遗嘱中的国际和平事业无关。但和平并不总是通过强权政治、高级官员和自由战士来建立。

联合国

国家联盟黯然退去，而联合国则在 1945 年从其废墟中显现出来。新出现的联合国表明，它已经从旧的国家联盟中吸取了教训。“联合国宪章”不再声称，所有的和平国家来惩罚侵略国。不幸的是，因为大国自身利益决定行动，这从来没有发生过。新成立的联合国接受这个事实，并且取而代之，设置了安全理事会，其中包括五个常任理事国——苏联、美国、英国、法国和中国——任何国家都有否决权，从而制衡联合国采取集体行动的能力。

这至少让人们明白了国际生活的一个简单事实：如果联合国想要对其中任何一个大国发动战争，那么结果可能会是又一次世界大战。而另一方面，似乎如果大国都意见一致，那么便可以阻止侵略国。

没有预见到的是冷战的深远影响，它把联合国分裂成两个敌对阵营，安全理事会五个大国缩减为美国和苏联两个超级大国，并且一直延续到到 1989 年苏联解体。

像国联一样，联合国也很快任其违犯国逍遥法外。第一次挑衅是在 1947 年，当时荷兰反对印尼争取独立而发动战争。澳大利亚、印度和美国呼吁安理会介入，但没有成功——不过，印尼很快自己取得了战争的胜利。然后在 1976 年，印尼强行吞并东帝汶，最终导致了 1996 年的诺贝尔和平奖颁给了东帝汶持不同政见者；直到今日，所宣称的独立仍然没有保障。

1948 年，阿拉伯国家袭击以色列。联合国没有进行干预或制裁。一位联合国官员，美国人拉尔夫·本奇，在1949年协调了停战，并获得了1950年的和平奖。此奖项表明了新的联合国的支持姿态，并且展现了一个少有的例子，即，诺贝尔奖能够颁发给真正阻止了战争的人——在此之前，唯一的一次是发生在1906年的西奥多·罗斯福的获奖。

随着这个奖项的颁发，诺贝尔和平委员会也终于把注意力从欧洲转移到了其他地区。从1950年开始，诺贝尔和平奖终于开始探索全球的问题，涉及亚洲、非洲、中东和拉丁美洲。从1950年到1999年，这些地区的获奖数量是欧洲的4倍，并且，随着大赦国际的成立，至少有12个其他奖项广泛地分布在国际范围内。

联合国官员的和平奖

1945年　科德尔·赫尔（美国）为联合国组织所做的工作。

1950年　拉尔夫·本奇（美国）调解以色列和阿拉伯世界休战

1957年　莱斯特·皮尔逊（加拿大）在1956年的苏伊士运河战争调解休战

1961年　联合国秘书长达格·哈马舍尔德（瑞典）。

1974年　肖恩·麦克布赖德，在人权领域做出的贡献；通过欧洲议会试行《欧洲人权公约》，协助创立大赦国际并担任领导人

联合国各部门的和平奖

1954年　联合国人权事务高级专员办公室

1965年　联合国儿童基金会

1969年　国际劳动组织

1981年　联合国人权事务高级专员办公室

1988年　联合国维持和平部队

富兰克林·罗斯福总统每年提名科德尔·赫尔，为其争取和平奖。“这使

得这位国务卿内心里感到异常高兴；而且，赫尔和他的妻子还觊觎 4 万美元的奖金。”赫尔只是策划了联合国的几个人之一，但他突出的位置，使他成为貌似具有象征性的获奖得主。

皮尔逊、邦奇、哈马舍尔德和麦克布赖德都是新一类联合国危机现场管理人员和调解员。他们所取得的不同的成功鼓励了人们对于新世界格局所抱有的乐观态度。哈马舍尔德使联合国秘书长的职位在政治上更加独立，并把它变成了联合国的首席调解人。他临时建立了第一支联合国军队——1956 年派往苏伊士运河的维和部队。他在 1961 年死于加丹加省的一场空难，当时，他正在竭力调解比利时—刚果战争，而后来也被追授了诺贝尔和平奖，这似乎再一次证明了瑞典人只有在去世后才可以获得诺贝尔奖。

如此多的联合国部门获得了诺贝尔奖，也许突出了和平工作的集体性质。联合国儿童基金会和联合国维和部队都应该获奖。但是，难民事务署获得了两次诺贝尔奖似乎是对联合国的一种恭维，因为难民事务署的目的是减轻联合国不能或者不愿意阻止的恐怖。1981 年，事务署高级专员丹麦人保罗·哈特林获得了奖项，他向世界难民演讲时，暗含讽刺地说道：“是的，这个诺贝尔和平奖见证了一个事实，那就是，你们的心声得到了倾听！”

政治活动家的政治家奖项

1953 年　乔治·卡特莱特·马歇尔——美国红十字会会长，前美国国务卿和美国国防部长，联合国代表，马歇尔计划的发起者。

1971 年　维利·勃兰特——联邦德国总理，表彰他在联邦德国东方政策上的贡献。

1973 年　亨利·基辛格和黎德寿——在通过巴黎和平协约实现越战停火以及美军撤离上发挥的积极作用。

1978 年　穆罕默德·安瓦尔·萨达特和梅纳赫姆·贝京——签署戴维营协议，通过

谈判给埃及和以色列带来了和平

1994 年　以色列总理伊扎克·拉宾、外交部部长希蒙·佩雷斯和巴勒斯坦主席亚西尔·阿拉法特——表彰双方以极大的勇气通过政治行动兑现了承诺，给中东地区走向博爱创造了新的发展机遇。

马歇尔计划仍然是获得和平的一次毋庸置疑的成功。该计划抛弃了《凡尔赛条约》的报复观念，出于人道主义和经济的原因，重建战争后支离破碎的欧洲，包括以前的敌人——以此来对抗苏联的影响力。其 12 亿美元的融资是历史上规模最大的。马歇尔更像是发言人而非提出观点的人，不过，他伟大的个人地位则对于确保该计划的成功起了决定性的作用。

1971 年的诺贝尔奖得主是德国总理维利·勃兰特，他帮助民主德国获得了认可，并且之后成为了苏联的一个卫星国，为分裂的德国之间建立了互不侵犯条约，并与波兰建立了外交关系。但诺贝尔奖评审委员有意忽略了更为重要的较早的略微和解行为。20 年前，勃兰特·康拉德·阿登纳是联邦德国总理。在 20 世纪 50 年代，他和法国总统戴高乐为两个长期交战的国家获取了前所未有的和解。不仅仅是民主德国和联邦德国之间的缓和，这也为诺贝尔评审委员会长期期待的可能的欧洲合众国带来了曙光。但是，保守的戴高乐在政治上不被自由的挪威和平委员会所接受。（如同他对于瑞典文学奖委员会：参看安德烈·马尔罗的例子）。然而，忽视戴高乐意味着不会颁发其奖项，即使他制服了阿尔及利亚而避免了法国内战——一次非凡的个人维和壮举。这也意味着，忽略了他的合作伙伴阿登纳，对于他，比利时首相保罗·斯帕克曾经说道：“如果没有他就没有欧洲煤钢联营，没有共同市场，也没有欧洲原子能共同体。没有他，欧洲合众国的梦想就不会成为现实。”

1973 年的诺贝尔和平奖授予亨利·基辛格和越南的黎德寿，这仍然是最有争议的奖项之一。诺贝尔和平委员会的两名成员辞职以示抗议；两位获奖得主都遭到了很多诋毁；黎德寿拒绝接受奖项；而基辛格没有去奥斯陆只是让那里的美国大使代他接受了奖项。尽管有 1973 年的停火和美国的撤军——以及诺贝尔和平奖的颁发，战争仍然一直持续到 1976 年，当时北越打败南方，统一了全国。

其他有争议的和平奖还涉及以色列。这一小国的危机已经产生了四个诺贝尔和平奖。其中的两个——授予邦奇以及 1957 年授予另一个联合国代表莱斯特·皮尔逊，他帮助解决了 1956 年的苏伊士运河冲突——获得了普遍好评。但是，1978 年的诺贝尔和平奖颁发给了埃及的萨达特和以色列的贝京，原因是他签署了和平条约，此外，1994 年的奖项颁发给了以色列总理拉宾、外长佩雷斯以及为获得和平而做出进一步努力的巴解执委会主席阿拉法特，这些引起了轩然大波并导致了更糟糕的情况。1950 年前后和平奖的一个区别体现在 1981 年对萨达特的暗杀，因为他为了和平到了耶路撒冷，之后则是因为拉宾与巴解组织的协议。在前半个世纪中，似乎没有和平奖得主冒着被暗杀的危险来争取和平。由于和平工作而被谋杀的第一位诺贝尔和平奖得主是马丁·路德·金。诺贝尔和平奖委员会的确不再是一个尊称机构而是逐渐涉及危险的政治事务中。也许它巨大的影响力也起到了煽风点火的作用，并导致了这些谋杀案。其他和平奖的后果可以说是犹如暴风雨：基辛格所受到的骚扰，以及昂山素季和萨哈罗夫所遭受的迫害。

这些紧张关系也感染了和平委员会，这在早期平静的阶段从来没有出现过。以色列的拉宾、佩雷斯和巴解组织的阿拉法特共享了 1994 年的诺贝尔和平奖，这引起了和平委员会的一名成员的不满，他谴责阿拉法特为恐怖分子然后当众辞职。委员会显然也做出了很多努力来避免引起骚乱。据悉，他们刚开始选择了拉宾、佩雷斯和阿拉法特，但随后讨论把奖项仅颁发给佩雷斯和阿拉法特，他们两人已在挪威秘密达成了和平协议。此外，委员会还审议了仅把奖项颁发给就协议的提纲进行协商的“技术人员”。最终，他们仍然坚持了最初的选择。

也许 1974 年的奖项是最令人费解的。日本首相佐藤荣作和联合国官员肖恩·麦克布赖德共享了这一奖项。佐藤被嘉奖是因为他提出日本将不会使用或制造核武器，也不会允许日本境内运进核武器。许多消息灵通的日本人和其他国家人士对于佐藤得奖感到困惑，因为日本本来就表现出无意发展核武器。一名电视台记者问道：“这是一个笑话吗？他们在拿我们开玩笑吗？”麦克布赖德的获奖同样招致了批评和不解。南非曾索要纳米比亚，尽管联合国宣布在该国具有管辖权。联合国派遣麦克布赖德来解决这个问题，最终没有成功。他因坚持维护人权原则而被授予奖项，但人们普遍认为他在 1961年至 1974 年期间担任大赦国际主席的职位帮助他获得了该奖项，因为似乎没有其他令人信服的或主要的原因。大赦国际本身赢得了 1977 年的奖项——从根本上来讲，在三年内获得了两个奖项。

诺贝尔和平奖渐进干预

从 1960 年开始，诺贝尔和平委员会对关于和平的观点进行了重大的修整。直至当时，和平意味着没有战争：国与国之间保持和平。但是，为什么“战争”仅限于国与国之间呢？为什么不是指一个国家中的战争呢？有人可能会说——正如圣·托马斯·阿奎那曾经辩驳的那样——一个不公正的法律即是“一种暴力”。据此，在 20 世纪，许多人认为，人权或公民权的缺乏、对秘密警察及监禁的利用、对政治自由及审查的压制等类似的情况都是一个国家对其国民发动的“一种战争”。

诺贝尔和平奖，凭借其巨大的威望和影响力，大大促进了对这种新型和平运动的关注。总的来讲，这个世界有很多需要感激的理由。但立场有可能混乱，并且有时是把双刃剑。如前所述，1977 年大赦国际获得了和平奖。这一全球最大的独立人权组织，其成员超过 100 万，他们来自全球 100 多个国家，此外，它还曾无私地与非法逮捕、酷刑及其他不公正事件相抵抗。在诺贝尔奖的获奖感言中，其代表说道：“和平不是由常规战争的缺少来衡量，而是由公正的基石来建造。有不公正的地方，就有冲突的种子。”

但是，不公正是难以定义的。停战则意味着战争结束。当公民权利得到满足时，或当司法系统公正地运作时，则更加难以定义。战争意味着政治已经瓦解，留下了只有暴力没有人权的土地。但是，当和平被看作涉及内部政治变化本身时，政治合法性的概念则危如累卵。

例如，1945 年之前，墨索里尼通过暴力夺取了在意大利的权利，在他建立专制政权之后，国联并没有采取行动；这只是意大利“内部”事务。但入侵埃塞俄比亚，他触犯了国际和平。然而，自 1960 年以来，一个国家也许同其他国家和平相处，但仍然被诺贝尔评委会认为其“具有镇压性质”，其统治是“非法”的，因此，阻碍了和平。

在这些概念中，“和平”可以具有限制性的目标，比如马丁·路德·金为美国民权的斗争，或者目标是推翻一个国家的政治秩序本身，如莱赫·瓦文萨在波兰的团结工会运动。

为“内部和平”而颁发的和平奖

1960 年　艾伯特·卢图利（南非）种族隔离制度的非暴力反抗

1964 年　马丁·路德·金（美国）非暴力人权运动

1975 年　安德烈·萨哈罗夫（苏联）

1977 年　梅雷亚德·科里根和贝蒂·威廉姆斯（北爱尔兰）人类和平运动

1980 年　阿道夫·佩雷斯·埃斯基韦尔（阿根廷）反对军事政府的非暴力人权运动

1983年　莱赫·瓦文萨（波兰）：团结工会运动

1984年　德斯蒙德·图图（南非）：非暴力抗议种族隔离

1991年　昂山素季（缅甸）：非暴力争取民主的斗争

1992年　里戈贝塔·曼楚（危地马拉）：对印第安人的人权运动

1993年　纳尔逊·曼德拉和德克勒克（南非）：结束种族隔离

1996年　若泽·拉莫斯·奥尔塔和卡洛斯·希梅内斯·贝罗（东帝汶）：公民权利和政治权利的活动

1998年　约翰·休姆和大卫·特林布尔（北爱尔兰）和平协议

1964年颁发给马丁·路德·金的奖项是最著名的和平奖之一，它表明了诺贝尔奖的新的干预政策。就在那一年，美国总统约翰逊签署了民权法案成为法律。至于诺贝尔和平奖，只有人们熟知的关于金的故事的一方面需要在这里强调：在金的民权运动中，国际战争或和平并不成为问题。运动的具体目的在于改变美国的法律。这一奖项与1935年授予德国记者奥西茨基的奖项完全不同，后者通过揭发德国非法的战争准备以及明显的制造国际危机来试图寻求他自己国内的改革。

在金所发起的运动中，国家内部事务中的非暴力是获得和平奖的通行证或者空子。金采取了甘地的非暴力信条和战略。由此，和平委员会可以避免因鼓励暴力革命或内战而受到指责。

诺贝尔委员会于1960年在这一新方向上迈出了第一步：1960年的诺贝尔和平奖颁给了南非的艾伯特·卢图利，因为他反对种族隔离并为争取民权而斗争。卢图利是祖鲁人，刚开始担任祖鲁文学和历史教师，1936年被所属部落推选为格劳特维尔酋长。但是，在1935年，政府剥夺黑人大部分的投票权力和议会席位，并限制他们只能拥有较少的几亩土地。1946年建立了种族隔离制度：黑人需要通行证才可以走出他们所在区域，种族通婚将会受到惩罚并且几乎没有了投票权。卢图利组织公民反抗示威，并在1948年当选为南非非洲人国民大会主席（后来由纳尔逊·曼德拉领导），非洲人国民大会成立于1912年，旨在维护部落的团结和获取投票权。

卢图利的一系列非暴力抗议活动致使他两年内被禁止到主要城市。禁止期限一结束，他便开始组织更多的抗议活动，虽然没有受到指控但不久便以叛国罪被捕。而在1960年，在所谓的沙佩维尔大屠杀中，警察向聚集在一起抗议通行证法律的手无寸铁的黑人开枪，造成约70人死亡，200多人受伤，之后，卢图利烧掉了他的通行证。政府镇压了南非非洲人国民大会，并逮捕了近两万黑人，他们之中就有卢图利。一被释放，他便向英联邦施加压力，使其否认南非在联邦中的位置。直到现在，卢图利也享有很高的国际声誉，这引起了英国公众的意见。1961年，南非成为共和国时退出了英联邦。同年，卢图利被授予延迟了的1960年的诺贝尔和平奖。1967年，他死于意外事故。

在他的诺贝尔获奖演说中，卢图利讲到导致他的人民“通过书籍、陈述和示威游行”来收回土地的“革命萌芽”，不过也需要“白人统治所导致的武装力量”。卢图利反对一切形式的暴力行为，但他寻求的是正义而不是殉教。因此，他补充道：“我们理解那些说他们采取最后措施的人是不得已而为之。”

由于在金之后不久，卢图利的行为既不为了国际和平也不威胁国际和平：在当时，没有一个非洲国家有足够的武力对抗南非并且没有其他国家进行干预。诺贝尔和平奖上了一个新的台阶。

南非政府近来巨大的政治变革可以称得上是革命推动的结果，虽然没有最终通过暴力完成——自1990年以来，有超过1万人死亡。对权力的有序的和平移交由两方领导人掌控，即时任总统F. W. 德克勒克和非洲人国民大会主席纳尔逊·曼德拉。他们的合作和对暴力的不认同使他们共享了1993年的诺贝尔和平奖。据说，曼德拉坚持要求德克勒克与之共享和平奖。

其他“干预”的获奖者反映了全球范围的行动。

贝蒂·威廉姆斯和马里德·科里甘：北爱尔兰内战始于1969年，源于天主教与新教的冲突。天主教徒科里甘和以新教洗礼、天主教方式培养的威廉姆斯对于1976年发生在贝尔法斯特的一起暴力事件持相同的态度。英国士兵杀死了一名试图逃跑的爱尔兰共和军成员。他的汽车失控撞到了科里甘的妹妹，致使她受伤，她的三个孩子死亡；这位母亲在几年后也自杀了。贝蒂·威廉姆斯目击了事件的过程。此前，她一直活跃于共和军的地下活动，但此时她开始散布一份为了和平而反对爱尔兰共和军的请愿书。几天后，科里甘在贝尔法斯特电视中谴责爱尔兰共和军。威廉姆斯接着也在电视上呼吁，所有妇女来尽力阻止爱尔兰共和军的行动。由此，这两人把自己的生命置于了危险境地。后来，他们共同创立了“和平人士社团”。上万名女性天主教徒和新教徒以大规模的示威游行来响应，不久，便有35000人加入其中。虽然北爱尔兰的内战并没有威胁到国际和平，威廉姆斯和科里甘仍然分享了1977年的诺贝尔奖。

约翰·休姆和大卫·特林布尔：颁给休姆和特林布尔的1998年的诺贝尔奖是为北爱尔兰和平工作者颁发的第二个诺贝尔奖。这两位共享奖项者代表了冲突中敌对的双方。而谈判仍然继续着，也带来了些许的进展。

阿道弗·佩雷斯·埃斯基维尔：社会骚乱和胡安·庇隆政权的镇压使身为阿根廷雕塑家的佩雷斯·埃斯基维尔卷入整治活动中。他首先加入了一个基督教和平与正义组织，然后加入了一个实践甘地非暴力行动的组织。1976年，在该国经济遭受濒临崩溃的危机之后，军队废黜了胡安·庇隆的遗孀伊莎贝尔·庇隆。当庇隆主义者进行抵抗时，军队鼓励民团组织，这些组织不久便实行恐怖统治，制造成千上万的绑架案——人们称为“失踪”。当局对此予以否认；数年后，政府才承认人数为9000人，但实际数字可能会是这一数字的两倍以上。佩雷斯·埃斯基维尔由于组织抗议活动于1977年被囚禁，时间长达13个月并受尽折磨。通过大赦国际和卡特总统的努力，他最终得以释放。

昂山素季：昂在缅甸领导着一个反对军政府的政党。自1989年以来她就一直被软禁在家中，在获得1991年的奖项之时仍是如此，她没有选择离开这个国家，因为一旦离开则无返回的希望。1995年6月10日，当局未作任何解释释放了她，但或许是因为她获得了诺贝尔奖，以及由此产生的国际宣传影响力。然而，她的行动仍然受到严格限制。

里戈贝塔·门丘：作为一个来自危地马拉的基切印度人，门丘是1992年诺贝尔和平奖的得主。她能够获奖的主要原因在于，出版于1983年的关于自己和平工作的自传《我，里戈贝塔·门丘》在全世界取得了成功。这本书被翻译成十几种语言。她情真意切地讲述了作为一个印度人没有受教育的权利、土地被强制没收，并且目睹了饥饿的人们，她还讲到自己作为一个仆人是如何学习的，她的哥哥被危地马拉的士兵浇上汽油给烧死，以及在内战期间，政府非法逮捕印第安族人并使用酷刑。危地马拉政府又抗议了她的诺贝尔和平奖，说她主张革命。1996年12月，危地马拉各派之间签署了和平条约，当时门丘也在场。

然而，1999年，一名危地马拉历史学者发表的大量证据表明，门丘的书中所讲的大部分都不是事实。在他的《里戈贝塔·门丘和所有贫穷的危地马拉人的故事》一书中，大卫·斯托尔表明，她哥哥被烧死的事情根本是子虚屋有，事实上，门丘跟随比利时修女受到了很好的教育，从来没有从事过她所声称的那些繁重的劳动——她的家庭非常优越。斯托尔没有否认，政府往往如她所讲的那样残酷，但他认为不实的是她的“自传”而不是她经历过的历史真相。她在接受奖项时获得的评奖词表明，她之所以能获奖是因为和平委员会接受了她公开的请求，尤其是作为一个受害者。像往常一样，委员会没有发表评论。也许他们对于她伪造的事情根本就不在乎。正如一位评论家所指出的那样，1992年不仅是门丘获得诺贝尔奖的年份，同时也是哥伦布发现新大陆的第五百年。也许“门丘打击了挪威的诺贝尔委员会正是大发现缺点的完美体现”。

若泽·拉莫斯·奥尔塔和卡洛斯·希梅内斯·贝罗：两名持不同政见的东帝汶人拉莫斯·奥尔塔和贝罗主教，共享了1996年的诺贝尔和平奖，他们寻求结束对印尼的镇压和恢复东帝汶的独立。这件事情很复杂。葡萄牙在1975年撤离东帝汶；从1976年开始，印度尼西亚开始对其侵略并进行占领，尽管联合国安理会一再要求它撤出。从法律上讲，东帝汶是葡萄牙的殖民地。印度尼西亚当局把和平奖比喻为好莱坞奥斯卡奖，拒绝参加颁奖仪式。

和平奖是为和平改革还是暴力革命？

诺贝尔和平奖评委会曾经与那些企图通过武力推翻政府的人谨慎地保持着距离。从刚才提到的名字中可以很清楚地看出，这一隔离线越来越难区分。

最早的例子是颁发给莱赫·瓦文萨的奖项，他的团结工会运动，最终推翻了波兰的共产主义政权。这一事件发生后，瓦文萨于1983年获得了诺贝尔和平奖。他获奖的理由在于：迫使政府认可但泽造船厂工人罢工和与政府谈判的权利。在共产主义国家是禁止成立工会的。在抗议活动中，瓦文萨和其他人为了他们的地位组织了非法工会并要求谈判。最终，这一工会成为一个全国性的组织，即团结工会，瓦文萨担任主席。如今类似一个政党的团结工会，在1981年要求全民公投波兰是否应维持共产专制和臣服于苏联。波兰总理雅鲁泽尔斯基将军，取缔了团结工会并逮捕了其领导人。瓦文萨入狱一年。在他被释放之后不久，就被授予了诺贝尔和平奖，后来成为波兰总统。

诺贝尔评委会的嘉奖词承认，该奖项授予了自由运动，而事实上确实是为自由而战：

瓦文萨的贡献不仅仅在波兰国内产生了很大的影响力；他所代言的团结工会，准确地表达了与人性维系在一起的概念……对所有在不同条件下为争取自由和人性而战的斗士来讲，他是一座不朽的丰碑。

"战斗"，的确是这样。团结工会的崛起几乎一直充满着暴力。与警方之间的骚乱和流血冲突从来未曾停止过。或许唯一能阻止瓦文萨采取暴力的途径是，波兰共产主义当局可以向俄罗斯军队和坦克寻求帮助。瓦文萨是一个精明的战术家，他没给政府抓住把柄让其决定采取此措施。有记者报道说，他经常禁止他领导的罢工者酗酒。即便如此，暴力事件仍然频发。

既然诺贝尔评委会的颁奖词中谈到团结工会的斗争不仅仅对波兰国内产生了很大影响，那么，即使它带来了民主制度的产生和人权的认可，难道评委会打算纵容内战吗？莱赫·瓦文萨的获奖便证实了委员会对这一观点的支持。

人们与诺贝尔和平奖委员会可能在此方面会产生共鸣，但拓宽和平奖的范围，从而阻止国内战争的潜在假设不可避免地陷入了困境。根据一个国家的内部构成难以判断其是否"和平"。19 世纪，大不列颠打了超过 140 场规模或大或小的战争来捍卫帝国。虽然经过了一个半世纪，它仍然是一个强大的帝国，它被视为爱好和平的欧洲国家的典范，因为这个国家的内部是自由的。

这表明，历史证明自由民主国家热爱和平却并不总是得到和平，也不会通过贸易来创造和平。这种观点认为，一旦建立了足够商业化的共和国，我们就会得到，用康德的话说就是，"永久和平"。欧洲民主国家和美国基于市场和贸易的利益而参与战争。此外，民主国家也是不可预测的：在第二次世界大战前后的法国和意大利旋转门政府便是这样的例子。这讽刺了绝对统治者或独裁者比民主国家更容易创造国际和平——就像萨达特对以色列所做的那样。

阿尔弗雷德·诺贝尔本人似乎认为与民主国家相比，君主制国家或者寡头统治的国家更容易创造和平的环境。事实上，与后来的和平委员会不同，诺贝尔很可能认可 20 世纪的葡萄牙。所有较大的欧洲国家中，除了"官方"

的中立国外，瑞典和瑞士两个国家保持了 20 世纪最长时期的欧洲和平。20 世纪 20 年代末至 20 世纪 50 年代的统治者萨拉萨尔，使葡萄牙在西班牙内战和第二次世界大战中保持中立。然而，萨拉萨尔却没有获得诺贝尔奖。他实行的是独裁和镇压式的统治。

另一个难题是和平活动可以停止某种战争，却同时也会使其以更危险的方式爆发。《凡尔赛条约》就是一个例子。诺贝尔和平奖也经历了一些不愉快的意外事件。1990 年的诺贝尔和平奖被授予苏联总统米哈伊尔·戈尔巴乔夫，他批评了导致苏联经济受损严重的斯大林主义和认同导致苏联解体过程中的改革与开放。当时，“挪威人民”也授予了立陶宛总统特殊的和平奖，因为立陶宛人抗议戈尔巴乔夫的获奖。苏联帝国的结束的确化解了冷战。但另一方面，它导致了车臣的入侵，更糟糕的是，导致了核战争危险的加剧。不论是由于经济上的需要、政治上的不稳定还是犯罪性质的贪婪，似乎俄罗斯把核武器和设备出售或走私给国家和经销商都不受国际约束。最终造成了无法估量的灾难后果。

遗漏：甘地

莫罕达斯·卡拉姆昌德·甘地（1869～1948 年）无疑是 20 世纪最著名的和平主义者，但是却被诺贝尔和平委员会所忽略。原因是什么呢？官方的诺贝尔历史在提到他时，仅仅认同关于“真正的”和平主义者获奖人数太少的抱怨。但是，正如前文所述，原因有可能是在他之后，诺贝尔委员会才开始把奖项颁给为国家内部和平做出的努力。那是在 1960 年，而甘地于 1948 年去世。与他的弟子卢图利、金等人一起，甘地获得了追授的诺贝尔和平奖。

大屠杀

任何关于大屠杀的讨论都会引起不同政见者的热情。但有疑问的是，为什么直到 1986 年，诺贝尔和平委员会——大屠杀之后 40 多年——才因其对和平的意义而颁奖。也许诺贝尔委员会需要几十年的时间来面对死亡集中营中骇人听闻的事实。

当大屠杀终于被这一奖项认可时，罗马尼亚籍法国小说家伊利·威塞尔被选为获奖得主。他在奥斯威辛和其他集中营中幸存下来，他有关其自身经历的小说被广泛阅读。对于和平奖项而言，更重要的是，他不知疲倦地宣传记住大屠杀的必要性，并且在苏俄寻求帮助犹太人的方法，他看起来像是总理、总统和教皇的知心人，现在是一名从事犹太人研究的教授，而过去是建立大屠杀纪念馆的美国总统委员会主席，他被人们广泛地称道还因为他尝试——虽然没有成功——劝阻里根总统在 1985 年参观比特堡纪念“二战”德国士兵的公墓。这很有可能是促成他得奖的主要事件，因为这使诺贝尔和平奖委员会清楚地认识了他。有些人认为，他的和平奖是竞选的，但是，许多人都做了同样的事情。此外，如果威塞尔不竞选和平奖，人们不禁要怀疑和平奖委员会是否会把奖项颁发给一个名为纳粹大屠杀者。

女性与和平奖

10 位女性接受了诺贝尔和平奖：

1905 年　贝尔塔·冯·苏特纳（奥地利）

1931 年　简·亚当斯（美国）

1946 年　艾米莉·鲍尔奇（美国）

1976 年　贝蒂·威廉姆斯和梅雷亚德·科里根（北爱尔兰）

1979 年　特蕾莎修女（印度）

1982 年　阿尔瓦·米达尔（瑞典）

1991 年　昂山素季（缅甸）

1992 年　里戈贝塔·门丘（危地马拉）

1997 年　乔迪·威廉姆斯（美国）

鲍尔奇是二战前一名典型的和平工作者：一个不知疲倦的组织者，一个突出的受人尊敬的公众人物，但她的影响力有限。亚当斯是第一次世界大战期间投身于和平事业的一个主要的社会工作者先驱。阿尔瓦·米达尔是瑞典著名的经济学家缪尔达尔的妻子，她在联合国裁军审议委员会（1962～1973）工作并为解除武装而撰写有说服力的文章。

卓有成效的是乔迪·威廉斯的努力，她是国际禁止地雷运动的创始人和协调官之一。威廉斯和她的组织工作了 6 年，使 122 个国家在 1997 年签署了禁止布雷的条约。诺贝尔和平委员会主席弗朗西斯·塞哲斯特德在奥斯陆表示，授予威廉斯的奖项和国际禁止地雷运动势必会影响政治进程。联合国声称世界上存在 1.1 亿枚地雷，这大大促进了其影响力，尽管赫赫有名的英国简氏军事情报局称这一数字多出了三分之二。威廉斯非常失望的是，她自己的国家没有签署条约。在接受采访时，她称克林顿总统拒绝在条约上签字是个懦夫。美国当局随即反驳说，在朝鲜和韩国之间的地雷阻止了另一场战争，这将需要美国的参与，因此会造成大量的伤亡。威廉斯下决心继续战斗。

乔迪·威廉斯，可以说是前线斗士——如同其他和平奖得主威廉姆斯、贝蒂和她的同事梅雷亚德·科里甘以及昂山素季。所有这些人中，昂最清楚，这就是她的生活。

不过，这只是自 1901 年以来的九个奖项。为什么很少有女性获奖者呢？

早期的实现和平运动的支持者很有可能是女性多于男性。但是，在最初 50 年左右的时间里，政治人物、和平工作管理者以及作为首选的联盟或联合国官员中很少有女性。南非和平活动家和作家奥莉芙·施赖纳没有获奖，美国天主教工人运动的领导者多萝西也没有获得奖项。

和平主义和女权主义在早期往往是并肩战斗的，对此，诺贝尔委员会应该给予更多的认可。反对第一次世界大战的几个伟大的群众示威游行之一发生在 1915 年，当时，来自 15 个国家的 1200 名妇女聚集在海牙，要求停止战争。这被描述为出现在和平运动中的新现象：不仅是女性从事这一事业到了成熟的阶段，而且“那是完全跨越国界的”，当时，这一进步面临着最严峻的考验。

第九章 经济学纪念奖

诺贝尔经济学奖与其他奖项相比是非常年轻的，可以算得上是其他奖项的孙辈。经济学纪念奖设立于 1968 年，次年便颁发了第一个奖项。不过，把它看作是其他最初奖项的继养孙辈更为合理，因为它与其他奖项的命名不同。经济学奖的官方名称是瑞典中央银行纪念阿尔弗雷德·诺贝尔经济科学奖。通常使用的简短名称中把诺贝尔的名字放在了前面，并且去掉了银行的名称，因此，变成了更令人印象深刻的诺贝尔经济学纪念奖。进一步的疏远有所加强：所有其他领域获奖者的名字都刻在了诺贝尔金牌正面，而经济学家的名字仅仅刻在外圈上。有人——也许是经济学诺贝尔奖获得者保罗·萨缪尔森——拿诺贝尔的亲笔遗嘱开玩笑，他把这一新奖项称作“编造的（或伪造的）遗嘱”。经济学奖的其他区别之一是，有几位著名的获奖者要求取消这个奖项（见下文）。

瑞典中央银行设立这个奖项，以纪念其 1968 年的 300 周年，并保证其与现有奖项的价值相匹配。瑞典科学院同意对此奖项做出裁决，并采用与其他奖项同样的法规。但有报道指出，科学院在同意之前有所犹豫。自然科学领域中的其他人也不全都表现热情。在第一次经济学奖颁发后，一位著名的物理学家问穆雷·盖尔曼，谁赢得了那一年的诺贝尔物理学奖，新的经济学奖获得者在程序中是如何被安排的。当被问及时，他痛苦地答道："你的意思是，他们在台上与你并肩坐着？"

这一反应是可以理解的。既然经济学属于其他较小的"科学"，如社会学、人类学和政治学，为什么它竟然进入了诺贝尔奖的殿堂？

1945 年之后的西方的显著繁荣无疑是一个关键因素。历史上从来没有过这么多人富裕起来。几乎没有毁灭性的衰退、失业和通货膨胀。建立一个诺贝尔奖是这一了不起成绩的象征，同时也表明这是经济理论进步的结果。这给我们解释了另一个原因。

在诺贝尔委员会看来，只有经济理论应该获奖。在这里，和其他知识产权领域一样，理论高于实践。例如，二战结束后引导了德国"经济奇迹"的经济学家路德维希·艾哈德，有可能获得诺贝尔和平奖而不是经济学奖；他研究的仅仅是"实用"经济。艾伦·格林斯潘亦如此。

1969 年，第一个经济学奖的嘉奖词被突出出来，而为诺贝尔基金会带来这一天的是声明经济学正在成为像物理学或化学一样"真正"的科学。对于诺贝尔科学的严谨性要求来讲，社会学和其他社会科学太"有弹性"或太"主观"。诺贝尔奖嘉奖词中断然讲道："一个重要的客观事实是已经摆脱了模糊和较具'文学性'的经济学。"

这里的科学指什么，为什么经济思想的新发展促成了经济学"可以诺贝尔奖处理"。赫伯特·西蒙（1978 年诺贝尔奖获得者）总结道：

在战后经济史上，最显著的事实是它突然间被数学和统计学所征服。1950年，如果一篇论文中包含方程（图表更容易接受）则很难在《美国经济评论》上发表。四分之一世纪前的世界计量经济学会的成立，对于倾向于数学的经济学家来讲是一个基础……我认为可以说，不迟于1970年，数学已经掌控经济学（不论好与坏）；即使最简单的理论在其得到正式关注之前都必须披着数学的外衣。

数学的确已经成为通向诺贝尔经济学奖的王者之路。西蒙指出前27位获奖者中有23位，包括他自己，在获奖之前都是世界计量经济学会的研究员。事实上，首个经济学奖的获得者拉格纳·弗里希和丁伯根，曾于1930年帮助建立该机构；弗里希为其命名并主编了《计量经济学》长达30年。这些形式主义者的复杂的方程式作为测量或预测普通经济行为的手段，他们采用先进的概率论（1992年奖项的获得者挪威人特里夫·哈韦尔莫便因此研究而获奖）、中心极限定理、渐近分布理论、被称为随机过程的随机变量或博弈论，伟大的数学家约翰·冯·诺伊曼为这些理论做出了很大贡献。在荣获该奖项的雄心勃勃的形式主义中，1980年的获奖者劳伦斯·克莱因，在20世纪50年代建造的模型涵盖了整个美国经济。他的第一个模型有18个组成部分、36个组装部件和300个方程；他的第二个模型，即他的链接项目，使用了1000多个方程。

这样的理论是否值得诺贝尔奖的认可和一致好评，经济学家们自身也对其颇有争议。许多人建议取消该奖项，其中包括至少三名获奖者，缪尔达尔、哈耶克和森。有些人抗议计量经济学的定位并不构成知识提前，只不过通过用神秘的方程来重塑从而给平淡无奇的问题戴上科学的光环。有些人认为，无论它作为学术练习多么令人印象深刻，其形式使它对于真正的市场也并无多大用处。许多人承认，其公式和数学模型可能会使股票经纪人、基金经理等受益，但问题是这些能否满足诺贝尔奖的“人性化”的要求。

除了学术问题，这可以是任何东西。1997年的奖项是一个棘手的实例。斯坦福大学的迈伦·斯科尔斯和哈佛大学的罗伯特·C.默顿成为获奖者，理由在于他们展示了如何提供一个更精确的方法来测算“金融衍生品”，即“期货”或购股权的风险版本（希望减少或规避风险的计划被称为“对冲基金”）。衍生产品市场在1999年估算为70万亿美元，其风险是巨大的。1994年，由于对冲基金的破产，美国加利福尼亚州奥兰治县遭受了16.4亿美元的损失。1995年，英国庞大的巴林银行因为一名雇员的灾难性的金融衍生品投资而破产。任何可以解决此问题的理论，似乎都值得获奖。默顿和斯科尔斯建立了一个公式来提供帮助，尽管与之前提到的克莱因相比是小巫见大巫：

$$C=SN(d)-L^{-rt}N(d-\sigma\sqrt{t})$$

或者可以简单地理解为，其价值相当于人们所期望的股票价格减去成本。他们从1972年发展的理论得到了广泛应用。事实上，当默顿和斯科尔斯共享诺贝尔奖时，他们不仅是教授，也是名为长期资本管理公司的一家大型基金会的合作伙伴，这个公司之所以能吸引一些投资者，部分原因是因为他们的学术身份和诺贝尔奖印记。遗憾的是，他们的理论没能阻止他们的公司在获得诺贝尔奖的一年后倒闭。

经济学奖显然是诺贝尔奖项中最近亲的。这从总表中可以看出（1969年至2000年）：

美国　30

英国　6

挪威　2

瑞典　2

法国　1

德国　1

印度　1

荷兰　1

苏联　1

(国籍由获奖得主正在从事获奖工作时所在的国家决定。因此，出生在印度的 1998 年的经济学奖获得者阿马蒂亚·森被列为印度获奖者，因为他在新德里完成了部分工作——可是，他也在伦敦完成了部分工作，他应该同时被列为英国获奖者吗?)

这个列表表明，以深层次的经济观点来看，美国要领先于世界上的其他国家若干光年。然而，人们不禁要问：经济如此发达的日本不产生一些值得诺贝尔奖关注的思想家吗？并且，德国难道只有一个这样的思想家吗？

此外，获奖者不仅全部来自发达的民主国家，他们还专门研究经济的形式。再者，尽管西方自由资本主义是一个巨大的、强有力的舞台，但它不是唯一的一种：韩国、新加坡以及现在许多东南亚国家，允许资本主义蓬勃发展却不需要甚至不允许太多的民主。如果经济学理论希望成为一门名副其实的科学，它必定需要对以任何形式出现的问题进行解释。获得诺贝尔奖的理论并没有做到这一步，而且对余下的狭隘领域并无限制。毕竟，化学家不允许仅仅对他们所偏爱的元素进行解释。

几乎所有的获奖者都来自少数精英大学：芝加哥大学、哈佛大学、剑桥大学、麻省理工学院、斯德哥尔摩大学以及奥斯陆大学、耶鲁大学、普林斯顿大学、斯坦福大学和伯克利大学。在一个 6 年的时间段里，芝加哥大学获得了 5 次诺贝尔奖——并且，据其统计，迄今为止的 44 位经济学奖获得者中有 20 位来自于该校。

看看这些获奖者的由来，首先排除了几乎所有为商务中心和政府工作的成千上万的经济学家的成果，因为很少得以专业发表。诺贝尔委员会只考虑已经发表其成果的候选人，这些人几乎都是教授；还有学院中成群的理论家，因为学院支持可能没有实际收益的研究工作。这是一个庞大而繁忙的组织。一项关于 20 世纪 70 年代的一年所发表成果的研究发现，经济学家，主要在学术方面，发表了 80 本书籍和 5000 多篇文章。如同在其他领域，诺贝尔经济学奖委员会做不到去其糟粕取其精华，要依赖于获得提名者的专业知识。因为这样的学派小团体已多次获奖，似乎已经建立起了一个自我持续的效果。但它不是造成狭隘结果的正统观念那样的学派。

两种正统诺贝尔经济学思想

卡尔·马克思无疑是最有名的经济理论家。但无论是他自己还是任何拥护者都未曾获得过诺贝尔奖：毕竟，他试图摧毁资本主义。对于诺贝尔评审委员来讲，西方模式的自由民主中的自由创业才是真正的信仰。

即使在这一方面，也仅有两种学派思想占主导地位：新古典主义学家和新凯恩斯主义者。新古典主义阵营出现在 19 世纪后期，它带来了叛逆的产物和竞争者。新凯恩斯主义，这一思想源于 20 世纪 30 年代英国理论学家约翰·梅纳德·凯恩斯的研究。一起来看这两者，他们提供了对欧洲和美国自由创业的正统和主流观念。这些观念的历史演变是存在争议的，但某些关键要素是相同的。

无需强调，自由市场是买家和卖家、生产者和消费者竞争的舞台。在民主的资本主义中，购买和销售涉及募集资金的不确定性、资源的可用性、消费者和生产者反复无常的行为、垄断的效用以及从对银行或股票失去信心到地方或国家管理不善的冲击。“务实”的商业涉及很多方面而得以进行，它混合了科学、艺术、个性和运气。经济学理论寻求与这种大规模流体事件相关的规律。

新古典主义经济学——“新”是因为它修改了早期的亚当·斯密和其他人的“经典”理论——从19世纪就把自由创业视为一个内在平衡的系统，尽管表面上杂乱无序。“平衡”是非常重要的想法，设想一个市场中，买家和卖家最终都满意，而且所有资源都得以利用；因此，任何变化都会使情况变得糟糕。在这里，供应控制需求：一个著名的例子，如果水是稀缺的，那么它就是有价值的；如果是无处不在，那它就一文不值。即使水是非常稀缺的，卖家也必须制定出买家可以接受的价格，否则就不会达成。买家不可以要求过低的价格，否则供应商将会破产。

因此，这样的市场是自我调节、自我保持稳定的系统。然而，两个重要的附加条件是必须要有的。首先，政府不得干涉，这样，才会有“自由”企业或自由主义。在19世纪的大部分时间里，政府普遍承担着义务，如进行长期的斗争来阻止雇佣童工和血汗工厂的开办或者允许工会罢工，更何况因商业利益而不加掩饰的政治腐败。这是垄断者的时代，洛克菲勒与摩根和阿尔弗雷德·诺贝尔或者说是他的“俄罗斯洛克菲勒家族”的兄弟，除了自己所制定的之外，很少受到其他规则的限制。但是，新古典主义者仍然倚重“完全竞争”的协调规则。

19世纪70年代出现了对武器的呼唤，其带来的最终结果就是诺贝尔经济学奖。“经济学，如果它算是一门科学的话，必定是数学科学。”英国理论家威廉姆·斯坦利·杰文斯如是说，这得到了其他许多人的赞同。这是物理学自身剧烈数学化的时期：经济学为什么不能呢？不管怎样，它也与数字和数量打交道——价格、成本、存货、税收和利率。数据是不断积累的，需要的只是数学方法的改善。此外，平衡中的系统很容易使其自身严格地正规化。不平衡是会是一团糟。

但是，这种对数学严谨性的倾向遇到了困难。当涉及商业问题时，现实中的人可能是飘忽不定的、倔强的，进而如在其他方面一样故意造成误导。第二个条件是必要的。由于自我调节系统依赖于“理性”的人，新古典主义者发明了“经济个体”，消除所有人的特征，只剩下商业自身的利益。他们推测从来不支付高于他们所认为的物品价格的人，以及特别记住所见价格并冷静地进行比较的人，一直在权衡所有选择以“最大化”“最佳”回报。新古典主义的经济学家，毫不隐讳地称他们是“合理的”。

这个概念化的虚构是对一些被强烈抗议的知名经济学家所具有的人性的夸张描写。比较接近主流的是美国经济学家托斯丹·邦德·凡勃伦（1857～1929 年）。他曾受到新古典主义传统的教育，但在其第一部且最有名的《有闲阶级论》（1899）一书中，他进行了批判。凡勃伦试图消灭新古典主义的假定根源。远远不是“理性经济主体”，凡勃伦说，人们的消费是为了显示自己的重要性、权力或傲慢。他以极其讽刺的风格分析了他所谓的“炫耀性消费”：人们消费不是为了快乐或效用，而是为了让别人羡慕——例如，通过提供豪华派对，或者雇佣很多仆人，妻子则从来不需要动一根手指头。

对于凡勃伦来讲，经济的发动机不是个体，而是塑造个体消费习惯以便利用他们的机构。因此，在广告上花费巨额资金，或者为了获得一致性而施加难以捉摸的压力，被一切教育所接受。凡勃伦教授并不受大学管理者或商业领袖的欢迎。同样，那些在各方面认同“制度主义”的人也不受诺贝尔经济学奖委员会的欢迎。瑞典经济学家、诺贝尔奖获得者，贡纳尔·缪尔达尔在很多重要方面都是制度主义者，但是其诺贝尔奖嘉奖词并未提及这一点。加拿大裔美国人约翰·肯尼思·加尔布雷思和阿尔伯特·赫希曼倾向于制度主义，

诺贝尔奖

虽然获得提名，却从来没有获得诺贝尔奖。

凡勃伦为理解整个经济学提供了一个有用的观点。把经济学仅仅看作另一准则就相当于错过了诺贝尔奖获取胜利的一些决定性原因。经济学同社会学、人类学、政治科学甚至历史学一样，如今都被称为社会的“科学”——这个词出现在19世纪——反映他们想要成为像物理学或生物学那样严谨的科学的期望。卡尔·马克思声称，他已经发现了社会进化的规律，就像达尔文发现了自然进化的规律。其他社会科学家，以物理学的精神，寻求把客观“事实”从主观“价值观”中剥离出去。自19世纪后期开始，社会学和经济学中看到了统计数据和其他量化的用处——或者，至少有一个非常科学化的术语。

在诺贝尔奖看来，只有经济学取得了成功。1968年，经济学奖的诞生便是一件有趣事情。当时，“反传统”爆发，以更加人性化、更加令人欣喜的真理的名义动摇着社会和文化的准则，却引发了科学本身的对立。社会科学的重要分支开始摆脱它们之前的科学主义，试图变得更加“开放”和更具有“参与性”。不过，这正是诺贝尔当局把经济学认定为一门科学的时候。当然数学也提供了帮助，但只是其中一个因素。不同于其他同类型社会科学，经济学研究的是财富和贫穷，这些直接影响着法律和政府。（不断扩大的经济学和法律学派之间的联盟是一个惊人的进步。）所有社会科学中，只有经济学——和诺贝尔奖认可的，舞动着的方程——已成为企业的一部分。

无需强调，新古典主义和也许大部分新凯恩斯主义者坚持认为，微积分关于此关键点仍然是正确的：人要追求利润最大化，这是可以测量的，因此，数学可以给予概括。

为避免读者认为，在目前的经济理论和诺贝尔奖中，平衡模型不再具有说服力，这有一个来自美国芝加哥大学的乔治·斯蒂格勒（1982年的诺贝尔奖获得者）的例子。这就是臭名昭著的英国《谷物法》，“谷物”意指粮食。在 18 世纪后期，英国政府决定把本土的粮食价格保持在一个较高的水平，因此，他们严重依赖进口，并且如果国内价格下降还会增加税收。土地所有者繁荣起来，而消费者，尤其是穷人则遭受了苦难——大约 1814 年，一蒲式耳小麦的价格几乎是一个工人一周工资的两倍。“40 年来，有人鼓动废除这些法律，却徒劳无功：地主在议会占有太多的席位。有影响力的演说家如科布登和布赖特开始从事这项事业并且转变舆论观点；首相罗伯特·皮尔也开始认同。1845 年，爱尔兰马铃薯作物歉收导致骇人听闻的饥荒，据说，在最严重时期，一个星期就有一万人死亡，粮食价格的虚高导致爱尔兰人买不起面包。1846 年，《谷物法》终于被废除了，爱尔兰也开始得到救援。

斯蒂格勒说，故事通常是这样讲的：有影响力的理想化数字进行干预，以纠正贪婪的法律，最终取得了成功。但是，斯蒂格勒，作为一个虔诚的新古典主义者，表达了其不认同的观点：

350

> 相反，我相信，如果科布登只说意第绪语并且口吃，而皮尔是一个狭隘、愚蠢的人，那么英国的粮食产业就会随着其农业种类的减少而走向自由贸易，并且其制造业和商业种类会得以增长……真正有效的禁止进口会把粮食价格水平带至无法忍受的水平，而不能继续忍受的事物是不会忍耐的，这是一条普遍适用的规则。因此，《谷物法》的废除是对政治权利转换的最合适的社会反应。

总之，市场终于恢复了自己的平衡，正如理论家所说，这是会发生的，是应该发生且确实发生了的。

新凯恩斯主义者

1936 年，一位举止优雅的撒旦式的狡猾之人进入了这个半乐园，那一

诺贝尔奖

年，约翰·梅纳德·凯恩斯（1883～1946 年）出版了《就业，利息和货币通论》一书。凯恩斯从来没有低估自己。他相信，他的书将彻底改变人类思考经济问题的方式。他是部分正确的。他成为新古典主义正统的忠诚的反对方。他认为 20 世纪 20 年代和 20 世纪 30 年代的全球萧条是对平衡观点必不可少的一次较大的修订。凯恩斯的影响力将重点转移到不平衡。凯恩斯认为，经济是一个整体，而不是个体的买家和卖家，这一点越来越重要（粗略地讲，即是“宏观经济学”）。他还有悖常理地声称，需求产生供给，而不是供给产生需求。但是，随着需求和供给都停滞不前，工厂处于闲置状态。凯恩斯主义者建议通过“泵吸”让一切运转起来。简而言之，政府必须进行干预。

对于再次保证市场“从长远来看”能够自纠，凯恩斯回应道：从长远来看，我们都会死去。凯恩斯曾是伟大的新古典主义者阿尔弗雷德·马歇尔的获奖学生，马歇尔关于自我调节市场的权威性记述出现在 1890 年。凯恩斯描述了马歇尔的观点，把其比作“哥白尼式的系统”，保持着经济宇宙中的所有部分相互作用，各司其职。这对于行星来讲是很好的，但并不是人类可以依赖的。凯恩斯打算成为领先的非马克思主义理论家，来尝试改革这一天体系统。

他去世后，其追随者重组为新凯恩斯主义者，并且他们都是非常突出的，例如，在 20 世纪 60 年代初肯尼迪总统的管理中。但在 1970 年左右，随着诺贝尔经济学奖的颁发，该理论无法解释或解决“滞胀”问题，在这一问题中，通货膨胀率和失业率莫名其妙地同时上涨，从而该理论止步不前。

新古典主义者和新凯恩斯主义者同时接管知名大学的经济学系，并成为诺贝尔经济学奖提名及授予的不可或缺的角色。

迄今为止，44 位诺贝尔奖得主中，几乎有三分之二是新古典主义者，即使存在一些跨越界限的理论家。为什么新古典主义理论超过了新凯恩斯主义者？诺贝尔经济学奖官方人员林德贝克，在1985年的一篇文章中，轻描淡写地声明，诺贝尔评委会的决定迄今一直是“一致”的——的确。“仿佛通过某种看不见的手。”这是亚当·斯密关于经济普罗维登斯的18世纪名言。在如同经济学一样有争议的领域中存在这样的一致性，似乎确实需要普罗维登斯。1990年，美国经济学家罗伯特·库特纳提出，“看不见的手”，其实被林德贝克牢牢掌控着。一些著名的已故新凯恩斯主义者被忽略了，如英国的琼·罗宾逊，79岁逝世。没有女性获得过经济学奖，虽然诺贝尔奖获得者米尔顿·弗里德曼声称，罗宾逊被投反对票不是因为性别偏见，而是因为她的凯恩斯主义！

获奖者的类型

因为诺贝尔评委会所颁发奖项的对象移至经济正统理论，辩论和分歧——也有例外——往往是有关技术性问题或方法。从经验到理论。

经验主义者中最杰出的是1971年的诺贝尔奖获得者西蒙·库兹涅茨。他于1922年从俄罗斯移民到美国，并在那年夏天开始学习英语；那年秋天，美国哥伦比亚大学录取了他。1923年，他获得学士学位。1924年，获得硕士学位。1926年，他通过努力获得了博士学位。然后，他就开始在全国大规模地搜集数据信息。这些关于供需、收入、价格、产业发展之类的数据在库兹涅茨将它们放在一起之前，并无很大用途。他建立表格来展示本国产品的生产总量，再建立另外的表格来展示总收入，并逐项列出来源和类型。他测量国家消费总支出并把他们联系起来，然后对国民收入做了同样的事情。他最终对国家经济跌宕起伏的长期性波动作了分类。首次通过使用1919年至1938年的数据，国家总投资的真实规模为人所知，此外，还测量出了其周期性波动，以及收入分配和增长之间的关系——的确是数据的结晶。谨慎、细心、谦虚的库兹涅茨拒绝做出预测。他经验主义的性格特点可以从他的语言中看出来，即数学的抽象“做出了快速的攻击，随之而产生了一个显著的结论”，但是通过仔细的研究，通常可以看出其缺乏证据来支持。

库兹涅茨的观点在诺贝尔奖瑞典得主贡纳尔·缪尔达尔的书中反映出来，他把经济分析与广阔的历史基础结合起来，并发表了著作《进退维谷的美国》和三卷《亚洲的戏剧：探究贫困国家》（1968 年）。米尔顿·弗里德曼也是名声昭著，他常被指责为教条的货币主义者，无论其如何用其巨著《美国货币史，1867～1960 年》（1963 年）来支持他的理论。

另一个值得一提的经验主义获奖者是英国的 W. 亚瑟·刘易斯。新古典主义者很少在自我封闭系统之外冒险，以在规则和假设有巨大差异的全球各种地方测试他们的研究结果。刘易斯，新古典主义者，在西印度群岛长大，确实就这样做了。他共享了 1979 年的诺贝尔经济学奖，因为他研究两个发达国家进行贸易时会产生的情况。后来刘易斯又研究了更棘手的问题：关于一个发达国家和一个非发达国家。第三世界国家的经济是分裂的。一部分是传统的，通常为农业：人力农场、经营小商店、当服务员，目标是生存在维持生计的水平。然而，发展中的资本主义部分旨在剩余价值。这一部分会不可避免地吸引人口离开农场和传统的工作。在相当长的一段时间，从事这些工作的人得到很低的工资，从而提供了更高的利润和更多的资本。刘易斯明确指出，在发展中国家，资本主义在最开始并不需要一个自由市场——更可能的是一个国家控制的经济体系。最终，廉价的劳动力供给耗尽，增长放缓。引人注目的是，出现了一个新古典主义市场：供给和需求开始形成一种平衡。现在，刘易斯提供了其他的模型，涉及富国和穷国之间的贸易。这两种国家都会产生刘易斯所说的“食物”。但是，只有工业化国家生产“钢”（它用来象征高科技产品），而贫穷国家的主要产品被象征为“咖啡”（整个经济所依靠的单个产品，如古巴糖）。与许多西方国家不同，刘易斯不相信，在第三世界国家的工业厂房的投资即是答案；这也很可能造成伤害。更好的办法是提高较贫穷国家的农业生产力，使其可以养活自己，改善其国际收支，从而获得资金投资于自身的产业部门。但是，这将需要将大量投资用于教育，这是诺贝尔经济学理论很少考虑到的；与刘易斯共享诺贝尔奖的西奥多·舒尔茨，就是为数不多的其中一位。在如此极端条件下的独裁统治，如同刘易斯之前所做过的那样，思考经济规划也是需要的。

形式主义者保罗·萨缪尔森是1970年的诺贝尔奖得主，他是美国获得诺贝尔经济学奖的第一人，是20世纪后期的经济理论方面最了不起的天才和通才。他还记得自己20岁左右时的情况和他成为经济学家的原因：

因为分析是如此有趣和简单——确实非常简单，起初我还以为有很多我不知道的，还有为什么我的老同学把供需看作是重大的灾难？

他的第一本著作是《经济分析基础》，以他22岁时的博士论文为基础而写作的。这本书展现了经济学以数学为工具的必要性，使各种理论和方法获得基本统一的表述，否则经济学将仅仅是“一种特殊的堕落的精神体操”。

诺贝尔奖嘉奖词公正地评价道，萨缪尔森曾单枪匹马改写了经济学中的许多东西：凯恩斯主义和均衡理论、国际贸易、线性规划、最大化。身为数学大师，他似乎可以把任何经济难题转换成强大的方程网络。他利用创新的数学方法解决了很多棘手的问题，这令人印象非常深刻，他把其中一些数学方法描述为：

收费高速公路命题和振荡回路；莫萨克-希克斯模型与米罗斯基-李嘉图-里昂惕夫—梅茨勒模型间的非替代性关系；以及地形空间与臼齿之间存在均等不确定性为条件的平衡预算乘数。

他的教科书巨著《经济学》（1948年）被翻译成十几种语言，是一部国际性畅销书，这使他成为千万富翁，并为后来的经济学专业的学生提供了通用术语和普及观点。无休止地的产的萨缪尔森还为《新闻周刊》的一个极受欢迎的专栏写作，并且还是肯尼迪总统的顾问，他是如此突出，以至于德国马克思主义者马克·林德，出版了四部名为《反萨缪尔森论》的著作，而年轻的右翼威廉·巴克利则在《上帝和耶鲁人》中从另一个侧面攻击他培养价值中立的科学观。然而，萨缪尔森远非教条主义者，其开放意识有时会使他拥护与其相反的意见。例如，这种纯粹的形式主义者，也拥护“心脏的经济学”。如果说有人是这种“混合”经济的理论家，或者是混合型经济理论家，那就是萨缪尔森，以至于他关于新古典-新凯恩斯主义的取舍之间的不断平衡，似乎可以使他处于徘徊之中。

他的预测错误是非常有名的。他预测二战结束后会发生世界范围内的大萧条，就像前所未有的繁荣发展一样。1967年，他推翻了自己的言论，他宣称，虽然社会保障的确是“不健全”，但这应该不会让任何人担心，“因为国产产品正在以利滚利的方式增长并且是可以预测到很长时间之后的”。可惜的是，在此言论后很快便发生了油价暴涨等经济滞胀。

萨缪尔森就是一个悖论的例子，一个只做了一件很伟大事情的理论家会比那种做了很多重要事情却未被普遍记得的理论家让人们记得更久。很难确定他取得了哪一件引人注目的成就。也许有人会说，他没有创造任何重要领域，就像提出货币主义的弗里德曼或者提出国家规划的弗里施。他的核心贡献可能是在方法论方面——锐化并且大大开拓了经济理论的数学分析。

美国的肯尼斯·阿罗（1972 年诺贝尔奖获得者）和法裔美国人德布鲁（1983 年诺贝尔奖获得者）是形式主义者，他们获得奖项的工作在追求的目标方面胜过萨缪尔森。他们归纳理论，以囊括任何自我平衡市场中的所有变量。屠夫、面包师、烛台制造商和其他每一种类型的消费者和制造商都被解构成方程，以希望能透明地展示市场平衡的内部结构。这种全方位的形式主义必然是抽象的：每个人和所有的经济活动必须成为一个广义的变量。为了获得尽可能简单、一致的模型，阿罗和德布鲁消除所有却为数不多的不可避免的“原始”假设（即假设为真，而不是证明）。这些措施包括“商品”，它可以被测量；购房者和生产者在商业行为中“合理”地采取行动的想法；以及“价格”或货币价值。

令人畏惧的数学在证明原则上非常严格，并且其使用复杂的新方法。这样的模型是非常令人印象深刻的。它可以正式合成静态平衡、消费行为、资本理论和不确定条件下的经济行为。但该理论的抽象方法和狭隘假设产生了关于其实用性与现实关系的质疑。 356
美国经济学家罗伊·拉德纳于 1968 年分析阿罗的理论，得到的结论是，它打破了“代理商计算最优策略”的限制。或者更清楚地说，当真正的人取代 xs 和 ys 时，不会有那么好的效果。

没有任何经济模型是非常规的或者如同博弈论一样形式上如此复杂。这一贡献使美国的约翰·纳什、约翰·海萨尼和德国的莱因哈德·泽尔腾获得了 1994 年的诺贝尔经济学奖。该理论的先驱是约翰·冯·诺伊曼（1903～1957 年）和奥裔美国经济学家奥斯卡·摩根斯坦（1902～1977 年），他们于 1944 年发表了《博弈论与经济行为》。但是很少有理论学家追随这一有难度的数学创新和陌生的研究方法。

博弈论不是游戏，而是使用此工具，以探索各种经济、政治和军事战略。它被称为对“第二轮猜测”的形式化。莫根施特恩在 1935 年把该理论比喻为试图看透他的强劲对手主犯莫里亚蒂博士的福尔摩斯。如果福尔摩斯似乎打算做 X，他可能会想到莫里亚蒂会对他进行第二轮猜测，他可能会猜测福尔摩斯在伪装，而真正打算做 Y。意识到这一点的福尔摩斯，可能做 X 或 Y，甚至 Z。如此不停，直到他们都消失在莱辛巴赫瀑布中。

军事规划或国际调解的意义是显而易见的，如同管理决策、销售活动、杠杆收购围攻和普通的买入和卖出一样。各国政府接受了这一理论：兰德公司的智囊团为美国军方使用了博弈论，涉及复杂交易的企业偶尔会聘请一位内部博弈理论家。

但这个理论在某种程度上还是被冷落了。数学需要更多的证明和改进，这由普林斯顿数学家约翰·纳什完成。20 世纪 50 年代初，在摩根斯坦、冯·诺伊曼的书出版短短几年后，他成功用一页纸把博弈论与新古典主义均衡理论联系起来。纳什同博弈理论家一样倾向于认为，两个对手——难分伯仲的国际象棋选手——知道对方可以做什么，很有可能做什么。然而，人们在经济生活中所具备的知识并不那么完美。20 世纪 60 年代末，伯克利分校的海萨尼陷入这样一个困境中：他让对手随意漂浮，只要概率法适用。另一个困境是，在现实生活中，竞争可以以几种不同的方式结束。在国际象棋中，你赢或输或平局。在企业中，许多其他的事情都是可能的。这是泽尔腾的贡献：在 20 世纪 60 年代，他设法找到一个运算方式，使只有某些决定是合理的。

因为纳什个人的悲剧，这一诺贝尔奖得以不寻常地宣传。他显然有数学天分：22 岁在普林斯顿撰写的博士论文使诺贝尔评委会在 1994 年授予其诺贝尔奖。到了 20 世纪 50 年代后期，在他 30 岁之前，纳什遭受了精神疾病的痛苦，且在之后的三十五年他都无法工作。但是，在最近几年中，他得以康复；普林斯顿大学给了他一个兼职研究员的职位，并且已经筹划了一部关于他生活的电影。

其他获奖者研究的是更有限、更具体的问题。

1969 年第一位诺贝尔经济学奖获得者是挪威的拉格纳·弗里希和荷兰的简·丁伯根。弗里希为挪威开发了第一个国家规划系统。他“谈到规划，就好像它……几乎是宗教信仰”。与之相称的是，养蜂是他的爱好。丁伯根利用 27 个方程和 50 个变量为荷兰建立了一个规划模型。1939 年，他用了一个更复杂的方案来分析美国 1919 年至 1929 年的经济。

瓦西里·列昂惕夫（1973 年诺贝尔奖获得者）引入了输入—输出的概念。出生于俄罗斯的他于 1922 年移居到柏林，然后，途经中国来到美国，并很快去了哈佛大学。例如，列昂惕夫之前，关于就业的国防工业的影响往往忽略了其对整体经济的影响，甚至忽略了对相关行业，如石油生产的影响。没有一个综合化的方法。列昂惕夫通过把一项工业的输出作为另一项工业的输入而发明了这样一种方法。因此，煤炭业采掘的输出品煤炭便是作为电力行业输入品。在他的形式体系中，经济的因素被分解成分量；他的第一个版本使用了 44 个扇区，然后把数据汇总并放到方程里。结果相当精确的说明了每个扇区需要多少来产生一个多项目的输入——这样的模型便可以做到假设、静态条件、不变的生产速度、完全自由竞争等。列昂惕夫的计划很快就被美国商务部、联合国、世界银行和至少50 个包括苏联在内的国家所采用。

计量经济学是历史、生活和一切的关键

上文提到的那些经济学理论迄今为止仅局限于自己的市场。其他获得诺贝尔奖的经济学家则尝试把计量经济学理论运用到其他科目的深入研究领域。

诺贝尔奖

1993年的获奖者罗伯特·福格尔和道格拉斯·诺斯创立了一个有“新品牌的科学史”之称的计量史学。对于他们来说，数学模型是正确且可靠的，能够引导历史。正如福格尔所解释的那样：

> 研究方法有时导致计量史学家用数学公式来代表历史行为，然后再寻求证据，通常是定量的，可以验证这些方程的适用性或它们是否自相矛盾。

福格尔认为，所有的历史学家使用模型——一个极具争议的观点。但是，这使得福格尔认为，唯一的问题是这样的模型是否是“隐式的、模糊的、不完整的、内部不一致的——或者明确的和严谨的”。新的计量史学家建议使用方程来“代表”历史事件；然后他们寻求量化的证据来证实或否定他们的方程。

有人可能会认为，这是以倒退历史的方式进行。难道不应该先确定事实，然后再小心翼翼地来概括吗？事实上，福格尔声称他继承了19世纪伟大的德国史学家兰克的思想，他辩驳对于历史要“按照其真实的发生”来进行。然而，在诺贝尔的形式主义精神看来，福格尔的方法引导他从根本上远离旧的“文学性”的兰克。传统史学家认为，福格尔专注于个人；计量史学家专注于“个人的集合、机构类别和重复性的发生”。当然，“集合”更容易代入方程。事实上，计量史学不是为强调历史的“集合性”所做的第一次努力。在19世纪晚期和20世纪中期，分别研究心理学和政治历史学的英国人高尔顿和纳米尔，强调大量使用统计学的数据的“总体”。福格尔和诺斯的创新是由新古典经济学的假设开始。他们不否认，“随机”（即随机的）在人类生活中起着巨大的作用——但显然没有巨大到计量历史学必须考虑这一令人不安的事实。

福格尔和诺斯的研究工作远没有1992年获奖者芝加哥人加里·贝克尔的

那么大胆。因为这个奖获得者，新古典经济学可以把议题和问题列一个令人吃惊的清单：人的家庭、种族歧视、犯罪、性别冲突、亲子关系、婚姻、利他主义和利己主义。这不过仅仅是一个开始。同样的解释延伸到“鸟类、哺乳动物和两栖类”的家族。一如所料，这一宏伟事业于均衡理论的核心深处再次开始。贝克尔指出，与其他的行为方式相比，经济学更强调“最大化”行为。不过，这被使用得过于谨慎，他说：“正如我所预料的，坚持不懈和坚定不移地使用最大化行为、市场均衡和稳定偏好的复合假设，形成经济学研究方法的核心。”然后，他坚持不懈和坚定不移地尽可能地推广市场最大化的概念。

例如，把一家人或者一个家庭诠释为一个工厂：它输入食品采购，并将其输出到膳食和其他方面。一个受过教育的家庭——或者，更确切地说，这类“工厂”——将投入更多的时间来“生产”：他们会尽量让孩子做作业，他们会计算这个“工厂”有多少“质量时间”会被释放出，比方说，雇用一名女佣。

360

贝克尔接着对非人类家族进行研究。所有的物种都必须“决定”是一夫一妻制或是一夫多妻制。例如严格统一的迪士尼，动物们被展现出来好似“计算是否有很多的后代，是否互相投入很少，或者有更少的后代而为他们花更多的时间——总之，经济猿或两栖动物必须决定是否自私或利他主义更理想。市场竞争无情地控制所有的生灵，无论大还是小。“一个物种的成员为了食物、配偶和其他有限的资源而互相竞争”，而强的、聪明的且有吸引力的胜出，弱的则灭亡。贝克尔的世界是一个黯淡的市场，在那里的动物和人类一样都是功利主义者并最大限度地不断发挥优势；生存的和市场生物性的满足是可视范围内唯一的回报。

在贝克尔的著作《人类行为的经济分析》中，他赞扬了 19 世纪的功利主义者边沁，缘由在于“适用于所有的人类行为”的“快乐—痛楚计算”。但他责怪杰里米·边沁要改革人类，而不是仍保持做一个行为科学家。任何这样的主张，更不用说那些激昂的主张，都不适合贝克尔。他很冷静地宣布，他的研究方法：

> 没有区分出主要和次要决策之间的概念区别，如与咖啡品牌的选择形成对比的那些涉及生命和死亡的；或在决定之间涉及强烈情感和很少融入情感的，如涉及选择伴侣或小孩的数量与购买油漆形成对比。

这是虚无主义，只是不温不火的排序。贝克尔在其他地方还攻击种族主义，但人们不禁要问为什么：在其前提下，很难找到他认为种族歧视比买漆更重要的原因。

贝克尔的分析总是会提供意想不到和独特的学究式的喜剧。他告诉我们，不仅人类还有“萤火虫、蝗虫、松鸡、羚羊、山羊”也形成高效的“交配市场”。此外，特别是鱼，“雄性通常可以很廉价地对雌性的卵子进行授精”。在考虑鱼授精的同时，很少会考虑到价格系数。早在人类的世界，关于家人和家庭的劳动分工的讨论，他说，几乎所有的社会都已经建立了对已婚妇女的长期保护。“甚至可以说，婚姻是指一个男人和一个女人之间的长期承诺。”这听起来很有讽刺意味，虽然这个词用在贝克尔身上不合适，它可能是由写经济讽刺剧的面无表情的讽刺作家凡勃伦所写。

科学或者科学化

加里·贝克尔曾试图回答这样一个问题：为什么占主导地位和惯于顺从的人往往想和对方结婚？对于这种现象，他解释说：“因为当家人需要主导性时，占主导地位的人的时间可以得到使用，而当需要顺从时，顺从的人的时间可以被使用。”正如保罗·萨缪尔森曾经指出的那样，晦涩难懂的数学模型和术语，可以用来恐吓非专业人士。科学化的语言或行话，在这里也是有用的。

苏联的列奥尼德·康托罗维奇和荷兰的特亚林·科普曼斯共享了 1975 年的诺贝尔经济学奖，原因是他们独立解决了这类问题。这种方法被称为线性规划。货物出厂时，一个缓慢的船舶或低效的船员或恶劣天气，可以消耗掉全部的利润。数理经济学家康托罗维奇和科普曼斯，寻求一个模型可以涵盖所有可能的强制之下的“最大化”情况。他们找到了一种方法来建立方程，这些方程的解答等于“输入”的价格；货物是“输入”；船舶提供了一定量的“输出”。他们的模型在为设备匹配资源方面是有用的，就像在航运和货运中，或者正在运行的装配生产线上。然而，这似乎是一个日常问题，货物托运人已经解决这个问题几个世纪了，虽然“在实践中”不是“正式的”。因为这一点，就获得了诺贝尔奖？

赫伯特·西蒙在 1978 年获得诺贝尔奖。他的获奖成就发展了
广受欢迎的“决策”方式来管理问题。他《管理行为》（1947 年） 362
一书中认为，人们只具备尚不完美的替代品的知识。集团决策说明了这一点：决定来源于给予和拿取、跌跌撞撞的进展以及妥协。西蒙更进了一步。组织思想是个体走出所有人所具有的有限视线的唯一出路：“理性的个体是而且必须是，一个组织化、制度化的个体。”

西蒙称这是“令人满意的决策”。人类的头脑只可以解决极少数所面临的巨大且多样化的问题。令人满意的决策并不假装完全满足，即“最大化”知识；它的目的是“足够好”的知识。够好什么呢？西蒙从未给一个明确的答案。毫无疑问，管理决策足够好，因为那些涉及以具体的实际问题为根据的妥协。西蒙希望“重建理性理论”。但令人满意的决策似乎不会比合法化人们偶然触及的观念做得更多。

西蒙的观点获得了称赞，因其修正了在经济理论中发现的极度理性化的

思想。在这一领域，这一点经常得到一致好评（见下面的卢卡斯和“理性预期”）。但是，除了在这样一个极度理性化的情况下，任何人都可以因为阐述这显而易见的观点而获得诺贝尔奖吗？

1995 年，芝加哥大学的罗伯特·卢卡斯因为“理性预期”理论而获得奖项。这一想法最初是保罗·穆斯（生于 1930 年）的，他并不是指旧的新古典主义的教条，其中买家和卖家依据他们最好的信息而产生行为。他问了之前的问题：人可以在经济上了解什么？答案很明显，总的来讲，就是他们居住的给定的市场领域。人们开始期望那里一定有事情发生，并且他们采取了相应的行动。现在，一个不断恢复平衡的自我调节系统，能够真的满足人们的期望，并且对他们而言似乎是“理性”的吗？不太可能，穆斯说。在各种经历之后，买家坚持改变他们的思想，卖方则必须不断适应新的期望。没有一成不变的模式可以做到这一点。

卢卡斯发展了这一观点。例如，从来没有一成不变的模式可以预测贸易亏本出售的繁荣和萧条。即使货币供应量的波动被证明是原因，弗里德曼认为，人们也会很快适应。他们注意到本地银行的利率等。因此，卢卡斯和穆斯以新的方式强调，买家和卖家以及其他人是如何看着身边发生的事情维持下去。这自然会对经济主体的想法产生怀疑，他们简单地认为信息由市场和政府发送出去。曾有人说，“不确定性”同卢卡斯和穆斯一起进入最被诺贝尔奖看好的理论核心。无论是或不是，不确定性似乎已经在此奖项上进入了斯德哥尔摩的决定范围。穆斯没有共享诺贝尔奖。

经济学与政治学

经济开始作为政治思想的一个分支（“政治经济”），并且依然影响着政治决策，反之，政治决策也影响着经济。这是理论家不可避免进行的却又现实的描述和自我描述：共产主义者马克思、自由主义者凯恩斯、保守主义者斯蒂格勒或哈耶克，自由论者米尔顿·弗里德曼。除了技术方法如何，其原因也有待回答：经济理论应该尝试实现或改善什么样的政治和道德规则？1986年经济学奖得主、美国人詹姆斯·布坎南坚持认为有志于精确从而中立的科学状态的经济学家不应该表达任何政治或道德喜好。“是什么”的发现一定不能被“应该是什么”所污染。通过这种方式，布坎南和其他许多人一样，旨在把公共政策变成价值无涉的事物。保罗·萨缪尔森对这一问题的两个方面都更为敏感。数学可以认可的不是道德上的“应该”，但萨缪尔森认为，经济学也必须是“规范”的，否则为什么会有烦恼呢？而且，“没有规范、没有伦理观、没有偏见就没有规范经济学”。

尽管做了许多努力来表明，经济理论可以脱离政治或道德影响，非价值无涉的经济学仍然满眼都是。贡纳尔·缪尔达尔一针见血地指出了这一点：

> 现代制度的经济学家都从最早的新古典主义作家那里保留了福利理论（不是穷人的慈善机构，而是“消费者满意产品”），而他们已经尽了全力隐瞒和遗忘以一个特殊的、现在已经过时的道德哲学（即，功利主义）为根据的基础。因此，他们已经成功地展示什么似乎是不道德的经济理论，并且为强调这一点而感到非常自豪。

这些是攻击性的语言，但缪尔达尔当时攻击的假设在当时和现在都仍然占有主导地位。诺贝尔嘉奖词轻轻带过这个问题，而把焦点放在技术成就方面。

缪尔达尔的用意可以从诺贝尔经济学奖简短历史中的两个最有争议的情节中看出来。这两个争议都与美国经济学奖获得者米尔顿·弗里德曼（1976年诺贝尔奖获得者）有关。他是著名的货币主义的倡导者，他的学说可以这样简单地描述，虽然存在一定的风险：货币供应量的变化是一个影响经济会发生什么的重要行为。中央银行控制货币供应量，并通过增加或减少提供给银行的金额，而相应地提高或降低利率，以与经济增长同样的速度提供资金，可以维护经济的健康。

弗里德曼是一个好斗的人。当传统经济学家称他的观点是前所未闻的，是幻想的，弗里德曼写了一篇浩浩荡荡的关于这一主题的历史性调查来证明他的观点。作为一个宣传性和争议性兼具的大师，他成为政府和商界领袖献殷勤的对象，并很可能比过去半个世纪中的任何一个经济学家都有更多的公众影响力。从 1966 年开始，他担任《新闻周刊》的专栏作家近 20 年，此外，他还成为一部 10 集电视剧的主题，他的名字变成了“有史以来，除了卡尔·马克思之外最为人所知的经济学家”。

与其他人的极度复杂的定理相比，这确实帮助了货币主义看起来更容易理解：货币供应量影响价格，但不影响生产。他的理论也出现在一个适当的时机。滞胀已经到来：失业和通货膨胀率都立即上升。政府试图控制的努力都没有起到多少作用。似乎新古典主义和新凯恩斯主义都必须让位给这一更为新颖、更为大胆的方法。弗里德曼提出了“自然失业率”的假设，在此状态下，通货膨胀率将会保持稳定。

弗里德曼的好斗的政治观点，使他成为一个焦点。他强烈地肯定个人自由，并希望政府对自由企业制度放手。然而，正如常说的，他在这里似乎不一致。如他自己所说的，如果央行应控制货币供应量，那它岂不是自由经济中的外部和强制干预的工具吗——塞在巨大的染缸口的塞子，只有它才能决定是以滴流还是洪水的方式进行？基于上述原因，弗里德曼被归类于凯恩斯的“私生子后代”。

萨缪尔森曾经巧妙地描述了弗里德曼在经济学中的角色，那好比是条鳗鱼，船长经常把它投入到一桶鱼中，以在长途航行中保持这桶鱼鲜活。“当然，一方面，弗里德曼经常使用他的经济学来支持具有挑衅性和极端的政治立场，这在他反对社会保障、农业立法、纯食品和药品法、医生需要执照、最低工资等方面体现出来。在另一方面，具有无忧无虑的不一致性的弗里德曼可以声明一个经济学家的政治观点——像一个物理学家的政治观点一样——都只是个人观点。其他地方则被由他倡导的、压制性的管理体制所困扰，——中国台湾、韩国、智利、阿根廷：公民自由在这些国家被压制，即使资本主义可能很活跃。“1973 年，一个军团推翻了智利的马克思主义阿连德政府。弗里德曼对镇压性质的军团掀起了很多的抗议。他在 1975 年获得的诺贝尔经济学奖遭到四位美国诺贝尔奖获奖者的谴责。《纽约时报》描述说，有两千名“左派”人士在斯德哥尔摩举行诺贝尔奖颁奖仪式的大厅外举行示威游行。大厅里面，在弗里德曼接受奖项时，一个人高喊反对而遭到驱逐。

早在 1977 年，弗里德曼获奖数月之后，贡纳尔·缪尔达尔公开呼吁停止诺贝尔经济学奖的颁发。

自 1974 年缪尔达尔和澳籍英国人弗里德里希·哈耶克共同获得诺贝尔奖之后，这样的呼吁就已经沸腾起来了。在所有的获奖者中，他们站出来开始处理对待广泛的社会和政治问题。缪尔达尔最著名的一本书是《美国的两难处境：黑人问题和现代民主》（1944 年），其中把促请政府采取行动反对种族隔离作为一个迫切需要的措施。同样在 1944 年，哈耶克出版了他的一本最为人们广泛阅读的书《通往奴役之路》，这本书坚决反对国家宏观调控和对市场的控制，认为这是对个人自由的威胁。

当宣布缪尔达尔和哈耶克共同获奖时，无论是缪尔达尔还是哈耶克都没有受到欢迎，正如缪尔达尔的女儿西塞拉·卜克福所指出的：

以这种方式共享奖项对于哈耶克来讲大概和贡纳尔一样，都像冲了一个冷水澡。他们是政治观点对立的两个人。从政治的角度来看。他们和其他人都会不可避免地认为这个奖项是意识形态平衡行为的结果。他们的许多同事甚至推测这样的选择反映了建立在瑞典经济组织的某一部分基础之上的一个故意屈尊的笑话。虽然他们可能很难避免给他们的了不起的却怀有世界主义思想的非瑞典籍同胞一个奖项，但是，他们不得不利用他们的权力这样做，以阻止他在祖国品味荣誉或者被真正认可的感觉……从那时起，贡纳尔［说］，可能最好是取消这样一个诺贝尔委员会在其中扮演这样一个角色的奖项。

弗里德曼 1975 年的诺贝尔经济学奖使缪尔达尔走进了公众的视野。他写了一封公开信给一家瑞典报纸，呼吁结束诺贝尔经济学奖。这不是普通的投诉。缪尔达尔是瑞典最负盛名的知识分子。他本可以通过攻击弗里德曼或诺贝尔委员会的偏见来软化攻击。相反，他直接攻击经济理论因所谓的科学的严谨性和实用性而要求设立诺贝尔奖。缪尔达尔把它描绘成一个不精密的领域，而精密的领域必须解决政治和社会的需求和目标，否则就是不负责任的。他曾长期坚持认为，经济学要脱离决策制定的责任是致命的。具有讽刺意味的是，缪尔达尔曾是刚开始设立诺贝尔经济学奖的主要力量，可能当时希望经济学思想作为活动家的心境。

一个在此方面非常赞同缪尔达尔的理论家，当数他的政治对手和共同获得诺贝尔奖的“保守的”哈耶克。在他举杯向国王和王后敬酒时，哈耶克说如果有人问过他，他会“果断地反对”创立经济学奖。哈耶克与缪尔达尔都开始相信，他们扩大经济理论的努力已经使他们在同事眼里颜面扫地，他们不是“技术型”经济学家。哈耶克说，这就是为什么他在 20 世纪 50 年代从英国移居到美国的原因。很显然，诺贝尔经济学奖幸存了下来。但是，自从缪尔达尔的抗议以来，这一奖项就不再敢颁发给像缪尔达尔、米达尔、弗里德曼这样突出、直言不讳且具有挑衅性的人。该奖项通常颁发给技术性很强的工作，最典型的是关于市场和投资问题的。诺贝尔评委会似乎一直对抗议把奖项颁发给为种族主义提供支持的福格尔的历史计量学工作而感到诧异。

也许缪尔达尔和哈耶克的确造成了一定的影响。1998 年的奖项颁发给了印度籍英国人阿马蒂亚·森。他不研究市场，而是研究福利经济学。森明确的问题有很多并且都是压倒性的：社会，特别是在第三世界，在帮助穷人过程中应该如何分配稀缺资源；如何防止水灾和旱灾造成的饥荒；如何用现实的方式来衡量收入的不平等。森挑衅地认为食物短缺并不会导致许多人饥饿。更确切地说，是人们失去了供应粮食的“资格”。令人惊讶的是，考虑到一长串宣传“价值无涉”科学的必要性的获奖者，诺贝尔经济学奖委员会在嘉奖词中赞扬了森“把重要经济问题的讨论还原到了道德层面”。森告诉一名记者，他对这个奖项一直持“怀疑”态度，但在获奖之前他犹豫这样说，因为人们会认为这是“吃不到葡萄说葡萄酸”。他的获奖遭到了反对派的攻击，认为只是另一种主流运动，过于形式主义，同时认为只可作为左翼确立的经济学。

但是，1999 年的奖项对经济学委员会来说，似乎返回到了贸易方面：罗伯特·蒙代尔获得了那年的奖项，他是供给学派经济学的早期的狂热者，他阐明了政府如何把灵活的货币政策转变为固定的货币政策，而这将导致汇率的波动。这对欧洲市场货币产生了影响。他是一个土生土长的加拿大人，而现在他是来自哥伦比亚大学的一个诺贝尔奖得主。

总结

即使在中央银行的模拟器中，经济理论、新古典主义或者新凯恩斯主义，是否值得颁发诺贝尔奖呢？正如已经提到的，目前证据并不令人满意。在更为实证性的方面，库兹涅茨的工作代表了一项可靠的成就。国家计划和丁伯根或英国人理查德·斯通（1984 年诺贝尔奖获得者）的核算体系，或线性规划（康托洛维奇、库普曼）或输入—输出法（里昂惕夫）都是有用的。

然而，太多的诺贝尔奖成就，似乎危险地接近于科学化基本常识：投资组合选择（托宾），或公司债务股权融资（莫迪利亚尼 – 米勒），或“人力资源 / 第三世界的解读”（舒尔茨、俄林、米德）。乔治·斯蒂格勒在美国学院派经济学领域是一位出色的教师并具有卓越的地位，但是，为他获取 1982 年奖项的放松管制的分析，在一定程度上是以对美国商务会的代码的分析为基础，因此，似乎对于如此崇高的奖项来说，他还是相当欠缺。

在位置较高的形式主义方面，存在同样的问题。对于他们所有的数学能力来讲，问题在于萨缪尔森、希克斯、阿罗、西蒙或纳什这些作为高雅且令人印象深刻的典型是否为“进一步的理论工作和实证检验提供了一个坚定基石”——这句话引自诺贝尔奖对俄林和米德的赞美，但类似的赞美几乎给予了每一个经济学奖获得者。到目前为止，任何进入到一个新的经济学科学领域的根本性的发展并没有实现。

萨缪尔森与和他同类型的人都是任何精密的经济学科学领域似乎都需要的那种大胆的、强劲的理论家。但是，科学史表明，高雅地数学化了的理论不一定是好科学，甚至不一定是科学。经济理论表现了一种没有兑现的很高期望的感觉。经济历史学家于尔格·尼汉斯，在该领域调查后写道，尽管非凡的技术取得了进步。

然而，发人深省的观察得出，经过 40 多年的努力，几乎没有任何经济观点通过计量经济学的方法得到解决。也许不久这就会得到证实，即这些方法不能很好地适应对不断变化的人类历史复杂性的分析。

萨缪尔森承认自己也有这样的悲观情绪。他曾经期望

> 新的计量经济学将使我们能够缩小我们经济理论的不确定性……这一期望没能实现……似乎从客观上来讲，就是没有积聚一个计量经济学研究结果的融合体，而这一融合基于一个可测试的事实。

缪尔达尔说骄傲的诺贝尔形式主义仅仅是“概念市场，与真正的市场毫无相似之处”。凯恩斯，他本身是概率论的大师，不久前警告说，与解释经济方面的经验相关的完全已知的事实相比，经济学的“精简”以数学的方式表达是比较容易的。

计量经济学家自然会对这样的描述感到不耐烦。1980 年的诺贝尔奖获得者劳伦斯·克莱因就非常固执：“对经济学非数学方式的贡献是稀薄的、模糊的。”但是，米尔顿·弗里德曼说：“在实证科学家和理论家之间当然没有严格的界限——我们都会涉及连续统一体。”

至于责任，这样的理论化的确很少能够真正造福于人类—— 370
连市场都不能常常造福于人类——一些计量经济学家指出，非常公正，所有基础思想都是这样开始的。它的意义和好处可能需要几十年来证明——看看量子物理学即是如此。除非澄清基本原则，否则难以取得进步。

同时，这样的担心仍然存在，即诺贝尔奖理论主要由大学占据——这样的太多了，那么，许多人批评说，由此导致它成为同系繁殖的产物，并切断了与市场实际情况和测试的联系。有些人担心，这似乎是正确的，即诺贝尔奖保持每年都会产生的同时，有可能没有或者没有足够的有价值的成果来维持它。就近年来的一些奖项而论，人才库可能正在枯竭。也许应该每隔几年左右颁发一次。

阿加·克莱默对这一情况进行了总结：

在外人看来，经济学的理论话语如果不是荒谬的，就是深奥的。经济学家使用的假设看起来不真实，他们的学术语言阻碍了进一步的阅读。非学术性的经济学家和经济学领域中的新的学生倾向于用非技术术语来谈论有关经济的问题……经济学家寻求一个系统的理论来更清楚地阐述事件发生的条件……它有利于阐述学术话语的论点。

商务媒体说明了克莱默的观点。他说最重要的人物不是经济学奖得主，而是“分析者”——研究某些行业或公司表现的专家——或是联邦储备系统的主席，或是重要的资金管理者抑或是首席执行官。市场仍然奇怪地无动于衷，甚至常常对理论家不屑一顾，特别是那些雄心勃勃的形式主义者，诺贝尔经济学奖评审委员常常为“开拓性的发现”或者“寻径的突破”而赞扬他们。

也许期望便是如此。获得诺贝尔奖的理论并不是完全因其可靠的预测而有名。《经济学人》问道：为什么没有一个企业本身的诺贝尔奖呢？正如《经济学人》认为的那样，实际的繁荣比理论能更好地为公众服务。但是，因为这样的奖项将是不可能实现的，所以瑞典央行对诺贝尔奖的干涉，可能很快就会走到尽头。这可能就是那本命名为《经济学人》杂志的建议所在。

·结语

诺贝尔奖已有一个世纪的历史，而其未来则不可限量。任何评估都只能是暂时的报告。

毫不奇怪，人们对诺贝尔奖的态度各不相同。一个极端是，一些人希望去除所有对作家和科学家的雄心造成破坏的奖项，而把诺贝尔和平奖作为自我炫耀的政治家和活动家所觊觎的奖项。同时，公众为媒体所打造的伟大发出欢呼声，却毫不理解或关心其原因。另一个极端是，奖项被当作能够可靠地承兑真正的主要成就和进步而受到追捧。除了诺贝尔奖，没有其他什么可以证明科学、写作与和平等工作的重要性。尽管有着诸多争议，诺贝尔奖还是占据不可撼动的地位——犹如授予金质奖章的国王。在当今时代，无论制定什么标准都会遭受攻击，因此诺贝尔奖非常有必要提供一个象征权威和连贯性的标志。在各持己见的人中，有一种人是温和派，他们总是不偏不倚，谁也不想得罪。读者应该已经猜到了，这份报告便是由温和派之一所作。

研究过一个个诺贝尔奖和一个个领域之后，我发现温和的效果喜忧参半。每个人所受教育终归有限，只能在某个方面发挥专长：科学家抽不出时间钻研文学，文人对数学和分子等也缺乏耐心。但奖品遍布我们自我强加的范围，并提供了一个更高的视角。从高处看到的东西总是会提升已有的经验。诺贝尔奖获奖名单肯定不断地提醒，至少有一些人类的理性和精神的财富是未用尽的。与此相反，发现的纯粹的奇妙和创造力可以很快变得势不可挡。尝试——只是为了一小部分成就而对一连串奖项变得够熟悉的一个步骤——以获得一些与诺贝尔式奇迹的亲密，如薛定谔方程或佩斯的诗《阿纳巴斯》，这部作品似乎如同它唤起的时代一样诡异，或召唤北爱尔兰的获奖得主贝蒂·威廉姆斯和梅雷亚德·科里根所付出的东西——新教和天主教——在恐惧和轻蔑中与双方破裂来抗议杀戮。之后不久，就似乎更倾向于我们自己的花园并且让诺贝尔奖评审应对一切。瑞典和挪威委员会在 1900 年左右在他们同意管理时可能很难想象，他们将会面临怎样的情境。

在前面几章中，有许多异议。尽管如此，不得不承认，百年来，诺贝尔奖比以往任何时候都更健全。在物理、化学和医学领域的获奖得主当然是众望所归。正是因为期望值过高，任何失误都会令公众失望万分。他们怎么会忽略莉莎·迈特纳发现核裂变的贡献，或发现了宇宙大爆炸理论的拉尔夫·阿尔菲，抑或是和别人共同发现了链霉素的阿尔伯特·沙茨？他们又怎么会驳回弗洛伊德的奖项而同时表彰精神病脑叶手术和疟疾接种？然而，在漫长的一个世纪中，科学奖的名单是金光闪闪的，也是至关重要的维护了 1901 至1950 年的诺贝尔奖的崇高声誉，而当时文学奖及和平奖处于低迷期。

讨论其原因，好的文学奖与科学奖相比更加难以选择。人们只需要想想惠特曼、梅尔维尔和艾米莉·狄金森要获得专家以及普通读者的广泛接受，得费多长时间。如果有人仍然需要得到确认的话，那么品味的过程一次又一次地证明了这一点。治·斯坦纳在他对诺贝尔委员会系统的攻击，是一个有力的证明，他甚至不顾及瑞典皇家科学院的众所周知的倔强。

然而，有一些东西一定是正确的，因为过去 30 年的文学奖项比以往任何时候都好。奖项往往长期拖延，或归属于安全的选择。不过，只有威廉·戈尔丁和达里奥·福的奖项让人深深地感受到嘘声迎接。文学奖于是比以前更令人印象深刻地不辜负自身。超乎寻常的"困难"仍使评审委员对诗人保罗·塞拉诺警惕。尽管如此，文学史上有其高峰和平地，我们可能处在其中一个平地。现在，乔伊斯和普鲁斯特的伟大可能不存在。这也意味着，评审委员不太容易堂而皇之地做出令人尴尬的错误。让人可能不得安宁仍然是了不起的文学可能在亚洲或非洲存在，或者遇到一种几乎没有被诺贝尔评委会探讨过的非常语言。在这里，我们所有的人过于依赖诺贝尔评委会寻找这些宝藏。少数学者或评论家甚至开始承接这样一个艰巨的任务，但很难使人停止抱怨诺贝尔评审委员太以欧洲为中心。

诺贝尔和平奖在前半个世纪表彰太多的官员，然后由一个引人注目的奖项所打断。但在 1960 年，诺贝尔和平奖迈出了大胆的新的一步，来表彰一个国家内部的和平贡献，奖项颁发给了南非反对种族隔离的阿尔伯特·卢图利以及后来表彰波兰团结运动或美国的民权运动，其振兴了本身。由于和平奖基本上是政治性的，而且常常危机驱动，因此，奥斯陆委员会总是在别人的火线内。在令人恐惧的 20 世纪的舞台，人们希望可以做得更好。但是懂得情理增强了我们做的一切都更好的愿望。

后来的经济学奖就是一种例外。它有许多维护者，虽然大多是在学术界，尤其是在那些已囊括几乎所有的奖项的几所大学；但连一些它的获得者都表示对这样一个奖的疑问。尽管与社会学和其他非诺贝尔奖的“软”社会科学相比，“方程”不再有让人持怀疑态度的感觉。大部分的奖项对投资市场给予建议，这似乎相对于诺贝尔奖在其他领域造福人类的水准和标准是不恰当的。尽管诺贝尔文学奖和科学奖面对有太多的优秀人才可以获奖的尴尬，而诺贝尔经济学奖——仅仅 30 年后——似乎缺少值得获奖的候选人。在其他哪个诺贝尔奖领域可能会因为敦促计量经济学的解释而获得奖项，或者因为对人类、动物和鱼的“经济”行为的猜测，或因为一条“实验”测试的理论——实际股市表现——而最终以快速破产而消亡呢？

奖项的名声和权威无疑为公众的广泛关注带来了一些被忽视的或专家的工作。它给了冰岛小说家哈尔多·拉克斯内斯当之无愧的国际声誉；它使得 1925—1926 年提出的新的量子力学比以往更加突出。在所有领域获奖者的名单以及被忽略掉的东西，对于这些领域如何发展，以及对于它们价值和意义的态度如何改变，提供了一个历史的假象。人们可以看到科学的热情，或文学发展的趋势，繁荣和退去，以及其他东西的出现。即使是诺贝尔奖的往往令人费解的拖延在这方面也非常有用。但诺贝尔奖如何照亮现代科学、文学、和平的历史仍局限于少数学者手中。这些最杰出的人物之一，伊丽莎白·克劳馥指出，大部分 20 世纪的涉及政治的科学电视剧也成为诺贝尔奖得主。文学奖及其遗漏也如出一辙，不仅在冷战期间，并且在整个世纪也是如此。

徘徊在诺贝尔奖旁边的还有更深的和令人不安的问题。首先，为什么任何奖项都要颁发给严肃的智力和艺术作品？难道艺术家和科学家竟不会自己发现应得的奖项吗？但是，正如一句箴言，如果人都是天使，那么就不需要政府了——我们必须补充，那么奖项也同样不需要了。力所能及的犯错误的科学家确实为了自身的利益而做好了自己的工作，但也寻求优先权和认可度。说到作家，大家脑海中只会想到唯一一个从来没有寻求公布其辉煌的工作的人——法国散文家约瑟夫·茹贝尔（1754～1824 年）。其余的人都是要求予以公布，由于希望的激励，许多人写出最好的或唯一的获得认可的作品。奖项反正自古以来就存在，索福克勒斯和卢梭毫不犹豫地寻求和接受他们。没有理智的人可以认为奖项使得某种工作在本质上更好，而远远不及“最佳”的同类。正如多次提到的那样，任何诺贝尔奖赋予的名声通常都是稍纵即逝的。泽维尔或韦尔特曼或萨拉马戈或伯贝即是证明；答案在于：他们都是在 1998 年或 1999 年的诺贝尔获奖者。这是不公平的。获得诺贝尔奖的成就，毕竟只可能由心灵和精神的悠久传统造就——科学，文学和政治正义的严谨规范——由他们的信徒一直维护和发展，就好像生活本身就依赖于它。尊敬这些维护人类伟大成就的规范是诺贝尔奖的真正理由和荣耀。

没有什么能比减少学术专长的此类问题更让人产生误解。崇拜爱因斯坦在这里是有帮助的。他的理论对大部分人来讲都很晦涩，因此人们的关注都转移到他的个性上来。然而，为什么这个男人的个性尤其能使人产生兴趣呢？名人崇拜无疑发挥其作用。但非比寻常，答案回到他关于天堂以及我们所居住的时间和空间的惊人看法，“爱因斯坦”最终认为宇宙中的普遍的奇迹之感——在人类理性的奇迹中——仍存在着。考虑到许多人会宣告相反的观点，这是令人振奋的。如今，“诺贝尔奖”取代了“爱因斯坦”：至少某种相同的东西在产生作用。诺贝尔奖让我们知道了更多的伟大贡献，并且心生崇敬，而这是很重要的。

诺贝尔奖似乎在以非常有限的方式预测着未来。可以期待，诺贝尔奖水准的科学发现将继续：关于太多东西知之甚少。虽然这些奖项的特点可能同环境一样会导致改变，但和平奖几乎不会缺乏候选人，因为战争和不公将同死亡一样永存。文学奖可能会进行更激进的变革。到目前为止，它植根于传统书籍。但在电子时代的曙光中，书籍或文本可能会发现自己以多种方式相媲美：一个熟悉的例子是“超文本”，其自由浮动的位或字节突发奇想决定可以组装的笔记本电脑。任何人都难以想象，56 年之后文学奖会是什么样子。也许 1997 年颁发给艺术家达里奥·福的奖项便是一个预兆。

最棘手的问题之一涉及文学和科学。这些是奖项的主要构成，但他们之间的关系可能会带来严重的困境。这不是学校教师式的被称为两种文化的纠纷，其敦促民间文学学习热力学第二定律和科学家去多读莎士比亚或福楼拜的作品。那会使“文学”过于狭隘。诺贝尔奖本身使用文学来代表所有严肃的写作，包括哲学和历史——见证柏格森和丘吉尔的奖项——原则上也是神学或政治思想。但现代思想可能更广泛地保留的伤口显示出种种越来越差的迹象。物理学家 J. 罗伯特·奥本海默在 1959 年不仅警告技术危险，因为人们可能对这一引领原子弹制造的人有很大期待；他还强调“科学世界和普通语言世界之间不断增加的隔阂”。“科学世界使普通世界遭受贫困，恐吓和弱化，剥夺了其合理性并且把其谴责为一种永久的专制。”他这样写道，“在智力世界的科学家和芸芸众生之间出现了一个大的鸿沟，在普通语言水平上来讲，主要关注点在于基本人权问题。”

远离科学的傲慢，奥本海默深深感叹这个结果，但不知道如何解决它。通过“共同语言”和“基本人权问题”，他援引我们整个文学，哲学，宗教，历史，道德和政治正义的重要遗产。他给了一个例子，实际上，虽然 20 世纪物理学一直是一部伟大的智力冒险史诗，可悲的是，没有史诗庆祝人类的伟大。物理学方程藐视翻译为普通的话。量子物理学和相对论指出普通语言所掌握或传达的经验甚少。

出于类似的原因，并且几乎同时，文学批评家莱昂内尔·特里林得出了同样令人痛心的结论。文学和哲学曾经理直气壮地占据着中心位置：即使牛顿的宇宙学和微积分学也是无法挣脱教化的人的掌控。但现在科学掌控着带来无尽的权力的知识，以及以前无法想象的丰富的现实秩序。这在许多重要方面把传统的作家和读者推向了边缘。特里林说，一个证明就是在我们这个时代的“文学文化的极端衰减”。正是作家和哲学家共享却部署这种微妙的技巧的普通语言——伟大的仪器本身——切断了通往数学的和极其专业的科学边缘（他思考二战后物理学的优越）。特里林说，也没有什么办法对那些没有专业化研究过的人或者那些缺乏所需才能的人来给出一个科学的理解。“我们大多数人要对习惯性地被认为是当今时代的特征性成就的思维模式进行排斥，是必然要经历的一个我们知识自尊的伤口。”特里林过于全面而添加明显的可能性，即这样深的伤口常常会导致毁灭性的敌对行动。

同样的问题促使了一些有希望的预言。接受 1949 年奖项的威廉·福克纳还警告说，原子弹所带来的人类灭绝的新恐惧使作家忘记了精神的问题比任何似乎很有启示意义的政治学都更深奥。因为人类有灵魂，他宣称，就像只有福克纳所能做的，不仅仅忍还取得了胜利。

诺贝尔颁奖仪式是最著名，最显眼的地方，这里科学和文学肩并肩，同样被授予荣誉。颁奖词很小心地避免提及刚才提到的任何不愉快的可能。毕竟诺贝尔分配奖励是处于一种喜庆的心情。奥本海默和特里林太过于悲观，而福克纳过于乐观。即便如此，他们的警告表明，未来可能会为颁奖仪式带来一些不受欢迎的袭击，而未提及诺贝尔奖的连贯性。颁奖仪式、奖牌和排场，过去伟大的名字，晚礼服和礼服，亲切的王室家族，以及得到媒体的掌声——这一切使我们忘记诺贝尔奖最终的目的是庆祝人类灵魂深处的深刻而强劲的力量。如果那种灵魂开始用两种不同的相互超越语言，那么诺贝尔奖可能成为一个爆发点，否则是一个不相干的拙劣的模仿。毕竟，至今，诺贝尔奖存在的时间比我们每一个人的存在时间要长。它已成为世界各地的人类共享的共同记忆的一部分。我们对此都已经习惯。但事实上，无论如何有所保留和不情愿，我们也依赖于它。

·诺贝尔奖年表

文学奖

1901 苏利·普吕多姆（别名：勒内·弗朗索瓦·普吕多姆）（1839～1907），法国。诗歌。

1902 特奥多尔·蒙森（1817～1903），德国。历史。

1903 比昂斯滕·比昂松（1832～1910），挪威。诗歌。

1904 弗雷德里克·米斯特拉尔（1830～1914），法国。普罗旺斯语诗歌。

何塞·埃切加赖（1832～1916），西班牙。戏剧。

1905 亨里克·显克微支（1846～1916），波兰。小说。

1906 乔祖埃·卡尔杜齐（1835～1907），意大利。诗歌。

1907 吉卜林（1865～1936），英国。诗歌，小说。

1908 鲁道夫·欧肯（1846～1926），德国。哲学。

1909 塞尔玛·拉格勒夫（1858～1940），瑞典。小说。

1910 保尔·海塞（1830～1914），德国。诗歌，戏剧，小说。

1911 莫里斯·梅特林克（1862～1949），比利时。诗歌，戏剧。

1912 格哈特·豪普特曼（1862～1946），德国。戏剧。

1913 罗宾德拉纳特·泰戈尔（1861～1941），印度。诗歌。

1914 未颁奖。

1915 罗曼·罗兰（1866～1944），法国。小说。

1916 魏尔纳·海顿斯坦姆（1859～1940），瑞典。诗歌，小说。

1917 卡尔·耶勒鲁普（1857～1919），丹麦。诗歌。

亨里克·彭托皮丹（1857～1943），丹麦。小说。

1918 未颁奖。

1919 卡尔施皮特勒（1845～1924），瑞士。诗歌。

1920 克努特·汉姆生（1859～1952），挪威。小说。

1921 法朗士（1844～1924），法国。小说

1922 哈辛特·贝纳文特·伊·马丁内斯（1866～1954），西班牙。戏剧。

1923 威廉·勃特勒·叶芝（1865～1939），爱尔兰。诗歌。

1924 瓦迪斯瓦夫·雷蒙特（1867～1925），波兰。小说。

1925 乔治·萧伯纳（1891～1967），爱尔兰—英国。戏剧。

1926 格拉齐亚·黛莱达（1871～1936），意大利。小说。

1927 亨利·柏格森（1859～1941），法国。哲学。

1928 西丽兹·温塞特（1882～1949），挪威。小说。

1929 托马斯·曼（1875～1955），德国。小说。

1930 辛克莱·刘易斯（1885～1951），美国。小说。

1931 埃里克·阿克塞尔·卡尔费尔德（1864～1931），瑞典。诗歌。

1932 约翰·高尔斯华绥（1867～1933），英国。小说，戏剧。

1933 伊万·布宁（1870～1953），俄罗斯。小说。

1934 路易吉·皮兰德娄（1867～1936），意大利。戏剧，小说。

1935 未颁奖。

1936 尤金·奥尼尔（1888～1953），美国。戏剧。

1937 罗杰·马丁·加尔（1881～1958），法国。小说。

1938 赛珍珠（1892～1973），美国。小说。

1939 弗兰斯·埃米尔·西兰帕（1888～1964），芬兰。小说。

1940～1943　未颁奖。

1944　约翰内斯·延森（1873～1950），丹麦。小说。

1945　米斯特拉尔（1889～1957），智利。诗歌。

1946　赫尔曼·黑塞（1877～1962），德国—瑞士。小说。

1947　安德烈·纪德（1869～1951），法国。小说。

1948　托马斯·斯特恩斯艾略特（1888～1965），美国和英国。诗歌。

1949　威廉·福克纳（1897～1962），美国。小说。

1950　贝特朗·罗素（1872～1970），英国。哲学。

1951　帕尔·费比安·拉格奎斯特（1891～1974），瑞典。小说，戏剧。

1952　弗朗索瓦·莫里亚克（1885～1970），法国。小说。

1953　温斯顿·丘吉尔（1874～1965），英国。历史。

1954　欧内斯特·海明威（1899～1961），美国。小说。

1955　赫尔多尔·拉克司内斯（1902～1998），冰岛。小说。

1956　胡安·拉蒙·希门尼斯（1881～1958），西班牙。诗歌。

1957　阿尔贝·加缪（1913～1960），法国。小说，评论。

1958　鲍里斯·帕斯捷尔纳克（1890～1960），苏联。诗歌，小说。

1959　萨尔瓦多·卡西莫多（1901～1968），意大利。诗歌。

1960　圣·琼·佩斯（1887～1975），法国。诗歌。

1961　伊沃·安德里奇（1892～1975），南斯拉夫。小说。

1962　约翰·斯坦贝克（1902～1968），美国的小说。

1963　乔治·塞菲里斯（1900～1971），希腊。诗歌。

1964　让·保罗·萨特（1905～1980），法国。小说，戏剧，哲学。

1965　米哈伊尔·肖洛霍夫（1905～1984），苏联。小说。

1966　什穆埃尔·Y. 阿格农（1888～1970），以色列。小说。

奈莉·萨克斯（1891～1970），德国—瑞典。诗歌。

1967　米格尔·安赫尔·阿斯图里亚斯（1899～1974），危地马拉。小说。

1968　川端康成（1899～1972），日本。小说。

1969　塞缪尔·贝克特（1906～1989），爱尔兰，法国。小说，戏剧。

1970　亚历山大·索尔仁尼琴（1918～2008），苏联。小说。

1971　巴勃鲁·聂鲁达（1904～1973），智利。诗歌。

1972 海因里希·伯尔（1917～1985），德国。小说。

1973 帕特里克·怀特（1912～1990），澳大利亚。小说。

1974 艾温德·约翰逊（1900～1976），瑞典。小说。

哈利·马丁森（1904～1978），瑞典。小说，诗歌。

1975 欧亨尼奥·蒙塔莱（1896～1981），意大利。诗歌。

1976 索尔·贝娄（1915～2005），加拿大—美国。小说。

1977 维森特·阿列桑德雷（1898～1984），西班牙。诗歌。

1978 艾萨克·谢维丝·辛格（1904～1991），波兰—美国。小说。

1979 奥德修斯·伊利蒂斯（1911～1996），希腊。诗歌。

1980 切斯瓦夫·米沃什（1911～2004），波兰—美国。诗歌。

1981 埃利亚斯·卡内蒂（1905～1994），保加利亚—奥地利—英国。小说。

1982 加夫列尔·加西亚·马尔克斯（1928～），哥伦比亚。小说。

1983 威廉·戈尔丁（1911～1993），英国。小说。

1984 雅罗斯拉夫·塞弗特（1901～1986），捷克斯洛伐克。诗歌。

1985 克洛德·西蒙（1913～2005），法国。小说。

1986 沃特·索因卡（1934～），尼日利亚。小说，戏剧。

1987 约瑟夫·布罗茨基（1940～1996），苏联—美国。诗歌。

1988 纳吉布福兹（1911～2006），埃及。小说。

1989 卡米洛·何塞·塞拉（1916～2002），西班牙。小说。

1990 奥克塔维·奥帕斯（1914～1998），墨西哥。诗歌，评论。

1991 纳丁·戈迪默（1923～），南非。小说。

1992 德里克·沃尔科特（1930～），牙买加。诗歌，戏剧。

1993 托尼·莫里森（1931～），美国。小说。

1994 大江健三郎（1935～），日本。小说。

1995 希尼（1939～），北爱尔兰。诗歌。

1996 维斯瓦娃·辛波丝卡（1923～2012），波兰。诗歌。

1997 达里奥·福（1926～），意大利。戏剧。

1998 萨拉马戈（1922～2010），葡萄牙。小说。

1999 君特·格拉斯（1927～），德国。小说。

2000 高行健（1942～），中国—法国。小说

2001　V. S. 奈保尔（1932～），特立尼达—英国。小说。

2002　凯尔泰斯·伊姆雷（1929～），匈牙利。小说。

2003　库切（1940～），南非—澳大利亚。小说。

2004　耶利内克（1946～），奥地利。小说，戏剧。

2005　哈罗德·品特（1930～2008），英国。戏剧。

2006　奥尔罕·帕慕克（1952～），土耳其。小说。

2007　多丽丝·莱辛（1919～），津巴布韦—英国。小说，戏剧，诗歌。

2008　让·马里·居斯塔夫·勒·克莱齐奥（1940～），法国—毛里求斯。小说。

2009　赫塔·穆勒（1953～），罗马尼亚—德国。诗歌，小说。

2010　马里奥·巴尔加斯·略萨（1936～），秘鲁—西班牙。小说。

2011　托马斯·特朗斯特罗默（1931～），瑞典。诗歌。

物理学奖

1901　威廉·伦琴（1845～1923），德国。发现X射线［1895］。

1902　亨德里克·洛伦兹（1853～1928），荷兰。解释塞曼效应［1896］。

彼得·塞曼（1865～1943），荷兰。发现谱线分裂的塞曼效应［1896］。

1903　亨利·贝克勒尔（1852～1908），法国。发现天然放射性［1896］。

玛丽·居里（1867～1934），波兰—法国，和皮埃尔·居里（1859～1906），法国。对放射性现象的研究［1898］。

1904　约翰·威廉·斯特拉特，瑞利勋爵（1842～1919），英国。发现氩气［1894］。

1905　菲利普·莱纳德（1862～1947），德国。阴极射线研究［约1902］。

1906　约瑟夫·约翰·汤姆孙（1856～1940），英国。发现电子［1897］。

1907　艾伯特·迈克尔逊（1852～1931），美国，精密测量［约1890］。

1908　加布里埃尔·李普曼（1845～1921），法国。改善彩色摄影术［1890］。

1909　马可尼（1874～1937），意大利。无线电报［1895～1901］。

卡尔·布劳恩（1850～1918），德国。无线电发射器的改进［1897］。

1910　约翰内斯·德瓦（1837～1923），荷兰。关于气体和液体的状态方程的研究

[1873]。

1911　威廉·维恩（1864～1928），德国。热辐射的定律［1896］。

1912　尼尔斯·达伦（1969～1937），瑞典。灯塔照明［1907］。

1913　海克·卡末林·昂内斯（1853～1926），低温实验中的超导现象［1907］。

1914　马克斯·冯·劳厄（1879～1960），德国。X射线衍射现象［1912］。

1915　威廉·亨利·布拉格（1862～1942）和威廉·劳伦斯·布拉格（1890～1971），英国。晶体结构的X射线分析［1912］。

1916　未颁奖。

1917　查尔斯·巴克拉（1877～1944），英国。X射线的“二次辐射”［1905］。

1918　马克斯·普朗克（1858～1947），德国。量子定律［1900］

1919　约翰内斯·斯塔克（1874～1957年），德国。电场作用下的谱线分裂［1913］。

1920　查尔斯·纪尧姆（1861～1938），法国。合金［约1895］。

1921　阿尔伯特·爱因斯坦（1879～1955），德国—瑞士—美国。“理论物理，尤其是……光电效应”［1905］。

1922　尼尔斯·玻尔（1885～1962），丹麦。原子的量子理论［1913］。

1923　罗伯特·A. 密立根（1868～1953），美国。电子电荷测量［1909～1911］和光电效应［1912～1916］。

1924　卡尔·曼尼塞班（1886～1978），瑞典。X射线光谱［1922］。

1925　詹姆斯·弗兰克（1882～1964），德国—美国，和古斯塔夫·赫兹（1887～1975），德国。支配电子和原子碰撞的定律［1915］。

1927　阿瑟·康普顿（1892～1962），美国。实验证明光粒子［1923］。

查尔斯·T. R. 威尔逊（1869～1959），英国。云室检测仪［1911］。

1928　欧文·理查森（1879～1959），英国。热离子现象［1910］。

1929　路易·德布罗意（1892～1987），法国。电子的波动性［1923］。

1930　钱德拉塞卡拉·V. 拉曼（1888～1970），印度。对散射光的解释［1928］。

1931　未颁发奖。

1932　维尔纳·海森堡（1901～1976），德国。量子力学，不确定性原理［1925～1927］。

1933　欧文·薛定谔（1887～1961），奥地利。波动力学［1926］。

保罗·狄拉克（1902～1984），英国。量子理论［1925～1928］。

1934 未颁发奖。

1935 查德威克（1891～1974），英国。发现中子［1932］。

1936 维克多·赫斯（1883～1964），奥地利。宇宙辐射的发现［1911］。

卡尔·安德森（1905～1991），美国。发现正电子［1932］。

1937 克林顿·戴维森（1881～1958），美国。乔治·汤姆孙（1892～1975），英国。各自独立证明电子的波动性［1927］。

1938 恩里科·费米（1901～1954），意大利。"慢"中子核反应［1934］。

1939 欧内斯特·O. 劳伦斯（1901～1958），美国。回旋加速器［1932］。

1940～1942 未颁发奖。

1943 奥托·斯特恩（1888～1969），德国—美国。发现质子磁矩［1920］。

1944 伊西-拉比（1898～1988），美国。用共振方法记录原子核的磁属性［1937］。

1945 沃尔夫冈·泡利（1900～1958），德国—瑞士。不相容原理［1925］。

1946 珀西·布里奇曼（1882～1961），美国。高压物理（［1909～1930］。

1947 爱德华·阿普尔顿（1892～1965），英国。发现电离层［1924］。

1948 帕特里克·M. S. 布莱克特（1897～1974），英国。改进威尔逊云雾室方法和宇宙射线的研究［1933］。

1949 汤川秀树（1907～1981），日本。预测介子［1935］。

1950 塞西尔·鲍威尔（1903～1969），英国。发现 π 介子［1947］。

1951 约翰·克罗夫特（1897～1967），英国，和欧内斯特·T. 沃尔顿（1903～1995），爱尔兰。首个加速器［1932］。

1952 布洛赫（1905～1983），瑞士，美国，和埃德·赛尔（1912～1997），美国。各自独立研究核磁共振［1945 年左右］。

1953 弗里茨·泽尼克（1888～1966），荷兰。相衬显微镜［1932 年左右］。

1954 玻恩（1882～1970），德国。统计解释量子理论［1926］。

瓦尔特博特（1891～1957），德国。"符合法"［1924］。

1955 威利斯·E. 兰姆 1913～2008），美国。测定氢光谱的新方法（"兰姆移位"）

[1947]。

波利卡普·库施（1911～1993），美国。测定电子磁矩的新方法［1947］。

1956　约翰·巴丁（1908～1991），沃尔特·布拉顿（1902～1987）和威廉·肖克利（1910～1989），美国。晶体管［1948～1949］。

1957　杨振宁（1922～）和李政道（1926～），中国—美国。弱相互作用的宇称不守恒理论［1956］。

1958　帕维尔·切伦科夫（1904～1990），伊戈尔·塔姆（1895～1971），伊利亚·弗兰克（1908～1990）苏联。“切伦科夫效应”［1935～1937］。

1959　埃米利奥·塞格雷（1905～1989），意大利—美国，和欧文·张伯伦（1920～2006），美国。发现反质子［1955］。

1960　唐纳德·格拉泽（1926～），美国。气泡室［1952］。

1961　罗伯特·霍夫施塔特（1915～1990），美国。核子结构［1955］。

穆斯堡尔（1929～2011），德国。共振吸收［1958］。

1962　列夫·朗道（1908～1968），苏联。超流理论［1941年左右］。

1963　尤金·维格纳（1902～1995），匈牙利—美国。核理论［1927～1932］。

玛丽亚·格佩特·梅耶（1906～1972），德国—美国，和约翰内斯，汉斯·延森（1907～1973），德国。独立发现核壳层模型［1948］。

1964　尼古拉·巴索夫（1922～2001）和亚历山大·M. 普罗霍罗夫（1916～2002），苏联—美国。查尔斯·汤斯（1915～），激微波—激光原理［1952～1954］。

1965　理查德·费恩曼（1918～1988），美国［1949］；朱利安·S. 施温格（1918～1994），美国［1948］；朝永振一郎（1906～1979），日本［1945］。各自独立对量子电动力学的贡献。

1966　阿尔弗雷德·卡斯特勒（1902～1984），法国。光学方法研究原子共振［1950］。

1967　汉斯·贝特（1906～2005），德国—美国。恒星中核反应的解释［1938］。

1968　路易斯·阿尔瓦雷斯（1911～1988），美国。改进气泡室［1962］。

1969　穆雷·盖尔曼-曼（1929～），美国。“八重道”粒子分类［1962～1964］。

1970　汉尼斯·O. 阿尔芬（1908～1995），瑞典。等离子体物理学［1948年左右]。

路易·尼尔（1904～2000），法国。固态磁性［1932～1948］。

1971　伽博·丹尼斯（1900～1979），匈牙利—英国。全息照相［1948］。

1972　约翰·巴丁（1908～1991），约翰·罗伯特·施里弗（1931～），和利昂·库珀（1930～），均为美国。超导理论［1957］。

1973　江崎玲于奈（1925～），日本，和伊瓦尔·贾埃弗（1929～），挪威—美国。独立研究量子隧道现象［1958～1960］。

布赖恩·约瑟夫森（1940～），英国。超导隧道［1962］。

1974　安东尼·休伊什（1924～）。英国。脉冲星的发现［1967］。

马丁·赖尔（1918～1984），英国。改进射电天体物理学［1954］。

1975　詹姆斯·雷恩沃特（1917～1986），美国［1950］。奥格（1922～2009），丹麦［1953］，和本·莫特森（1926～），美国—丹麦［1953］。核壳层模型。

1976　伯顿·里希特（1931～），丁肇中（1936～），美国。独立发现J/PSI介子［1974］

1977　约翰·范弗累克（1899～1980），美国。顺磁性理论［1932］。

菲利普·安德森（1923～），美国，内维尔莫特（19S～1996），英国。非晶态超导体［20世纪60年代］。

1978　彼得·卡皮查（1894～1984），苏联。发现超导［1937～1938］。

阿诺·彭齐亚斯（1933～），和罗伯特·威尔逊（1936～），美国。宇宙背景辐射的发现［1965］

1979　谢尔顿·格拉肖（1932～），美国［1960］，斯蒂芬·温伯格（1933～），美国［1967］，阿卜杜勒·萨拉姆（1926～1994），巴基斯坦—英国［1967］。独立发展电弱理论

1980　詹姆斯·克罗宁（1931～）和瓦尔菲奇（1923～），美国。CP破坏理论［1964］。

1981　尼古拉斯·布隆伯根（1920～），荷兰—美国，和阿瑟·肖洛（1921～1999），美国。激光光谱［20世纪50年代］。

凯·西格巴恩（1918～），瑞典。电子光谱仪［20世纪50年代］。

1982　肯尼斯·威尔逊（1936～），美国。相变理论［1970］。

1983　苏布拉马尼·钱德拉塞卡（1910～1995），印度—美国。白矮星结构

[1934]。

威廉·福勒（1911～1995），美国。宇宙中形成化学元素的核反应［约1960］。

1984　卡罗·鲁比亚（1934～），意大利—美国，和西蒙·范德米尔（1925～2011），荷兰。弱相互作用的W和Z粒子［1983］。

1985　克劳斯·冯·克利清（1943～），德国。量子霍尔效应［1980］。

1986　格尔德·宾尼希（1947～），德国，海因里希·罗勒（1933～），瑞士。扫描隧道显微镜［1981］。

恩斯特鲁斯（1906～1988），德国。电子显微镜［1933］。

1987　卡尔米勒（1927～），瑞士，约翰内斯·贝德诺尔茨（1950～），德国。高温超导性［1986］。

1988　利昂·莱德曼（1922～），梅尔文·施瓦茨（1932～2006），和杰克·斯坦伯格（1921～），美国。第二个中微子的实验发现。［1962］

1989　诺曼·拉姆齐（1915～2011），美国。铯原子钟［20世纪50年代］。

沃尔夫冈·保罗（1913～1993），德国20世纪50年代，德国，和汉斯·德默尔特（1922～），美国。离子陷阱技术［1973］。

1990　亨利·肯德尔（1926～1999），美国，理查德·E. 泰勒（1929～），加拿大，和杰罗姆·弗里德曼（1930～），美国。确认夸克［1967～1973］。

1991　皮埃尔-吉勒·德热纳（1932～2007），法国。液晶［1974］。

1992　乔治·夏帕克（1924～2010），波兰—法国。多线路正比探测器［1970s］。

1993　罗素·赫尔斯（1950～）和约瑟夫·泰勒（1941～），美国。新一类脉冲星的发现和测量［1974］。

1994　克利福德·G. 沙尔（1915～2001），美国，和伯特仑·布罗克豪斯（1918～2003），加拿大。独立研究中子散射技术［1960年左右］。

1995　马丁·佩尔（1927～），美国。T轻子［1974］。

弗雷德里克·莱因斯（1918～1998），美国。第一个中微子［1956～］

1996 大卫·李（1931～），罗伯特·C. 理查森（1945～），道格拉斯·奥谢罗夫（1945～），美国。氦-3里的超流动性［1972］。

1997　威廉·菲利普斯（1948～）和史蒂芬楚（1948～），美国。克劳德·科恩-塔诺季（1933～），法国。原子捕获方法［20世纪80年代］。

1998　崔琦（1939～），美国，霍斯特·斯托默（1949～）德国—美国；罗伯特·劳克林（1950～），美国。独立研究分数量子霍尔效应［1982］。

1999　马丁努斯·J. G. 韦尔特曼（1937～），杰拉德·胡夫特（1945～），荷兰。重新标准化弱电相互作用理论［20世纪60至70年代］。

2000　若列斯·阿尔费罗夫（1930～），俄罗斯，美国，杰克·基尔比（1923～2005）和赫伯特·克勒默（1928～），德国—美国。使用快速晶体管和集成电路的基本信息和通信技术。

2001 埃里克·阿林·康奈尔（1961～），美国，沃尔夫冈·凯特勒（195～）德国，和卡尔·E. 威曼（1951～），美国。在碱性原子稀薄气体的玻色-爱因斯坦凝聚态方面取得的成就［1995］。

2002　雷蒙德·戴维斯（1914～2006），美国，和玛莎-：小柴昌俊（1926～），日本。共同探测宇宙中微子［1987～1996］。里卡尔多·贾科尼（1931～），意大利—美国。独立发现宇宙X射线源［1950～1999］。

2003　阿列克谢·阿布里科索夫（1928～），俄罗斯，维塔利·L. 金兹伯格（1916～2009），俄罗斯，和安东尼·莱格特（1938～），英国—美国。对超导体理论和超流体理论做出的先驱性贡献［1950］。

2004　戴维·格娄斯（1941～），休波利泽（1949～），和弗兰克·维尔切克（1951～），均为美国。共同发现强相互作用理论中的渐近自由［1984］。

2005　罗伊·格劳伯（1925～），美国。独立发现光学相干的量子理论［20世纪50年代］。美国

约翰·L. 霍尔（1934～），美国［1962］，和特奥多尔·亨施（1941～），德国［1997～2003］共同对基于激光的精密光谱学发展做出贡献。

2006　约翰·马瑟（1946～）和乔治·斯穆特（1945～），美国。共同发现宇宙微波背景辐射的黑体形式和各向异性［1988～1992］。

2007　艾尔伯·费尔（1938～），法国，和彼得·格林贝格（1939～），捷克斯洛伐克。共同发现巨磁阻效应［1980］。

2008　南部阳一郎（1921～），日本—美国，独立发现亚原子物理学的自发对称性破缺机制［1959～1960］。

小林诚（1944～），和益川敏英（1940～），日本。共同发现对称性破缺的来源

[1972]。

2009　高锟（1933～），中国—英国—美国。独立在光传输于纤维的光学通信领域的成就［1966～1974］。

威拉德·博伊尔（1924～2011），加拿大—美国，和乔治·E. 史密斯（1930～），美国。共同发明半导体成像器件电荷耦合器件［1969］。

2010　安德烈·海姆（1958～），俄罗斯—英国—荷兰，和康斯坦丁·诺沃肖洛夫（1974～），俄罗斯—英国。在二维石墨烯材料的开创性实验［2004］。

2011　索尔·珀尔马特（1959～），美国。布莱恩·P. 施密特（1967～）美国—澳大利亚和亚当·G. 里斯（1969～），美国。共同透过观测遥距超新星而发现宇宙加速膨胀［1998］。

化学奖

1901　雅克布斯·范特霍夫（1852～1911），荷兰。化学动力学法则［1884］。

1902　埃米尔·菲舍尔（1852～1919），德国。合成糖类和嘌呤衍生物［1882～1898］。

1903　斯万·阿列纽斯（1859～1927），瑞典。电离理论［1884～1887］。

1904　威廉·拉姆齐（1852～1916），英国。发现空气中的稀有气体元素［1894～1904］。

1905　阿道夫·冯·拜尔（1835～1917），德国。研究有机染料［19 世纪 70 年代］。

1906　亨利·莫瓦桑（1852～1907），法国。分离氟元素［约 1886］。

1907　爱德华·毕希纳（1860～1917），德国。无细胞发酵的发现［1897］。

1908　欧内斯特·卢瑟福（1871～1937），新西兰。对元素蜕变的研究［1902］。

1909　威廉·奥斯特瓦尔德（1853～1932），德国。对催化作用，化学平衡和反应速率的研究［1880］。

1910　奥托·瓦拉赫（1847～1931），德国。脂环类化合物领域的开创性研究［1880］。

1911　居里夫人（1867～1934），波兰—法国。发现镭和钋［1898］。

1912　维克多格氏（1871～1935），法国。格氏试剂的发明［1901］。

保罗·萨巴蒂埃（1854～1941），法国。发明了有机化合物的催化加氢的方法［1897］。

1913　阿尔弗雷德·维尔纳（1866～1919），瑞士。对分子内原子成键的研究，开创了无机化学研究的新领域。

1914　西奥多·理查兹（1868～1928），美国。测量大量元素的原子量［1890～1912］。

1915　理查德·威尔斯泰特（1872～1942），德国。对叶绿素的研究［1905～1914］。

1916～1917　未颁发奖。

1918　弗里茨·哈伯（1868～1934），德国。对单质合成氨的研究［1901～1908］。

1919　未颁发奖。

1920　瓦尔特·能斯特（1864～1941），德国。对热力学的研究［1889～1906］。

1921　弗雷德里克·索迪（1877～1956），英国。对放射性物质以及同位素的研究［1913］。

1922　弗朗西斯·阿斯顿（1877～1945），英国。使用质谱仪发现了非放射性元素的同位素［1919］。

1923　弗里茨·普雷格尔（1869～1930），奥地利。有机化合物微量分析法［1913］。

1924　未颁发奖。

1925　理查德·席格蒙迪（1865～1929），奥地利。对胶体溶液的异相性质的证明［1903］。

1926　西奥多·斯维德伯格（1884～1971），瑞典。对分散系统的研究［1923～1924］。

1927　海因里希·维兰德（1877～1957），德国。对胆汁酸的结构确定［1912］。

1928　阿道夫·温道斯（1876～1959），德国。对甾类以及它们和维他命之间的关系的研究［1919］。

1929　阿瑟·哈登（1865～1940），英国。发酵酶的研究［1904～1905］。

汉斯·奥伊勒克儿坪（1873～1964），瑞典。酵母酶［1924～1928］。

1930　汉斯·菲舍尔（1881～1945），德国。血红素合成［1929］。

1931　卡尔·博施（1874～1930），德国。改善哈柏法［1910］。

弗里德里克·贝吉乌斯（1884～1949），德国。高压化学［1913］。

1932　欧文·朗缪尔（1881～1957），美国表面化学［1916年左右］。

1933　未颁发奖。

1934　哈罗德·C. 尤里（1893～1981），美国。“重氢”［1931］。

1935　弗雷德里克·约里奥-居里（1900～1958）和艾琳·约里奥-居里（1897～1956），法国。人工合成放射性元素［1934］。

1936　彼得·德拜（1884～1966），荷兰。原子偶极矩［1912年至1916年左右］。

1937　沃尔特·霍沃斯（1883～1950），英国。维生素C［1932］。

保罗·卡勒（1889～1971），瑞士。维生素A［1930～1935］。

1938　理查德·库恩（1900～1967），德国。胡萝卜素和维生素B2［1931年至1936年］。

1939　阿道夫·布特南特（1903～1994），德国。性激素［1931～1935］。

利奥波德·鲁齐卡（1887～1976），克罗地亚，瑞士。高萜烯和聚亚甲基［20世纪20年代］。

1940～1942　未颁发奖。

1943　乔治·德赫维西（1885～1966），匈牙利—丹麦。同位素示踪剂［1934］。

1944　奥托·哈恩（1879～1968），德国。重核的裂变［1939］。

1945　阿尔图里·维尔塔宁（1895～1973），芬兰。农业和营养化学［1920～30S］。

1946　詹姆斯·B. 萨姆纳（1987～1955），美国。发现了酶可以结晶为蛋白质［1926］。

约翰·H·诺斯罗普（1891～1987），美国。确认萨姆纳的研究［20世纪30年代］。

温德尔·斯坦利（1904～1971），美国。结晶第一种病毒［1935］。

1947　罗伯特·鲁宾逊（1886～1975），英国。生物碱的研究［1917～1920］。

1948　阿恩·蒂塞利乌斯（1902～1971），瑞典。对电泳现象和对吸附分析的研究

[1936]。

1949 威廉·吉奥克（1895～1982），美国。绝热过程［1924～1932］。

1950 奥托·狄尔斯（1876～1954）和库尔特·阿尔德（1902～1958），德国。双烯合成法［1928］。

1951 埃德温·麦克米兰（1907～1991）和格伦·西博格（1912～1999），美国。超铀元素［1940～1944］。

1952 阿彻·J. P. 马丁（1910～2002）和理查德·L. M. 辛格（1914～1994），英国。对色谱的研究和发现［1944］。

1953 赫尔曼·施陶丁格（1881～1965），德国。高分子理论［20世纪20年代］。

1954 鲍林（1901～1994），美国。量子化学键理论［1928～1932］。

1955 文森特·杜·维格诺德（1901～1978），美国。多肽激素的合成［1953］。

1956 尼古拉·谢苗诺夫（1896～1986），苏联，和西里尔·欣谢尔伍德（1897～1967），英国。共同对化学反应机理的研究［1928年至1940年］。

1957 亚历山大·托德（1907～1997），英国。核苷酸［1940～1950］。

1958 弗雷德里克·桑格（1918～），英国。分析蛋白质［1943～1955］。

1959 雅罗斯拉夫·海罗夫斯基（1890～1967），捷克斯洛伐克。极谱分析法［1922］。

1960 威拉德·利比（1908～1980），美国，碳14年代测定法［1947］。

1961 卡尔文（1911～1997），美国，植物中二氧化碳的同化作用［1953］。

1962 马克斯·佩鲁茨（1914～2002），奥地利—英国。分析血红蛋白［1938～1959］。约翰·肯德鲁（1917～1997），英国。分析肌红蛋白的结构［1946年至1959年］。

1963 卡尔·齐格勒（1898～1973），德国［1952］，和居里奥·纳塔（1903～1979），意大利（1954）。对聚合物研究。

1964 多萝西·克劳福特·霍奇金（1910～1994），英国。维生素B_{12}和青霉素的X射线分析［1940～1950］。

1965 罗伯特·B. 伍德沃德（1917～1979），美国。有机物合成［20世纪40年代］。

1966　罗伯特·S. 马利肯（1896～1986），美国。分子轨道成键理论［20 世纪 30 年代］。

1967　曼弗雷德·艾根（1927～），德国。罗纳德·诺瑞（1897～1978）和乔治·波特（1920～2002），英国。对高速化学反应的研究［20 世纪 50 年代］。

1968　拉斯·翁萨格（1903～1976），挪威—美国。不可逆过程热力学［1930s］。

1969　奥德·哈塞尔（1897～1981），挪威。椅式结构［20 世纪 30 年代］。

德里克·巴顿（1918～1998），英国。构象分析［1950～1998］。

1970　路易斯·勒卢瓦尔（1906～1987），阿根廷。碳水化合物的生物合成［1957］。

1971　格哈德·赫茨伯格（1904～1999），德国—加拿大。澄清自由基［20 世纪 50 年代］。

1972　威廉·H. 斯坦因（1911～1980）和斯坦福·摩尔（1913～1982），美国。RNA 酶序列结构的研究［1939～1960］。

克里斯琴·安芬森（1916～1995），美国。核糖核酸酶结构［20 世纪 50 年代］。

1973　杰弗里·威尔金森（1921～1996），英国［1952］和恩斯特·奥托·菲舍尔（1918～2007），德国。［1951］独立解释有机金属化合物。

1974　保罗·弗洛里（1910～1985），美国。高分子物理化学的基础研究［1948］。

1975　约翰·康福思（1917～），澳大利亚—英国。酶催化反应的立体化学研究［20 世纪 50 年代］。

弗拉基米尔·普赖洛格（1906～1998），南斯拉夫—瑞士。有机分子和反应的立体化学研究［约 1947］。

1976　威廉·利普斯科姆（1919～2011），美国。化学键三个中心的理论［20 世纪 50 年代］。

1977　伊利亚·普里高津（1917～2003），比利时。非平衡态热力学［1950～1960］。

1978　彼得·米切尔（1920～1992），英国。化学渗透理论［1961］。

1979　赫伯特·布朗（1912～2004），美国。硼氢化［1955］。

乔治·维蒂希（1897～1987），德国。重排反应［20 世纪 50 年代］。

1980 保罗·伯格（1926～），美国。重组DNA［1956］。

弗雷德里克·桑格（1918～），英国。染色体的碱基序列［1977］。

沃尔特·吉尔伯特（1932～），美国。DNA的碱基序列［1970］。

1981 福井谦一（1918～1998），日本。“塞上”轨道理论［20世纪60年代］。

罗尔德·霍夫曼（1937～），波兰—美国。有机反应的分子轨道理论［1965～1969］。

1982 阿伦·克卢格（1926～），南非—英国。晶体电子显微术［1968］。

1983 亨利·陶伯（1915～2005），加拿大—美国。金属配位化合物的电子转移［1954］。

1984 罗伯特·布鲁斯·梅里菲尔德（1921～2006），美国。自动化合成氨基酸［1962～1965］。

1985 赫伯特·A. 豪普特曼（1917～2011）和杰罗姆·卡尔勒（1918～），美国。数学方法分析分子［1950］。

1986 达德利·赫施巴赫（1932～），美国，李远哲（1936～），中国—美国。分子碰撞法［1967］。

约翰·C. 波兰尼（1929～），匈牙利—加拿大。化学发光法［1967］。

1987 查尔斯·彼德森（1904～1989）和唐纳德·J. 克拉姆（1919～2001），美国；让-马里·莱恩（1939～），法国。独立发展“主客体化学”［1960～1970］。

1988 哈特穆特·米歇尔（1948～），罗伯特·胡贝尔（1937～），和约翰戴·森霍弗（1943～），德国。在光合作用中的三维结构的蛋白质［1982～1985］。

1989 西德尼·奥特曼（1939～），加拿大和美国，和托马斯·切赫（1947～），美国。独立发现RNA的催化性能［1978～1981］。

1990 埃利亚斯·詹姆斯·科里（1928～），美国。医疗用复杂分子的合成［20世纪60年代］。

1991 理查德·恩斯特（1933～），瑞士。核磁共振谱［1970］。

1992 鲁道夫A. 马库斯（1923～），加拿大—美国。电子转移的数学［1956～1965］。

1993 凯利·霍穆利斯（1944～），美国。聚合酶链反应［1983］。迈克尔·史密斯

(1932～2000)，英国—加拿大。遗传工程［1978］。

1994　乔治·A. 奥拉（1927～），匈牙利—美国。烃的研究［20 世纪 60 年代］。

1995　保罗·克鲁岑（1933～），荷兰—瑞典。氮氧化物对臭氧破坏的展示［20 世纪 70 年代］。

马里奥·莫利纳（1943～），墨西哥，美国，和弗兰克·舍伍德·罗兰（1927～2012），美国。氟氯化碳对臭氧的威胁［1974］。

1996　罗伯特·F. 苛尔（1933～），美国，哈罗德·克罗托（1939～），英国，和理查德·E. 斯莫利（1943 年至 2005 年），美国。富勒烯（“巴基球”）［1985］。

1997　保罗·博耶（1918～），美国。［20 世纪 50 年代］延斯·斯科（1918～），丹麦［1957］，和约翰·沃克（1941～），英国。［1980～1990］。ATP 酶的新模型。

1998　沃尔特·科恩（1923～），美国［1964］，和约翰·A. 波普尔（1925～2004），英国［1970］。计算机预测反应。

1999　艾哈迈德·泽维尔（1946～），埃及—美国。飞秒激光光谱［20 世纪 80 年代］。

2000　艾伦·黑格（1936～），美国。艾伦·麦克迪尔米德（1927～2007），美国和白川英树（1936～），日本。导电聚合物的开发。

2001　威廉·诺尔斯（1917～2012），美国［20 世纪 50 年代］，和野依良治（1938～），日本［1966］。共同研究手性催化还原反应。

K. 巴里·夏普勒斯（1941～），美国。独立研究手性催化氧化反应［1982］。

2002　约翰·B. 芬恩（1917～2010），美国［1950～60］，田中纮一（1959～），日本［1985］。共同发明了对生物大分子的质谱分析法。

库尔特·维特里希（1938～），瑞士。独立地以核电磁共振光谱法确定了溶剂的生物高分子三维结构［1967～1984］。

2003　彼得·阿格雷（1949～），美国［1992～1994］，罗德里克·麦金农（1956～），美国［20 世纪 80 年代］。共同发现细胞膜中的水通道。

2004　阿龙·切哈诺沃（1947～），以色列，阿夫拉姆什科（1937～），匈牙利—以色列，和欧文·罗斯（1926～），美国。共同发现了泛素介导的蛋白质降解［1976～1981］。

2005　伊夫·肖（1930～），法国，的罗伯特·格拉布，美国（1942～）和理查德·

施罗克（1945～），美国。共同对烯烃复分解反应的研究［1990］。

2006　罗杰·科恩伯格（1947～），美国。真核转录的分子基础［20世纪80年代］。

2007　格哈德·埃特尔（1936～），德国。固体表面的化学过程［1965～2004］。

2008　下村修（1928～），日本［1961～1962］，马丁·查尔菲（1947～），美国［1989］，钱永健（1952～），美国［1988～1995］。共同发现绿色荧光蛋白。

2009　文卡特拉曼·莱玛克里斯南，印度—美国—英国（1952～）［1978～2000］，托马斯·施泰茨（1940～），美国［1995～2000］，和阿达约纳特（1939～），以色列［1970～2000］。共同研究核糖体的结构和功能。

2010　理查德·赫克（1931～），美国［1972］，根岸英一（1935～），日本［1966～1972］，铃木章（1930～），日本［1981～1982］。共同发现和研究钯催化交叉偶联反应。

2011 丹·舍特曼（1941～），以色列。准晶的发现［1982］。

生理学或医学

1901　埃米尔·冯·贝林（1854～1917），德国。免疫接种预防破伤风，白喉［1890～1891］。

1902　罗纳德·罗斯（1857～1932），英国。疟疾病研究［1897～1898］。

1903　尼尔斯·芬森（1860～1904），丹麦。光线疗法［1893～1894］。

1904　巴甫洛夫（1849～1936），俄罗斯。消化生理［1890］。

1905　罗伯特·科赫（1843～1910），德国。为结核病病原体的发现和测试［1880～1890］。

1906　卡米洛·高尔基（1843～1926），意大利。发现神经突触［1873］。

圣地亚哥·拉蒙-卡哈尔（1852～1934），西班牙。神经系统的结构［1887］。

1907　查尔斯-路易斯·阿方斯·拉韦朗（1845～1922），法国。疟疾的原因［1882］。

1908　埃黎耶·埃黎赫·梅契尼可夫（1845～1916），俄罗斯，法国。吞噬细胞［1882］。

保罗·埃尔利希（1854～1915），德国。化疗［1890］。

1909　埃米尔·特奥多尔·科克（1841～1917），瑞士。甲状腺的发现［1880］。

1910　阿尔布雷希特·科塞尔（1853～1927），德国。细胞化学蛋白质和核酸［1880年左右］。

1911　阿尔瓦·古尔斯特兰德（1862～1930），瑞典。眼科屈光学［1896年左右］。

1912　亚历克西斯·卡雷尔（1873～1944），法国。血管缝合［1906～1910］。

1913　查尔斯·里歇（1850～1935），法国。过敏反应［1901～1903］。

1914　罗伯特·巴拉尼（1876～1936），奥地利。内耳生理学［1910年左右］。

1915～1918　未颁奖。

1919　朱尔斯·博尔德（1870～1961），比利时。免疫力研究成果［1896～1906］。

1920　奥古斯特·克罗（1874～1949），丹麦。毛细血管机制［1915～1920］。

1921　未颁奖。

1922　阿奇博尔德·希尔（1886～1977），英国。肌肉的热量［约1920］。

1923　弗雷德里克·班廷（1891～1941），加拿大，和约翰·麦克劳德（1876年至1935年），英国。发现胰岛素［1922］。

1924　威廉·艾因特霍芬（1860～1927），荷兰。发明心电图装置［1901］。

1925　未颁奖。

1926　约翰内斯·菲比格（1867年至1928年），丹麦。癌症治疗理论［1913］。

1927　朱利叶斯·瓦格纳-尧雷格（1857～1940），奥地利。痢疾接种治疗麻痹性痴呆［1917］。

1928　查尔斯·尼科尔（1866～1936），法国。斑疹伤寒原因［1902］。

1929　克里斯蒂安·艾克曼（1858～1930），荷兰。脚气病的原因［1897］。

弗雷德里克·霍普金斯爵士（1861～1947），英国。发现刺激生长的维生素［1906～1912］。

1930　卡尔·兰德斯泰纳（1868～1943），奥地利。血型［1901］。

1931　奥托华宝（1883～1970），德国。呼吸酶［20世纪20年代］。

1932　查尔斯·谢林顿（1857年至1952年），英国。神经系统综合作用［1900年］。

埃德加·D. 阿德里安（1889～1977），英国。神经冲动的研究［20世纪20

年代]。

1933　托马斯·摩根（1866～1945），美国。染色体遗传的作用［1911年20世纪30年代]。

1934　乔治·惠普尔（1878～1976），乔治·R. 迈诺特（1885～1950）和威廉·P. 墨菲（1892～1987），美国。贫血的肝脏治疗法［20世纪20年代]。

1935　汉斯·斯佩曼（1869～1941），德国。胚胎发育的组织者［约1922]。

1936　奥托·洛伊（1873～1961），德国—美国。亨利·戴尔爵士（1875～1968），英国［1929～1936]，独立研究神经冲动的化学传递。

1937　阿尔伯特·冯·圣捷尔吉（1893～1986），匈牙利—美国。维生素C［20世纪30年代]。

1938　柯奈尔·海门斯（1892～1968），比利时。窦和主动脉机制在呼吸调节中所起的作用。［1924～1927]。

1939　格哈德·多马克（1895～1964），德国。第一种磺胺类药物［1932～1935]。

1940～1942　未颁奖。

1943　亨利克·达姆（1895～1976），丹麦。发现维生素K［1935]。

爱德华·阿德尔伯特·多伊西（1893～1986），美国。合成维生素K［1940]。

1945　亚历山大·弗莱明（1881～1955），英国。青霉素［1928]。

1946　赫尔曼·穆勒（1890～1967），美国。X射线突变［1926]。

1947　格蒂·柯里（1896～1957）和卡尔·费迪南德·柯里（1896年至1984年），捷克斯洛伐克—美国。发现糖原的催化转化原因［20世纪30年代]。

贝尔纳多·奥赛（1887～1971），阿根廷。糖代谢中的激素［20世纪20年代]。

1948　保罗·H. 穆勒（1899～1965），瑞士。发现DDT杀虫剂［约1939]。

1949　沃尔特·赫斯（1881～1973），瑞士。间脑成果［1925年至1948年]。

安东尼·埃加斯·莫尼斯（1874～1955），葡萄牙。前脑叶白质切除术［1935]。

1950　爱德华C. 肯德尔（1886年至1972年）和菲利普·肖瓦特·亨奇（1897～1996），波兰—瑞士。［20世纪30年代]。

1951　马克斯·泰勒（1899～1972），南非—美国。黄热病研究［1937］。

1952　塞尔曼·瓦克斯曼（1888～1972），俄国—美国。链霉素［1943］。

1953　汉斯·克雷布斯（1900～1981），德国—英国。柠檬酸循环［1937］。

弗里茨·李普曼（1899～1986），德国—美国。辅酶A［1947］。

1954　约翰·恩德斯（1897～1985），托马斯·韦勒（1915～2008）和弗雷德里克·C. 罗宾斯（1916～），美国。研究脊髓灰质炎病毒的生长［1947～1948］。

1955　阿克塞尔·特奥雷尔（1903～1982），瑞典。氧化酶［20世纪30年代］。

1956　沃纳·福斯曼（1904～1979），德国。心脏导管术［1929］。

安德烈·考南德（1895～1988），法国—美国，和W. 理查兹（1895～1973），美国。改善导管［1929～1940］。

1957　丹尼尔·博维（1907～1992），瑞士—意大利。抑制机体物质作用的合成化合物［1937］。

1958　乔治·W. 比德尔（1903～1989）和爱德华·塔图姆（1909～1975），美国。基因酶规则［20世纪40年代］。

约书亚·莱德伯格（1925～2008），美国。证明染色体物质在细胞之间传递［1952］。

1959　塞韦罗·奥乔亚（1905～1993），西班牙—美国。核酸分子催化中的酶［1955］。

阿瑟·科恩伯格（1918～2007），美国。DNA合成中的酶［1953］。

1960　弗兰克·麦克法兰·伯内特（1899～1985），澳大利亚。免疫耐受［20世纪40年代］。

彼得B. 梅达沃（1915～1987），英国。伯内特器官移植理论的应用［1953］。

1961　乔治·冯·贝克赛（1899～1972），匈牙利—美国。耳蜗机理［20世纪50年代］。

1962　弗朗西斯·克里克（1916～2004），英国，和詹姆斯·D. 沃森（1928～），美国。DNA的双螺旋结构［1953］。

莫里斯·威尔金斯（1916～2004），英国。X射线晶体学在双螺旋发现中的应用［20世纪50年代］。

1963 艾伦·霍奇金（1914～1998）和安德鲁·菲尔丁赫胥黎（1917至2012年），英国。神经系统中的电子网络［20世纪40年代］。

约翰·C. 埃克尔斯（1903～1997），澳大利亚。测量突触电气传动［1951］。

1964 康拉德·E. 布洛赫（1912～2000），德国—美国，和费奥·F. 吕南（1911～1979），德国。胆固醇机理［20世纪30年代］。

1965 安德烈尔沃夫（1902～1994），法国。噬菌体［20世纪30年代］。

弗朗索瓦·雅各布（1920～）和雅克·L. 莫诺（1910～1976），法国。“信使”RNA［20世纪50年代］。

1966 弗朗西斯·佩顿·劳斯（1879～1970），美国。病毒是癌症的原因［1911］。

查尔斯·B. 哈金斯（1901～1997），加拿大—美国。激素治疗前列腺癌［1941］。

1967 格兰尼特（1900～1991），芬兰—瑞典。视觉的电子属性［20世纪30年代］。

乔治·沃尔德（1906～1997），美国。证明格兰尼特的理论［20世纪50年代］。

哈尔丹·哈特兰（1903～1983），美国。视网神经［20世纪50年代］。

1968 马歇尔·尼伦伯格（1927～2010），美国。基因序列的三联体密码［1961］。

罗伯特·霍利（1922～1993），美国。tRNA的核苷酸序列［1958～1965］。

哈尔·葛宾·科拉纳（1922～2011），印度—美国。遗传密码的64个三联体的合成［1960］。

1969 马克斯·德尔布吕克（1906～1981）德国—美国，萨尔瓦多·卢里亚（1912年至1991年），意大利—美国。证明病毒重组遗传物质［1943］。

阿尔弗雷德·赫尔希（1908～1997），美国。证明了DNA携带遗传信息［1952］。

1970 伯恩哈德·卡茨（1911～2003），德国—英国。［1954］乌尔夫·斯万特·冯·奥伊勒（1905～1983），瑞典［1946］，朱利叶斯·阿克塞尔罗德（1912～2004），美国20世纪50年代。神经系统的电子机制。

1971　厄尔·萨瑟兰小（1915～1974），美国，激素的作用［20世纪50年代］。

1972　罗德尼·波特（1917～1985），英国，杰拉尔德·埃德尔曼（1929～），美国。独立研究免疫生物化学［1959～1962］。

1973　卡尔·冯·弗里希（1886～1982），奥地利，劳伦兹（1903～1989），奥地利，德国和尼古拉斯·丁伯根（1907～1988），荷兰，英国。动物行为学［1920］。

1974　阿尔伯特·克劳德（1898～1983），比利时。RNA病毒引起癌症［20世纪30年代］。

克莉丝汀·德·迪夫（1917～），比利时。细胞中的氨基酸传播［1950］。

乔治·帕拉德（1912～2008），罗马尼亚中美。核糖体是蛋白质合成的场所［1956］。

1975　霍华德·泰明（1934～1994），美国，和罗纳托·杜尔贝科（1914～2012），意大利—美国，戴维·巴尔的摩（1938～），美国。独立证明RNA可以自我复制成DNA［1970］。

1976　巴鲁克·布隆伯格（2025至11年），美国。感染病的传播，尤其是肝炎［20世纪60年代］。

卡尔顿·盖达塞克（1923～2008），美国。可能出现的新病毒病组［1968］。

1977　罗杰·古勒明（1924～），法国—美国，和安德鲁·沙利（1926～），波兰—美国。独立研究大脑中肽类激素的产生。［1966～1971］。

罗莎琳·雅洛（1921～2011），美国。放射免疫分析法［20世纪50年代］。

1978　维尔纳·阿伯尔（1929～），瑞士［1962］丹尼尔·内森斯（1928～1999）和汉密尔顿·史密斯（1931～），美国［1968］。酶对DNA的切分。

1979　艾伦·科马克（1924～1998），南非—美国［1963］；戈弗雷·菲尔德（1919～2004），英国［1973］。独立发展计算机辅助断层扫描（CAT扫描）

1980　乔治·D. 斯内尔（1903～1996），美国［20世纪30年代］；让·多塞（1916～2009），法国［1952］；巴茹·贝纳塞拉夫（1920～2011），委内瑞拉—美国［20世纪60年代］。细胞表面遗传信息对免疫学的影响。

1981　罗杰·斯佩里（1913～1994），美国。大脑左，右半球［20世纪50年代］。

大卫·胡贝尔（1926～），加拿大和美国，和托斯坦·威泽尔（1924～），瑞典—美国。大脑的视觉皮层［20世纪60年代］。

1982　苏恩·伯格斯特龙（1916～2004）和本特·萨米埃尔松（1934～），瑞典。前列腺素研究［20世纪50至60年代］。

约翰·范恩（1927～2004），英国。前列腺素对血管的影响［20世纪50年代］。

1983　芭芭拉·麦克林托克（1902～1992），美国。可变遗传因子［20世纪40年代］。

1984　尼尔斯·杰尼（1911～1994），英国—丹麦。在免疫学方面取得进展（1955～1973），乔治·科勒（1946～1995），德国，塞萨尔·米尔斯坦（1927～2002），阿根廷—英国。单克隆抗体的理论［1975］。

1985　迈克尔·布朗（1941～）和约瑟夫·戈尔茨坦（1940～）美国。胆固醇机制［1972～1973］。

1986　斯坦利·科恩（1922～），美国，和丽塔·列维-蒙塔尔奇尼（1909～），意大利—美国。神经生长因子［20世纪50年代］。

1987　利根川进（1939～），日美。抗体多样性的遗传［20世纪70年代］。

1988　詹姆斯·布莱克（1924～2010），英国。β受体阻滞剂［20世纪50年代］。

格特鲁德·伊莉昂（1918～1999）和乔治·希金斯（1905～1998），美国。设计新药［20世纪50年代］。

1989　约翰·迈克尔·毕晓普（1936～）和哈罗德·瓦慕斯（1939～），美国。逆转录病毒致癌基因的细胞起源［1976］。

1990　约瑟夫·穆雷（1919～）和爱德华·唐纳尔·托马斯（1920～），美国。独立取得肾脏和骨髓移植方面的进展［20世纪50年代］。

1991　埃尔温·内尔（1944～）和伯特索克曼（1942～），德国。通过离子膜的电流通道［20世纪70年代］。

1992　爱德蒙·菲舍尔（1920～），法国—美国，埃德温·克雷布斯（1918～2009），美国。酶活性和癌症［20世纪50至60年代］。

1993　理查德·罗伯茨（1943～），英国—美国，和菲利普·夏普（1944～），美国。独立发现断裂基因［1977］。

1994　马丁·罗德贝尔（1925～1998）和阿尔弗雷德·吉尔曼（1941～），美国。独立发现G蛋白［20世纪60年代］。

1995　爱德华·刘易斯（1918～2004），美国，克里斯蒂安·纽斯林–沃尔哈德（1942～），德国，艾瑞克·威斯乔斯（1947～），美国。遗传出生缺陷机制［20世纪70至80年代］。

1996　彼得·C. 多尔蒂（1940～），澳洲，和罗尔夫·辛克纳吉（1944～），瑞士。免疫系统识别病毒感染的细胞［20世纪70年代］。

1997　斯坦利·普鲁西纳（1942～），美国。朊病毒理论［20世纪70至80年代］。

1998　罗伯特·弗奇戈特（1916～2009），路易斯·伊格纳罗（1941～），穆拉德（1936～），美国。独立发现细胞信号传输［1977～1980］。

1999　冈瑟·布洛贝尔（1936～），德国—美国。在细胞内蛋白质运动的信号机制［20世纪80年代］。

2000　阿尔维德·卡尔松（1923～），瑞典，保罗·格林加德（1925～），和埃里克·坎德尔（1929～），美国。在神经系统中的信号转导。

2001　利兰·哈特韦尔（1939～），美国［1965］，蒂姆·亨特（1943～），英国［1968～1982］，保罗·爵士（1949～），英国［20世纪70至90年代］。由于发现细胞周期中的关键调节因子共同获奖。

2002　西德尼·布伦纳（1927～），南非［20世纪70年代］，罗伯特·霍维茨（1947～），美国［20世纪80年代］，约翰·苏尔斯顿（1942～），英国［20世纪80年代］。共同发现器官发育和程序性细胞死亡的基因调控。

2003　保罗·劳特布尔（1929～2007），美国，［20世纪70至90年代］，彼得·曼斯菲尔德爵士（1933～），英国［1956～1977］。共同获奖，在核磁共振成像技术领域取得突破性成就。

2004　理查德·阿克塞尔（1946～）和琳达·B. 巴克（1947～），美国共同的气味受体的发现和组织嗅觉系统［1991］。

2005　巴里·马歇尔（1951～），J. 罗宾·沃伦（1937～），澳洲。共同发现了幽门螺杆菌及其在胃炎和消化性溃疡病的作用［1981～1984］。

2006　安德鲁·法厄（1959～），和克雷格·梅洛（1960～），美国。共同发现RNA干扰技术［1998］。

2007　马里奥·卡佩奇（1937～），意大利—美国。［1965～2007］，马丁·埃文斯爵士（1941～），英格兰。［1981～2007］，奥利弗·史密斯（1925～），英国—美国。［1940～1985］。共同发现利用胚胎干细胞引入特异性基因修饰的原理。

2008　哈拉尔德·楚尔·豪森（1936～），德国。独立发现人类乳头状瘤病毒引起子宫颈癌［1979～1986］。

弗朗索瓦丝巴尔-西诺西（1947～），和吕克·蒙塔尼（1932～），法国。共同发现人类免疫缺陷病毒［1975～1983］。

2009　伊丽莎白·布莱克本（1948～），澳大利亚—美国，［1976～1979］，卡罗尔·格雷德（1961～），美国［1984～1985］，和杰克·绍斯塔克（1952～），英国—加拿大—美国［1980］。共同发现端粒和端粒酶如何保护染色体。

2010　罗伯特·爱德华兹（1925～），英国。在试管婴儿方面的研究［1965］。

2011　布鲁斯·博伊特勒（1957～），美国［1985～1998］，和朱尔斯·霍夫曼（1941～），卢森堡—法国，［1990～2005］，共同对于先天免疫机制激活的发现。

拉尔夫·斯坦曼（1943～2011），加拿大。独立发现了树突状细胞和其在后天免疫中的作用［1973］。

和平奖

1901　亨利·杜南（1828～1910），瑞士。国际红十字会创办人［1863］。

弗雷德里克·帕西（1822 年至 1912 年），法国。第一个法国和平社团［1867］。

1902　埃利·迪科曼（1833 年至 1906 年），瑞士。国际和平局。

查尔斯·戈巴特（1843～1914），瑞士。国际议会和平局［1892］。

1903　威廉·克雷默（1928～2008），英国。工人的和平协会［1870］。

1904　国际法研究所（1873 年成立），日内瓦。

1905　贝尔塔·冯·苏特纳（1843～1914），奥地利。和平主义者的领导和著作。

1906　西奥多·罗斯福（1858～1919），美国。日俄条约［1905］。

1907　埃内斯托·莫尼塔（1833～1918），意大利。国际和平大会［1906］。

路易·雷诺（1843 年至 1918 年），法国。海牙国际私法会议的贡献。

1908　克拉斯·阿诺德森（1844～1916），瑞典。瑞典中立，挪威独立。

弗雷德里克·鲍耶尔（1837～1922），丹麦。丹麦和平社团。

1909　奥古斯特·贝尔纳特（1829～1912），比利时。和平努力。

保罗·德斯图内勒·德康斯坦（1852～1924），法国。国际调解协会［1905］。

1910　国际和平局（1891年成立），伯尔尼。

1911　托比亚斯·阿塞（1838～1913），荷兰。海牙会议［1893年至1904年］。

阿尔弗雷德·弗里德（1864～1921），奥地利。和平社团和期刊。

1912　伊莱休·鲁特（1845～1937），美国。作为国家部长进行和平谈判。

1913　亨利·拉方丹（1854～1943），比利时。积极推动和平。

1914～1916　未颁奖。

1917　红十字国际委员会。战争救灾工作。

1918　未颁奖。

1919　伍德罗·威尔逊（1856～1924），美国。共同创办国联。

1920　莱昂步儒瓦（1851～1925），法国。建立国际联盟。

1921　卡尔·亚尔马布兰亭（1860～1925），瑞典。和平工作。

克里斯蒂安兰格（1869～1938），挪威。对各国议会联盟的服务。

南森（1922年，1861～1930），挪威。遣返战争难民，南森护照［1922］。

1923～1924　未颁发奖。

1925　奥斯汀·张伯伦（1863～1937），英国。《洛迦诺公约》的倡导者［1925］。

查尔斯·道斯（1865～1951），美国。道威斯计划［1924］。

古斯塔夫·施特雷泽曼（1878～1929），德国。因在《洛迦诺公约》中发挥的作用而获奖［1925］。

1927　费迪南德·比松（1841～1932），法国。人权联盟的创立者［1898］。

路德维希·克魏德（1858～1941），德国。慕尼黑和平协会，德国和平卡特尔。

1928　未颁奖。

1929　弗兰克·B. 凯洛格（1856～1937），美国。凯洛格—白里安非战公约［1928］。

1930　纳坦·瑟德布卢姆（1866～1931），瑞典。世界基督教会［1914］。

1931　简·亚当斯（1860～1935），美国。和平与自由妇女联盟［1919］。

尼古拉斯·默里巴特勒（1862～1947），美国。卡内基国际和平基金会。

1932 未颁发奖。

1933 诺曼·安吉尔（1873～1967），英国。书籍《大幻影》[1909]，和平维权行动。

1934 阿瑟·亨德森（1863～1935），英国。世界裁军会议[1932～1934]。

1935 卡尔·冯·奥西茨基（1889～1938），德国。抗议德国军国主义行为记者。

1936 萨维德拉·拉马斯（1878～1959），阿根廷。南美反战条约[1933]，玻利维亚，巴拉圭和平[1935]。

1937 E. A. 罗伯特·塞西尔（1864～1958），英国。和平选票[1934]，国际和平运动[1936]。

1938 南森国际难民办公室（1921～1939），日内瓦。

1939～1943 未颁奖。

1944 红十字国际委员会。战争救灾工作。

1945 科德尔·赫尔（1871～1955），美国。帮助成立联合国。

1946 艾米莉·鲍尔奇（1867～1961），美国。妇女和平运动。

约翰·莫特（1865～1955）美国，担任中华基督教青年会长[1888～1931]，和国际宣教协会[1921～1942]。

1947 朋友服务委员会（1927年成立），伦敦，和美国朋友服务委员会（1917年成立），费城。桂格燕组的战争与和平时期的安慰。

1948 未颁奖。

1949 约翰·博伊德·奥尔（1880～1971），英国。世界粮食计划通过联合国。

1950 拉尔夫·本奇（1904～1971），美国。在1948年以色列与阿拉伯战争中的联合国调解。

1951 列翁·茹奥（1879～1954），法国。国际工会联合会创始者和领导者[1919～1951]。

1952 史怀哲（1875～1965），法国。人道主义。

1953 乔治·C. 马歇尔（1880～1959），美国。第二次世界大战后重建欧洲的马歇尔计划。

1954 联合国难民事务高级专员办公室（1951年成立），日内瓦。

1955～1956　未颁发奖。

1957　莱斯特·皮尔逊（1897～1972），加拿大。联合国调解苏伊士战争［1956］。

1958　乔治·皮雷（1910～1969），比利时。为难民提供住所［20世纪50年代］。

1959　菲利普·诺埃尔-贝克（1889年至1982年），英国。裁军行动主义。

1960　艾伯特·约翰·卢图利（1898～1967），南非。领导非洲人国民大会反对种族隔离的斗争［1952～1960］。

1961　达格·哈马舍尔德（1905～1961），瑞典。联合国调解苏伊士运河危机［1956］和刚果［1960～1961］。

1962　鲍林（1901～1994），美国。全面禁止核试验条约［1963］。

1963　国际委员会，红十字会和红十字会的联赛。

1964　马丁·路德·金（1929～1968），美国。公民权利领导［1955～1964］。

1965　联合国儿童基金会。

1966～1967　未颁发奖。

1968　勒内·卡森（1887～1976），法国。联合国关于人权的声明［1948］。

1969　国际劳动组织（成立于1919年）。日内瓦。

1970　博洛格（1914～2009），美国。为绿色革命而研发的抗锈小麦。

1971　维利·勃兰特（1913～1992），德国。事实上的承认和裁决东德和相互放弃战争。［1970］。

1972　未颁发奖。

1973　亨利·基辛格（1923～），德国—美国，和黎德寿（1911～1990），越南。停火协议［1973］。

1974　肖恩·麦克布赖德（1904～1988），爱尔兰。人权工作。［1961年至1974年］。

佐藤荣作（1901～1975），日本。在任期间注重国际合作。

1975　萨哈罗夫（1921～1989），苏联。人权活动。

1976　贝蒂·威廉姆斯（1943～）和梅雷亚德·科里根（1944～），北爱尔兰。和平的人民运动［1976］。

1977　大赦国际（1961年成立）。

1978　安瓦尔·萨达特（1918～1981），埃及，和梅纳赫姆·贝京（1913～1992）以色列。戴维营和平条约［约 1978］。

1979　特蕾莎修女（1910～1997），阿尔巴尼亚和印度。在加尔各答，仁爱传教修女会，［1950］，然后在世界范围内。

1980　阿道夫·佩雷斯·埃斯基韦尔（1931～），阿根廷。阿根廷政权抗议绑架［20 世纪 70 年代］。

1981　联合国难民事务高级专员办公室。

1982　阿尔瓦·米达尔（1902～1986）瑞典裁军激进主义。

阿方索·加西亚·罗夫莱斯（1911～1991），墨西哥。禁止核武器拉美条约［1967］

1983　莱赫·瓦文萨（1943～），波兰。团结工会运动。

1984　德斯蒙德·图图（1931～），南非。抗议种族隔离。

1985　世界医生争取防止核战争运动（1980 年成立）。

1986　埃利·威塞尔（1928～），罗马尼亚法国中美。为被压迫人民工作，尤其是大屠杀受害者。

1987　奥斯卡·阿里亚斯·桑切斯（1941～），哥斯达黎加。中央美国和平努力。

1988　联合国维和部队。

1990　戈尔巴乔夫（1931～），苏联。在就任总统期间的和平努力。

1991　昂山素季（1945～），缅甸。缅甸反对派领袖。

1992　里戈贝塔·曼楚·图姆（1959～），危地马拉。在她的国家的人权。

1993　弗雷德里克·威廉·德克勒克（1936～）和纳尔逊·曼德拉（1918～），南非。结束种族隔离和转让政治权力。

1994　阿拉法特（1929～2004），巴勒斯坦和佩雷斯（1923～）和拉宾（1922～1995），以色列。奥斯陆和平协议。

1995　帕格沃什科学和世界事务（1957 年成立）和约瑟夫·罗特布拉特会议（1908～2005），波兰～英国，帕格沃什领导者。

1996　卡洛斯·希梅内斯·贝罗（1948～）和若泽·拉莫斯·奥尔塔（1949～），东帝汶。为东帝汶自决实现和平的努力。

1997　国际反地雷组织和乔迪·威廉姆斯（1950～），美国。创始人和协调者。

1998　大卫·特林布尔（1944～）和约翰·休姆（1937～），北爱尔兰。在北爱尔兰的和平协议。

1999　无国界医生组织（1971年成立）。

2000　金大中（1924～2009），韩国。为朝鲜和韩国之间的和平所作的努力。

2001　联合国（成立于1945年）和科菲·安南（1938～）加纳，秘书长。

2002　吉米·卡特（1924～），美国。为寻找解决冲突，推进民主和人权，促进经济和社会发展所做的努力。

2003　希林·伊巴迪（1947～），伊朗。民主和人权，尤其为妇女和儿童。

2004　旺加里·马塔伊（1940～），肯尼亚。可持续发展，民主与和平。

2005　国际原子能总署（1942年成立）和穆罕默德·埃尔巴拉迪（1942～），埃及，总代表

2006　格莱珉银行（1977年成立），孟加拉国穆罕默德·尤努斯（1940年～），孟加拉国。小额信贷对经济和社会发展。

2007　联合国政府间气候变化专家小组（1988年成立）和美国前副总统戈尔（1948～）。气候变化和环保主义。

2008　马尔蒂·阿赫蒂萨里（1937～），芬兰。国际和平工作。

2009　巴拉克·奥巴马（1961～），美国。国际外交与和平。

2011　埃伦·约翰逊-瑟利夫（1938～），利比里亚；莱伊曼·古博薇（1972～），利比里亚和塔瓦库·卡曼（1979～），也门。妇女的权利和和平。

经济学奖

1969　拉格纳·弗里希（1895～1973），挪威。国家的经济模式。

简·丁伯根（1903～1994），荷兰。经济分析模型。

1970　保罗·萨缪尔森（1915～2009），美国。经济分析的数学贡献。

1971　西蒙·库兹涅茨（1901～1985），美国。国民生产总值的模型。

1972　约翰·希克斯（1904～1989），英国。均衡理论。

肯尼斯·阿罗（1921～），美国。一般均衡理论。

1973　瓦西里·列昂惕夫（1906～1999），苏联—美国。投入产出分析。

1974　贡纳尔·缪尔达尔（1898～1987），瑞典。社会经济学。

弗里德里希·冯·哈耶克（1899～1992），奥地利—英国。资本和社会方面的

理论。

1975 列奥尼德·康托罗维奇（1912～1986），苏联。线形规划要点。

特亚林·科普曼斯（1910～1985），荷兰—美国。资源最优分配理论。

1976 米尔顿·弗里德曼（1912～2006），美国。货币理论。

1977 贝蒂尔·奥林（1899～1979），瑞典。国际贸易。

詹姆斯·E. 米德（1907～1995），英国。国际资本。

1978 赫伯特·西蒙（1916～2001），美国。决策。

1979 西奥多·舒尔茨（1902～1998），美国。对发展中国家的经济理论。

W. 阿瑟·刘易斯（1915～1991），西印度群岛，英国。对发展中国家的经济理论。

1980 劳伦斯·克莱因（1920～），美国。国家经济模型。

1981 詹姆斯·托宾（1918～2002），美国。组合选择理论。

1982 乔治·斯蒂格勒（1911～1991），美国。经济法规。

1983 德布鲁（1921～2004），法国—美国。一般均衡理论。

1984 理查德·斯通（1913～1991），英国。国民收入账户。

1985 莫迪利亚尼（1918～2003），意大利中美。储蓄和市场分析。

1986 詹姆斯·M. 布坎南（1919～），美国。“同意”理论。

1987 罗伯特·索洛（1924～），美国在经济增长理论。

1988 莫里斯·阿莱（1911～2010），法国。市场理论，资源有效利用。

1989 特里夫·哈韦尔莫（1911～1999），挪威。计量经济学的概率论。

1990 哈里·马科维茨（1927～），美国。组合理论。

威廉·夏普（1934～），美国。资本资产价格模型。

默顿·米勒（1923～2000），美国。米勒莫迪里阿尼理论。

1991 罗纳德·科斯（1910～），英国。企业经济，社会成本。

1992 加里·贝克尔（1930～），美国。经济理论和人类行为。

1993 罗伯特·W. 福格尔（1926～）和诺思（1920～），美国。历史计量学（历史的计量模型）。

1994 约翰·纳什（1928～），美国，约翰·海萨尼（1920～2000），澳大利亚—美国，和莱因哈德·泽尔腾（1930～），德国。经济博弈论。

1995　罗伯特·E. 卢卡斯小（1937～），美国。理性预期理论。

1996　詹姆斯·米尔利斯（1936～），英国，和威廉·维克瑞（1914～1996），美国。经济激励理论。

1997　罗伯特·C. 默顿（1944～），美国，迈伦·斯科尔斯（1941～），加拿大—美国。公式估值期权。

1998　阿马蒂亚·森（1933～），印度—英国。第三世界社会福利。

1999　罗伯特·蒙代尔（1932～），加拿大和美国。共同市场货币理论。

2000　詹姆斯·赫克曼（1944～）和大卫·麦克法登（1937～），美国。选择性的样品分析和离散选择的理论和方法。

2001　乔治·阿克洛夫（1940～），迈克尔·斯宾塞（1943～），约瑟夫·斯蒂格利茨（1943～），美国。不对称信息市场理论。

2002　丹尼尔·卡尼曼（1934～），以色列—美国。独立研究的前景理论和为行为经济学奠定了基础。

弗农·史密斯（1927～），美国。独立发展实验经济学。

2003　罗伯特·F. 恩格尔（1942～），美国和克莱夫·格兰杰（1934～2009），英国。分析经济时间序列的方法。

2004　芬·柯德兰德（1943～），挪威，和爱德华·普雷斯科特（1940～），美国。动态宏观经济学。

2005　罗伯特·奥曼（1930～），德国，和托马斯C. 谢林（1921～），美国。博弈论分析。

2006　费尔普斯（1933～），美国。在宏观经济政策中的跨期权衡。

2007　列昂尼德·赫维茨（1917～2008），俄罗斯—美国，埃里克·马斯（1950～），美国，和罗杰·迈尔森（1951～），美国，机制设计理论。

2008　保罗·克鲁格曼（1953～），美国。新贸易理论和新经济地理学的贡献。

2009　埃莉诺·奥斯特罗姆（1933～2012）和奥利弗·E. 威廉姆森（1932～），美国。经济治理。

2010　彼得·戴蒙德（1940～），美国，戴尔·T. 莫滕森（1939～），美国，和克里斯托弗·A. 皮萨里德斯（1948～），塞浦路斯。搜寻理论。（1943～）

2011　托马斯·萨金特（1943～）和克里斯托弗·西姆斯（1942～），美国。宏观计量经济学。

附录 A：奖金

1901 约 40000 美元

1923 30000 美元

1931 46000 美元

1951 31000 美元

1970 77000 美元

1972 100000 美元

1975 143000 美元

1976 180000 美元

1985 225000 美元

1990 约 1000000 美元

1992 1200000 美元

1993 880000 美元

1994 600000 美元

1996　600000 美元

1998　940000 美元

1999　960000 美元

2011　1500000 美元

未去斯德哥尔摩参加颁奖典礼的获奖者就没有办法拿到奖金了，奖金不同于奖杯或荣誉证书，可以后来再索要。纳粹时期希特勒禁止德国的获奖者出席授奖典礼，一些苏联获奖者也被禁止参加。萨特拒绝接受授予他的文学奖，同样也放弃了奖金。

有关诺贝尔基金会是如何管理这笔奖金的记录少之又少。在他 1974 年的文章《推动世界和影响世界的人物》中，马丁·舍伍德说，“瑞典两个主要银行家”都在诺贝尔基金会的董事会上——就这两个外人。此外，直到大约 1945 年，诺贝尔基金投资政府公债，不过后来投资股市。董事会推崇“大型国际企业”，并没有反映出奖项设置之初所说的“理想主义精神”。

1945 年时，诺贝尔金色奖章价值约 2000 美元。二战期间，许多获奖得主将奖章熔化掉，藏在尼尔斯·玻尔在哥本哈根大学的理论物理学研究所内，防止被纳粹分子夺走，战争结束后他们再将奖章重铸回原样。

附录 B：各个国家所获奖项

415

这里所认可的国籍，在能够确定的情况下，根据获奖工作完成来确定的。出生国、受教育国及居住国不包括在内。

在文学奖方面，以二战为分界点，可以更清楚地看出各国特定时期的获奖情况。

在科学奖方面，将 1933 年作为分界线。为躲避纳粹和战争，欧洲移民大量涌向英国、美国以及其他国家。如果获奖工作是在德国完成的，获奖者就被视为德国人。奥地利也是如此。因此 20 世纪 20 年代以来，德国在 1933 年后获得了三项物理奖（施特恩、玻恩、博特），联帮德国 1961 年首次获得诺贝尔奖，授予了莫斯鲍尔。

物理学奖

	1901～1933	1934～2011
美国	3	84
德国	9	19
英国	8	15
法国	6	6
苏联		6
荷兰	4	4
日本		6
奥地利	2	2
瑞典	2	2
瑞士	2	2
加拿大		3
丹麦	1	2
意大利	1	2
俄罗斯		3
澳大利亚		1
印度	1	
巴基斯坦		1

注：在头100年中，实验家得到了91个物理学奖，理论家为42个。有的人——如冯·劳厄、费利克斯·布洛赫——既是实验家又是理论家。鲁比亚被看作意大利人，崔琦出生在中国，但获奖工作是在加拿大完成的。夏帕克的研究工作是在欧洲核子研究委员会完成的，这不是一个国家，他被划归为法国人。

化学奖

	1901～1933	1934～2011
美国	2	63
德国	13	15
英国	5	19
法国	4	4
日本		6
瑞士	1	4
瑞典	2	2
奥地利	2	
以色列		2
荷兰	1	1
阿根廷		1
比利时		1
捷克斯洛伐克		1
丹麦		1
芬兰		1
意大利		1
墨西哥		1
挪威		1
南非		1
苏联		1

注：1936年的诺贝尔化学奖得主彼得·德拜，他在荷兰、瑞士和德国都做了获奖工作，最后被界定为瑞士人。

医学奖

	1901～1933	1934～2011
美国	1	104
英国	5	21
德国	7	13
瑞士	1	10
法国	4	8
瑞典	1	7
丹麦	3	3
奥地利	2	2
澳大利亚		5
加拿大	2	1
荷兰	2	1
比利时	1	1
意大利	1	1
俄罗斯	2	
阿根廷		1
匈牙利	1	
葡萄牙		1
西班牙	1	

诺贝尔奖

文学奖

	1901～1939	1949～1974	1975～2011
法国	6	5	2
英国	3	3	4
美国	3	3	3
德国	5	1	2
瑞典	3	3	1
意大利	3	1	2
西班牙	2	1	2
俄罗斯/苏联	1	3	
丹麦	2	1	
挪威	3		
波兰	2		1
智利		2	
希腊		1	1
爱尔兰	1		1
日本		1	1
瑞士	1	1	

注： 有一位诺贝尔奖得主的国家为：(1901～1939) 比利时、芬兰、印度；(1940～1974) 澳大利亚、危地马拉、冰岛、以色列、南斯拉夫；(1975～2011) 奥地利、中国、哥伦比亚、捷克斯洛伐克、埃及、墨西哥、尼日利亚、秘鲁、南非和土耳其。

尤其难以界定国籍的作家为：埃利亚斯·卡内蒂，主要作品是在维也纳和英国写作的；塞缪尔·贝克特，他在法国用英语和法语写作；德里克·沃尔科特，他出生在西印度，但是获奖作品大部分是在美国完成的；内莉·萨克斯，生于德国，但是她的德语诗是 1940 年之后在瑞典写作的；切·米沃什，他用波兰语写作，帮助将其诗作译成了英语，自 1960 年起就住在美国（通常称其为波兰裔美国人）；约瑟夫·布罗茨基，他的诗是在苏联和美国写作的；J. M. 库切，他在成为澳大利亚公民之前，在英国、美国、南非和澳大利亚都出版过作品；还有赫塔·米勒，她在罗马尼亚和联邦德国都创作过作品。这些作家都没有计算在上述表格当中。伊万·蒲宁 1920 年去了法国，但仍然被界定为俄罗斯作家。赫尔曼·黑塞被认为是瑞士人。

和平奖

	1901～1920	1921～1946	1947～2011
美国	3	7	9
英国	1	5	2
法国	3	2	3
瑞典	1	2	2
北爱尔兰			4
南非			4
比利时	2		1
德国		2	1
以色列			3
瑞士	3		
奥地利	2		
东帝汶			2
挪威		2	
苏联			2
埃及			2
利比里亚			2
孟加拉国			1
中国			1

续表

	1901～1920	1921～1946	1947～2011
哥斯达黎加			1
丹麦	1		
芬兰			1
加纳			1
印度			1（特蕾莎修女）
伊朗			1
爱尔兰			1
意大利	1		
日本			1
肯尼亚			1
荷兰			1
北越			1
波兰			1
韩国			1
西藏			1
也门			1

注： 有20个组织获得了和平奖，例如红十字会、联合国或无国界医生这些不是国家的组织机构。巴勒斯坦解放组织的亚西尔·阿拉法特与他人共同获得了1994年的诺贝尔和平奖，但是巴勒斯坦解放组织不是一个国家。上述表格还包括居住在非洲的阿尔贝特·施韦泽，以及被视作法国人的埃利·维尔瑟。

·附录 C：女性得主

在下列名单中，“共享”是指获奖得主作为研究小组中的合作成员被提名。“单独提名”是指获奖者因为其独自完成的某一成果而获得提名。如果没有另外注释，获奖者得到的就是这一年的唯一奖项。（例如，居里夫人，1911 年）

物理学奖

玛丽·居里　波兰—法国（共享，1903）

玛丽亚·格佩特·迈耶　德国—美国（单独提名，1963）

化学奖

玛丽·居里　波兰—法国（1911）

伊伦·约里奥·居里　法国（共享，1935）

多罗西·克劳富特·霍奇金　英国（1964）

阿达·约纳特（共享，2009）

医学奖

格蒂·科里　捷克斯洛伐克—美国（共享，1947）

罗莎琳·雅洛　美国（单独提名，1977）

芭芭拉·麦克林托克　美国（1983）

丽塔·列维-蒙塔尔奇尼　意大利—美国（共享，1986）

葛特鲁·德埃利昂　美国（共享，1988）

克里斯蒂亚娜·纽斯兰·沃尔哈德　德国（共享，1995）

琳达·巴克（共享，2004）

弗朗索瓦丝·巴尔-西诺西（共享，2008）

伊丽莎白·布雷克本（共享，2009）

卡萝·格莱德（共享，2009）

和平奖

贝尔塔·冯·苏特纳　奥地利（1905）

简·亚当斯　美国（单独提名，1931）

艾蜜莉·格林·鲍尔奇　美国（单独提名，1946）

贝蒂·威廉斯和梅里德·科里根　北爱尔兰（1976）

特蕾莎修女　阿尔巴尼亚—印度（1979）

阿尔娃·米达尔　瑞典（单独提名，1982）

昂山素季　缅甸（1991）

丽格伯塔·孟珠　危地马拉（1992）

朱迪·威廉斯　美国（单独提名，1997）

希林·伊巴迪（2003）

旺加里·马塔伊（2004）

莱伊曼·古博薇（共享，2011）

塔瓦库·卡曼（共享，2011）

埃伦·约翰逊-瑟利夫（共享，2011）

经济学奖

埃莉诺·奥斯特罗姆（共享，2009）

文学奖

塞尔玛·拉格洛夫　瑞典（1909）

格拉齐亚·黛莱达　意大利（1926）

西格丽德·温塞特　挪威（1928）

赛珍珠　美国（1938）

加夫列拉·米斯特拉尔　智利（1945）

内莉·萨克斯　德国—瑞典（单独提名，1966）

托妮·莫里森　美国（1993）

维斯拉瓦·辛波丝卡　波兰（1996）

艾尔弗雷德·耶利内克（2004）

多丽丝·莱辛（2007）

荷塔·慕勒（2009）

附录 D：家族得主

第一对共同获得诺贝尔奖的夫妇是玛丽和皮埃尔·居里夫妇（物理学奖，1903 年）。1911 年寡居的玛丽再次获得诺贝尔奖，这次是单独获奖，化学奖。玛丽死后一年，他们的大女儿艾琳与丈夫弗雷德里克·约里奥-居里共同获得 1935 年的化学奖，弗雷德里克把自己的名字与妻子的姓氏合在一起。居里夫人的小女儿艾芙也去参加了诺贝尔奖颁奖典礼，她的丈夫亨利作为联合国儿童基金会（简称 UNICEF）的总干事，荣获 1965 年的诺贝尔和平奖。

布拉格家族

威廉·亨利·布拉格和威廉·劳伦斯·布拉格共同获得了 1915 年的物理学奖，成为诺贝尔奖建立以来唯一的一对父子获奖者。

汤普逊家族

约瑟夫·约翰·汤普逊（物理学奖，1906 年）的儿子乔治·佩吉特·汤普逊也获得了诺贝尔奖（1937 年，物理学奖），这真是让父亲格外开心。

科里家族

卡尔·斐迪南和格蒂·科里是第二对共同获得诺贝尔奖的夫妇。（1970 年）

冯·奥伊勒家族

汉斯·冯·奥伊勒，1929 年诺贝尔化学奖共同得主，他是乌尔夫·斯万特·冯·奥伊勒（1970 年医学奖共同获奖得主）的父亲。

丁伯根家族

简·丁伯根作为计量经济学的奠基人，1969 年被授予诺贝尔经济学奖。他的弟弟尼古拉斯·丁伯根在动物行为学方面的成就，获得 1973 年的生理学奖，兄弟俩获奖仅相差四年。他们是诺贝尔奖得主中唯一的一对兄弟。

玻尔家族

伟大物理学家尼尔斯·玻尔（1922 年物理学奖得主）的儿子奥格·玻尔也获得了诺贝尔奖（1975 年物理学奖）。

西格巴恩家族

卡尔·曼内·西格巴恩（物理学奖，1906 年）和卡伊·曼内·西格巴恩（1981 年物理学奖）也是一对父子。

米达尔家族

阿尔瓦·米达尔获得 1982 年的诺贝尔和平奖，贡纳·米达尔获得 1974 年的经济学奖，他们也成为了唯一的一对在不同领域获奖的夫妇。

钱德拉塞卡尔家族

苏布拉马尼扬·钱德拉塞卡共享了 1983 年的物理学奖，这里没有任何裙带关系。

他的叔叔钱德拉塞卡·拉曼（物理学奖，1930年）那时已经去世了。

（非）霍奇金家族

艾伦·霍奇金（医学奖，1963年）和多萝西·克劳福特·霍奇金（化学奖，1964年）不是夫妻关系。多萝西的丈夫是艾伦的长堂兄托马斯，像该家族的大多数人一样，托马斯是一位历史学家。艾伦的妻子叫玛丽昂，是裴顿·劳斯（1966年医学奖得主）的女儿。

附录E：犹太族得主

以下表格中所列的诺贝尔奖得主，比如柏格森，一直被视作犹太人，尽管他们有的只有一半犹太血统。按照传统犹太法律，母亲必须为犹太人，孩子才是犹太人。柏格森的母亲不是犹太人，其他有的如沃尔夫冈·泡利的母亲也不是犹太人。

文学奖

保罗·海泽　德国

亨利·柏格森　法国

鲍里斯·列昂尼多维奇·帕斯捷尔纳克　苏联

萨缪尔·约瑟夫·阿格农　以色列

内莉·萨克斯　瑞典

索尔·贝娄　加拿大裔—美国

艾萨克·巴什维斯·辛格　波兰—美国

埃利亚斯·卡内蒂　保加利亚—奥地利—美国

约瑟夫·布罗茨基　苏联—美国

内丁·戈迪默　南非

伊姆雷·凯尔泰斯　匈牙利

哈洛·品特　英国

物理学奖

阿尔伯特·迈克耳孙　美国

加布里埃尔·李普曼　法国

阿尔伯特·爱因斯坦　德国—瑞士—美国

尼尔斯·玻尔　丹麦（母亲是犹太人）

詹姆斯·弗兰克　德国—美国

古斯塔夫·赫茨　德国（父亲是犹太人）

奥托·施特恩　德国—美国

伊西多·艾萨克·拉比　奥地利—美国

沃尔夫冈·泡利　奥地利—美国（父亲是犹太人）

费利克斯·布洛赫　瑞士—美国

马克斯·波恩　德国—英国

伊利亚·弗兰克　苏联

伊戈尔·塔姆　苏联

埃米利奥·吉诺·塞格雷　意大利—美国

唐纳德·格拉泽　美国

罗伯特·霍夫施塔特　美国

列夫·朗道　苏联

尤金·维格纳　匈牙利—美国

理查德·费曼　美国

朱利安·施温格　美国

汉斯·贝特　德国—美国（母亲是犹太人）

穆雷·盖尔曼　美国

丹尼斯·伽博　匈牙利—英国

布赖恩·约瑟夫森　英国

本·莫特森　美国—丹麦

伯顿·里克特　美国

阿诺·彭齐亚斯　德国—美国

谢尔登·格拉肖　美国

史蒂文·温伯格　美国

利昂·莱德曼　美国

杰克·施泰因贝格尔　德国—美国

梅尔文·施瓦茨　美国

杰尔姆·弗里德曼　美国

乔治·夏帕克　波兰—法国

马丁·佩尔　美国

弗雷德里克·莱因斯　美国

克洛德·科昂，坦诺奇　法国

维塔利·金兹伯格　俄罗斯

阿莱克西·阿布里科索夫　俄罗斯

戴维·波利茨　美国

戴维·格娄斯　美国

罗伊·格劳伯　美国

索尔·珀尔马特　美国

亚当·里斯　美国

化学奖

里夏德·维尔施泰特　德国

亨利·莫瓦桑　法国

奥托·瓦拉赫　德国

理查德·威尔斯泰特　德国

弗里茨·哈伯　德国

乔治·德海韦西　匈牙利—瑞典

梅尔文·卡尔文　美国

马克斯·佩鲁茨　奥地利—英国

格哈德·赫茨贝格　德国—加拿大

威廉·H. 斯泰因　美国

伊利亚·普里高津　苏联—比利时

赫伯特·C. 布朗　美国

保罗·伯格　美国

罗德·霍夫曼　波兰—美国

阿龙·克卢格　立陶宛—南非

赫伯特·A. 豪普特曼　美国

杰尔姆·卡尔勒　美国

西德尼·奥尔特曼　加拿大—美国

鲁道夫·A. 马库斯　加拿大—美国

沃尔特·科恩　美国

沃特·吉尔伯特　美国

阿夫拉姆·赫什科　匈牙利—以色列

阿龙·切哈诺沃　以色列

欧文·罗斯　美国

罗杰·大卫·科恩伯格　美国

阿达·E. 约纳特　以色列

丹—谢兹曼　以色列

医学奖

埃黎耶·埃黎赫·梅契尼可夫　俄罗斯—法国（母亲是犹太人）

保罗·埃尔利希　德国

罗伯特·巴拉尼　奥地利

奥托·迈尔霍夫　德国

卡尔·兰德施泰纳　奥地利—美国（母亲是犹太人）

奥托·海因里希·瓦尔堡　德国

奥托·勒维　德国—美国

约瑟夫·厄尔兰格　美国

恩斯特·伯利斯·柴恩 德国—英国

佛理兹·李普曼 德国—美国

乔舒亚·莱德伯格 美国

阿瑟·科恩伯格 美国

弗朗索瓦·雅各布 法国

安德列·利沃夫 法国

乔治·沃尔德 美国

马歇尔·尼伦伯格 美国

萨尔瓦多·卢瑞亚 意大利—美国

伯恩哈德·卡茨 德国—英国

朱利叶斯·爱梭罗德 美国

杰拉尔德·埃德尔曼 美国

戴维·巴尔的摩 美国

霍华德·马丁·特明 美国

巴鲁克·布伦博格 美国

罗莎琳·雅洛 美国

丹尼尔·那森斯 美国

巴茹·贝纳塞拉夫 委内瑞拉—美国

凯撒·密尔斯泰因 阿根廷—英国

约瑟夫·葛斯坦 美国

斯坦利·科恩 美国

丽塔·列维–蒙塔尔奇尼 意大利—美国

格特鲁德·埃利恩 美国

马丁·罗德贝尔 美国

史坦利·布鲁希纳 美国

阿尔佛雷德·吉尔曼 美国

赫尔曼·米勒 美国

H. 罗伯特·霍维茨 美国

西德尼·布伦纳 南非

理查德·阿克塞尔 美国

安德鲁·Z. 法厄　美国

拉尔夫·M. 斯坦曼　加拿大

布鲁斯·博伊特勒　美国

和平奖

阿尔弗雷德·赫尔曼·弗里德　奥地利

亨利·基辛格　德国—美国

梅纳赫姆·贝京　以色列

埃利·维瑟尔　罗马利亚—法国—美国

希蒙·佩雷斯　以色列

伊扎克·拉宾　以色列

约瑟夫·罗特布拉特　波兰—英国

经济学奖

朗纳·弗里施　挪威

保罗·萨缪尔森　美国

西蒙·库兹涅茨　美国

肯尼斯·阿罗　美国

列昂尼德·坎托罗维奇　苏联

米尔顿·佛里德曼　美国

赫伯特·西蒙　美国

弗兰科·莫迪利安尼　意大利—美国

罗伯特·M. 索洛　美国

哈利·马可维兹　美国

盖瑞·贝克　美国

罗伯特·威廉·福格尔　美国

迈伦·舒尔斯　美国

约瑟夫·斯蒂格利茨　美国

乔治·A. 阿克洛夫　美国

丹·卡尼曼　以色列—美国

罗伯特·奥曼　德国

里奥尼德·赫维克兹　俄罗斯—美国

埃里克·马斯金　美国

罗杰·梅尔森　美国

保罗·克鲁格曼　美国

彼得·戴蒙德

图书在版编目（CIP）数据

诺贝尔奖 /（美）费尔德曼（Feldman,B.）著；杨群，杭晓玲，吴文智译. -- 长沙：湖南科学技术出版社,2016.3

书名原文：The Nobel Prize

ISBN 978-7-5357-8874-0

Ⅰ. ①诺… Ⅱ. ①费… ②杨… ③杭… ④吴… Ⅲ. ①诺贝尔奖－研究 Ⅳ. ①G321.2

中国版本图书馆 CIP 数据核字(2015)第 306350 号

诺贝尔奖

著　　者：(美)伯顿•费尔德曼
译　　者：杨　群 杭晓玲 吴文智
责任编辑：李文瑶 孙桂均
出版发行：湖南科学技术出版社
社　　址：长沙市湘雅路 276 号
　　　　　http://www.hnstp.com
湖南科学技术出版社天猫旗舰店网址：
　　　　　http://hnkjcbs.tmall.com
邮购联系：本社直销科 0731-84375808
印　　刷：长沙鸿和印务有限公司
　　　　（印装质量问题请直接与本厂联系）
厂　　址：长沙市望城区金山桥街道
邮　　编：410200
出版日期：2016 年 3 月第 1 版第 1 次
开　　本：880mm×1230mm 1/32
印　　张：14.75
字　　数：358 000
书　　号：ISBN 978-7-5357-8874-0
定　　价：69.00 元